数据分析与决策
技术丛书

巧用 ChatGPT

进行数据分析与挖掘

谢佳标 著

U0255864

机械工业出版社
CHINA MACHINE PRESS

图书在版编目（CIP）数据

巧用 ChatGPT 进行数据分析与挖掘 / 谢佳标著 .
北京：机械工业出版社，2024. 8. --（数据分析与决
策技术丛书）. -- ISBN 978-7-111-76117-4

I. TP18；TP274

中国国家版本馆 CIP 数据核字第 2024QS5479 号

机械工业出版社（北京市百万庄大街 22 号　邮政编码 100037）
策划编辑：杨福川　　　　　　责任编辑：杨福川
责任校对：张慧敏　梁　静　　责任印制：常天培
北京铭成印刷有限公司印刷
2024 年 8 月第 1 版第 1 次印刷
186mm × 240mm · 25 印张 · 542 千字
标准书号：ISBN 978-7-111-76117-4
定价：99.00 元

电话服务　　　　　　　　　网络服务
客服电话：010-88361066　　机　工　官　网：www.cmpbook.com
　　　　　010-88379833　　机　工　官　博：weibo.com/cmp1952
　　　　　010-68326294　　金　书　网：www.golden-book.com
封底无防伪标均为盗版　机工教育服务网：www.cmpedu.com

Preface 前　言

为何写作本书

随着大数据时代的到来和人工智能技术的飞速发展，Python 已经成为数据分析和机器学习领域非常受欢迎的编程语言之一。Python 丰富的库和工具（如 NumPy、Pandas、Matplotlib 等）极大地简化了数据处理、清洗、分析及可视化的工作流程。然而，对于许多非计算机专业人士来说，Python 的数据分析过程可能显得复杂而烦琐，上手难度较大。

AIGC（Artificial Intelligence Generated Content，生成式人工智能）是近年来快速发展的技术，它结合自然语言处理、深度学习等技术，能够自动生成代码、报告，甚至可进行初步的数据分析。AIGC 在内容创作、辅助编程等领域的广泛应用，无疑会给 Python 的数据分析工作带来革新性的改变，从而极大地减少人工编写代码的时间和错误率，使工作效率和智能化程度大幅提高。

在实际工作中，数据分析人员往往面临大量的重复性劳动和复杂任务，例如数据清洗、数据转换、数据可视化、预测模型构建等。借助 AIGC 技术，可以有效地解决这些问题。本书将告诉初学者或没有深厚编程背景的分析人员如何运用 AIGC 工具，帮助他们更轻松地掌握 Python 数据分析技能并将其应用于实际工作中，提高数据分析的效率和洞察力。

本书主要特点

本书旨在利用 ChatGPT 帮助读者快速掌握使用 Python 进行数据分析的技能，让数据分析更加高效、精准和智能。以下是本书的主要特点。

❑ 通俗易懂，容易上手。为了便于不同层次的读者学习，采用由浅入深的讲解方式，既适用于 Python 初学者，也适用于有经验的数据分析人员；采用通俗易懂的语言，避免了复杂的数学公式和理论推导；书中的案例易于理解和使用，即使是初学者也能轻松上手。

❑ 内容丰富，实用性强。不仅理论丰富，而且强调实用性，内容涵盖了从数据分析基础到高级分析的各个方面，包括数据预处理、清洗、可视化、聚类、预测等。每章都提供了大量的代码示例，读者可以跟随书中的指导进行操作，实现 AIGC 辅助 Python 数据分析的实际应用。

❑ 全面涵盖主流 Python 库。不仅讲解了 NumPy、Pandas、scikit-learn 等常用的数据分析及建模库，也讲解了 Matplotlib、Seaborn、Plotly、Bokeh、Pyecharts 等常用的数据可视化库，还介绍了深度学习框架 TensorFlow，拓展了 Python 在高级数据分析和预测建模中的应用。

本书阅读对象

本书是一本理论与实践相结合的书，受众广泛，阅读对象主要分为以下几类。

❑ 统计学、计算机科学和其他相关专业的学生。

❑ 数据分析师和数据科学家。

❑ 商业智能与战略规划人员。

❑ 对数据分析和人工智能感兴趣的各界人士。

如何阅读本书

本书共 12 章，内容涵盖了 Python 工具安装、数据操作、数据预处理、数据可视化及数据建模等，力求让读者掌握 ChatGPT 在 Python 数据分析各环节的应用。

第 1 章首先通过 ChatGPT 向读者介绍了数据分析的概念及常用的机器学习算法，然后分别介绍了 OpenAI 的 GPT-3.5、百度的文心一言和科大讯飞的星火认知大模型的使用，最后介绍了如何使用 ChatGPT 辅助工具安装及 Python 入门。

第 2 章详细介绍了如何通过 ChatGPT 辅助 Python 进行数据操作，既包括结构化数据的常用操作，也包括文本和图像等非结构化数据的操作。

第 3 章介绍了如何通过 ChatGPT 辅助 Python 进行数据预处理，包括数据抽样、数据清洗和数据变换等。

第 4 章主要介绍了 4 种常用的静态数据可视化工具：Matplotlib、Pandas、Seaborn 和 plotnine。

第 5 章详细介绍了 3 种交互数据可视化工具：Plotly、Bokeh 和 Pyecharts。

第 6 章首先介绍了常用的无监督学习算法，重点介绍了 k 均值聚类、层次聚类、密度聚类的原理及 Python 实现，并通过案例讲解了各种聚类算法的建模及分析过程。

第 7 章首先通过 ChatGPT 介绍了常用的降维算法，然后通过 ChatGPT 学习了主成分分析和关联规则分析的原理及 Python 实现，并通过案例帮助读者掌握这两种算法的代码实现。

第 8 章首先通过 ChatGPT 介绍了常用的有监督学习算法；接着详细介绍了一元线性回归及多元线性回归的原理及 Python 实现，并讲解了如何对自变量中有定性变量的数据集进行线性回归以及如何通过逐步回归寻找最优模型；最后介绍了逻辑回归的原理及 Python 实现。

第 9 章首先通过 ChatGPT 详细介绍了 ID3、C4.5 和 CART 这 3 种常用的决策树算法；接着以 iris（鸢尾花）数据集和乳腺癌数据集为例，详细演示了如何构建决策树以及如何通过网格搜索寻找最优决策树分类模型；最后介绍了常用的集成学习算法，演示了基于 scikit-learn 对乳腺癌数据集进行随机森林分类的过程。

第 10 章首先通过 ChatGPT 学习了 k 近邻及支持向量机这两种常用的机器学习算法；然后介绍了 k 近邻算法的基本原理及 scikit-learn 实现，对乳腺癌数据集进行了 k 近邻分类并通过网格搜索寻找最佳邻居数量；最后介绍了支持向量机算法的基本原理及 scikit-learn 实现，对乳腺癌数据集进行了支持向量机分类并通过网格搜索寻找最优的支持向量机分类模型。

第 11 章首先介绍了神经网络算法的理论基础，包括神经网络的基本架构、常用的激活函数及常用的神经网络模型；然后详细介绍了前馈神经网络的原理及 scikit-learn 实现，对乳腺癌数据集进行了前馈神经网络分类；最后详细介绍了卷积神经网络的原理、卷积层和池化层的原理，论述了如何基于 TensorFlow 实现卷积层和池化层，并对 MNIST 数据集进行了手写数字图像识别。

第 12 章首先介绍了数值预测和分类预测模型常用的评估方法及其 scikit-learn 实现，其中通过混淆矩阵构建各项指标是目前分类预测模型评估中最常用的手段；然后介绍了模型参数的优化，其中正则化、数据分区、K 折交叉验证、网格搜索、Dropout、梯度下降法是目前机器学习中模型调优常用的手段。

勘误

由于笔者水平有限，加之编写时间仓促，书中难免会出现一些错误或者不准确的地方，恳请广大读者批评指正，意见或建议可发送至邮箱 jiabiao1602@163.com。

最后，感谢家人一直以来的理解、陪伴和支持。谨以此书献给我最亲爱的家人以及众多数据分析爱好者和从业者！

谢佳标

2024 年 3 月

目　　录 *Contents*

第 1 章 *Chapter 1*

数据分析及 ChatGPT 概述

在大数据时代,各个行业都积累了海量数据,需借助专业的数据分析工具对其进行分析与挖掘,发现潜在知识,辅助业务运营和决策制定。但想从零开始掌握数据分析的理论知识及工具使用,对于初学者来说具有不小的难度。好在 ChatGPT 横空出世,它不仅在自然语言和图像处理领域具有广泛的应用,还在数据分析、算法介绍、代码生成等方面有不俗的表现。ChatGPT 辅助数据分析能让初学者快速成长为可以胜任数据分析工作的合格数据分析师。本章包括数据分析概述、常用 AIGC 工具的注册及使用、使用 ChatGPT 辅助工具安装、使用 ChatGPT 辅助 Python 入门等内容。

1.1 数据分析概述

初次接触数据分析的人非常有必要弄清楚数据分析的定义、所需技能、工作流程以及数据分析与数据挖掘的区别和常用的模型等知识。这些我们都可通过 ChatGPT 得到答案。

1.1.1 用 ChatGPT 快速了解数据分析

可以利用 ChatGPT 了解数据分析的定义。我们在 ChatGPT 输入框中输入以下内容:

> ❓ 作为数据分析专家,请用通俗易懂的方式给小白介绍什么是数据分析。

以下是 ChatGPT 给出的答案。

当然可以！数据分析就像是使用工具和技巧来理解数据中隐藏的信息，帮助我们做出更明智的决策。比如，想象你有一堆数字，通过分析它们，你可以找到趋势、发现规律，从而了解事情的发展趋势或者解决问题。就像使用放大镜一样，让你看到细节，帮助你做出明智的选择。

根据 ChatGPT 的答复，我们可以知道数据分析就是通过工具和技巧对数据进行分析和挖掘，并发现潜在知识。需要注意的是，ChatGPT 是一个基于海量数据训练得到的语言模型，其生成的内容会有一定的随机性。因此，如果读者在和 ChatGPT 交互过程中得到与本书不同的答案，也是正常现象。

我们可以进一步问 ChatGPT 进行数据分析需要掌握什么工具和技能，在 ChatGPT 输入框中输入以下内容：

? 请问数据分析需掌握的工具和技能有哪些？

以下是 ChatGPT 给出的答案。

 要成为一名合格的数据分析专家，你需要掌握以下工具和技能。

1. 数据收集和清理：了解如何获取数据，并清理、准备数据，以便分析。

2. 统计学基础：了解基本的统计学概念，如均值、中位数、标准差等。

3. 数据可视化：能够使用工具（如 Python 的 Matplotlib、Seaborn、Tableau 等）将数据转化为图表和图形，以便理解和分享。

4. 编程语言：至少熟练掌握一门数据分析常用的编程语言，如 Python 或 R。

5. 数据库和 SQL：了解如何使用 SQL 查询数据库，提取所需的数据。

6. Excel 或类似工具：熟练运用 Excel 或类似的电子表格软件进行基本的数据处理和分析。

7. 机器学习：基本了解机器学习的原理和应用，可以在某些情况下用其进行数据预测和分类。

8. 数据挖掘：了解数据挖掘的基本概念和方法，以便发现隐藏在数据中的模式。

9. 基本的数学知识：包括代数、概率论和统计学等，这些知识在数据分析中非常重要。

10. 沟通能力：能够将复杂的分析结果以简单明了的方式向非专业人士解释和展示。

11. 领域知识：了解你所分析的领域，这样可以更好地理解数据的含义和背景。

记住，数据分析是一个不断学习和实践的过程。随着技术和工具的发展，你也需要不断更新和学习新知识。

从上面给出的答案可知，要成为一名合格的数据分析师，需要具备基本的数学、统计学知识，了解机器学习理论，掌握 Python 或 R 语言；由于公司数据基本保存在数据库中，所以也需掌握 SQL；此外还需有良好的沟通能力和领域知识，才能更好地与需求部门沟通，从业务场景出发进行数据分析，进而得到有价值的知识。

了解了所需的工具和技能后，我们进行数据分析或者数据挖掘时肯定需要遵循相应的工作流程，才能做到"有的放矢"，在不同环节采用合适的分析技巧。对于该问题，我们也可以用 ChatGPT 得到答案。

我们在 ChatGPT 输入框中输入以下内容：

 作为数据分析专家，请给小白介绍数据分析的工作流程，并简要概述各环节所需的技能。

以下是 ChatGPT 给出的答案。

 进行数据分析时，通常会经历以下工作流程。

1. 问题定义
   - 描述：明确定义你要解决的问题或目标以及所需要的数据。
   - 技能：良好的沟通能力和问题定义能力。
2. 数据收集
   - 描述：获取与问题相关的数据，可以从内部数据库、外部来源或 API 获取。
   - 技能：数据收集方法、SQL 查询、数据获取工具的使用。
3. 数据清理和预处理
   - 描述：清理数据中的错误、缺失或不一致的部分，将数据准备好，以用于分析。
   - 技能：数据清理、数据转换、数据规整的技能。
4. 探索性数据分析（EDA）
   - 描述：通过可视化和统计方法来了解数据的特征、趋势和关系。
   - 技能：统计学基础、数据可视化工具的使用。
5. 数据分析和建模
   - 描述：使用统计方法、机器学习等技术来解决问题，发现模式或预测结果。
   - 技能：统计学、机器学习、数据建模、编程语言（如 Python 或 R）。
6. 结果解释和验证
   - 描述：解释分析结果，验证模型的有效性，并评估解决方案的可行性。
   - 技能：领域知识、统计解释、模型评估。
7. 报告和可视化
   - 描述：将分析结果以清晰简洁的方式呈现给非技术人员。
   - 技能：数据可视化、报告撰写。

8. 建议和决策支持

　　❑ 描述：基于分析结果提出建议，支持决策制定。

　　❑ 技能：沟通能力、领域专业知识。

9. 持续学习和改进

　　❑ 描述：持续学习新技能和工具，持续改进数据分析流程。

　　❑ 技能：学习能力、跟踪行业趋势。

10. 团队合作

　　❑ 描述：与其他团队成员合作，包括数据工程师、业务分析师等。

　　❑ 技能：团队合作、跨职能合作。

请记住，每个阶段都有其重要性，且流程可能会根据特定的项目和问题而略有不同。随着实践和经验的积累，你将能够更熟练地应用这些技能来解决各种数据分析问题。

　　从以上答复可知，各阶段所需的技能和能力均有所不同，所以数据分析是一个非常综合的学科。初学者需进行数据思维的培养、理论知识的学习、分析工具的运用，才能独立完成数据分析的相关工作。

1.1.2　数据分析与数据挖掘

　　前面内容中出现了数据挖掘这个专业术语，也许有读者会好奇数据分析与数据挖掘两者的区别是什么。该问题同样可通过 ChatGPT 得到答案。

　　我们在 ChatGPT 输入框中输入以下内容：

? 请给出数据分析和数据挖掘的定义，并简要对比两者的区别。

　　以下是 ChatGPT 给出的答案。

数据分析是指通过对已有数据的收集、清洗、探索、分析和解释，来获取有关数据集的见解、趋势和信息的过程。数据分析通常使用统计方法、可视化工具和报告生成等技术，用于帮助人们更好地理解数据和解答问题，并支持决策。

数据挖掘是一种更加高级的数据处理方法，它涉及使用机器学习、统计学和数据挖掘算法，自动发现数据中的模式、关联和知识。数据挖掘的目标是从大规模数据中提取有价值的信息和见解，通常用于预测、分类、聚类、关联规则分析等任务。

区别：

1. 目标不同：数据分析的主要目标是理解数据、解答问题、支持决策。数据挖掘的主要目标是发现隐藏的模式和知识，通常用于预测和发现新的见解。

2．方法不同：数据分析通常使用统计分析和可视化工具，而数据挖掘使用机器学习和数据挖掘算法。

3．数据准备不同：数据分析通常需要进行数据清理和预处理，但数据挖掘更加注重特征选择和数据降维。

4．应用领域不同：数据分析广泛用于业务智能、报告生成等领域，而数据挖掘更多应用于预测、推荐系统、欺诈检测等需要预测和模式识别的领域。

5．时间角度不同：数据分析通常更注重对历史数据的分析，而数据挖掘可以用于预测未来趋势。

总之，数据分析和数据挖掘都是处理数据的重要方法，但它们在目标、方法和应用方面有所不同，可以根据具体需求来选择使用哪种方法。数据分析通常更加注重数据的解释和理解，而数据挖掘更注重从数据中发现隐藏的模式和知识。

从以上答复可知，其实数据分析与数据挖掘并没有特别清晰的界限。我们在日常的数据分析工作中，在完成数据处理和探索性分析后，经常会根据分析的目的运用算法进行深度挖掘。

1.1.3　机器学习算法概述

在 1.1.2 节我们已经知道数据挖掘工作中会用到机器学习算法，现在我们通过 ChatGPT 对机器学习算法进行概述。

我们在 ChatGPT 输入框中输入以下内容：

> 作为数据挖掘专家，请给小白介绍各种机器学习算法，要求结果以表格形式展示，其中第 1 列为算法名称，第 2 列为算法概述，第 3 列为算法用途。

以下是 ChatGPT 给出的答案。

 以下是一些常见的机器学习算法的简要介绍和用途，以表格形式展示：

算法名称	算法概述	算法用途
线性回归 （Linear Regression）	用于建立线性关系的监督学习算法	用于预测一个连续值目标变量，例如房价、销售额等
逻辑回归 （Logistic Regression）	用于分类问题的监督学习算法，输出为概率	用于二元分类（如垃圾邮件识别）、多类别分类（如图像分类）
决策树 （Decision Tree）	基于特征的条件分割来构建树状模型的监督学习算法	用于分类和回归问题，易于解释和可视化
随机森林 （Random Forest）	由多个决策树组合而成的集成学习算法，提高了模型性能	用于分类和回归问题，可降低过拟合风险，适用于大规模数据

（续）

算法名称	算法概述	算法用途
支持向量机 （Support Vector Machines，SVM）	寻找最佳分隔超平面的监督学习算法	用于二元分类问题，可以处理高维数据和非线性数据
k 近邻 （k-Nearest Neighbors, k-NN）	基于相似性度量将新数据点分配给最接近的 k 个邻居	用于分类和回归问题，依赖于数据的距离度量
k 均值聚类 （k-Means Clustering）	无监督学习算法，将数据点分成 k 个簇，每个簇具有相似性	用于数据聚类、图像压缩、异常检测等
主成分分析 （Principal Component Analysis，PCA）	降低数据维度、保留主要特征的无监督学习算法	用于数据降维、可视化、噪声滤除等
神经网络 （Neural Network）	模拟生物神经网络的深度学习算法，包含多个神经元层次	用于图像识别、自然语言处理、游戏 AI 等复杂问题

这只是一些常见的机器学习算法，实际上还有许多其他算法和变种，每种算法都有其适用的情况和局限。选择算法通常依赖于数据类型、问题类型和性能需求。对于初学者，建议从线性回归、逻辑回归、决策树等简单的算法入手，逐渐深入了解更复杂的算法。

从各种算法概述可知，算法可分为无监督学习和有监督学习两大类，无监督学习的常用算法有 k 均值聚类和主成分分析，有监督学习算法有预测和分类两种用途。后面章节中对以上各种算法均有详细介绍，此处暂不做过多讲解。

1.2　常用 AIGC 工具的注册及使用

在 1.1 节我们已经通过 ChatGPT 了解了数据分析的概念及常用算法等知识，本节我们将介绍三款优秀的 ChatGPT 工具及其注册和使用方法。基于 GPT 模型对话的通用大模型应用有国外 OpenAI 公司研发的 ChatGPT（GPT-3.5 和 GPT-4）、国内百度公司研发的文心一言和科大讯飞公司研发的讯飞星火大模型等。

1.2.1　如何使用 OpenAI 的 GPT-3.5

1. 通过 ChatGPT 聊天界面

OpenAI 公司开发的 GPT-3.5 和 GPT-4 都能够处理文本，让计算机能像人类一样理解和生成语言。GPT-3.5 和 GPT-4 有一些显著的区别。GPT-4 比 GPT-3.5 更大，可训练的数据更多，在处理复杂问题时表现更好。具体来说，GPT-4 具备更好的零样本学习能力，这意味着它能够在没有示例的情况下学习新任务；它也可以通过迁移学习和微调来适应特定任务，比如情感分析、文本摘要和机器翻译等；GPT-4 还擅长纠正输入中的错误，能够生成更自然流畅的文本。

　　读者可自行在 OpenAI 官网（https://openai.com/）右上角单击"Try ChatGPT"按钮进入 ChatGPT 官网（https://chat.openai.com/）申请注册 ChatGPT 账号，本书不再详细介绍申请账号的过程。

　　用注册好的账号登录 ChatGPT 官网后，即可进入 ChatGPT 的聊天界面，如图 1-1 所示。

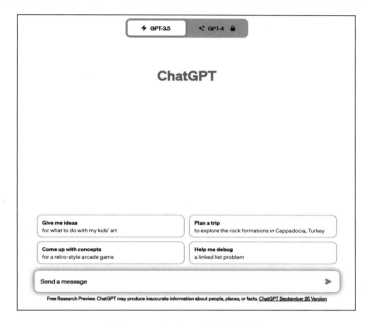

图 1-1　ChatGPT 的聊天界面

　　由图 1-1 可知，我们现在使用的是免费的 GPT-3.5 模型，读者也可以将账号升级至 ChatGPT Plus，以体验更强大的 GPT-4 模型。不过笔者认为 GPT-3.5 模型已经足以帮助读者学习 Python 数据分析的相关理论和工具了，可暂时不进行账号升级。

　　在聊天界面正下方的输入框中输入文字并单击发送，即可与 ChatGPT 进行互动。例如，输入"作为数据分析专家，请用通俗易懂的语言给小白介绍什么是线性回归。"后，得到的答案如下所示。

> 线性回归是一种统计方法，用于理解和预测两个或多个变量之间的关系。它特别适用于了解一个变量如何受其他变量的影响。可以将其想象成一条直线，以帮助我们理解数据点之间的趋势。例如，如果你想知道学习时间与考试成绩之间的关系，线性回归可以帮助你找到这两者之间是否存在相关性，以及这种相关性的强度和方向。这个方法有助于进行预测或制定决策，尤其是当你需要根据已知数据来推断未知情况时。

2. 通过 Cursor 工具

由于国内注册 ChatGPT 官网账号的难度较大，一般无法直接打开 ChatGPT 的聊天界面进行互动，所以接下来推荐一款基于 GPT 的代码生成工具 Cursor。Cursor 利用 GPT 技术，将开发者输入的自然语言描述转化为代码，从而实现代码的快速生成，提高开发效率。Cursor 是一款智能开发者编程工具，底层是由 GPT-3.5 或者 GPT-4 支持的，国内可以直接使用。Cursor 支持 Windows、Linux、macOS 等系统，免费版可以享受每月 50 次 GPT-4 互动和 200 次 GPT-3.5 互动，Cursor 客户端还支持用户调用自己的 OpenAI Key。

读者可直接在 Cursor 官网（https://cursor.sh/）下载 Cursor 软件进行安装，如图 1-2 所示。

图 1-2　Cursor 官网

在 Cursor 官网可以用国内邮箱注册账号。完成注册并成功登录后即可获得相应的免费使用次数，当然如有需要也可升级到 Pro，如图 1-3 所示。

图 1-3　Cursor 账号的免费使用次数

Cursor 软件安装完成后可双击打开，单击右上角的 ⚙ 按钮可打开"CURSOR SETTINGS"界面，如图 1-4 所示。

图 1-4　打开"CURSOR SETTINGS"界面

单击图 1-4 中的"Sign in"按钮登录 Cursor，登录后可在"Model"模块切换 GPT-3.5 或 GPT-4，如图 1-5 所示。

至此，我们就可以利用 Cursor 与 GPT-3.5 或 GPT-4 互动了。常用的是两个快捷键：Ctrl+K 和 Ctrl+L。

❑ Ctrl+K：把输出数据直接写入文件中。

❑ Ctrl+L：把输出数据展示到右侧面板中（输出的数据不会直接输出到文件中），类似于智能问答系统，根据上下文有问有答。

现在，我们来创建一个新文件，通过一个例子来体验 Cursor 如何帮我们写代码。按 Ctrl+K 快捷键，在调出的输入窗口中输入文本"作为数据分析专家，请用 scikit-learn 库自带的 iris 数据集进行 k 近邻分类，实现对花种类的预测，要求基于 scikit-learn 库的 KNeighborsClassifier 类实现，并评估模型预测效果。"，如图 1-6 所示。

图 1-5　登录 Cursor 后可切换不同的 GPT 版本

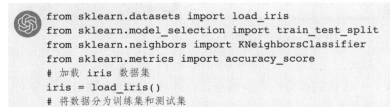

图 1-6　用 Ctrl+K 快捷键调出窗口输入问题

输入问题后，单击图 1-6 中的"Generate"按钮，Cursor 即可根据问题输出答案，如下所示。

```
from sklearn.datasets import load_iris
from sklearn.model_selection import train_test_split
from sklearn.neighbors import KNeighborsClassifier
from sklearn.metrics import accuracy_score
# 加载 iris 数据集
iris = load_iris()
# 将数据分为训练集和测试集
```

```
X_train, X_test, y_train, y_test = train_test_split(iris.data, iris.target,
    test_size=0.2, random_state=42)
# 创建 k-NN 分类模型
knn = KNeighborsClassifier(n_neighbors=3)
# 使用训练集对模型进行训练
knn.fit(X_train, y_train)
# 使用测试集进行预测
y_pred = knn.predict(X_test)
# 评估模型的准确性
accuracy = accuracy_score(y_test, y_pred)
print("Accuracy:", accuracy)
```

如果读者觉得 ChatGPT 注册困难且聊天界面无法访问，又不习惯 Cursor 的交互方式，那还能否继续利用 ChatGPT 辅助 Python 数据分析的学习呢？答案当然是可以。接下来继续介绍两款国内非常好用的工具。

1.2.2 如何使用百度的文心一言

文心一言是百度研发的知识增强大语言模型，能够与用户进行对话互动，回答用户提出的问题，协助用户进行创作，高效便捷地帮助人们获取信息、知识和灵感。文心一言位于模型层，使用百度飞桨深度学习平台和文心知识增强大模型，持续从海量数据和大规模知识中融合学习，具备知识增强、检索增强和对话增强的特色，可为用户提供准确、安全、有效的知识。

文心一言已经放开公测，注册账号非常容易，只需打开文心一言官网（https://yiyan.baidu.com/welcome），单击右上角的"登录"按钮，在登录弹窗的右下角单击"立即注册"后按照要求进行操作，即可完成文心一言账号的注册，如图 1-7 所示。

图 1-7　文心一言官网

用注册好的账号登录后，即可进入文心一言的聊天界面，如图 1-8 所示。

接下来让我们体验下文心一言在数据分析方面的应用。如输入"作为数据分析专家，请用通俗易懂的语言给小白介绍什么是线性回归。"后，得到的答案如下所示。

图 1-8 文心一言的聊天界面

线性回归是一种用来预测数值型数据的简单机器学习算法，它通过对数据的线性关系进行建模来预测未知的数据。

线性回归的核心思想是假设数据之间的联系是线性的，也就是说输入变量（也叫作特征）和输出变量（也叫作目标变量或预测变量）之间的关系可以用一条直线来表示。

比如，假设我们有一组身高和体重的数据，想根据身高来预测体重。在这个例子中，身高是特征，体重是目标变量。我们可以假设体重和身高之间存在一种线性的关系，也就是说，我们可以认为体重是身高的一个倍数。如果这个倍数（也叫作权重）是10，那么每增加 1 单位的身高，体重就会增加 10 单位。

线性回归的目标就是找到这个倍数，也就是最佳的权重。我们可以通过最小化预测值和实际值之间的差异（也叫作残差）来找到这个最佳的权重。

为了找到这个最佳的权重，我们通常使用一种叫作梯度下降的方法。简单来说，梯度下降就是一种寻找最低谷的方法。在上述例子中，我们需要找到一个权重，这个权重的值使得预测值和实际值之间的差异最小。使用梯度下降法可一步步地更新权重，以便在每一步都朝着减少差异的方向前进。

以上就是线性回归的基本概念。线性回归是一种非常简单但有效的预测工具，它可以帮助我们理解数据之间的关系，并对未来的数据进行预测。

由上可知，文心一言的回答结果非常不错。此外，如果你还想就这个问题继续深入学习，它还给出了下一步的问题建议。

例如，我们在了解线性回归的时候看到一个叫"损失函数"的概念，如果想知道什么是损失函数，也可以通过文心一言得到答案。此时，可在文心一言的聊天对话框中输入"作为数据分析专家，请给出损失函数的公式，不要用 Markdown，公式用 LaTeX 显示。"，得到的答案如下所示。

当然，我可以为您提供一些常见的损失函数（Loss Function）的 LaTeX 公式。

1. 均方误差（Mean Squared Error，MSE）

$$MSE = \frac{1}{n}\sum_{i=1}^{n}(y_i - \widehat{y_i})^2$$

2. 平均绝对误差（Mean Absolute Error，MAE）

$$MAE = \frac{1}{n}\sum_{i=1}^{n}|y_i - \widehat{y_i}|$$

3. 均方根误差（Root Mean Squared Error，RMSE）

$$RMSE = \sqrt{\frac{1}{n}\sum_{i=1}^{n}(y_i - \widehat{y_i})^2}$$

4. 对数损失（LogLoss）

$$LogLoss = -\frac{1}{n}\sum_{i=1}^{n}y_i*\log(\widehat{y_i}) + (1 - y_i)*\log(1 - \widehat{y_i})$$

5. Hinge 损失（适用于支持向量机）

$$HingeLoss = \max(0, 1 - y_i * \hat{y}_i)$$

以上公式中，y_i 是实际的标签值，$\hat{y}_i$ 是模型预测的值，n 是样本的数量。这些是损失函数的一些常见示例，用于不同的机器学习任务。

最后，让我们来体验文心一言在写代码方面的能力。我们在文心一言的聊天对话框中输入以下内容：

作为数据分析专家，请用 scikit-learn 自带的 iris 数据集进行 k 近邻分类，实现对花种类的预测，要求基于 scikit-learn 的 KNeighborsClassifier 类实现，并评估模型预测效果。

以下是文心一言给出的答案。

下面是一个基本的示例，演示如何使用 scikit-learn 的 KNeighborsClassifier 类对 iris 数据集进行 k 近邻分类，并对模型的预测效果进行评估：

```
from sklearn import datasets
from sklearn.model_selection import train_test_split
from sklearn.preprocessing import StandardScaler
from sklearn.neighbors import KNeighborsClassifier
from sklearn.metrics import accuracy_score
# 加载 iris 数据集
iris = datasets.load_iris()
X = iris.data
```

```
y = iris.target
# 将数据分为训练集和测试集
X_train, X_test, y_train, y_test = train_test_split(X, y, test_size=0.2,
    random_state=42)
# 对数据进行标准化处理（由于 k-NN 是基于距离的算法，所以需要对数据进行标准化）
scaler = StandardScaler()
X_train = scaler.fit_transform(X_train)
X_test = scaler.transform(X_test)
# 创建 k-NN 分类模型
knn = KNeighborsClassifier(n_neighbors=3)
# 使用训练集对 k-NN 分类模型进行训练
knn.fit(X_train, y_train)
# 使用训练好的 k-NN 模型对测试集进行预测
y_pred = knn.predict(X_test)
# 输出预测的准确度
print("Accuracy: ", accuracy_score(y_test, y_pred))
```

上述代码首先加载 iris 数据集，按照 80% 和 20% 的比例将数据分为训练集和测试集。并使用 StandardScaler 对数据进行标准化处理；然后创建一个 KNeighborsClassifier 对象，并设置邻居数量为 3；最后使用训练集对分类模型进行训练，使用训练好的分类模型对测试集进行预测，并输出预测的准确度。

文心一言给出的代码包括数据导入、数据拆分、数据标准化、模型建立、训练及预测，最后还给出了对代码块的步骤解读。

我们可以单击文心一言聊天界面右上角的"一言百宝箱"按钮，调出"一言百宝箱"，里面是各个编程辅助主题的优质指令集合，如图 1-9 所示。

图 1-9　编程辅助主题的优质指令集合

1.2.3 如何使用科大讯飞的星火认知大模型

讯飞星火认知大模型是科大讯飞发布的新一代认知智能大模型，拥有跨领域知识和语言理解能力，能够基于自然对话方式理解与执行任务。它具有 7 个核心能力，即文本生成、语言理解、知识问答、逻辑推理、数学能力、代码能力、多模态能力。

2023 年 5 月 6 日，科大讯飞正式发布了星火认知大模型。9 月 5 日，科大讯飞宣布讯飞星火大模型面向全民开放，直接在官网（https://xinghuo.xfyun.cn/）用手机号码即可完成注册。图 1-10 是讯飞星火认知大模型的聊天界面。

图 1-10　讯飞星火认知大模型的聊天界面

同样，让我们来体验星火认知大模型在写代码方面的能力。我们在对话框中输入以下内容：

> 作为数据分析专家，请用 scikit-learn 自带的 iris 数据集进行 k 近邻分类，实现对花种类的预测，要求基于 scikit-learn 的 KNeighborsClassifier 类实现，并评估模型预测效果。

以下是星火认知大模型给出的答案。

> 以下是使用 scikit-learn 的 KNeighborsClassifier 类对 iris 数据集进行 k 近邻分类，并评估模型预测效果的示例代码：

```
from sklearn.datasets import load_iris
from sklearn.model_selection import train_test_split
from sklearn.neighbors import KNeighborsClassifier
from sklearn.metrics import accuracy_score
# 加载 iris 数据集
```

```
iris = load_iris()
X = iris.data
y = iris.target
# 将数据集划分为训练集和测试集
X_train, X_test, y_train, y_test = train_test_split(X, y, test_size=0.2,
    random_state=42)
# 创建 k 近邻分类模型, 设置 k 值为 3
knn = KNeighborsClassifier(n_neighbors=3)
# 在训练集上训练模型
knn.fit(X_train, y_train)
# 在测试集上进行预测
y_pred = knn.predict(X_test)
# 计算模型预测准确率
accuracy = accuracy_score(y_test, y_pred)
print("模型预测准确率: ", accuracy)
```

上述代码首先导入了必要的库函数和数据，并将数据集划分为训练集和测试集；然后创建了一个 k 近邻分类模型，并设置了 k 值为 3；接着使用训练集对模型进行训练，并在测试集上进行预测；最后通过计算预测结果与真实标签之间的准确率来评估模型的预测效果。

同样，星火认知大模型给出的代码质量也非常高。

星火认知大模型提供了"星火助手中心"，覆盖了 200 余个应用场景，涵盖职场、学习、趣味、出行、生活等 10 多个板块。在编程板块中搜索"python"的相关指令，结果如图 1-11 所示。

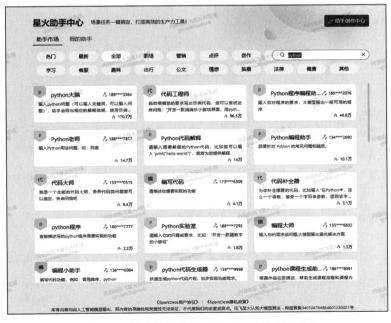

图 1-11　星火认知大模型的"星火助手中心"

GPT-3.5、文心一言、讯飞星火认知大模型这 3 种 ChatGPT 应用均在数据分析和 Python 学习方面有不俗的表现。如无特别说明，本书后续章节将使用 OpenAI 公司的 GPT-3.5 辅助 Python 的数据分析学习。对于没办法使用 GPT-3.5 的读者，建议将后续的问题直接输入百 度的文心一言或科大讯飞的星火认知大模型聊天框，也能得到非常不错的答案。

1.3　使用 ChatGPT 辅助工具安装

经过前面的学习，我们已经知道至少需要熟练掌握一门数据分析常用的编程语言，如 Python 或 R。本书将选用 Python 作为数据分析工具，本节将进行工具介绍及安装。

1.3.1　Anaconda 的安装

Anaconda 是一个非常流行的、基于 Python 的科学计算环境，里面包含了 Python、 Conda（一个 Python 包管理器）和各种用于科学计算的包，可以完全独立使用，不再额外下 载 Python。因为担心 ChatGPT 给出的 Anaconda 下载地址不能打开，本次我们通过文心一 言了解 Anaconda 及其安装方式。

我们在文心一言对话框中输入以下内容：

> ❓ 作为数据分析专家，请用一句话介绍什么是 Anaconda，并指导小白如何在 Windows 环境中下载并安装 Anaconda。

以下是文心一言给出的答案。

> Anaconda 是一个开源的 Python 发行版，包含了众多的包和环境管理工具，用于高 效的数据分析、科学计算和数据科学项目。
>
> 在 Windows 环境中下载并安装 Anaconda，可以按照以下步骤操作：
>
> 1. 打开 Anaconda 官方网站（https://www.anaconda.com/download/），单击"Download" 按钮下载 Anaconda 的安装程序。
>
> 2. 运行下载的安装程序，并单击"Next"按钮。
>
> 3. 在"License Agreement"页面中勾选"I accept the license agreement"选项，并 单击"Next"按钮。
>
> 4. 在"Select Destination"页面中选择 Anaconda 的安装路径，并单击"Next" 按钮。
>
> 5. 在"Install Options"页面中选择需要安装的组件（例如 Python、NumPy 等），并 单击"Next"按钮。
>
> 6. 在"Ready to Install"页面中确认安装信息无误后，单击"Install"按钮开始 安装。

7. 安装完成后，启动 Anaconda Prompt（或者在"开始"菜单中找到 Anaconda Navigator 并打开），输入命令"conda activate"来激活 Anaconda 环境。

8. 安装成功！现在可以使用 Anaconda 提供的工具和包进行数据分析和科学计算了。希望这个简单的指导能够帮助你在 Windows 环境中成功地下载和安装 Anaconda。

文心一言给出的下载与安装教程已经非常详细了。读者按照上述步骤操作，即可完成 Anaconda 的安装。

1.3.2　Jupyter Notebook 的使用

Jupyter Notebook 是 Anaconda 默认提供的一款交互式的开发环境，该环境既可以集成 Python，也可以集成 R 语言。这款工具非常适用于交互式的数据分析任务，它支持 Markdown 语言，适合展示与报告。简而言之，Jupyter Notebook 是以网页的形式打开的，可以在网页中直接编写和运行代码，代码的运行结果也会直接在代码块下显示。

我们可以通过 ChatGPT 了解在 Anaconda 中启动 Jupyter Notebook 的方法及其基本操作。

我们在 ChatGPT 输入框中输入以下内容：

 作为数据分析专家，请给小白介绍如何在 Anaconda 中启动 Jupyter Notebook，并给出 Jupyter Notebook 的基本操作。

以下是 ChatGPT 给出的答案。

当你已经成功安装 Anaconda 后，以下是如何在 Anaconda 中启动 Jupyter Notebook 以及一些 Jupyter Notebook 的基本操作。

启动 Jupyter Notebook：

1. 打开操作系统的应用程序菜单，找到并单击 Anaconda 文件夹。

2. 在 Anaconda 文件夹中选择"Anaconda Navigator"并启动它。

3. 在 Anaconda Navigator 中单击"Jupyter Notebook"选项。

4. 打开一个新的浏览器窗口，并显示 Jupyter Notebook 的主界面。

基本操作：

1. 创建新 Notebook：在 Jupyter Notebook 主界面上单击右上角的"New"按钮，然后选择 Python 版本（通常选择 Python 3），将创建一个新的 Notebook。

2. 编辑和运行代码：每个 Notebook 由一个或多个单元格组成。单击单元格编辑代码，然后按 Shift+Enter 键来运行单元格。也可以使用上方工具栏中的运行按钮来执行单元格操作。

3. 类型切换：Jupyter Notebook 支持 Markdown 文本单元格，用于文档编写和注释。

你可以在单元格类型下拉菜单中选择 Markdown，然后在单元格中键入文本。

4. 保存 Notebook：单击工具栏中的保存按钮或使用快捷键 Ctrl+S（在 macOS 系统中使用 Cmd+S 快捷键）来保存该 Notebook。可以为该 Notebook 起个名字，以便后续的查找和使用。

5. 添加新单元格：你可以使用工具栏中的"+"按钮来添加新的单元格，或者使用键盘快捷键。默认情况下，新单元格是代码单元格，但你可以在单元格类型下拉菜单中更改其类型。

6. 查看结果：Jupyter Notebook 会显示代码运行的结果，包括图表、文本输出等。你可以在 Notebook 中轻松查看这些结果。

7. 关闭 Notebook：当你完成工作后，可以关闭 Notebook 选项卡，但不要忘记在退出之前保存你的工作。

这些是 Jupyter Notebook 的基本操作，让你能够创建、编辑、运行代码和文本等内容，进行数据分析和文档编写。通过实践和探索，你将会更熟悉 Jupyter Notebook 的高级功能和数据分析工作流程。

根据 ChatGPT 给出的步骤，打开 Jupyter Notebook 的操作界面，如图 1-12 所示。

图 1-12　Jupyter Notebook 的操作界面

图 1-12 的第一个单元格以"In[]"开头，表示这是一个代码单元格。在代码单元格里，可以在输入任何代码后按 Shift+Enter 或 Ctrl+Enter 组合键运行并显示结果，两者的区别在于按 Shift+Enter 键后会同时切换到下一个新的单元格中。标记（Markdown）单元格虽然类型是 Markdown，但这类单元格也接受 HTML 代码，这样可以在单元格内实现更加丰富的样式，如添加图片等。

1.4　使用 ChatGPT 辅助 Python 入门

学习一门编程语言，首先要了解其常用的数据类型和数据对象，以及 Python 数据分析最常用的 NumPy 库中的数组与 Pandas 库中的序列和数据框。

1.4.1　使用 ChatGPT 学习 Python 数据对象

我们通过 ChatGPT 学习 Python 常用的数据类型和数据对象，在 ChatGPT 输入框中输入以下内容：

 作为数据分析专家，请给小白介绍 Python 常用的数据类型和数据对象并以表格形式展示，其中第 1 列为数据类型 / 数据对象，第 2 列为简要介绍，第 3 列为示例。

以下是 ChatGPT 给出的答案。

以下是 Python 中常用的数据类型和数据对象的表格展示：

数据类型 / 数据对象	简要介绍	示例
整数（int）	用于表示整数数值	x = 5，y = −10
浮点数（float）	用于表示带有小数点的实数	a = 3.14，b = 2.0
字符串（str）	用于表示文本数据	name = "John"，message = 'Hello, World!'
列表（list）	有序的可变数据集合，可以包含不同类型的元素	fruits = ["apple", "banana", "cherry"]，numbers = [1, 2, 3, 4, 5]
元组（tuple）	有序的不可变数据集合，一旦创建不能修改	point = (3, 4)，colors = ("red", "green", "blue")
字典（dict）	包含键值对的数据结构	person = {"name": "Alice", "age": 30, "city": "New York"}
集合（set）	无序的数据集合，不允许有重复元素	unique_numbers = {1, 2, 3, 4, 5}
布尔值（bool）	用于表示真或假	is_true = True，is_false = False
数据框（DataFrame）	二维表格形式的数据结构，用于处理和分析结构化数据	详见下面的示例
数组（NumPy Array）	多维数组，用于数值计算和数据处理	详见下面的示例

示例：数据框（DataFrame）和数组（NumPy Array）。

数据框示例：

```python
import pandas as pd
data = {
    'Name': ['Alice', 'Bob', 'Charlie'],
    'Age': [25, 30, 22],
    'City': ['New York', 'San Francisco', 'Los Angeles']
}
df = pd.DataFrame(data)
print(df)
```

NumPy 数组示例：

```python
import numpy as np
arr = np.array([1, 2, 3, 4, 5])
print(arr)
```

> 数据框和数组是数据分析中非常有用的数据对象，用于处理和分析结构化数据和数值数据。

由上可知，Python 常用的数据类型有整数、浮点数、字符串和布尔值；常用的数据对象有列表、元组、集合、字典以及 NumPy 库中的数组和 Pandas 库中的数据框。ChatGPT 还给出了创建 Pandas 数据框和 NumPy 数组的示例。

列表和字典是数据分析中最常见的两种数据类型，让我们先通过 ChatGPT 掌握列表的基本知识。

我们在 ChatGPT 输入框中输入以下内容：

> **?** 作为数据分析专家，请给小白介绍什么是列表，如何创建列表，以及列表元素的访问和常用的列表方法。

以下是 ChatGPT 给出的答案。

> 当你进行数据分析时，经常需要处理大量数据。Python 中的列表是一种非常有用的数据结构，用于存储一组数据项，这些数据项可以是不同类型的对象。以下是有关列表的基本信息以及如何创建、访问和操作它们的示例。
>
> 1. 什么是列表
>
> 列表是一种有序的、可变的数据结构，可以包含各种数据类型的元素。你可以将列表视为一种容器，用于存储多个相关的数据项。列表中的元素按照它们添加到列表中的顺序进行存储，并且可以通过索引来访问它们。
>
> 2. 如何创建列表
>
> 在 Python 中，你可以使用方括号 "[]" 来创建一个列表，将元素用逗号 "," 分隔。以下是创建一个简单列表的示例代码：

```python
# 创建一个整数列表
numbers = [1, 2, 3, 4, 5]
# 创建一个字符串列表
fruits = ["apple", "banana", "cherry"]
# 创建一个混合数据类型的列表
mixed_list = [1, "apple", 3.14, True]
```

> 3. 列表元素的访问
>
> 你可以使用索引来访问列表中的元素，索引从 0 开始计数。例如，要获取列表中的第一个元素，你可以使用索引 0，第二个元素使用索引 1，以此类推。示例代码如下：

```python
fruits = ["apple", "banana", "cherry"]
# 访问第一个元素
first_fruit = fruits[0]  # 结果为 "apple"
# 访问第二个元素
```

```
second_fruit = fruits[1]   # 结果为 "banana"
```

4. 常用的列表方法

列表提供了许多方法，用于在列表中添加、删除、查找元素等常见操作。以下是一些常用的方法：

❑ append(item): 向列表末尾添加元素。

❑ insert(index, item): 在指定索引位置插入元素。

❑ remove(item): 删除列表中的指定元素。

❑ pop(index): 删除并返回指定索引位置的元素。

❑ index(item): 查找元素在列表中的索引。

❑ count(item): 计算元素在列表中出现的次数。

❑ sort(): 对列表进行升序排序。

❑ reverse(): 反转列表中的元素顺序。

以下是一些示例：

```
fruits = ["apple", "banana", "cherry"]
# 添加元素
fruits.append("orange")
# 插入元素
fruits.insert(1, "grape")
# 删除元素
fruits.remove("cherry")
# 查找元素索引
index = fruits.index("banana")
# 计算元素出现次数
count = fruits.count("apple")
# 对列表排序
fruits.sort()
# 反转列表
fruits.reverse()
```

这些是列表的基础概念和常用操作。列表是数据分析中常用的数据结构之一，可用于存储和操作大量数据。

从 ChatGPT 给出的答案可知，可以用"[]"来创建列表，元素间用逗号分隔。此外，我们也可以使用 list() 函数来创建列表，比如通过 a=list() 命令创建一个空列表 a。列表元素的获取方式除了上面介绍的正向索引方式之外，还有负向索引、有限切片、无限切片等方式。需要注意的是，正向索引从 0 开始，而负向索引从 −1 开始。比如想提取列表 fruits 的最后一个元素，可以通过 fruits[−1] 命令实现。ChatGPT 也给出了列表的常用方法及示例，与 append() 方法类似的还有 extend() 方法，区别是 extend() 方法是向列表末尾添加子列表，形成新的列表。

同样，让我们通过 ChatGPT 掌握字典的基本知识。在 ChatGPT 输入框中输入以下内容：

> **?** 作为数据分析专家，请给小白介绍什么是字典，如何创建字典，以及字典元素的访问和常用的字典方法。

以下是 ChatGPT 给出的答案。

> 字典是 Python 中一种非常有用的数据结构，用于存储键值对。字典允许你将每个值（value）与一个唯一的键（key）相关联，以便能够通过键来快速检索和访问值。以下是关于字典的基本信息以及如何创建、访问和操作它们的示例。
>
> **1. 什么是字典**
>
> 字典是一种无序的、可变的数据结构，用于存储键值对。每个键都是唯一的，而值可以是任何数据类型，包括整数、字符串、列表，甚至其他字典。字典通常用于表示关联数据，例如，将学生的姓名与他们的分数关联起来。
>
> **2. 如何创建字典**
>
> 在 Python 中，你可以使用大括号 {} 来创建一个字典，其中包含键值对。每个键和值之间使用冒号 "：" 分隔，不同键值对之间使用逗号 "，" 分隔。以下是创建一个简单字典的示例代码：

```
# 创建一个空字典
empty_dict = {}
# 创建一个包含键值对的字典
student_scores = {"Alice": 90, "Bob": 85, "Charlie": 88}
```

> **3. 字典元素的访问**
>
> 你可以通过键来访问字典中的值，方法是在方括号 "[]" 中放入键：

```
student_scores = {"Alice": 90, "Bob": 85, "Charlie": 88}
# 获取特定键对应的值
alice_score = student_scores["Alice"]  # 结果为 90
```

> 如果字典中不存在给定的键，会引发 KeyError 错误。为了避免该错误，你可以使用 get() 方法：

```
# 安全获取值，如果键不存在返回默认值
bob_score = student_scores.get("Bob", 0)  # 如果 Bob 不存在，返回 0
```

> **4. 常用的字典方法**
>
> 字典提供了一些常用的方法。
>
> ❑ keys(): 获取所有键的列表。
>
> ❑ values(): 获取所有值的列表。
>
> ❑ items(): 获取所有键值对的元组。

❑ update(other_dict): 合并另一个字典的键值对。

❑ pop(key): 删除指定键的键值对。

❑ popitem(): 删除并返回字典的最后一个键值对。

❑ clear(): 清空字典中的所有键值对。

以下是一些示例:

```
student_scores = {"Alice": 90, "Bob": 85, "Charlie": 88}
# 获取所有键
keys = student_scores.keys()
# 获取所有值
values = student_scores.values()
# 获取所有键值对
items = student_scores.items()
# 合并两个字典
other_scores = {"David": 92, "Eva": 87}
student_scores.update(other_scores)
# 删除指定键
student_scores.pop("Bob")
# 清空字典
student_scores.clear()
```

字典是非常有用的数据结构, 它允许你以高效的方式存储和检索数据, 特别适用于处理关联数据和构建更复杂的数据结构。

由上可知, 可以使用 {} 创建字典, 当然也可以使用 dict() 函数创建字典, 比如 d=ditc() 可创建一个空字典 d。字典以键值对的形式存储数据, 不同键值对之间用逗号隔开。需注意同一个字典中的键不能重复, 一个键可以对应多个值。对比列表和字典元素的访问方式可知, 列表可通过索引号访问对应的元素, 字典可通过键访问对应的值。

1.4.2　使用 ChatGPT 学习 NumPy

在学习 NumPy 的一些基础操作前, 先通过 ChatGPT 了解 NumPy 的概念及特点。我们在 ChatGPT 输入框中输入以下内容:

> ❓ 作为数据分析专家, 请给小白介绍什么是 NumPy, 其特点有哪些, 要求尽可能精简。

以下是 ChatGPT 给出的答案。

> NumPy (Numerical Python) 是 Python 中用于科学计算和数据分析的核心库之一。它提供了一个多维数组对象 (称为 NumPy 数组) 以及用于数组操作的函数和工具。以下是 NumPy 的主要特点。

1. 多维数组：NumPy 的核心是多维数组对象，允许高效地存储和处理大型数据集，如矩阵、图像和时间序列数据。

2. 数学和科学函数：NumPy 提供了丰富的数学函数（用于数组的元素级运算，包括加法、减法、乘法、除法等）以及统计、线性代数、傅里叶变换等科学计算工具。

3. 广播功能：NumPy 允许在不同形状的数组之间执行操作，自动广播（broadcasting）功能使得对不同形状的数组进行运算更加方便。

4. 内存效率：NumPy 数组在内存管理方面非常高效，可以有效减少内存消耗，同时提供了直接访问底层内存的能力。

5. 开源和活跃的社区：NumPy 是开源项目，拥有庞大的社区支持，提供了广泛的文档和扩展库，用于数据分析和科学计算的生态系统更加丰富。

总之，NumPy 是数据分析中的重要工具，它提供了强大的多维数组和各种数学函数，使得数据处理和分析更加高效和便捷。

NumPy 的多维数组是机器学习和深度学习中最常见的数据对象，我们需掌握数组的创建及常用方法。在 ChatGPT 输入框中输入以下内容：

> ? 作为数据分析专家，请给小白介绍什么是数组，如何创建数组，以及数组元素的访问及常用的数组方法。

以下是 ChatGPT 给出的答案。

> 数组（Array）是一种数据结构，用于存储相同类型的元素，这些元素按顺序排列，并可以通过索引来访问。在数据分析和编程中，数组通常用于存储和处理大量数据。以下是有关数组的基本信息以及如何创建、访问和操作它们的示例。
>
> 1. 什么是数组
>
> 数组是一种数据结构，其中包含相同类型的元素，这些元素以线性顺序排列，可以通过索引来访问。数组可以是一维的（类似于列表）或多维的（如矩阵）。数组的主要优点是可以高效地执行许多元素级操作，例如加法、乘法等。
>
> 2. 如何创建数组
>
> 在 Python 中，你可以使用不同的库来创建和操作数组，其中最常用的是 NumPy。以下是使用 NumPy 创建数组的示例：

```
import numpy as np
# 创建一维数组
arr1 = np.array([1, 2, 3, 4, 5])
# 创建多维数组（矩阵）
arr2 = np.array([[1, 2, 3], [4, 5, 6]])
# 创建具有特定范围的数组
```

```
arr3 = np.arange(0, 10, 2)    # 创建一个从 0 到 8 的数组，步长为 2
# 创建零数组
arr4 = np.zeros((3, 3))        # 创建一个 3x3 的零矩阵
# 创建单位矩阵
arr5 = np.eye(3)               # 创建一个 3x3 的单位矩阵
```

3. 数组元素的访问

可以使用索引来访问数组中的元素，索引从 0 开始计数。对于多维数组，你需要指定索引的多个值。示例代码如下：

```
arr = np.array([1, 2, 3, 4, 5])
# 访问第一个元素
first_element = arr[0]      # 结果为 1
# 访问多维数组中的元素
matrix = np.array([[1, 2, 3], [4, 5, 6]])
element = matrix[1, 2]      # 访问第二行第三列的元素，结果为 6
```

4. 常用的数组方法

NumPy 提供了许多用于数组操作和数学计算的方法。以下是一些常用的方法：

❑ shape(): 获取数组的维度。

❑ size(): 获取数组中的元素总数。

❑ mean(): 计算数组的平均值。

❑ sum(): 计算数组中的元素总和。

❑ min(): 找到数组中的最小值。

❑ max(): 找到数组中的最大值。

❑ reshape(): 重新定义数组的形状。

❑ transpose(): 转置数组。

❑ dot(): 计算数组的点积（内积）。

这些方法可以帮助你对数组进行各种操作和分析，使数据分析更加高效。

由上可知，创建数组的函数有很多，其中使用最多的是 array() 函数。一维数组的元素访问与列表类似，二维数组的元素访问则需要通过 [row,col] 方式，多维数组与二维数组的元素访问方式类似。数组除了上面提到的那些方法外，还有用于进行数组大小修改的 resize() 方法和将数据"打平"到一维的 flatten() 方法，这些都是在模型训练时常用的方法。

1.4.3　使用 ChatGPT 学习 Pandas

在学习 Pandas 的一些基础操作前，我们同样先通过 ChatGPT 了解什么是 Pandas，其特点有哪些。我们在 ChatGPT 输入框中输入以下内容：

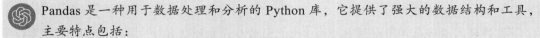

? 作为数据分析专家，请给小白介绍什么是 Pandas，其特点有哪些，要求尽可能精简。

以下是 ChatGPT 给出的答案。

> Pandas 是一种用于数据处理和分析的 Python 库，它提供了强大的数据结构和工具，主要特点包括：
>
> 1. 数据结构：Pandas 引入了两个主要的数据结构 DataFrame 和 Series，用于处理和分析二维表格数据，使数据更易于处理和分析。
>
> 2. 数据清洗和准备：Pandas 允许加载、清洗、合并和处理数据，包括缺失数据的处理、数据过滤和变换等。
>
> 3. 数据分析：Pandas 提供了丰富的数据分析工具，包括统计、聚合、分组、切片和汇总数据的功能，帮助你快速获取洞见。
>
> 4. 数据导入和导出：Pandas 支持多种数据格式，包括 CSV、Excel、SQL 数据库等，使数据导入和导出变得更容易。
>
> 5. 索引和标签：Pandas 的数据结构支持自定义的行和列标签，使数据访问和处理更直观和便捷。
>
> 总之，Pandas 是数据分析领域中的重要工具，能够大幅简化数据处理和分析的过程，并提供了强大的功能和易用的接口，使数据分析更加高效。

由上可知，Pandas 有两种数据对象：序列（Series）和数据框（DataFrame）。可以认为序列是只有一列的数据框。数据框中的各列数据类型可以不一样，但同一列的数据类型应相同，各列长度应一致。Pandas 还提供了丰富的数据读取函数、数据处理和分析方法，本书将在后续内容中进行讲解。

下面学习数据框的创建及常用方法。在 ChatGPT 输入框中输入以下内容：

? 作为数据分析专家，请给小白介绍什么是 DataFrame，如何创建 DataFrame，以及 DataFrame 元素的访问及常用的 DataFrame 方法。

以下是 ChatGPT 给出的答案。

> DataFrame 是 Pandas 中的一个重要数据结构，用于处理和分析二维表格型数据，类似于电子表格或 SQL 表。以下是关于 DataFrame 的基本信息以及如何创建、访问和操作它们的示例。
>
> 1. 什么是 DataFrame
>
> DataFrame 是一个二维的、类似于表格的数据结构，其中包含多列数据，每列可以包含不同类型的数据（整数、浮点数、字符串等）。DataFrame 类似于 Excel 电子表格或

SQL 表，用于存储和处理结构化数据。

2. 如何创建 DataFrame

在 Pandas 中，你可以使用不同的方式创建 DataFrame，其中最常用的是利用数据结构（如字典、列表或 NumPy 数组）创建 DataFrame。以下是创建 DataFrame 的示例代码：

```python
import pandas as pd
# 利用字典创建 DataFrame
data = {
    'Name': ['Alice', 'Bob', 'Charlie'],
    'Age': [25, 30, 22]
}
df = pd.DataFrame(data)
# 利用列表创建 DataFrame
data_list = [['Alice', 25], ['Bob', 30], ['Charlie', 22]]
df = pd.DataFrame(data_list, columns=['Name', 'Age'])
# 利用 NumPy 数组创建 DataFrame
import numpy as np
data_array = np.array([['Alice', 25], ['Bob', 30], ['Charlie', 22]])
df = pd.DataFrame(data_array, columns=['Name', 'Age'])
```

3.DataFrame 元素的访问

可以使用列标签来访问 DataFrame 中的元素，示例代码如下：

```python
# 访问特定列
names = df['Name']
# 访问特定行
row = df.loc[0]          # 获取第一行的数据
# 访问特定元素
age = df.at[1, 'Age']   # 获取第二行 'Age' 列的值
```

4. 常用的 DataFrame 方法

Pandas 提供了许多方法来处理 DataFrame 中的数据，包括：

❑ head(n): 显示 DataFrame 的前 n 行。

❑ tail(n): 显示 DataFrame 的末尾 n 行。

❑ info(): 显示 DataFrame 的基本信息，包括列名、数据类型和非空值数量。

❑ describe(): 提供 DataFrame 列的统计摘要，如均值、标准差、最小值、最大值等。

❑ groupby(): 用于分组和聚合数据。

❑ sort_values(): 用于按列值对 DataFrame 进行排序。

❑ drop(): 用于删除行或列。

❑ fillna(): 用于处理缺失值。

❑ to_csv(): 用于将 DataFrame 保存为 CSV 文件。

❑ to_excel(): 用于将 DataFrame 保存为 Excel 文件。

这些方法允许你对 DataFrame 进行各种操作，包括数据清洗和分析等，使数据处理更加方便。

以上给出了利用列表、字典和 NumPy 数组创建数据框的示例。当利用字典创建数据框时，字典的键就是数据框的列名。

访问数据框中元素的常用方式有两种，一种是 iloc 方法，另一种则是 loc 方法。其中，iloc 方法只能通过行号和列号进行数据的筛选；loc 要比 iloc 灵活一些，可以指定具体的行标签（或条件表达式）和列标签（字段名）。

假如我们要访问上面创建的数据框 df 中年龄不等于 30 岁的人的姓名，可以通过以下两种方式：

```python
import pandas as pd
# 利用字典创建 DataFrame
data = {
    'Name': ['Alice', 'Bob', 'Charlie'],
    'Age': [25, 30, 22]
}
df = pd.DataFrame(data)
# 第 1 种：通过 iloc 方法实现
df.iloc[[0,2],0]
# 第 2 种，通过 loc 方法实现
df.loc[df.Age!=30, "Name"]
```

输出结果为：

```
0       Alice
2       Charlie
```

1.5 本章小结

本章首先介绍了数据分析的概念及常用的机器学习算法，让读者对数据分析有一个初步的认识；接着分别介绍了 OpenAI 的 GPT-3.5、百度的文心一言和科大讯飞的星火认知大模型的使用，三者都能胜任我们的数据分析"老师"，读者可根据实际情况选择合适的 AIGC 工具；最后介绍了如何使用 ChatGPT 辅助我们进行工具安装及 Python 入门。

使用 ChatGPT 学习数据操作

在学习完工具安装及 Python 基础后，下一步需要学习数据基本管理和探索性分析。同时，因为文本和图像数据是深度学习中两种最常见的非结构数据，本章也会对文本和图像操作进行讲解。

2.1 使用 ChatGPT 学习数据的基本管理

常用的数据基本管理手段包括数据去重、数据排序、数据合并、数据分箱等操作。下面通过 ChatGPT 辅助我们进行数据的基本管理。

2.1.1 数据去重

在实际工作中，由于人为或系统原因会造成重复数据产生，此时需要判断数据记录中是否存在重复记录。在 ChatGPT 输入框中输入以下内容：

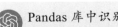 作为数据分析专家，请给小白介绍 Pandas 库中识别及删除重复数据的方法。

以下是 ChatGPT 给出的答案。

Pandas 库中识别和删除重复数据的方法通常涉及以下两个主要步骤。

1. 识别重复数据

使用 duplicated() 方法可以找到 DataFrame 中的重复行，并返回一个布尔 Series，指示每行是不是重复的。示例代码如下：

```
duplicated_rows = df.duplicated()
```

2. 删除重复数据

使用 drop_duplicates() 方法可以删除 DataFrame 中的重复行。

例如，如果要删除所有重复行：

```
df.drop_duplicates(inplace=True)
```

如果要根据特定列来删除重复行，可以指定 subset 参数：

```
df.drop_duplicates(subset=['列名'], inplace=True)
```

这些方法可以帮助你轻松地识别和删除 Pandas DataFrame 中的重复数据。

由上可知，通过 duplicated() 方法可以识别数据框中是否含有重复行。我们通过一个示例来学习该方法。在 ChatGPT 输入框中输入以下内容：

> 假设有一个数据框 df，第 1 列字段为 age，值为 [20,30,33,30,33,30]；第 2 列字段为 name，值为 ['张三','李四','王五','林六','张三','李四']。请识别 df 中是否有重复行。

以下是 ChatGPT 给出的答案。

> 你可以使用 Pandas 中的 duplicated() 方法来识别 DataFrame 中是否有重复行。在你描述的数据框中，你可以这样做：
>
> ```
> import pandas as pd
> data = {'age': [20, 30, 33, 30, 33, 30],
>         'name': ['张三', '李四', '王五', '林六', '张三', '李四']}
> df = pd.DataFrame(data)
> # 识别重复行
> duplicated_rows = df.duplicated()
> # 输出包含重复行的数据
> duplicates = df[duplicated_rows]
> print(duplicates)
> ```
>
> 运行这段代码后，duplicates 中将包含含有重复数据的行。在你的示例中，它应该会显示包含重复数据的行。

上面的答复给出了创建、识别并输出数据框中重复行数据的代码。将代码粘贴到 Jupyter Notebook 中，运行结果如下：

```
   age  name
5   30   李四
```

从运行结果可知最后一行数据是重复值。根据 ChatGPT 给出的答案，我们知道

duplicated() 方法将返回布尔值的序列。我们在 Jupyter Notebook 中输入以下代码，输出数据框 df 和 duplicated() 方法的结果：

```
# 查看数据框
print('df 数据框 \n',df)
# 查看 duplicated() 方法的结果
print('duplicated() 方法的结果 \n',duplicated_rows)
```

运行结果如下：

```
df 数据框
     age  name
0    20   张三
1    30   李四
2    33   王五
3    30   林六
4    33   张三
5    30   李四
duplicated() 方法的结果
0     False
1     False
2     False
3     False
4     False
5      True
dtype: bool
```

可见，当字段 age 和 name 都相同时，duplicated() 方法才认为该条数据为重复记录，返回 True。duplicated() 方法有参数 subset，可以指定根据某列来判断是否重复记录。如想只根据字段 name 来判断是否重复记录，可通过以下代码实现：

```
# 只根据字段 name 判断是否重复
df.duplicated(subset='name')
```

运行结果如下：

```
0     False
1     False
2     False
3     False
4      True
5      True
dtype: bool
```

此时最后两行都被认为是重复记录，因为倒数第 2 行的姓名张三与第 1 行的张三重复，虽然这两行的年龄不相同。

知道如何识别重复记录后，我们更关心如何删除重复记录。根据上面 ChatGPT 的回答，我们已经知道可以使用 drop_duplicates() 方法来删除重复数据。在使用该方法前，非常有必要先学习该方法的参数。我们在 ChatGPT 输入框中输入以下内容：

 作为数据分析专家，请介绍 Python 的 drop_duplicates() 方法，并对参数进行详细讲解，不需要示例。

以下是 ChatGPT 给出的答案。

drop_duplicates() 方法是 Pandas 中用于删除 DataFrame 中重复行的方法：

```
DataFrame.drop_duplicates(subset=None,keep='first',inplace=False,ignore_
    index=False)
```

以下是对 drop_duplicates() 方法的详细参数说明。

1. subset：可选参数，用于指定要考虑的列或列的名称。如果选中 subset 参数，drop_duplicates() 方法将仅考虑根据指定的列来删除重复行。默认为 None，表示考虑所有列。

2. keep：可选参数，用于指定保留哪个重复行。keep 有 3 个可能的选项。

❑ 'first'（默认）：保留第一个出现的重复行，删除其余的。

❑ 'last'：保留最后一个出现的重复行，删除前面的。

❑ False：删除所有重复行。

3. inplace：可选参数，是一个布尔值。如果设置为 True，则将在原始 DataFrame 上进行修改，不返回新的 DataFrame；如果设置为 False（默认），将返回一个新的 DataFrame，原始 DataFrame 不受影响。

4. ignore_index：可选参数，是一个布尔值。如果设置为 True，则会以连续的整数重置 DataFrame 的索引；如果设置为 False（默认），将保留原始索引。

drop_duplicates() 方法允许根据指定的列或列的组合来删除 DataFrame 中的重复行，并根据需求选择保留的重复行。这是一个常用的数据清洗工具，用于确保数据质量。

清楚 drop_duplicates() 方法的各参数用途后，我们就可以对刚才的数据框 df 进行删除重复记录操作了。在 Jupyter Notebook 中运行以下代码：

```
# 所有参数为默认值
print(' 删除重复记录 :\n',df.drop_duplicates())
print(' 查看此时的 df:\n',df)
```

输出结果如下：

```
删除重复记录 :
    age   name
0   20    张三
1   30    李四
2   33    王五
3   30    林六
```

```
4    33    张三
```

查看此时的 **df**:

```
     age  name
0    20   张三
1    30   李四
2    33   王五
3    30   林六
4    33   张三
5    30   李四
```

当所有参数均为默认值时，只删除所有元素都相同的最后一行，且不会改变原来数据框的结果。如果我们想删除所有姓名相同的行，并直接修改原来的数据框 df，可通过以下代码实现：

```
# 只要姓名相同就删除，并直接修改 df
df.drop_duplicates(subset='name',inplace=True)
df
```

输出结果为：

```
age  name
0    20   张三
1    30   李四
2    33   王五
3    30   林六
```

可见，原数据框的最后两行被直接删除了。

2.1.2　数据排序

有时候需要对数据进行排序，以便进一步分析数据。在 ChatGPT 输入框中输入以下内容：

> ❓ 作为数据分析专家，请给小白介绍 Pandas 中数据排序的方法，并给出示例。

以下是 ChatGPT 给出的答案。

> 🅖 Pandas 是一种流行的数据分析库，它提供了多种方法来对数据进行排序。数据排序是数据分析中的关键操作之一，可以帮助你更好地理解数据并做出有意义的分析。以下是 Pandas 中数据排序的方法以及示例。
>
> 方法 1: sort_values()
>
> sort_values() 方法允许你按照一个或多个列的值来对数据进行排序，并可以指定升序或降序排列。以下是一个示例：
>
> ```
> import pandas as pd
> # 创建一个示例数据框
> ```

```
data = {'Name': ['Alice', 'Bob', 'Charlie', 'David'],
        'Age': [25, 30, 22, 35]}
df = pd.DataFrame(data)
# 按照 'Age' 列升序排序
df_sorted = df.sort_values(by='Age', ascending=True)
```

方法 2: sort_index()

sort_index() 方法允许你按照索引来对数据进行排序，并可以指定升序或降序排列。以下是一个示例：

```
import pandas as pd
# 创建一个示例数据框
data = {'A': [3, 1, 2],
        'B': [6, 5, 4]}
df = pd.DataFrame(data, index=['C', 'A', 'B'])
# 按照索引升序排序
df_sorted = df.sort_index(ascending=True)
```

方法 3: sort_values() 多列排序

你也可以按照多个列的值来对数据进行排序，首先按第一个列排序，然后在第一个列相同时按照第二个列排序。以下是一个示例：

```
import pandas as pd
# 创建一个示例数据框
data = {'A': [3, 1, 2, 2],
        'B': [6, 5, 4, 7]}
df = pd.DataFrame(data)
# 按照 'A' 列升序排序，然后按照 'B' 列降序排序
df_sorted = df.sort_values(by=['A', 'B'], ascending=[True, False])
```

这些方法允许你根据不同的需求对数据进行排序。排序是数据分析的重要步骤，可以使你更轻松地查看和分析数据，找出模式和关联。根据你的具体需求，你可以选择适当的排序方法。

将 ChatGPT 给出答案中的"方法 1: sort_values()"示例代码复制到 Jupyter Notebook 中运行，查看 df_sorted 的结果：

```
    Name     Age
2   Charlie  22
0   Alice    25
1   Bob      30
3   David    35
```

从排序结果可知，当参数 ascending 为 True 时，按照 Age 升序排序。如果想进行降序排序，只需将参数 ascending 设置为 False 即可，代码如下：

```
# 按照 'Age' 列降序排序
```

```
df_sorted1 = df.sort_values(by='Age', ascending=False)
df_sorted1
```

运行结果如下：

```
     Name     Age
3    David    35
1    Bob      30
0    Alice    25
2    Charlie  22
```

将 ChatGPT 给出答案中的"方法 2: sort_index()"示例代码复制到 Jupyter Notebook 中运行，查看 df_sorted 的结果：

```
     A    B
A    1    5
B    2    4
C    3    6
```

从运行结果可知，已经按照索引升序排序。

遇到更复杂的数据时，可能需要对多列数据按要求进行排序。将"方法 3: sort_values() 多列排序"的示例代码复制到 Jupyter Notebook 中运行，查看 df_sorted 的结果：

```
     A    B
1    1    5
3    2    7
2    2    4
0    3    6
```

从运行结果可知已经按照 A 列进行升序排序，在 A 列相同的情况下再按照 B 列降序排序。

2.1.3　数据合并

数据合并是指不同数据结构的数据框（两个或两个以上的数据框）按照一定的条件进行匹配合并。在 Pandas 中，数据合并可用 merge() 方法实现。我们在 ChatGPT 输入框中输入以下内容：

> ❓ 作为数据分析专家，请介绍 Pandas 的 merge () 方法，并对参数进行详细讲解，不需要示例。

以下是 ChatGPT 给出的答案。

> merge() 方法是 Pandas 中用于合并（或连接）两个数据框（DataFrames）的方法，类似于 SQL 中的 JOIN 操作。通过该方法，你可以将两个数据框中的数据基于一个或多个列的值进行合并。以下是 merge() 方法的详细参数说明：

1. right：要合并的第二个数据框，通常是要与第一个数据框合并的数据框。

2. how：用于指定合并方式的字符串参数，有以下几种选项。

❑ 'inner'：执行内连接，返回两个数据框中相同键的交集。

❑ 'outer'：执行外连接，返回两个数据框中键的并集。

❑ 'left'：执行左连接，返回第一个数据框中的所有行及与之匹配的第二个数据框中的行。

❑ 'right'：执行右连接，返回第二个数据框中的所有行及与之匹配的第一个数据框中的行。

3. on：用于指定用哪些列进行合并，可以是一个列名的字符串或多个列名组成的列表。如果不指定，Pandas 将使用两个数据框中具有相同名称的列作为连接键。

4. left_on：用于指定第一个数据框中用于合并的列名。如果与 on 参数一起使用，它将替代 on 参数。

5. right_on：用于指定第二个数据框中用于合并的列名。如果与 on 参数一起使用，它将替代 on 参数。

6. left_index 和 right_index：这两个参数是布尔值，用于指示是否将数据框的索引用作合并键。如果设置为 True，索引将用作连接键。

7. suffixes：用于处理列名冲突的后缀，是一个包含两个字符串的元组或列表，分别指定第一个和第二个数据框中列名冲突的列的后缀。

8. validate：用于指定合并操作是否应进行数据完整性验证，有以下几种选项。

❑ 'one_to_one'：验证合并后的数据是不是一对一关系。

❑ 'one_to_many'：验证合并后的数据是不是一对多关系。

❑ 'many_to_one'：验证合并后的数据是不是多对一关系。

❑ 'many_to_many'：验证合并后的数据是不是多对多关系。

❑ False（默认值）：不执行数据完整性验证。

merge() 方法可以用于将两个数据框中的数据合并在一起，以便进行更复杂的数据分析和操作。可以根据需要使用上述参数来自定义合并操作。

　　由 ChatGPT 给出的答案可知，merge() 方法仅能对两个数据框按照某一列关联进行数据合并。如果需要进行多表合并，则需要运用多次 merge() 方法。merge() 方法进行数据合并的方式跟 SQL 一样，支持内连接、外连接、左连接、右连接。当两个数据框合并时，若用于匹配的列名相同，则可以用 on 参数，不同则可以分别用 left_on 和 right_on 参数指定左表和右表进行合并的列名。

　　掌握了 merge() 方法后，可让 ChatGPT 给一些示例演示该方法的使用。我们在 ChatGPT 输入框中输入以下内容：

作为数据分析专家，请给出 Pandas 中 merge() 方法的简单示例，并对合并结果进行解释。

以下是 ChatGPT 给出的答案。

当使用 Pandas 的 merge() 方法时，你可以合并两个数据框，并根据指定的键（列）进行合并操作。以下是一个简单示例以及对合并结果的解释：

```
import pandas as pd
# 创建两个示例数据框
data1 = {'Key': ['A', 'B', 'C', 'D'],
         'Value1': [1, 2, 3, 4]}
df1 = pd.DataFrame(data1)
data2 = {'Key': ['B', 'D', 'E', 'F'],
         'Value2': [5, 6, 7, 8]}
df2 = pd.DataFrame(data2)
# 使用 merge() 方法将两个数据框合并
merged_df = pd.merge(df1, df2, on='Key', how='inner')
```

上面的示例创建了两个数据框 df1 和 df2，它们都有一个列 Key 用于合并。我们使用 merge() 方法将这两个数据框合并，以下是对合并的解释。

❑ on='Key'：我们指定使用 'Key' 列作为合并键，也就是根据这一列的值来合并数据。

❑ how='inner'：我们指定使用内连接方式，这意味着只保留两个数据框中共有的键值，即 'B' 和 'D'。

合并结果 merged_df 是一个新的数据框，它包含了两个原始数据框中共有的键值 'B' 和 'D' 以及它们在原始数据框中的相应值。所以，merged_df 如下所示：

```
   Key  Value1  Value2
0  B       2       5
1  D       4       6
```

这种合并方式可以帮助你将两个数据源的相关信息合并到一个数据框中，以便进行进一步的数据分析和操作。根据合并方式的不同，你可以获得不同的合并结果，例如内连接、外连接、左连接或右连接，以满足你的分析需求。

给出示例中首先创建了两个数据框 df1 和 df2，两个数据框中用于进行匹配的列名都是 Key，所以用了参数 on 进行连接；参数 how 为 inner，所以是内连接；返回了一个新的数据框该数据框仅包含两个原始数据框中的共有元素 B、D 以及它们在原始数据框中对应的值。

我们再看看其他连接方式的合并结果。在 Jupyter Notebook 中输入进行左连接的代码：

```
# 使用 merge() 方法将两个数据框按照左连接方式合并
merged_df1 = pd.merge(df1, df2, on='Key', how='left')
# 查看合并结果
```

```
merged_df1
```

输出结果为：

```
  Key Value1 Value2
0   A      1    NaN
1   B      2    5.0
2   C      3    NaN
3   D      4    6.0
```

由结果可知，当左表 Key 里面的元素右表中没有时，对应的列 Value2 会用 NaN（缺失值）进行填充。

2.1.4 数据分箱

数据分箱是指根据数据分析对象的特征，按照一定的数据指标把数据划分为不同的区间来进行研究，以揭示其内在的联系和规律。在 ChatGPT 输入框中输入以下内容：

作为数据分析专家，请介绍 Pandas 的 cut() 方法，并对参数进行详细讲解，不需要示例。

以下是 ChatGPT 给出的答案。

Pandas 的 cut() 方法用于将连续数据划分成离散的区间，通常用于数据的分箱（binning）或分组操作。下面是 cut() 方法的主要参数及其说明。

❑ x（必需）：要划分的数据，可以是 Series 或 DataFrame 中的一列。

❑ bins（必需）：用于定义所划分区间的边界。可以是整数、序列（列表、数组）或间隔的定义方式。

❑ right（可选）：一个布尔值，用于指定区间的开闭。如果为 True（默认值），则区间右侧是闭合的，即包含右边界；如果为 False，则右侧为开放的，即不包含右边界。

❑ labels（可选）：用于替代每个区间的标签。可以是列表、数组或 False（禁用标签）。

❑ retbins（可选）：一个布尔值，用于指定是否返回划分后的区间边界。如果为 True，则 cut() 方法将返回两个对象，第一个是包含数据的区间对象，第二个是区间边界的列表。

❑ precision（可选）：用于指定边界精度的整数值，控制划分区间时的浮点数精度。

❑ include_lowest（可选）：一个布尔值，用于指定是否将最左侧的区间视为闭合区间。如果为 True，则最左侧的区间是闭合的；如果为 False（默认值），则最左侧的区间是开放的。

❑ duplicates（可选）：一个字符串，用于处理重复的边界值。可以选择 'raise'（默认值，

　　　　抛出异常）、'drop'（删除重复边界）或 'raise'（将重复边界值视为不同的区间）。
　　❑ ordered（可选）：一个布尔值，用于指定返回的区间是否应按照边界的顺序
　　　　排列。
　　cut() 方法通常用于将连续数据划分为离散的区间，使数据更容易理解和分析。可以根据具体需求选择合适的参数来定义区间、标签以及处理边界值等。

　　由 ChatGPT 给出的答案可知，cut() 方法需要指定进行分箱的连续数据及分段的依据，然后将连续数据划分为离散数据。由于分段区间不易解读，我们通常也通过参数 labels 指定每个区间的标签。

　　在掌握了 cut() 方法后，可让 ChatGPT 给出一些示例演示该方法的使用。我们在 ChatGPT 输入框中输入以下内容：

? 作为数据分析专家，请给出 Pandas 中 cut() 方法的简单示例，并对合并结果进行解释。

　　以下是 ChatGPT 给出的答案。

 当使用 Pandas 的 cut() 方法时，通常会将连续数据划分为离散的区间，并返回一个包含每个数据点所属区间的 Series。以下是一个简单示例：

```
import pandas as pd
# 创建一个包含一些示例数据的 DataFrame
data = pd.DataFrame({'Age': [25, 30, 35, 40, 45, 50, 55, 60, 65]})
# 使用 cut() 方法将 'Age' 列的数据划分为三个区间
bins = [25, 40, 55, 65]
labels = ['Young', 'Middle-aged', 'Senior']
data['Age_Group'] = pd.cut(data['Age'], bins=bins, labels=labels)
# 输出结果
print(data)
```

　　上述示例将 'Age' 列的数据划分为三个区间：'Young'（25 ～ 40 岁）、'Middle-aged'（40 ～ 55 岁）和 'Senior'（55 ～ 65 岁）。最终的 DataFrame 将包含一个新的列 'Age_Group'，其中包含每个年龄对应的区间标签。

　　结果解释如下：
　　❑ 数据框中的 Age 列包含原始年龄数据。
　　❑ 使用 cut() 方法将年龄数据根据 bins 参数定义的区间进行划分，然后使用 labels 参数指定各区间的标签。
　　❑ 最终的 DataFrame 包括新的列 'Age_Group'，其中包含每个数据点对应的年龄区间标签。

> 这个示例展示了如何使用 cut() 方法将连续数据分箱成离散的区间，从而使数据更容易理解和分析。它提供了一种有效的方式来处理和可视化数据。

我们将示例代码复制到 Jupyter Notebook 中，运行代码后输出结果如下：

```
     Age    Age_Group
0    25          NaN
1    30        Young
2    35        Young
3    40        Young
4    45   Middle-aged
5    50   Middle-aged
6    55   Middle-aged
7    60       Senior
8    65       Senior
```

由运行结果可知年龄 25 并没有被归到任何一个区间段内，这是因为区间左边是开区间。我们只需将 bins 列表的第一个元素改为比最小值小即可，调整后的代码如下所示：

```
# 调整分段区间
bins1 = [24, 40, 55, 65]
data['Age_Group1'] = pd.cut(data['Age'], bins=bins1, labels=labels)
# 输出结果
print(data)
```

输出结果为：

```
     Age    Age_Group     Age_Group1
0    25          NaN          Young
1    30        Young          Young
2    35        Young          Young
3    40        Young          Young
4    45   Middle-aged    Middle-aged
5    50   Middle-aged    Middle-aged
6    55   Middle-aged    Middle-aged
7    60       Senior         Senior
8    65       Senior         Senior
```

可见，调整后的分箱结果 Age_Group1 已经将 25 归到 Young 这一箱内。

2.2 使用 ChatGPT 学习描述统计分析

若一组数据有很多变量和观测值，通常这些数据也可以用一些简单的表格、图形和少数汇总数字来描述。这些描述方法称为描述统计分析（Descriptive Statistics），也可以称为探索性数据分析。

2.2.1　描述统计分析概述

描述统计的目的在于协助我们展示和理解数据，对数据的特征进行探索，如报纸、期刊、网络等媒体中所出现的表格、数字和图形大多都是对数据的描述。我们在 ChatGPT 输入框中输入以下内容：

 作为数据分析专家，请给小白解释描述统计分析的概念。

以下是 ChatGPT 给出的答案。

当进行数据分析时，描述统计分析是一种最初的数据探索方法，旨在帮助你更好地理解和总结数据的基本特征，而不涉及推断性统计。这个方法主要包括以下几个方面的内容。

1. 中心趋势：描述统计分析用于衡量数据的中心位置。它告诉你数据的"平均值"，也就是数据的集中点在哪里。常用的中心趋势度量包括均值和中位数。均值是将所有数据相加后除以数据点的总数，而中位数是将数据排序后位于中间位置的值。

2. 离散程度：帮助你了解数据的分散程度，即数据的分散程度有多大。标准差和方差是用于衡量数据分散程度的常见指标。标准差表示数据点相对于均值的平均偏差，方差是标准差的平方。

3. 分布形状：描述统计分析还关注数据分布的形状，即数据是如何分布的。偏度和峰度是两个用来描述数据分布形状的指标。偏度度量数据分布的偏斜程度，而峰度度量数据分布的尖锐或平坦程度。

4. 频数分布：描述统计分析可将数据分成不同的区间，并计算每个区间内有多少数据点。这有助于了解数据的分布情况，特别是在绘制直方图时，它可以帮助你可视化数据的分布。

5. 总结性图表和图形：除了数字指标，描述统计分析也包括创建各种图表和图形，如直方图、盒图、散点图等，以便更直观地理解数据。

总之，描述统计分析旨在总结和概述数据的基本特征，以帮助你熟悉数据集、识别异常值、理解数据分布，为进一步的数据分析和决策提供基础。这是数据分析的第一步，通常用于数据的探索性分析，有助于形成初步观察和猜测，为深入分析奠定基础。

ChatGPT 不仅给出了描述统计分析的定义，还给出了对数据进行描述统计分析的方法：中心趋势、离散程度、分布形状、频数分布及总结性图表和图形。其中中心趋势、离散程度和分布形状是对连续数据进行描述统计的方法，频数分布是对离散数据进行描述统计的方法，下面将逐一介绍。图表在后面有专门章节讲解。

2.2.2 中心趋势分析

中心趋势在描述统计分析中用于衡量数据的中心位置。我们可以让 ChatGPT 给出描述数据中心趋势的常用指标，在 ChatGPT 输入框中输入以下内容：

 作为数据分析专家，请列举描述数据中心趋势的指标，并给出简单示例。

以下是 ChatGPT 给出的答案。

 数据分析中的中心趋势分析是用来了解数据集中值的一种方法，它可以帮助你找到数据的典型值或中心点。以下是一些常用的中心趋势指标以及简单示例。

1. 均值（Mean）
   - 描述：均值是数据集中所有数值的平均值。
   - 示例：[85, 90, 92, 88, 78] 五个数的均值是 (85 + 90 + 92 + 88 + 78) / 5 = 86.6。

2. 中位数（Median）
   - 描述：中位数是将数据按大小排列后，位于中间位置的值。如果数据集有偶数个数值，中位数是中间两个数的均值。
   - 示例：[85, 90, 92, 88, 78] 五个数的中位数是 88。

3. 众数（Mode）
   - 描述：众数是数据集中出现频率最高的值。
   - 示例：[85, 90, 92, 88, 78, 90, 90] 中众数是 90，因为它出现最频繁。

4. 加权平均值（Weighted Mean）
   - 描述：加权平均值考虑每个数据点的权重，计算方法是用每个数据点的值乘以相应权重，然后用总和除以权重总和。
   - 示例：考虑一个班级的分数，其中数学占 40% 权重，英语占 30% 权重，科学占 30% 权重，分数分别为 [90, 85, 88]，对应的权重分别为 [0.4, 0.3, 0.3]，则加权平均分数为 (90 × 0.4 + 85 × 0.3 + 88 × 0.3) / (0.4 + 0.3 + 0.3) = 88.2。

5. 调和平均数（Harmonic Mean）
   - 描述：调和平均数是倒数的平均数的倒数。它通常用于处理具有比例关系的数据，如速度、频率等。
   - 示例：考虑两段路程，第一段以 30 公里每小时的速度行驶，第二段以 60 公里每小时的速度行驶，计算它们的平均速度可以使用调和平均数，即 2 / [(1/30) + (1/60)] = 40 公里每小时。

6. 几何平均数（Geometric Mean）
   - 描述：几何平均数是多个值连续乘积的 n 次方根，其中 n 是值的数量。
   - 示例：假设我们有一组数值（2, 4, 8]，则几何平均数为 $\sqrt[3]{2 \times 4 \times 8} = 4$。

7. 四分位数（Quartile）

- 描述：四分位数将数据分为四等份，分别是第一四分位数、中位数、第三四分位数。
- 示例：对于一组数，第一四分位数表示 25% 的数据小于它，中位数表示 50% 的数据小于它，第三四分位数表示 75% 的数据小于它。

这些指标可以帮助你更好地了解数据的中心趋势，从而做出更有洞察力的数据分析和决策。

从 ChatGPT 给出的答案可知，用于统计数据中心趋势的常用指标有均值、中位数、众数和四分位数等，其中众数可能不存在，也可能有 1 个或多个，比如 [1,2,3,4,5] 中没有众数，[1,1,2,2,3,4,5] 的众数为 1 和 2；四分位数是百分数关键位置的值，如 25% 位置的数（又称第一四分位数）和 75% 位置的数（又称第三四分位数），这两个指标也是绘制箱线图中箱体下边和上边的值。

我们已经掌握了常用的数据中心趋势分析指标，那么在 Python 中如何实现呢？我们在 ChatGPT 输入框中输入以下内容：

> 作为 Python 专家，请帮我分析 scikit-learn 中的 iris 数据集，若想同时获取每一列的均值、中位数、第一四分位数、第三四分位数这几个指标，请给出对应的 Python 实现代码。

以下是 ChatGPT 给出的答案。

> 要分析 scikit-learn 中的 iris 数据集并获取每一列的均值、中位数、第一四分位数和第三四分位数，你可以使用 Python 中的 Pandas 库来进行数据处理和统计。首先，确保你已经导入了 scikit-learn 和 Pandas，然后按照以下方式操作：

```python
import pandas as pd
from sklearn.datasets import load_iris
# 加载 iris 数据集
iris = load_iris()
# 创建一个 Pandas 数据框
iris_df = pd.DataFrame(data=iris.data, columns=iris.feature_names)
# 计算每列的均值
mean_values = iris_df.mean()
# 计算每列的中位数
median_values = iris_df.median()
# 计算每列的第一四分位数
q1_values = iris_df.quantile(0.25)
# 计算每列的第三四分位数
q3_values = iris_df.quantile(0.75)
print(" 均值: ")
print(mean_values)
```

```
print("\n 中位数: ")
print(median_values)
print("\n 第一四分位数: ")
print(q1_values)
print("\n 第三四分位数: ")
print(q3_values)
```

这段代码会加载 iris 数据集，将数据存储在一个 Pandas 数据框中；然后使用 Pandas 的函数计算每列的均值、中位数、第一四分位数和第三四分位数；最后将这些结果输出。

从 ChatGPT 给出的答案可知，数据框的 mean() 方法可以计算数据集的均值，median() 方法可以计算中位数，quantile() 方法可以计算各种百分数。将 ChatGPT 给出的代码复制到 Jupyter Notebook 中，运行结果如下所示：

```
均值:
sepal length (cm)    5.843333
sepal width (cm)     3.057333
petal length (cm)    3.758000
petal width (cm)     1.199333
dtype: float64
中位数:
sepal length (cm)    5.80
sepal width (cm)     3.00
petal length (cm)    4.35
petal width (cm)     1.30
dtype: float64
第一四分位数:
sepal length (cm)    5.1
sepal width (cm)     2.8
petal length (cm)    1.6
petal width (cm)     0.3
Name: 0.25, dtype: float64
第三四分位数:
sepal length (cm)    6.4
sepal width (cm)     3.3
petal length (cm)    5.1
petal width (cm)     1.8
Name: 0.75, dtype: float64
```

其实，要得到上述统计指标，也可以不需要利用各种统计指标函数，可以通过 describe() 方法实现。由于 ChatGPT 具有上下文记忆联系的能力，我们在 ChatGPT 输入框中输入以下内容：

? 以上问题如何用 describe() 方法实现呢？

以下是 ChatGPT 给出的答案。

 你可以使用 Pandas 中的 describe() 方法一次性获取数据集的统计摘要信息，包括均值、中位数、第一四分位数和第三四分位数等。describe() 方法如下所示：

```
import pandas as pd
from sklearn.datasets import load_iris # 加载 iris 数据集
iris = load_iris()
# 创建一个 Pandas 数据框
iris_df = pd.DataFrame(data=iris.data, columns=iris.feature_names)
# 使用 describe() 方法获取统计摘要信息
summary = iris_df.describe()
# 选择需要的统计指标
desired_stats = summary.loc[['mean', '50%', '25%', '75%']]
print(desired_stats)
```

这段代码会加载 iris 数据集，并将数据存储在一个 Pandas 数据框中；然后使用 describe() 方法获取数据的统计摘要信息，通过选择 mean（均值）、50%（中位数）、25%（第一四分位数）和 75%（第三四分位数）行，你可以获取所需的统计指标；最后输出这些统计指标。

将 ChatGPT 给出的代码复制到 Jupyter Notebook 中，运行结果如下所示：

	sepal length (cm)	sepal width (cm)	petal length (cm)	petal width (cm)
mean	5.843333	3.057333	3.758	1.199333
50%	5.800000	3.000000	4.350	1.300000
25%	5.100000	2.800000	1.600	0.300000
75%	6.400000	3.300000	5.100	1.800000

输出结果与之前使用各指标函数得到的内容一致。describe() 方法更简单、高效。

2.2.3　离散程度分析

数据的离散程度如何度量呢？所谓离散程度，即各观测值远离中心值的程度，也称为"离中趋势"。离散程度越小，数据的代表性越小。描述数据离散程度的指标有哪些呢？我们在 ChatGPT 输入框中输入以下内容：

 作为数据分析专家，请列举描述数据离散程度的指标，并给出简单的示例。

以下是 ChatGPT 给出的答案。

 数据的离散程度可以使用多种指标来衡量。以下是一些常见的指标以及简单示例。
1. 范围（Range）
　　❑ 描述：范围是数据集中最大值与最小值之间的差异。

❑ 示例：一份描述考试成绩的数据集，最高分是 90，最低分是 60，范围就是 90−60 = 30。

2. 方差（Variance）

❑ 描述：测量数据点与数据集均值之间的差异。方差越大，数据点越分散。

❑ 示例：一份描述商品价格的数据集，高方差可能表示价格波动很大，而低方差表示价格相对稳定。

3. 标准差（Standard Deviation）

❑ 描述：标准差是方差的平方根，用于衡量数据的离散程度。标准差越大，数据点越分散。

❑ 示例：一组体重数据的标准差较小可能表明体重差异不大，而标准差较大可能表示体重差异较大。

4. 四分位数范围（InterQuartile Range，IQR）

❑ 描述：IQR 是数据集中第一四分位数（25% 分位数）和第三四分位数（75% 分位数）之间的范围。它用于度量中间 50% 数据的离散度。

❑ 示例：一个月内某地降雨量的 IQR 数据为第三四分位数与第一四分位数之间的降雨范围。

5. 离群值检测（Outlier Detection）

❑ 描述：离群值是与其他数据点显著不同的值，可以使用各种统计方法或可视化工具来检测。

❑ 示例：在一组股票价格中，一个突然大幅度上涨或下跌的价格可能被认为是离群值。

6. 变异系数（Coefficient of Variation）

❑ 描述：变异系数是标准差与均值的比值，用于比较不同数据集的相对离散度。

❑ 示例：比较两个不同城市的温度数据集时，变异系数可用来判断哪个城市的温度变化相对更大。

这些指标有助于数据分析专家理解数据的离散程度，帮助他们识别异常值、做出预测或制定决策。

从 ChatGPT 给出的答案可知，用于统计数据离散程度的常用指标有方差、标准差、范围、四分位数范围和变异系数等。其中方差和标准差是衡量数据离散程度最常用的指标，方差的计算方法是将每个数据点与平均值的差进行平方后取平均数，标准差就是方差的平方根；范围就是用数据的最大值减去最小值；四分位数范围又称为四分位距或四分位差，由第三四分位数减去第一四分位数得到，该指标只用到最中间的一半数据，不易受异常值影响，因此鲁棒性强，也是确定箱线图上限和下限的指标之一；变异系数是标准差与均值的比值，能消除各指标的单位和量纲影响。

我们已经掌握了常用的数据离散程度分析指标，那么在 Python 中如何实现呢？我们在 ChatGPT 输入框中输入以下内容：

> ❓ 作为 Python 专家，请帮我分析 scikit-learn 中的 iris 数据集，若想同时获取每一列的方差、标准差、范围、四分位距、IQR、变异系数这几个指标，请给出对应的 Python 实现代码。

以下是 ChatGPT 给出的答案。

> 你可以使用 Python 中的 numpy 和 pandas 库来计算这些统计指标，并用 scikit-learn 库来加载 iris 数据集。以下是示例代码：
>
> 首先，确保你已经安装了 numpy、pandas 和 scikit-learn 库。如果没有，可以使用以下命令安装：

```
pip install numpy pandas scikit-learn
```

然后，可以使用以下代码来加载 iris 数据集并计算所需的指标：

```python
import numpy as np
import pandas as pd
from sklearn.datasets import load_iris
# 加载 Iris 数据集
iris = load_iris()
data = iris.data
# 将数据转换成 DataFrame 以便于处理
df = pd.DataFrame(data, columns=iris.feature_names)
# 计算方差
variance = df.var()
# 计算标准差
std_deviation = df.std()
# 计算范围
data_range = df.max() - df.min()
# 计算四分位距 (IQR)
Q1 = df.quantile(0.25)
Q3 = df.quantile(0.75)
IQR = Q3 - Q1
# 计算变异系数
coefficient_of_variation = (std_deviation / df.mean()) * 100
# 输出结果
print("方差: ")
print(variance)
print("\n标准差: ")
print(std_deviation)
print("\n范围: ")
print(data_range)
print("\n四分位距 (IQR): ")
print(IQR)
```

```
print("\n 变异系数: ")
print(coefficient_of_variation)
```

这段代码首先加载了 iris 数据集,将数据转换为 DataFrame;然后分别计算了方差、标准差、范围、四分位距(IQR)和变异系数,并将结果输出。这些指标将帮助你更好地了解 iris 数据集的特征。

如果读者也使用 Anaconda,那么所需的 numpy、pandas、scikit-learn 库已经是默认安装好的。直接将 Python 代码复制到 Jupyter Notebook 中运行,得到以下结果:

```
方差:
sepal length (cm)    0.685694
sepal width (cm)     0.189979
petal length (cm)    3.116278
petal width (cm)     0.581006
dtype: float64
标准差:
sepal length (cm)    0.828066
sepal width (cm)     0.435866
petal length (cm)    1.765298
petal width (cm)     0.762238
dtype: float64
范围:
sepal length (cm)    3.6
sepal width (cm)     2.4
petal length (cm)    5.9
petal width (cm)     2.4
dtype: float64
四分位距 (IQR):
sepal length (cm)    1.3
sepal width (cm)     0.5
petal length (cm)    3.5
petal width (cm)     1.5
dtype: float64
变异系数:
sepal length (cm)    14.171126
sepal width (cm)     14.256420
petal length (cm)    46.974407
petal width (cm)     63.555114
dtype: float64
```

2.2.4　分布形状分析

描述数据分布形状的指标最常用的是偏度和峰度。要了解这两个指标的概念,可在 ChatGPT 输入框中输入以下内容:

作为数据分析专家，请给小白解释描述统计分析中的偏度和峰度概念，并给出示例。

以下是 ChatGPT 给出的答案。

偏度和峰度是描述统计分析中用于衡量数据分布形状的两个重要统计指标。

1. 偏度（Skewness）

❏ 描述：偏度度量数据分布的偏斜程度，即数据分布是向左偏斜（负偏度）、向右偏斜（正偏度）还是对称分布（偏度接近零）。

❏ 示例：考虑一组薪水数据，如果大多数人的薪水较低，只有少数人的薪水很高，那么这个数据集可能有负偏度，因为它向左偏斜；相反，如果大多数人的薪水都较高，只有少数人的薪水很低，那么数据集可能有正偏度，因为它向右偏斜；如果薪水数据大致均匀分布，那么偏度接近零。

2. 峰度（Kurtosis）

❏ 描述：峰度度量数据分布的尖锐或平坦程度，即数据的峰值有多尖锐或多圆滑。

❏ 示例：考虑一组身高数据，如果数据集的峰度较高，表示数据分布的峰值比较尖锐，即有很多人的身高非常接近；如果数据集的峰度较低，表示数据分布的峰值较平坦，即身高分布相对广泛，没有明显的尖峰。

在统计分析中，偏度和峰度是了解数据分布特征的工具。它们可以帮助我们判断数据是否接近正态分布（均值为中心，对称分布）或是否存在偏斜和尖峰。通常，对于正态分布的数据，其偏度接近零，峰度接近 3。如果是非零偏度且峰度高于 3，则可能表明数据分布不是正态的。

要计算偏度和峰度，你可以使用 Python 的 scipy.stats 库中的相关函数，代码如下所示：

```python
from scipy.stats import skew, kurtosis
data = [1, 2, 2, 3, 3, 3, 4, 4, 4, 4]
skewness = skew(data)
kurt = kurtosis(data)
print("偏度:", skewness)
print("峰度:", kurt)
```

这段代码将输出数据的偏度和峰度值，帮助你了解数据分布的形状。

从 ChatGPT 的答案可知，偏度用于度量数据分布的偏斜程度，峰度用于度量数据分布的尖锐或平坦程度。可以用 Python 的 scipy.stats 中的 skew() 函数计算数据的峰度，用 kurtosis() 函数计算数据的偏度。将 Python 代码复制到 Jupyter Notebook 中运行，得到以下结果：

```
偏度：-0.6
峰度：-0.7999999999999998
```

2.2.5 频数分布分析

以上所学的数据中心趋势、离散程度和分布形状分析都是针对数值型变量（连续数据）来说的，那针对离散型变量（类别变量），我们又常用什么统计指标呢？我们在文心一言对话框中输入以下内容：

> ❓ 作为数据分析专家，请列举描述类别变量频数分布的指标，并给出简单的示例。

以下是文心一言给出的答案。

> 类别变量（也被称为分类变量或离散型变量）的主要统计指标包括频数、频率、百分比、均值、标准差等，这些都可以用来描述类别变量的分布情况。以下是一些指标的具体解释和示例。
>
> 1. 频数（Frequency）。频数是指在一个类别变量中每个类别出现的次数。例如，在一组学生的身高数据中，150cm 身高出现的次数就是频数。
>
> 2. 频率（Frequency Rate）。频率是指在一个类别变量中每个类别出现的概率。频率可以通过将每个类别的频数除以总频数来获得。例如，如果一组学生的身高数据中 150cm 身高出现的频数为 10，总频数为 100，那么 150cm 身高的频率就是 10/100=0.1。
>
> 3. 百分比（Percentage）。百分比是指在一个类别变量中每个类别出现的比例。百分比通常采用符号"%"来表示。例如，如果一组学生的身高数据中 150cm 身高出现的频数为 10，那么这个身高出现的百分比就是 10%。
>
> 4. 累计频数（Cumulative Frequency）。累计频数是指将各类别的频数逐级累加起来。例如，如果一组学生的身高数据按照从矮到高的顺序排列，那么第一个身高的频数就是频数，第二个及以下的身高频数之和就是累计频数。
>
> 5. 累计百分比（Cumulative Percentage）。累计百分比是指将各类别的百分比逐级累加起来。例如，如果一组学生的身高数据按照从矮到高的顺序排列，那么第一个身高的百分比就是百分比，第二个及以下的身高百分比之和就是累计百分比。
>
> 以上就是描述类别变量的一些指标，这些指标可以让我们更好地了解数据的分布情况。

从文心一言给出的答案可知，离散型变量的频数分布指标很简单，主要是统计各类别出现的次数或者概率。在 Python 中如何统计频数或者频率呢？我们在文心一言对话框中输入以下内容：

> ❓ 作为数据分析专家，请帮忙统计 scikit-learn 中的 iris.target 数据集中各类别的频数和频率。

以下是文心一言给出的答案。

> 🔵 当然可以。首先，让我们导入必要的库，并获取 iris 数据集中的目标变量（target）。然后，我们可以使用 Pandas 的 value_counts 函数来计算每个类别的频数和频率。
> 以下是实现这一功能的 Python 代码：
>
> ```python
> from sklearn import datasets
> import pandas as pd
> # 加载 iris 数据集
> iris = datasets.load_iris()
> target = iris.target
> # 计算每个类别的频数和频率
> freq_dict = pd.value_counts(target).to_dict()
> # 输出结果
> for key, value in freq_dict.items():
>     print(f"类别：{key}，频数：{value['count']}，频率：{value['freq']}")
> ```
>
> 在这段代码中，pd.value_counts(target) 会返回一个字典，字典的键是唯一的目标值；字典的值是一个元组，包含该目标值的计数和频率。我们通过 to_dict() 方法将 Series 转换为字典，然后遍历这个字典并输出每个类别（key）的频数（count）和频率（freq）。

文心一言给出的代码有一点小问题需要进行修正：pd.value_counts(target) 返回的只是每个类别的频数统计。让我们在 Jupyter Notebook 中输入以下代码：

```python
from sklearn import datasets
import pandas as pd
# 加载 iris 数据集
iris = datasets.load_iris()
target = iris.target
# 计算每个类别的频数
count =  pd.value_counts(target)
# 查看 count 对象的计数结果
print('count 数据类型为：',type(count))
print('查看频数统计 \n',count)
```

输出结果为：

```
count 数据类型为：<class 'pandas.core.series.Series'>
查看频数统计
0    50
1    50
2    50
dtype: int64
```

可见，pd.value_counts(target) 方法返回的是一个序列，各类别的频数都是 50。我们也可以将 pd.value_counts() 方法中的参数 normalize 设置为 True，从而得到各类别的频率，实现代码如下：

```
# 计算每个类别的频数
freq = pd.value_counts(target,normalize=True)
# 输出结果
for class_label, count, frequency in zip(np.unique(target), count, freq):
    class_name = iris.target_names[class_label]
    print(f" 类别 {class_label} ({class_name}): 频数 = {count}, 频率 = {frequency:.3f}")
```

输出结果为：

```
类别 0 (setosa)：频数 = 50, 频率 = 0.333
类别 1 (versicolor)：频数 = 50, 频率 = 0.333
类别 2 (virginica)：频数 = 50, 频率 = 0.333
```

从运行结果可知，3 个类别的频数都是 50，频率都是 33.3%。

2.3 使用 ChatGPT 学习中文文本操作

文本操作一般包括词性标注、句法分析、关键词提取、文本分类、情感分析等。中文与英文的最大不同就是中文没有天然的分隔符，常用的汉字有几千个，每个汉字都能代表不同的含义，因此以单个的汉字作为基本的元素是不可行的，需要人工对句子进行分词处理。在语言理解中，词是最小的、能够独立活动的、有意义的语言成分。英语中的单词本身就是"词"的表达，一篇英语文章就是用单词加分隔符（空格）来表示的。而在汉语中，词是以字为基本单位的，但是一篇中文文章的语义表达却仍然是以词为基本单位来划分的。因此，在处理中文文本时，需要进行分词处理，将句子转化为词的表示。这个分词处理过程就是中文分词，它通过计算机自动识别出句子中的词，并在词间加入边界标记符，分隔出各个词汇。

2.3.1 Jieba 分词

Jieba 是一个非常优秀的、用于中文文本操作的 Python 库。首先让 ChatGPT 给我们介绍 Jieba，在 ChatGPT 输入框中输入以下内容：

作为数据分析专家，请给小白介绍 Python 中的 Jieba 及其用途。

以下是 ChatGPT 给出的答案。

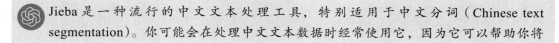

Jieba 是一种流行的中文文本处理工具，特别适用于中文分词（Chinese text segmentation）。你可能会在处理中文文本数据时经常使用它，因为它可以帮助你将

中文文本分成有意义的词语或词汇单位。以下是关于 Jieba 库的一些重要信息及其用途。

1. 分词功能。Jieba 最主要的功能是中文分词，它可以将连续的中文文本切分成一个个有意义的词语或词汇单元。这对于文本处理、自然语言处理（Natural Language Processing，NLP）和文本挖掘非常重要，因为它可以帮助你理解文本的含义、提取关键词、计算词频等。

2. 开源。Jieba 是一个开源项目，因此你可以免费使用它，并可以根据需要自由修改其源代码。这使得它成为研究人员、开发者和数据分析师的首选工具之一。

3. 高性能。Jieba 的分词算法经过了优化，因此在处理大规模文本数据时表现出色。它具有较高的分词速度和较高的准确性，适合处理大型文本语料库。

4. 支持多种分词模式。Jieba 支持多种分词模式，包括精确模式、全模式和搜索引擎模式。这使得你可以根据具体的需求灵活选择不同的分词模式，以获得最佳的分词效果。

5. 词性标注。除了分词功能，Jieba 还支持词性标注，可以为每个分词结果标注其词性，例如名词、动词、形容词等。这对于语义分析和文本挖掘非常有帮助。

6. 用户自定义词典。你可以创建自定义词典，以便在分词过程中引入特定领域的专有术语或新词汇，从而提高分词准确性。

7. 应用领域。Jieba 广泛应用于文本处理、信息检索、情感分析、关键词提取、文本分类、机器学习和自然语言处理项目中。

Jieba 可以帮助你处理中文文本数据，进行文本分析、文本挖掘，从中提取有用的信息，并支持你在数据分析和建模项目中更好地理解中文文本数据。它是一个强大的工具，为处理中文文本提供了重要的支持。

从 ChatGPT 给出的答案可知，Jieba 是一个开源项目，支持多种分词模式，具有中文分词、用户自定义词典、词性标注等功能。

在 ChatGPT 输入框中输入以下内容，了解 Jieba 中文分词模式的实现：

❓ 作为 Python 专家，请介绍 Jieba 的多种分词模式如何实现，不需要示例。

以下是 ChatGPT 给出的答案。

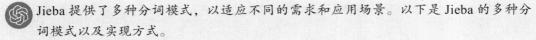 Jieba 提供了多种分词模式，以适应不同的需求和应用场景。以下是 Jieba 的多种分词模式以及实现方式。

1. 精确模式（默认模式）

精确模式可将文本切分为最精确的词汇，通常用于一般文本处理任务。要使用精确模式，你可以调用 jieba.cut 函数，并将 cut_all 参数设置为 False，或者直接调用 jieba.lcut 函数。

2. 全模式

全模式可在文本中找到所有可能的词汇，不考虑词汇之间的关联。这种模式通常用于信息检索等场景，而不是精确的分词。要使用全模式，你可以调用 jieba.cut 函数，并将 cut_all 参数设置为 True。

3. 搜索引擎模式

搜索引擎模式是一种介于精确模式和全模式之间的模式。它可在精确切分的基础上，识别出长词汇。要使用搜索引擎模式，你可以调用 jieba.cut_for_search 函数。

这些不同的分词模式可以根据你的应用需求来选择。通常，精确模式在一般文本处理中效果较好，全模式可以用于信息检索，而搜索引擎模式在需要处理包含长词汇的文本时很有用。

你可以根据需要选择适当的分词模式，并在调用 Jieba 库的相应分词函数时传递适当的参数。

由上面的答案可知，利用 jieba.cut 或 jieba.cut_for_search 函数可以实现精确模式、全模式或搜索引擎模式的中文分词。

我们在 Jupyter Notebook 中输入示例代码，用 3 种分词模式对同一个文本进行分词，对比差异。如果 Jieba 没有安装，可以通过 pip install jieba 命令进行在线安装。示例代码如下：

```python
import jieba
str = '今天交通银行客户经理邀约之前老客户了解最新产品。'
# 全模式
seg_list = jieba.cut(str, cut_all=True)
print("全模式：" + "/ ".join(seg_list))
# 精确模式（默认）
seg_list = jieba.cut(str, cut_all=False)
print("精确模式：" + "/ ".join(seg_list))
seg_list = jieba.cut_for_search(str)  # 搜索引擎模式
print("搜索引擎模式：" +  "/ ".join(seg_list))
```

输出结果如下：

```
全模式：今天 / 交通 / 交通银行 / 银行 / 行客 / 客户 / 客户经理 / 经理 / 邀约 / 之前 / 老客 / 老客户 / 客户 / 了解 / 最新 / 产品 / 。
精确模式：今天 / 交通银行 / 客户经理 / 邀约 / 之前 / 老客户 / 了解 / 最新 / 产品 / 。
搜索引擎模式：今天 / 交通 / 银行 / 交通银行 / 客户 / 经理 / 客户经理 / 邀约 / 之前 / 老客 / 客户 / 老客户 / 了解 / 最新 / 产品 / 。
```

由于 jieba.cut 以及 jieba.cut_for_search 函数返回的结果都是一个可迭代的生成器，可以使用 for 循环来获得分词后得到的每一个词语。在 Jupyter Notebook 中输入以下代码并运行：

```
seg_list = jieba.cut(str, cut_all=False) # 精确模式
for word in seg_list:
    print(word)
```

输出结果为：

```
今天
交通银行
客户经理
邀约
之前
老客户
了解
最新
产品
。
```

或者用 jieba.lcut 以及 jieba.lcut_for_search 函数直接返回列表。在 Jupyter Notebook 中输入以下代码并运行：

```
jieba.lcut(str)
```

输出结果为：

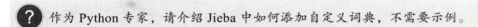

```
['今天', '交通银行', '客户经理', '邀约', '之前', '老客户', '了解', '最新', '产品', '。']
```

2.3.2　添加自定义词典

我们可以创建自定义词典，以便引入 Jieba 词库里没有的词。虽然 Jieba 有新词识别能力，但是自行添加新词可以保证更高的正确率。

在 ChatGPT 输入框中输入以下内容，了解在 Jieba 中如何添加自定义词典：

> ❓ 作为 Python 专家，请介绍 Jieba 中如何添加自定义词典，不需要示例。

以下是 ChatGPT 给出的答案。

> 要向 Jieba 中添加自定义词典，你可以创建一个文本文件。该文件包含你要添加的自定义词汇，并且遵循特定的格式，然后使用 jieba.load_userdict 函数加载该自定义词典。以下是添加自定义词典的步骤，不包括示例。
>
> 1. 创建自定义词典文件
>   - ❑ 创建一个文本文件，例如 custom_dict.txt。
>   - ❑ 在该文件中，每一行表示一个自定义词汇，每行的格式为：词汇 词频（可选）。
>   - ❑ 词汇是你想要添加的词汇，词频是一个整数，表示该词汇的频率。词频通常用于帮助 Jieba 分词更好地理解词汇之间的关联。如果不提供词频，默认为 7。

2. 添加自定义词典

在 Python 中，使用 jieba.load_userdict 函数加载自定义词典文件，如下所示：

```
jieba.load_userdict("custom_dict.txt")
```

这将把自定义词典文件中的词汇添加到 Jieba 的分词词典中，以便在分词时使用。

3. 分词时使用自定义词典

❑ 一旦自定义词典加载成功，你可以在分词时使用这些自定义词汇，它们将与内置词汇一起被考虑。

❑ 分词时，可以按照正常的方式调用 Jieba 的分词函数，例如 jieba.cut 或 jieba.lcut，并传递你要分词的文本作为参数。

通过这些步骤，你可以在 Jieba 中添加自定义词典，以便更好地满足特定领域或项目的分词需求。

按照 ChatGPT 给出的步骤，我们先在 dict 目录下创建一个 user.txt 文件。该文件包含以下内容，每一行分为 3 部分：词语、词频（可省略）、词性（可省略），用空格隔开，顺序不可颠倒，如图 2-1 所示。

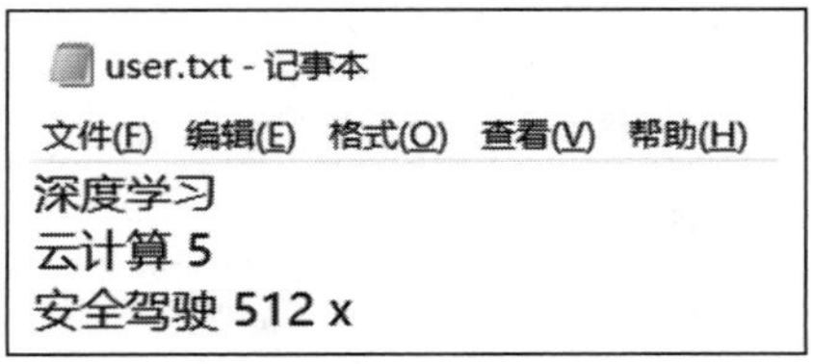

在 Jupyter Notebook 中输入以下代码，先对中文文本进行精确模式的分词，接着使用 ChatGPT 介绍的 jieba. load_userdict 函数添加自定义词典后再次进行精确模式的分词，对比前后区别：

图 2-1　用户自定义词典

```
import pandas as pd
df = pd.DataFrame({'str':['R 语言 ',' 深度学习 ',' 云计算 ',' 安全驾驶 ']})
seg_list = df['str'].apply(lambda x:jieba.lcut(x)) # 精确模式
print(' 查看未添加自定义词典时的分词结果 :')
print(seg_list)
jieba.load_userdict('dict/user.txt')                # 添加自定义词典
seg_list1 = df['str'].apply(lambda x:jieba.lcut(x))
print(' 查看添加自定义词典后的分词结果 :')
print(seg_list1)
```

输出结果为：

```
查看未添加自定义词典时的分词结果 :
0      [R, 语言 ]
1      [ 深度 , 学习 ]
2      [ 云 , 计算 ]
3      [ 安全 , 驾驶 ]
Name: str, dtype: object
查看添加自定义词典后的分词结果 :
0      [R, 语言 ]
1       [ 深度学习 ]
```

```
2        [ 云计算 ]
3        [ 安全驾驶 ]
Name: str, dtype: object
```

从结果可知，深度学习、云计算和安全驾驶这 3 个词在自定义词典添加前并未被认为是一个词，均被做了分割处理；自定义词典添加后这 3 个词均未被分割。

文本的第一个单词"R 语言"是一款非常优秀的数据分析工具，我们也期望不被分隔。除了在自定义词典时新增这个词外，还可以用 add_word() 方法在程序中动态修改词典。在 Jupyter Notebook 中运行以下代码：

```
jieba.add_word('R 语言 ')                # 添加新词
df['str'].apply(lambda x:jieba.lcut(x))  # 精确模式分词
```

输出结果为：

```
0       [R 语言 ]
1       [ 深度学习 ]
2       [ 云计算 ]
3       [ 安全驾驶 ]
Name: str, dtype: object
```

可见，R 语言已经被当作一个新词，没有被分割处理。

既然可以在词典中动态增加新词，那么也可以在词典中删除新词，可通过 del_word() 方法实现。下面的代码可将深度学习这个词从词典中删除：

```
jieba.del_word(' 深度学习 ')               # 从词典中删除词
df['str'].apply(lambda x:jieba.lcut(x))  # 精确模式分词
```

输出结果为：

```
0        [R 语言 ]
1       [ 深度 , 学习 ]
2        [ 云计算 ]
3        [ 安全驾驶 ]
Name: str, dtype: object
```

此时，深度学习又被分割成了深度和学习两个词。

2.3.3　关键词提取

关键词提取是文本处理的一个重要环节，一个经典算法是 TF-IDF（Term Frequency-Inverse Document Frequency）算法。TF-IDF 是一种基于统计的计算方法，常用于评估在一个文档集中一个词对某份文档的重要程度。从算法的名称就可以看出，TF-IDF 算法由两部分组成：TF（Term Frequency）算法和 IDF（Inverse Document Frequency）算法。TF 算法代表词频，即统计一个词在一篇文档中出现的频次，其基本思想是：一个词在文档中出现的次数越多，其对文档的表达能力就越强。而 TDF 算法表示逆文档频率，即统计一个词在文档集的多少个文档中出现，其基本思想是：一个词在越少的文档中出现，其对文档的区分能力也就越强。

在 ChatGPT 输入框中输入以下内容，了解 Jieba 库如何实现关键词提取：

 作为 Python 专家，请介绍 Jieba 中用于实现关键词提取的函数，并对函数参数进行讲解，不需要示例。

以下是 ChatGPT 给出的答案。

Jieba 提供了一个用于实现关键词提取的函数，即 jieba.analyse.extract_tags。该函数可以从文本中提取关键词，并根据其重要性进行排序。以下是该函数的参数以及对它们的解释。

1. sentence (str)
   ❏ 要提取关键词的文本字符串。

2. topK (int, optional)
   ❏ 指定要提取的关键词数量，默认为 20。
   ❏ 你可以根据需要提取的关键词数量来调整这个参数。

3. withWeight (bool, optional)
   ❏ 控制是否返回关键词的权重值，默认为 False。
   ❏ 如果设置为 True，函数将返回一个包含关键词和其权重的元组的列表，权重表示关键词在文本中的重要性。
   ❏ 如果设置为 False，函数将返回一个包含关键词的列表，不包括权重。

4. allowPOS (tuple, optional)
   ❏ 一个包含词性标记的元组，用于过滤关键词的词性。
   ❏ 仅当 withWeight=True 时此参数有效
   ❏ 词性标记包括 'ns'（地名）、'n'（名词）、'vn'（动名词）等。

5. withFlag (bool, optional)
   ❏ 控制是否返回词性标记，默认为 False。
   ❏ 如果设置为 True，关键词将包括它们的词性标记。

6. minFreq (int, optional)
   ❏ 指定关键词的最小出现频率。
   ❏ 只有出现频率不低于这个值的关键词才会被提取。

7. customWeight (dict, optional)
   ❏ 自定义词汇的权重字典，用于调整特定词汇的权重。

jieba.analyse.extract_tags 函数的主要功能是提取文本中的关键词，并根据其重要性排序。你可以根据需要使用不同的参数来调整提取过程，例如指定提取的关键词数量、过滤词性、自定义权重等。这使得你可以根据特定任务和应用来优化关键词提取的结果。

从 ChatGPT 给出的答案可知，可以使用 jieba.analyse.extract_tags 函数进行中文文本关键词提取，其中 sentence 参数为需要处理的中文文本，默认是提取前 20 个关键词，可通过 topK 参数进行修改。

在学习了提取关键词函数后，可让 ChatGPT 举一个简单示例来帮助我们理解。在 ChatGPT 输入框中输入以下内容：

> ? 作为 Python 专家，请给出一个简单示例，演示如何使用 Jieba 基于 TF-IDF 算法从中文文本中提取出现频率最高的前 5 个词。

以下是 ChatGPT 给出的答案。

> 以下是一个简单示例，演示如何使用 Jieba 结合 TF-IDF 算法从中文文本中提取出现频率最高的前 5 个词：

```python
import jieba
import jieba.analyse
# 要提取关键词的中文文本
text = "结巴分词是一款中文分词工具，非常方便和强大。结巴分词基于 Python 实现。"
# 使用 jieba.analyse.extract_tags 函数提取关键词
keywords = jieba.analyse.extract_tags(text, topK=5, withWeight=False)
# 输出提取的关键词
for keyword in keywords:
    print(keyword)
```

> 这个示例首先导入了 Jieba 和 Jieba 库的分析模块；然后定义了一个中文文本字符串，并使用 jieba.analyse.extract_tags 函数提取出现频率最高的前 5 个关键词；最后将它们输出。
>
> 注意：在此示例中，topK 的参数设置为 5，以指定要提取的关键词数量。你可以根据需要调整这个参数，来控制提取的关键词数量。

将 Python 代码复制到 Jupyter Notebook 中运行，得到以下结果：

```
分词
结巴
Python
中文
一款
```

前 5 个关键词如上所示。

如果想一起返回关键词的权重值，可通过以下代码实现：

```
keywords = jieba.analyse.extract_tags(text, topK=5, withWeight=True)
# 输出提取的关键词
for keyword in keywords:
    print(keyword)
```

输出结果为：

```
('分词', 2.5078828017)
('结巴', 1.4518582905285715)
('Python', 0.8539119644928571)
('中文', 0.5820075009392857)
('一款', 0.5473109304957143)
```

2.3.4　词性标注

词性是词汇基本的语法属性，通常也称为词类。词性标注是在给定句子中判定每个词的语法范畴，确定其词性并加以标注的过程。词性标注需要有一定的标注规范，如将词分为名词、形容词、动词，然后用"n""adj""v"等来进行表示。Jieba 库的词性标注同样结合规则和统计的方式，具体为在词性标注的过程中，词典匹配和 HMM（Hidden Markov Model，隐马尔可夫模型）共同作用。

在 ChatGPT 输入框中输入以下内容，了解 Jieba 库如何进行词性标注：

> ❓ 作为 Python 专家，请介绍 Jieba 中用于实现词性标注的函数，并对函数参数进行讲解，不需要示例。

以下是 ChatGPT 给出的答案。

> Jieba 提供了用于实现中文词性标注的函数 jieba.posseg.cut。该函数可以对文本中的词汇进行分词并标注它们的词性。以下是该函数的参数以及对它们的解释。
>
> 1. sentence (str)
>   ❏ 要进行词性标注的中文文本字符串。
> 2. HMM (bool, optional)
>   ❏ 是否开启 HMM，HMM 是用于分词的辅助模型。
>   ❏ 默认为 True。建议保持启用 HMM，以提高分词准确性。
> 3. use_paddle (bool, optional)
>   ❏ 是否使用飞桨 PaddlePaddle 深度学习框架来进行词性标注。
>   ❏ 默认为 False。如果设置为 True，Jieba 将使用 PaddlePaddle 来执行词性标注，这可能提供更准确的结果。
>
> jieba.posseg.cut 函数的主要功能是对中文文本进行分词和词性标注。你可以选择是否启用 HMM 以及是否使用 PaddlePaddle 深度学习框架来进行标注。默认情况下，

HMM 是启用的，但不使用 PaddlePaddle。根据你的需求，你可以选择适当的参数配置来执行中文文本的词性标注。

在学习了词性标注函数后，可让 ChatGPT 举一个简单示例来帮助我们理解。在 ChatGPT 输入框中输入以下内容：

 作为 Python 专家，请给出一个使用 Jieba 进行词性标注的简单示例。

以下是 ChatGPT 给出的答案。

 以下是一个使用 Jieba 进行中文词性标注的简单示例：

```python
import jieba.posseg as pseg
# 要进行词性标注的中文文本
text = "结巴分词是一款中文分词工具，非常方便和强大。"
# 使用 jieba.posseg.cut 函数进行词性标注
words = pseg.cut(text)
# 输出词性标注结果
for word, flag in words:
    print(f"{word} : {flag}")
```

在这个示例中，我们首先导入 jieba.posseg 模块，然后定义一个中文文本字符串。接下来，我们使用 pseg.cut 函数对文本进行分词和词性标注，将结果保存在 "words" 中。最后，我们遍历 words，并输出每个词汇及其对应的词性标记。

这样，你可以使用 Jieba 库的词性标注功能来了解文本中每个词汇的词性，有助于进一步的文本分析和处理。

将 Python 代码复制到 Jupyter Notebook 中运行，得到以下结果：

```
结巴 : n
分词 : n
是 : v
一款 : m
中文 : nz
分词 : n
工具 : n
, : x
非常 : d
方便 : a
和 : c
强大 : a
。 : x
```

2.4 使用 ChatGPT 学习图像数据操作

在计算机视觉项目的开发中，OpenCV 作为广受欢迎的开源库，拥有丰富的常用图像处理函数库。它采用 C/C++ 语言编写，可以运行在 Linux/Windows/macOS 等操作系统上，能够快速地实现一些图像处理和识别的任务。此外，OpenCV 库还提供了 Java、Python、CUDA（Compute Unified Device Architecture，统一计算设备架构）等的使用接口以及机器学习的基础算法调用，从而使得图像处理和图像分析变得更加易于上手。我们在 Anaconda Prompt 窗口运行 pip install opencv-python 命令即可完成 OpenCV 的安装。需要注意的是，安装的时候是 opencv-python，但在导入时候需输入 import cv2。

2.4.1 图像的读取、显示及保存

读取、显示和保存图像主要会用到 3 个函数，分别为 cv2.imread()、cv2.imshow() 和 cv2.imwrite() 函数。

假设在 data 目录中有一张彩色猫图像 cat-color.jpg，下面要让 ChatGPT 使用 OpenCV 完成图像读取、显示及保存等工作。在 ChatGPT 输入框中输入以下内容：

> ❓ 假设在 data 目录中有一张彩色猫图像 cat-color.jpg，请给出使用 OpenCV 进行图像读取、显示及保存的 Python 代码。

以下是 ChatGPT 给出的答案。

> 你可以使用 OpenCV 来读取、显示和保存图像。以下是一个示例代码，演示如何使用 OpenCV 来执行这些操作：
>
> ```python
> import cv2
> # 读取图像
> image = cv2.imread('data/cat-color.jpg')
> # 检查图像是否成功加载
> if image is not None:
>     # 显示图像
>     cv2.imshow('Cat Image', image)
>     # 等待用户按下任意键后关闭图像窗口
>     cv2.waitKey(0)
>     # 保存图像（可选）
>     cv2.imwrite('data/cat-color-copy.jpg', image)
>     # 关闭所有 OpenCV 窗口
>     cv2.destroyAllWindows()
> else:
>     print('无法加载图像')
> ```
>
> 上述代码首先使用 cv2.imread 函数读取名为 cat-color.jpg 的图像文件。然后，它使用 cv2.imshow 函数显示图像，并等待用户按下任意键后关闭图像窗口。如果需要，

你可以使用 cv2.imwrite 函数保存图像。最后，使用 cv2.destroyAllWindows 函数关闭 OpenCV 的所有窗口。

　　确保在运行代码之前你已经安装了 OpenCV 库，并且图像文件 cat-color.jpg 位于 data 目录中。如果你想保存图像，确保你有写入文件的权限。

　　将 Python 代码复制到 Jupyter Notebook 中运行后会弹出一个名为 Cat Image 的窗口显示彩色猫图像，如图 2-2 所示。

图 2-2　使用 cv2.imshow 函数显示图像

　　在 Jupyter Notebook 中运行以下代码，查看 data 目录中的所有文件名称：

```
import os
os.listdir('data')
```

输出结果为：

```
['cat-color-copy.jpg', 'cat-color.jpg']
```

该结果说明使用 cv2.imwrite 函数已成功保存图像。

　　需要注意的是，使用 cv2.imread 函数读取图像时，可以简单地传入一个图片地址的参数，并返回一个代表图像的 NumPy 数组。OpenCV 库采用的格式为 $H \times W \times C$，即高度×宽度×通道数，通道顺序为 BGR，这与 Python 的 Pillow 库（RGB）不同。

　　使用 cv2.imread 函数读取图像时，如用 cv2.IMREAD_GRAYSCALE 则按灰度模式读取图像。下面代码可按照灰度模式读取图像（将直接读取单通道灰色图）：

```
img_gray = cv2.imread('data/cat-color.jpg',cv2.IMREAD_GRAYSCALE) # 按灰度模式读取图像
cv2.imshow('image1',img_gray)
cv2.waitKey(0)
```

上述代码的输出结果如图 2-3 所示。

图 2-3 指定按灰度模式读取图像

2.4.2 图像像素的获取和编辑

OpenCV 读入图像后返回的是一个 NumPy 对象，可以使用下标来获取特定坐标的像素值。为了获取某点的像素，需要有一个简单的坐标概念，例如以左上角为 (0,0) 点，即原点，向下和向右为正。如使用 image[100,100] 便可得到距离左上角为 (100,100) 点的像素值。即读取图像时，根据像素行和列的坐标获取像素值，彩色图像返回 BGR 的值，灰度图像则返回灰度值。下面代码分别返回彩色图像和灰度图像在点 (100,100) 处的像素值：

```
img = cv2.imread('data/cat-color.jpg')                          # 彩色图像
img_gray = cv2.imread('data/cat-color.jpg',cv2.IMREAD_GRAYSCALE) # 灰度图像
# 获取点 (100,100) 处的像素值
print(img[100,100])
print(img_gray[100,100])
```

输出结果为：

```
[137 193 242]
201
```

彩色图像是 3 通道的，137、193、242 分别代表蓝、绿、红三色，它们组合起来便是点 (100,100) 处的像素值；灰度图像是单通道的，所以点 (100,100) 处的像素值为 201。

获取局部图像可以使用 Python 中切片的概念。下面代码返回 img[0:200,0:300] 局部区域的图像：

```
patch1 = img[0:200,0:300] # 读取局部图像
cv2.imshow('patch1',patch1)
cv2.waitKey(0)
```

上述代码的输出结果如图 2-4 所示。

图 2-4　读取局部区域的图像

也可以直接修改图像数据。以下代码将所选区域 img[0:50,0:50] 填充为蓝色：

```
img[0:50,0:50,0] = 255 # 将所选区域蓝色通道的数值修改为 255
img[0:50,0:50,1] = 0    # 将所选区域红色通道的数值修改为 0
img[0:50,0:50,2] = 0    # 将所选区域绿色通道的数值修改为 0
cv2.imshow('blue',img)  # 重新绘图
cv2.waitKey(0)
```

上述代码的输出结果如图 2-5 所示。

图 2-5　修改所选区域的像素值

2.4.3　图像的几何变换操作

图像常用的几何变换有缩放、平移、旋转、翻转和裁剪等操作。下面让 ChatGPT 给我们介绍各种几何变换的概念及实现方法，在 ChatGPT 输入框中输入以下内容：

> ❓　作为 Python 专家，请介绍 OpenCV 中进行几何变换的常用函数，结果以表格展示，其中第 1 列为变换方法，第 2 列为方法概述，第 3 列为 OpenCV 实现函数，第 4 列为函数概述。

以下是 ChatGPT 给出的答案。

 以下是 OpenCV 中常用的几何变换函数，以表格形式列出它们的方法、方法概述、OpenCV 实现函数以及函数概述：

变换方法	方法概述	OpenCV 实现函数	函数概述
平移变换	将图像沿 x 轴和 y 轴平移一定距离	cv2.warpAffine	使用仿射变换矩阵对图像进行平移
旋转变换	对图像进行旋转	cv2.getRotationMatrix2D + cv2.warpAffine	创建旋转变换矩阵并将其应用于图像
缩放变换	对图像进行缩放	cv2.resize	调整图像的尺寸，可以缩小或放大
仿射变换	对图像进行平移、旋转、缩放等线性变换	cv2.getAffineTransform + cv2.warpAffine	创建仿射变换矩阵并将其应用于图像
透视变换	对图像进行透视变换	cv2.getPerspectiveTransform + cv2.warpPerspective	创建透视变换矩阵并将其应用于图像
极坐标变换	将图像由笛卡尔坐标转换为极坐标	自定义实现	将图像由笛卡尔坐标系转换为极坐标系
图像翻转	对图像进行水平或垂直翻转	cv2.flip	沿水平或垂直轴翻转图像
剪切变换	剪切图像的一部分	自定义实现	从图像中剪切出指定区域并保留剩余部分

上表列出了一些常用的几何变换方法，以及它们的 OpenCV 实现函数和概述。这些函数允许你对图像进行平移、旋转、缩放、仿射、透视、极坐标变换、翻转和剪切等各种几何变换，以满足不同的图像处理需求。

ChatGPT 给出了不同几何变换的 OpenCV 实现，下面我们通过旋转变换的应用示例来了解图像几何变换操作。在 ChatGPT 输入框中输入以下内容：

? 假设在 data 目录中有一张彩色猫图像 cat-color.jpg，请用 OpenCV 完成图像读取，并按照 45° 角进行顺时针旋转，然后使用 Matplotlib 将前后两张图展示在一个画布上。

以下是 ChatGPT 给出的答案。

 你可以使用 OpenCV 来读取、旋转图像，并使用 Matplotlib 在一个画布上展示原始图像和旋转后的图像。以下是示例代码：

```
import cv2
import matplotlib.pyplot as plt
# 读取原始图像
original_image = cv2.imread('data/cat-color.jpg')
# 检查图像是否成功加载
```

```
if original_image is not None:
    # 旋转角度（OpenCV 中旋转的角度是逆时针为正，所以是逆时针旋转）
    angle = 45
    # 计算旋转矩阵
    height, width = original_image.shape[:2]
    rotation_matrix = cv2.getRotationMatrix2D((width / 2, height / 2), angle,
        1)
    # 使用旋转矩阵旋转图像
    rotated_image = cv2.warpAffine(original_image, rotation_matrix, (width,
        height))
    # 创建一个 Matplotlib 画布
    plt.figure(figsize=(10, 5))
    # 在画布上展示原始图像
    plt.subplot(1, 2, 1)
    plt.title('Original Image')
    plt.imshow(cv2.cvtColor(original_image, cv2.COLOR_BGR2RGB))
    plt.axis('off')
    # 在画布上展示旋转后的图像
    plt.subplot(1, 2, 2)
    plt.title('Rotated Image')
    plt.imshow(cv2.cvtColor(rotated_image, cv2.COLOR_BGR2RGB))
    plt.axis('off')
    # 显示画布
    plt.show()
else:
    print('无法加载图像')
```

这段代码首先使用 cv2.imread 函数加载了名为 cat-color.jpg 的彩色图像；然后计算了旋转矩阵，将图像按照 45° 角逆时针旋转；最后使用 Matplotlib 创建一个画布，并在画布上展示原始图像和旋转后的图像。

确保在运行代码之前，你已经安装了 OpenCV 和 Matplotlib，并且图像文件 cat-color.jpg 位于 "data" 目录中。

将 Python 代码复制到 Jupyter Notebook 中运行后，得到的图像如图 2-6 所示。

Original Image

Rotated Image

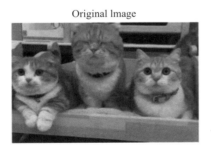
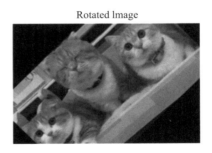

图 2-6　原始图像和旋转后的图像

使用 cv2. getRotationMatrix2D 函数能返回一个 2×3 的旋转矩阵（浮点型），其中第 1 个参数是旋转的中心点坐标；第 2 个参数是旋转角度，单位为° ，正数表示逆时针旋转；第 3 个参数是图像缩放尺度，其中 1 表示保持原图大小。在创建旋转矩阵后，将其传给 cv2. warpAffine 函数的第 2 个参数。cv2.warpAffine 函数的第 3 个参数是输出图像的大小，它的格式应该是图像的（宽，高），需记住的是图像的宽对应的是列数，高对应的是行数。

2.5　本章小结

本章前面两节详细介绍了结构化数据的常用操作，包括数据去重、数据排序、数据合并、数据分箱、描述统计分析的指标及 Python 实现；然后介绍了两种非结构化数据操作，包括利用 Jieba 库对中文文本进行分词、创建自定义词典、关键词提取及词性标注等，利用 OpenCV 实现图像的读取、显示、保存，对图像数据进行编辑或替换，对图像进行各种几何变换。

使用 ChatGPT 学习数据预处理

所谓"垃圾进，垃圾出（Garbage In，Garbage Out）"，意思就是说在做数据分析前不对原始数据进行数据准备而直接进行数据分析工作，很可能会得出错误的结论。错误的结论将严重误导业务方接下来的策略。因此一个数据分析项目实践中有多达 60% 的时间和精力是用来对原始数据进行数据抽样、清洗及变换的。

3.1　使用 ChatGPT 学习数据抽样

抽样对于数据分析和挖掘来说是一种常见的数据处理技术。下面我们将通过 ChatGPT 来学习常用的数据抽样方法及其 Python 实现。

3.1.1　常用的数据抽样方法

Python 的 scikit-learn 提供了非常丰富的数据抽样函数。在 ChatGPT 输入框中输入以下内容，了解常用的数据抽样方法及其 Python 实现：

> **?** 作为数据分析专家，请介绍 scikit-learn 中进行数据抽样的常用方法及函数，结果以表格形式展示，其中第 1 列为抽样方法，第 2 列为方法用途，第 3 列为函数，第 4 列为函数解释。

以下是 ChatGPT 给出的答案。

> 以下是 scikit-learn 中进行数据抽样的一些常用方法和相应的函数，以表格形式展示。

抽样方法	方法用途	函数	函数解释
无放回抽样	随机抽取指定数量的无重复元素	sample	从给定的序列中随机抽取指定数量的元素，并返回一个新的列表
有放回抽样	在考虑权重的情况下从一个数据集合中进行随机抽样，并且可以选择是否允许重复元素的出现	choices	从一个非空序列中随机抽取元素，并将它们作为一个列表返回
数据分区	随机将数据按比例进行拆分	train_test_split	将数据集划分为训练集和测试集，可以指定抽样比例和随机种子
分层随机抽样	从数据集中按照类别随机选择样本	StratifiedShuffleSplit	根据类别信息进行分层随机抽样，适用于不平衡数据集
过采样	增加少数类样本	SMOTE（Synthetic Minority Oversampling Technique，合成少数类过采样法）	使用 SMOTE 算法合成新的少数类样本，以平衡数据集
欠采样	减少多数类样本	RandomUnderSampler	从多数类样本中随机删除样本，以平衡数据集

请注意，scikit-learn 提供了许多其他抽样和预处理方法，具体方法的选择取决于你的数据集和任务需求。上述表格中的函数只是一些常见的示例，你可以根据需要选择适当的方法和函数来处理数据。

ChatGPT 给出了多种数据抽样方式，其中无放回抽样、有放回抽样、分层随机抽样、过采样和欠采样这几种抽样方式是日常工作中最常用到的。train_test_split() 函数更多用在数据建模前的数据分区工作中。Python 的 random 模块提供了简单随机抽样函数，我们将在 3.1.2 节进行学习。分层随机抽样有时候也称为等比例抽样，在数据分区时，有时候需要根据因变量各类别的占比进行等比例抽样。欠采样和过采样均用于解决数据集中的类失衡问题，上述答案中的 SMOTE 和 RandomUnderSampler 均为 imbalanced-learn 库中的函数。

3.1.2　简单随机抽样

数据简单随机抽样常有两种方式：有放回抽样和无放回抽样。两者的区别在于样本被抽取后，在下一步抽样前是否将已经被抽取的样本放回到样本集中再次抽样。无放回抽样可使用 ramdom 模块的 sample 函数实现，有放回抽样可使用 ramdom 模块的 choices 函数实现。

我们先学习无放回抽样的 sample 函数。在 ChatGPT 输入框中输入以下内容：

 作为 Python 专家，请介绍 ramdom 模块的 sample 函数，并给出参数解释和简单示例。

以下是 ChatGPT 给出的答案。

在 Python 的 random 模块中，sample 函数用于从序列（可迭代对象）中进行随机抽样，并返回指定数量的唯一元素，不允许重复。以下是 random.sample 函数的详细参数解释和一个简单示例。

```
random.sample(population, k)
```

- ❑ population: 这是一个必需的参数，表示抽样的总体，通常是一个可迭代的序列，如列表、元组、字符串等。sample 函数将从这个总体中进行抽样。
- ❑ k: 这是另一个必需的参数，表示要抽取的样本数量。它必须是一个整数，且必须小于或等于总体中元素的数量。sample 函数将返回包含 k 个唯一元素的列表，表示抽样的结果。

sample 函数的返回值是一个包含抽样结果的列表，其中包含了 k 个唯一元素。这些元素是从 population 中随机选择的，且不会重复出现。

以下是一个示例：

```
import random
# 示例数据集
data = [1, 2, 3, 4, 5, 6, 7, 8, 9, 10]
# 进行随机抽样，选择 3 个样本
sampled_data = random.sample(data, 3)
print("随机抽样结果:", sampled_data)
```

在这个示例中，我们导入了 random 模块，创建了一个名为 data 的列表；然后使用 random.sample 函数从中随机选择了 3 个不重复的样本。因为 sample 函数不允许重复抽样，所以输出的样本是唯一的。

　　从上面的答案可知，sample 函数非常简单，第 1 个参数指定需要进行抽样的数据总体，可以是列表、元组、字符串等；第 2 个参数表示要抽取的样本数量，它是必须小于或等于总体元素数量的整数。

　　将示例代码复制到 Jupyter Notebook 中并运行，输出以下结果。

```
随机抽样结果: [9, 3, 5]
```

　　可见，从 1 ～ 10 这个序列中随机抽取了 9、3、5 这 3 个数字。读者可以多试几次，每次抽样结果都会不同，且里面的 3 个数字肯定不会重复。

　　接着让我们学习有放回抽样的 choices 函数。在 ChatGPT 输入框中输入以下内容：

作为 Python 专家，请介绍 ramdom 模块的 choices 函数，并给出参数解释和简单示例。

　　以下是 ChatGPT 给出的答案。

random.choices 函数是 Python random 模块中的一个函数，用于从给定的序列（可重复）中随机抽取指定数量的元素。与 random.sample 不同，random.choices 允许元素重复选择。以下是 random.choices 函数的详细参数解释和一个简单示例。

```
random.choices(population, weights=None, cum_weights=None, k=1)
```

❏ population（必需）：表示抽样的总体，通常是一个可迭代的序列，如列表、元组或字符串。choices 函数将从这个总体中进行抽样。

❏ weights（可选）：一个可迭代的序列，与 population 中的元素对应。它表示每个元素被选择的概率权重。默认情况下，所有元素的权重相等，即进行均匀随机选择。

❏ cum_weights（可选）：累积权重，与 population 中的元素对应。如果提供了 cum_weights，则会根据权重从累积权重中进行抽样，而不是使用普通权重。如果同时提供了 weights 和 cum_weights，cum_weights 将覆盖 weights。

❏ k（可选）：抽取的样本数量，默认为 1。如果需要抽取多个样本，可以指定 k 的值。

random.choices 函数返回一个包含抽样结果的列表，其中包含了 k 个元素。这些元素是从 population 中随机选择的，根据权重决定每个元素被选择的概率。

以下是一个示例：

```python
import random
# 示例数据集
data = [1, 2, 3, 4, 5, 6, 7, 8, 9, 10]
# 使用权重进行抽样
weights = [0.1, 0.2, 0.1, 0.1, 0.1, 0.1, 0.1, 0.1, 0.1, 0.1]
# 进行随机抽样，选择 3 个样本
sampled_data = random.choices(data, weights=weights, k=3)
print("随机抽样结果:", sampled_data)
```

在这个示例中，我们使用 random.choices 函数从名为 data 的列表中按照权重进行了随机抽样，选择了 3 个样本。weights 参数用于指定每个元素被选择的概率权重。因此，具有较高权重的元素更有可能被选择。

　　choices 函数中只有参数 population 是必填项，表示抽样的总体，其他选项均是可选项。当参数 k 不指定时，表示从总体中随机抽取一个样本。另外还需注意，参数 weights 表示每个元素被选择的概率权重。对于 ChatGPT 给出的示例，我们将代码复制到 Jupyter Notebook 中运行，得到的结果如下：

```
随机抽样结果: [5, 4, 6]
```

　　由于是随机抽样，各位得到的结果很可能与书中结果不同。

当我们只给指定 population 参数值时，每次将随机抽取一个样本。我们在 Jupyter
Notebook 中输入以下代码并运行：

```
random.choices(data)
```

输出结果为：

```
[3]
```

choices 函数的参数 k 可以是任意整数，没有限制说不能大于总体的样本数量。比如我
们想随机抽取 15 个样本，可以在 Jupyter Notebook 输入以下代码并运行：

```
random.choices(data,k=15)
```

输出结果为：

```
[5, 2, 5, 2, 6, 5, 8, 1, 1, 7, 3, 10, 7, 7, 5]
```

3.1.3 数据分区

之前 ChatGPT 提到的 train_test_split 函数的作用是从数据集中随机选择样本，并将数
据集分为两部分：训练集和测试集。这是数据建模前常用的一种数据预处理工作，即数据
分区。进行数据分区后，我们用训练集来训练模型，用测试集验证模型的拟合效果。下面
让我们学习该函数的用法，在 ChatGPT 输入框中输入以下内容：

> **?** 作为 Python 专家，请介绍 scikit-learn 的 train_test_split 函数，并给出参数解释，不
> 需要示例。

以下是 ChatGPT 给出的答案。

> scikit-learn 库中的 train_test_split 函数是用于将数据集划分为训练集和测试集的常
> 用工具。以下是该函数的参数解释。
> 　　1. arrays（可迭代的）：通常是一个包含特征和目标变量的数据集，可以是 NumPy
> 数组、Pandas 数据框、稀疏矩阵等。
> 　　2. test_size (float 或 int)：用于指定测试集的大小。可以是一个浮点数，表示测试集
> 的比例，例如 0.2 表示将数据的 20% 分配给测试集；也可以是一个整数，表示测试集的
> 绝对大小。
> 　　3. train_size(float 或 int, 可选)：与 test_size 相反，train_size 用于指定训练集的大小。
> 如果未指定，将根据 test_size 的值来计算训练集的大小，使得训练集和测试集的大小之
> 和等于数据集的大小。
> 　　4. random_state (int、RandomState instance 或 None, 可选)：控制数据集的随机划分。

如果指定一个整数值，每次运行时都会生成相同的随机划分；如果设置为 None，则使用伪随机数生成器的当前状态进行划分。

5. shuffle (bool, 可选)：指定是否在划分前对数据集进行洗牌。默认为 True，即进行洗牌。

6. stratify (array-like, 可选)：用于分层随机抽样，确保训练集和测试集中的类别分布与原始数据集相似。通常是目标变量（标签）的数组。

7. dtype`(str, 可选)：指定生成的训练集和测试集的数据类型。

这些参数允许你在机器学习任务中有效地将数据集分成训练集和测试集，以便评估模型的性能。根据你的需求，可以使用不同的参数值来控制划分的方式，以获得合适的训练集和测试集。

从 ChatGPT 给出的答案可知，参数 arrays 用于指定需要进行数据拆分的数据集，可以是 NumPy 数组、Pandas 数据框、矩阵等。参数 test_size 用于指定测试集的大小，浮点数表示测试集的比例，整数则表示测试集的绝对大小。由于是随机抽样，所以对相同数据集每次运行该函数，返回的分区结果均有所不同，我们只需将参数 random_state 指定为一个整数，就可得到每次相同的抽样结果。参数 shuffle 用于指定是否在划分前对数据集进行洗牌（即随机打乱后再抽样）。参数 stratify 可用于分层随机抽样，分层抽样我们将在 3.1.4 节进行介绍。

学习了 train_test_split 函数后，可让 ChatGPT 举一个简单示例来帮助我们理解。在 ChatGPT 输入框中输入以下内容：

> ？ 作为 Python 专家，请使用 train_test_split 函数对 scikit-learn 自带的 iris 数据集进行简单随机抽样，要求测试集的比例为 20%，每次抽样结果一致。

以下是 ChatGPT 给出的答案。

> 如果你想对 scikit-learn 自带的 iris 数据集进行简单随机抽样，并要求每次抽样结果一致，可以使用 train_test_split 函数，代码如下所示：
>
> ```
> from sklearn.datasets import load_iris
> from sklearn.model_selection import train_test_split
> # 加载 iris 数据集
> iris = load_iris()
> X = iris.data
> y = iris.target
> # 使用 train_test_split 函数进行随机抽样，测试集比例为 20%，random_state 设置为固定值（例如 42）
> X_train, X_test, y_train, y_test = train_test_split(X, y, test_size=0.2,
>     random_state=42)
> # 现在，X_train 和 y_train 包含训练数据，X_test 和 y_test 包含测试数据
> ```

　　将 random_state 设置为固定值（如 42）后，每次运行该代码都将得到相同的随机抽样结果。这样，你可以确保测试集的比例为 20% 且每次运行的结果一致。

　　从 ChatGPT 给出的答案可知，train_test_split 函数按照其他参数设定同时对两个 NumPy 数组（X、y）进行数据分区。将 Python 代码复制到 Jupyter Notebook 中并运行可完成对 X 和 y 的数据拆分。

　　在 Jupyter Notebook 中输入以下代码，查看 X_train 和 y_train 的占比：

```
print(' 查看 X_train 的占比: ',len(X_train) / len(X))
print(' 查看 y_train 的占比: ',len(y_train) / len(y))
```

输出结果如下：

```
查看 X_train 的占比: 0.8
查看 y_train 的占比: 0.8
```

　　可见，X 和 y 都按照 8∶2 的比例进行了数据分区。

　　由于我们进行的是简单随机抽样，因此 y、y_train、y_test 3 份数据集中的类别（即 0、1、2）在各自数据集中的比例是不一致的。在 Jupyter Notebook 中输入以下代码并运行：

```
import pandas as pd
# 查看 y、y_train、y_test 中各类别占比
print(' 查看 y 中各类别占比: \n',pd.value_counts(y) / len(y))
print(' 查看 y_trian 中各类别占比: \n',pd.value_counts(y_train) / (len(y)*0.8))
print(' 查看 y_test 中各类别占比: \n',pd.value_counts(y_test) / (len(y)*0.2))
```

输出结果如下：

```
查看 y 中各类别占比:
0    0.333333
1    0.333333
2    0.333333
dtype: float64
查看 y_trian 中各类别占比:
1    0.341667
0    0.333333
2    0.325000
dtype: float64
查看 y_test 中各类别占比:
2    0.366667
0    0.333333
1    0.300000
dtype: float64
```

　　y 中各类别的样本数量为 50，占比均为 1/3。由于随机抽样时未按照 y 的类别进行等比例抽样，所以 y_train 和 y_test 中各类别占比不都为 1/3。如果我们想在数据分区后保证

y_train 和 y_test 中类别占比与 y 的类别占比保持一致，该如何实现呢？这将通过 3.1.4 节提到的分层随机抽样来实现。

3.1.4 分层随机抽样

分层随机抽样能实现对数据集按照某个变量的类别进行等比例抽样，保证抽样结果中该变量的类别占比与原数据集的类别占比保持一致。在学习 train_test_split() 函数时我们已经知道，当参数 stratify 指定为某个变量时，将会进行分层随机抽样。我们在 Jupyter Notebook 中输入以下代码，要求进行数据分区时根据 y 变量进行分层，并查看此时 y、y_train、y_test 中的各类别占比：

```python
# 使用 train_test_split() 函数按照 y 进行分层随机抽样，测试集比例为 20%，random_state 设置 42
X_train, X_test, y_train, y_test = train_test_split(X, y, test_size=0.2, random_
    state=42,stratify=y )
# 查看 y、y_train、y_test 中各类别占比
print(' 查看 y 中各类别占比: \n',pd.value_counts(y) / len(y))
print(' 查看 y_trian 中各类别占比: \n',pd.value_counts(y_train) / (len(y)*0.8))
print(' 查看 y_test 中各类别占比: \n',pd.value_counts(y_test) / (len(y)*0.2))
```

输出结果如下：

```
查看 y 中各类别占比:
0     0.333333
1     0.333333
2     0.333333
dtype: float64
查看 y_trian 中各类别占比:
0     0.333333
2     0.333333
1     0.333333
dtype: float64
查看 y_test 中各类别占比:
0     0.333333
2     0.333333
1     0.333333
dtype: float64
```

此时，y、y_train、y_test 3 个数据集中的各类别占比均为 1/3。

在学习数据抽样方法时，我们还知道 StratifiedShuffleSplit 函数可实现分层随机抽样。让我们学习该函数介绍及示例，在 ChatGPT 输入框中输入以下内容：

> ❓ 作为 Python 专家，请介绍 scikit-learn 的 StratifiedShuffleSplit() 函数，并给出参数解释，不需要示例。

以下是 ChatGPT 给出的答案。

scikit-learn 中的 StratifiedShuffleSplit 函数是用于执行分层随机分割数据集的工具。分层分割是一种确保每个类别在训练集和测试集中的比例与原始数据集相似的方法。以下是该函数的主要参数解释。

1. n_splits (int)：指定要生成的训练集 / 测试集的分割次数，即生成几组分层的训练集 / 测试集。

2. test_size (float、int、None, 可选)：用于指定测试集的大小。可以是浮点数（表示测试集的比例）、整数（表示测试集的绝对大小）或者 None（表示使用默认值，即用数据集的大小减去训练集的大小）。

3. train_size (float、int、None, 可选)：用于指定训练集的大小。可以是浮点数（表示训练集的比例）、整数（表示训练集的绝对大小）或者 None（表示使用默认值，即用数据集的大小减去测试集的大小）。

4. random_state (int, RandomState instance, None, 可选)：控制随机数生成器的状态，以确保分割的可重复性。如果指定整数值，每次运行时都会生成相同的分割。

5. n_repeats (int, 默认为 1)：指定在执行分层随机分割时要重复的次数。每次重复都会生成一组不同的分割。

6. n_samples (int)：数据集的总样本数。通常不需要手动设置，因为可以从数据集中自动推断出。

7. n_classes (int)：数据集中的类别数量。通常也不需要手动设置，因为可以从数据集中自动推断出。

8. indices (bool, 可选)：如果为 True，则返回样本的索引号而不是布尔掩码。

9. random_shuffle (bool, 默认为 True)：确定是否在每次重复中对数据进行随机洗牌。

10. shuffle (bool, 默认为 True)：确定是否对数据进行随机洗牌。

StratifiedShuffleSplit 函数通常用于交叉验证、模型评估和参数调优等任务，特别适用于类别不平衡的数据集，以确保训练集和测试集中的类别分布相似。

我们在 ChatGPT 对话框中输入以下内容，用 StratifiedShuffleSplit() 函数重新对 iris 数据集进行分层随机抽样：

作为 Python 专家，请使用 StratifiedShuffleSplit() 函数对 scikit-learn 自带的 iris 数据集进行分层随机抽样，要求测试集的比例为 20%，每次抽样结果一致。

以下是 ChatGPT 给出的答案。

为了使用 StratifiedShuffleSplit() 函数对 scikit-learn 自带的 iris 数据集进行分层随机抽样，且确保每次抽样结果一致，你可以按照以下方式进行操作：

```
from sklearn.datasets import load_iris
```

```
from sklearn.model_selection import StratifiedShuffleSplit
# 加载 iris 数据集
iris = load_iris()
X = iris.data
y = iris.target
# 创建 StratifiedShuffleSplit() 函数
sss = StratifiedShuffleSplit(n_splits=1, test_size=0.2, random_state=42)
# 使用 split() 方法进行分层随机抽样
for train_index, test_index in sss.split(X, y):
    X_train, X_test = X[train_index], X[test_index]
    y_train, y_test = y[train_index], y[test_index]
# 现在，X_train 和 y_train 包含训练数据，X_test 和 y_test 包含测试数据
```

在上述代码中，我们首先加载了 iris 数据集；然后创建了一个 StratifiedShuffle-Split() 函数，并指定 n_splits 为 1（即只进行一次分割），test_size 为 0.2（测试集比例为 20%），并设置 random_state 为 42，以确保每次抽样结果一致；最后，我们使用 split() 方法来进行分层随机抽样，获得训练集和测试集。这样，你可以按要求进行分层随机抽样，并确保每次结果一致。

ChatGPT 给出的答案中，核心代码是先按照要求创建 StratifiedShuffleSplit() 函数，再通过 split() 方法进行分层抽样。将 Python 代码复制到 Jupyter Notebook 中并增加以下代码，查看此时 y、y_train、y_test 中的各类别占比：

```
# 查看y、y_train、y_test 中各类别占比
print('查看y 中各类别占比: \n',pd.value_counts(y) / len(y))
print('查看y_trian 中各类别占比: \n',pd.value_counts(y_train) / (len(y)*0.8))
print('查看y_test 中各类别占比: \n',pd.value_counts(y_test) / (len(y)*0.2))
```

输出结果如下：

```
查看y 中各类别占比:
0    0.333333
1    0.333333
2    0.333333
dtype: float64
查看y_trian 中各类别占比:
0    0.333333
2    0.333333
1    0.333333
dtype: float64
查看y_test 中各类别占比:
0    0.333333
2    0.333333
1    0.333333
dtype: float64
```

与使用 train_test_split() 函数的效果相同。

3.1.5　数据类失衡处理

小概率事件、稀有事件的类失衡是指在数据中可能会存在某个或某些类别下的样本数远大于另一些类别下的样本数情况。如果不对数据进行处理就建模，此时建立的分类模型会倾向于预测数量较多的一类。显然该分类模型是无效的，并且这种无效是由于训练集中类别不均衡而导致的。处理数据类失衡最常用的两种方法分别是欠采样法和过采样法。其中欠采样法指从多数类中选择小部分案例，并把它们和少数类样本一起组成一个相对平衡的数据集。过采样法则使用另外的工作模式，使用某些进程来复制少数类样本。

让我们先了解过采样法及其函数使用，在 ChatGPT 输入框中输入以下内容：

> ❓ 作为数据分析专家，请概述 SMOTE 抽样方法，并对 imbalanced-learn 库中的 SMOTE 函数的参数进行描述，不需要提供示例。

以下是 ChatGPT 给出的答案。

> 🤖 SMOTE 是一种用于处理不平衡数据集的抽样方法。它通过生成合成样本来增加少数类别的样本数量，以平衡数据集。SMOTE 的核心思想是在特征空间中找到少数类别的样本，然后创建一些类似的合成样本，以扩大少数类别的样本集。这有助于减少类别不平衡对模型性能的影响。
>
> imbalanced-learn 库中的 SMOTE 函数有一些参数，下面是对一些重要参数的描述。
>
> 1. sampling_strategy: 控制生成的合成样本数量。可以设置为浮点数（例如 0.5 表示多数类别样本数是少数类别的一倍）或字典（可以指定每个类别的比例）。
>
> 2. random_state: 随机数生成的种子，用于确保结果的可重复性。
>
> 3. k_neighbors: 确定每个少数类别样本要考虑多少个最近邻居。这个参数影响合成样本的生成。
>
> 4. m_neighbors : 控制生成合成样本时考虑的最大邻居数。如果找不到足够的邻居，生成的合成样本数量可能受到限制。
>
> 5. kind: 用于指定 SMOTE 的变体，通常可以选择 'regular'、'borderline1'、'borderline2' 或 'svm' 等。
>
> 6. n_jobs: 用于并行处理的 CPU 核心数。

参数 sampling_strategy 为 0 ～ 1 之间的浮点数，当为 1 时，过采样后的少数类别和多数类别的样本数量相同；参数 random_state 用于指定随机数生成的种子，可确保多次处理的结果相同；参数 k_neighbors 用于指定邻居数量，默认为 5。k 近邻算法将在后续的模型中详细介绍。

这次我们不让 ChatGPT 提供函数的示例，直接使用帮助文档中的示例进行演示。在 Jupyter Notebook 中输入并运行以下代码：

```
from collections import Counter
from sklearn.datasets import make_classification
from imblearn.over_sampling import SMOTE
X,y=make_classification(n_classes=2,class_sep=2,weights=[0.1,0.9], n_
    informative=3, n_redundant=1, flip_y=0, n_features=20,
n_clusters_per_class=1, n_samples=1000, random_state=10)
print('Original dataset shape %s' % Counter(y))
sm = SMOTE(random_state=42)
X_res, y_res = sm.fit_resample(X, y)
print('Resampled dataset shape %s' % Counter(y_res))
```

输出结果如下：

```
Original dataset shape Counter({1: 900, 0: 100})
Resampled dataset shape Counter({0: 900, 1: 900})
```

上述代码中，我们首先创建了 NumPy 数组 X 和 y，其中 y 是一个二分类的变量，类别 1 的数量有 900 个，类别 0 的数量有 100 个，是一个典型的类失衡问题；接着实例化 SMOTE 对象，参数 random_state 设置为 42，为了多次重复均可得到相同结果，其他参数均为默认值；最后通过 fit_resample() 方法进行过采样操作，生成的新的 NumPy 数组 y_res 中的类别占比已经是 1∶1 了。

可通过参数 sampling_strategy 来指定过采样后的少数类别占多数类别的比例，比如我们将参数 sampling_strategy 设置为 0.5，则过采样后的少数类别为多数类别的一半。在 Jupyter Notebook 中输入以下代码并运行：

```
# 过采样后少数类别为多数类别的一半
sm1 = SMOTE(sampling_strategy=0.5,random_state=42)
X_res1, y_res1 = sm1.fit_resample(X, y)
print('Resampled dataset shape %s' % Counter(y_res1))
```

输出结果为：

```
Resampled dataset shape Counter({1: 900, 0: 450})
```

此时，少数类别 0 的数量为 450 个，为多数类别的一半。

我们接着了解欠采样法及其函数使用。在 ChatGPT 输入框中输入以下内容：

> 作为数据分析专家，请概述欠采样抽样方法，并对 imbalanced-learn 的 Random-UnderSampler() 函数的参数进行描述，不需要提供示例。

以下是 ChatGPT 给出的答案。

> 欠采样是一种用于处理不平衡数据集的抽样方法。它的目标是通过减少多数类别的样本数量来平衡不同类别的样本，特别是针对多数类别。欠采样法有助于减少模型对多数类别的过度拟合，但也可能会导致信息损失，因为它删除了一些多数类别的

样本。

imbalanced-learn 的 RandomUnderSampler() 函数用于执行欠采样操作，它具有以下一些重要参数。

1. sampling_strategy：控制欠采样后所需的样本比例。可以设置为浮点数（例如 0.5 表示多数类别样本数是少数类别的一倍）或字典（可以指定每个类别的比例）。

2. random_state：用于控制随机数生成的种子，以确保结果的可重复性。

3. replacement：布尔值参数，用于控制是否进行替换式欠采样。如果设置为 True，将进行替换式欠采样，允许多次选择相同的样本。

4. n_neighbors：仅在设置了替换式欠采样时有效，它决定生成合成样本时要考虑多少个最近邻居。

5. n_jobs：用于并行处理的 CPU 核心数。

RandomUnderSampler() 函数通过删除多数类别的样本来减少多数类别的数量，以平衡数据集。不同的参数设置会影响欠采样法的结果，因此根据数据集的特点和需求来选择适当的参数是非常重要的。

从回答结果可知，RandomUnderSampler() 函数的使用与 SMOTE 函数类似。

我们继续使用 SMOTE 示例中已经创建好的数组 X、y。在 Jupyter Notebook 中输入欠采样的代码并运行：

```
rus = RandomUnderSampler(random_state=42)
X_rus, y_rus = rus.fit_resample(X, y)
print('Resampled dataset shape %s' % Counter(y_rus))
```

输出结果为：

```
Resampled dataset shape Counter({0: 100, 1: 100})
```

我们在欠采样时只指定了参数 random_state 为 42，以保证每次运行结果相同。从结果可知，欠采样后多数类别的样本数量和少数类别一样多，都是 100 个。

参数 sampling_strategy 同样是 0 ~ 1 之间的浮点数，用于指定少数类别占多数类别的比例，比如将其设置为 0.5，则欠采样后多数类别数量是少数类别数量的两倍。在 Jupyter Notebook 中输入并运行以下代码：

```
rus1 = RandomUnderSampler(sampling_strategy=0.5,random_state=42)
X_rus1, y_rus1 = rus.fit_resample(X, y)
print('Resampled dataset shape %s' % Counter(y_rus1))
```

输出结果为：

```
Resampled dataset shape Counter({1: 200, 0: 100})
```

此时，少数类别还是 100 个，多数类别数量为 200 个。

3.2 使用 ChatGPT 学习数据清洗

数据清洗是数据预处理的前提，是数据挖掘分析结论有效性和准确性的基础，其主要任务是检查原始数据中是否存在脏数据。脏数据一般是指不符合要求以及不能直接进行相应分析的数据。在常见的数据分析挖掘工作中，脏数据包括不一致的值、缺失值和异常值。

数据的不一致性是指各类数据的矛盾性、不相容性，一是由于数据源的描述不一致，二是由于存在重复的记录，三是由于不满足既定的一致性规则。

本节主要对数据中的缺失值和异常值进行分析。

3.2.1 缺失值的识别及处理

在识别及处理缺失值前，我们先使用 ChatGPT 了解下缺失值产生的原因。在 ChatGPT 输入框中输入以下内容：

 数据分析时经常会遇到数据缺失，请总结造成数据缺失的常见原因，归纳 3 ～ 5 点即可。

以下是 ChatGPT 给出的答案。

 数据缺失在数据分析中是一个常见的问题，通常由多种原因引起。以下是常见的数据缺失原因。

1. 人为错误或疏忽
  ❑ 数据录入错误：当数据被手动输入时，操作员可能会产生拼写错误、键入错误的值或忘记输入某些数据。
  ❑ 数据丢失：数据可能会在传输或存储过程中丢失，例如文件损坏或意外删除。
2. 技术问题
  ❑ 硬件故障：硬盘故障、服务器崩溃或存储设备损坏可能导致数据丢失。
  ❑ 软件问题：数据在处理、转换或备份过程中可能受到软件错误的影响，导致数据损坏或丢失。
3. 缺乏数据收集和记录
  ❑ 数据可能从一开始就没有被收集，或者在数据收集过程中没有被完整记录，导致缺失数据。
  ❑ 数据记录不完整：某些信息可能被意外省略或未记录。
4. 隐私问题
  ❑ 在一些情况下，数据可能故意被删除或隐去，以保护隐私或遵守法律法规。这可能包括对敏感信息的删除或脱敏处理。

5. 自然因素

❑ 自然灾害：洪水、火灾、地震等自然灾害可能导致数据中心或存储设备的损坏，从而引起数据缺失。

❑ 疫情和灾害：流行病或战争等全球性事件，可能会导致数据采集过程中的中断或数据损失。

数据缺失对于数据分析和决策制定可能具有重要影响，因此在数据管理和存储过程中需要采取适当的措施来降低数据缺失的风险，如定期备份、数据验证和记录保持策略。

从 ChatGPT 给出的答案可知，造成数据损失的原因可能是人为错误或者技术问题，也可能是数据隐私问题，导致无法采集敏感信息。

处理缺失值的基本步骤是：首先识别缺失值，然后考虑如何处理缺失值。在 ChatGPT 输入框中输入以下内容，学习在 Python 中如何识别缺失值：

？ 作为 Python 专家，请给小白介绍如何使用 Pandas 识别缺失值，并给出简单示例。

以下是 ChatGPT 给出的答案。

当使用 Pandas 进行数据分析时，识别和处理缺失值是一个常见任务。以下是使用 Pandas 来识别缺失值的方法以及一个简单的示例。

1. 使用 isna() 和 notna() 方法

Pandas 提供了 isna() 和 notna() 两种方法来检测缺失值。这些方法会返回布尔值，其中 True 表示缺失值，False 表示非缺失值。示例代码如下：

```
import pandas as pd
data = pd.DataFrame({'A': [1, 2, None, 4, 5],
                     'B': [None, 2, 3, None, 6]})
# 检测缺失值
missing_values = data.isna()
print(missing_values)
```

这将输出一个与原始数据框大小相同的数据框，其中 True 表示缺失值，False 表示非缺失值。

2. 使用 isnull() 和 notnull() 方法

isnull() 和 notnull() 是与 isna() 和 notna() 等效的方法，也用于检测缺失值。它们也返回布尔值，其中 True 表示缺失值，False 表示非缺失值。示例代码如下：

```
import pandas as pd
data = pd.DataFrame({'A': [1, 2, None, 4, 5],
                     'B': [None, 2, 3, None, 6]})
```

```
# 检测缺失值
missing_values = data.isnull()
print(missing_values)
```

这将产生与上面示例相同的输出。

无论使用 isna() 和 notna() 方法，还是使用 isnull() 和 notnull() 方法，你都可以轻松地识别数据框中的缺失值。一旦识别了缺失值，你可以选择删除、填充或以其他方式处理它们，具体取决于你的数据分析需求。这些函数在数据清洗和数据准备阶段非常有用。

从 ChatGPT 给出的答案可知，Pandas 库可以使用 isna()、notna()、isnull()、notnull() 方法识别序列或数据框中的元素是否缺失。以上答案有一个需要更正的地方，当元素缺失时，isna() 和 isnull() 方法的返回结果为 True，否则为 False；notna() 和 notnull() 方法的返回结果则刚好相反，当元素缺失时为 False，否则为 True。

我们在 Jupyter Notebook 中输入以下代码并运行，查看创建数据框 data 的结果：

```
# 识别缺失值
import pandas as pd
data = pd.DataFrame({'A': [1, 2, None, 4, 5],
                     'B': [None, 2, 3, None, 6]})
# 查看数据框 data
data
```

输出结果如下：

```
    A      B
0   1.0    NaN
1   2.0    2.0
2   NaN    3.0
3   4.0    NaN
4   5.0    6.0
```

从结果可知，Python 中用 NaN 表示缺失值。接下来在 Jupyter Notebook 中输入以下代码并运行，检测数据框中的缺失值：

```
# 使用 isnull() 或 isna() 方法检测缺失值
data.isnull() # 等价于 data.isna()
```

输出结果为：

```
    A        B
0   False    True
1   False    False
2   True     False
3   False    True
4   False    False
```

因为数据框 data 的第 1 行第 1 列为 1.0，所以返回 False；第 1 行第 2 列为 NaN，所以返回 True。当我们使用 notna() 或者 notnull() 函数时，结果刚好相反。在 Jupyter Notebook 中输入以下代码并运行：

```
# 使用 notnull() 或 notna() 方法检测缺失值
data.notnull() # 等价于 data.notna()
```

输出结果为：

```
     A        B
0   True     False
1   True     True
2   False    True
3   True     False
4   True     True
```

在知道如何识别缺失值后，接下来就要对缺失值进行处理。我们在 ChatGPT 输入框中输入以下内容，了解常用的缺失值处理方式：

 作为 Python 专家，请给小白介绍如何使用 Pandas 处理缺失值，并给出简单示例。

以下是 ChatGPT 给出的答案。

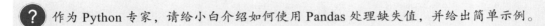 处理缺失值是数据分析中的重要任务之一，Pandas 提供了多种方法来处理缺失值。以下是使用 Pandas 处理缺失值的方法，附带一个简单的示例。

1. 删除缺失值

使用 dropna() 方法可以删除包含缺失值的行或列，代码如下：

```
import pandas as pd
data = pd.DataFrame({'A': [1, 2, None, 4, 5],
                     'B': [None, 2, 3, None, 6]})
# 删除包含缺失值的行
data_cleaned = data.dropna()
print(data_cleaned)
```

这将删除包含任何缺失值的行，结果将是一个不包含缺失值的数据帧。

2. 填充缺失值

使用 fillna() 方法可以用指定的值或方法来填充缺失值，代码如下：

```
import pandas as pd
data = pd.DataFrame({'A': [1, 2, None, 4, 5],
                     'B': [None, 2, 3, None, 6]})
# 用指定值（例如 0）填充缺失值
data_filled = data.fillna(0)
print(data_filled)
```

这将使用 0 来填充所有的缺失值。

3. 插值填充

如果你希望使用插值方法根据其他数据来填充缺失值，可以使用 interpolate() 方法，代码如下：

```
import pandas as pd
data = pd.DataFrame({'A': [1, 2, None, 4, 5],
                     'B': [None, 2, 3, None, 6]})
# 使用插值方法填充缺失值
data_interpolated = data.interpolate()
print(data_interpolated)
```

这将使用线性插值方法来填充缺失值，根据已知数据点之间的关系进行估算。

4. 替换缺失值

使用 replace() 方法可以将缺失值替换为特定的值，代码如下：

```
import pandas as pd
data = pd.DataFrame({'A': [1, 2, None, 4, 5],
                     'B': [None, 2, 3, None, 6]})
# 将缺失值替换为特定值（例如 -1）
data_replaced = data.replace({None: -1})
print(data_replaced)
```

这将使用 −1 来替换所有的缺失值。

以上是一些处理缺失值的方法示例。根据数据和分析需求，你可以选择合适的方法来处理缺失值，以确保数据分析的准确性和可靠性。

从 ChatGPT 给出的答案可知，处理缺失值的方式可归纳为两种。

1）缺失值删除。直接删除有缺失值的行或者列是最简单的方式。前提是缺失数据的比例较少，而且缺失数据是随机出现的，这样删除缺失数据后对分析结果影响不大。

2）缺失值填充。常用的填充方式是利用一个常数、字段均值或中位数来代替缺失值。这样做的优点在于不会减少样本信息，处理起来简单，缺点在于当缺失数据不是随机出现时会产生偏差。另一种是插补方式，可利用线性回归、逻辑回归、决策树、组合、贝叶斯定理、k 近邻算法、随机森林等算法来预测缺失值。

接下来，我们将在 Jupyter Notebook 中重点学习 dropna() 和 fillna() 方法的使用，ChatGPT 给出的另两种方式感兴趣的读者可以自行运行体验。将 dropna() 方法的 Python 示例代码复制到 Jupyter Notebook 中并运行：

```
import pandas as pd
data = pd.DataFrame({'A': [1, 2, None, 4, 5],
                     'B': [None, 2, 3, None, 6]})
# 删除包含缺失值的行
data_cleaned = data.dropna()
```

```
print(data_cleaned)
```

输出结果如下：

```
   A    B
1  2.0  2.0
4  5.0  6.0
```

可见，删除后仅剩下第 2 行和第 5 行的样本。

dropna() 方法还可以通过将参数 axis 设置为 1 进行按列删除操作，即当某列存在缺失值时，就删除该列。在 Jupyter Notebook 中输入以下代码并运行：

```
data1 = pd.DataFrame({'A': [1, 2, 4],
                      'B': [None, 2, 3]})
drop_col = data1.dropna(axis=1)  # 按列删除
print('查看原始数据:\n',data1)
print('查看按列删除后的数据:\n',drop_col)
```

输出结果如下：

```
查看原始数据:
   A    B
0  1  NaN
1  2  2.0
2  4  3.0
查看按列删除后的数据:
   A
0  1
1  2
2  4
```

因为 B 列第 1 行元素缺失，所以 B 列被删除。

数据分析工作中通常面对的是大型数据库，它的变量有几十上百个，因为一个变量值的缺失而放弃大量的其他变量值，这种删除是对信息的极大浪费，因此最常见的方式是对缺失值进行填充。将 fillna() 方法的 Python 示例代码复制到 Jupyter Notebook 中并运行：

```
import pandas as pd
data = pd.DataFrame({'A': [1, 2, None, 4, 5],
                     'B': [None, 2, 3, None, 6]})
# 用指定值（例如 0）填充缺失值
data_filled = data.fillna(0)
print(data_filled)
```

输出结果为：

```
   A    B
0  1.0  0.0
1  2.0  2.0
2  0.0  3.0
```

```
3   4.0  0.0
4   5.0  6.0
```

从结果可知，所有缺失值均用 0 填充。fillna() 方法除了可简单指定一个常数进行缺失值填充外，还有其他更灵活的方法，比如用前一个或后一个非缺失值来填充，用均值、中位数等统计指标来填充，或通过随机森林、k 近邻算法等方式进行填充。我们在 Jupyter Notebook 中输入以下代码并运行：

```
# 其他常用的缺失值填充方式
# 1. method='pad' 或 'ffill'：用前一个非缺失值来填充缺失值
fill_front = data.fillna(method='pad')
# 2. method='bfill' 或 'backfill'：用后一个非缺失值来填充缺失值
fill_back = data.fillna(method='bfill')
# 3. 用各列均值填充缺失值
fill_mean = data.fillna(data.mean())
# 输出各种结果
print('原始数据：\n',data)
print('用前一个非缺失值来填充缺失值的方式：\n',fill_front)
print('用后一个非缺失值来填充缺失值的方式：\n',fill_back)
print('用各列均值填充缺失值的方式：\n',fill_mean)
```

输出结果为：

```
原始数据：
     A    B
0   1.0  NaN
1   2.0  2.0
2   NaN  3.0
3   4.0  NaN
4   5.0  6.0
用前一个非缺失值来填充缺失值的方式：
     A    B
0   1.0  NaN
1   2.0  2.0
2   2.0  3.0
3   4.0  3.0
4   5.0  6.0
用后一个非缺失值来填充缺失值的方式：
     A    B
0   1.0  2.0
1   2.0  2.0
2   4.0  3.0
3   4.0  6.0
4   5.0  6.0
用各列均值填充缺失值的方式：
     A    B
```

```
0   1.0   3.666667
1   2.0   2.000000
2   3.0   3.000000
3   4.0   3.666667
4   5.0   6.000000
```

从输出结果可知，B 列第 1 行为 NaN，所以当用前一个非缺失值来填充时还是 NaN；当用后一个非缺失值来填充缺失时为 2.0，因为 B 列第 2 行的值为 2.0；当用各列均值来填充时，A 列所有缺失值均被 3.0 填充，B 列所有缺失值均被 3.666 667 填充。

3.2.2　异常值的识别及处理

数据样本中的异常值通常是指一个离散型变量里某个类别的值出现次数太少，或者一个数值型变量里某些值太大或太小。忽视异常值的存在是十分危险的，把异常值加入数据计算分析过程中，很可能会干扰模型系数的计算和评估，从而严重降低模型的稳定性。数值型变量的异常值是指样本中的个别值，其数值明显偏离其余样本的观测值。异常值也称为离群点，因此异常值分析也称为离群点分析。

我们先使用 ChatGPT 学习识别异常值的方法，在 ChatGPT 输入框中输入以下内容：

> ❓　作为数据分析专家，请给小白介绍 Python 中判断异常值的常用方法，不需要示例。

以下是 ChatGPT 给出的答案。

当进行数据分析时，识别异常值是一个重要的任务，因为异常值可能会对分析结果产生负面影响。以下是 Python 中常用的判断异常值的方法。

1. 基于统计方法
   - ❑ 标准差法：使用数据的均值和标准差来识别偏离平均值较远的数据点。
   - ❑ 箱线图法：通过绘制箱线图来识别位于箱线之外的数据点。
   - ❑ Z-Score 方法：计算数据点与均值之间的标准差，然后根据阈值判断是否为异常值。

2. 基于数据分布的方法
   - ❑ 百分位数法：根据数据的百分位数来判断数据点是否位于给定的百分位范围内。
   - ❑ 基于分布的方法（如正态分布或其他已知分布）：通过比较实际数据与理论分布之间的概率来识别异常值。

3. 基于机器学习的方法
   - ❑ 孤立森林（Isolation Forest）：使用孤立森林算法来检测数据中的孤立点，这些点通常是异常值。

> ❑ 集成模型（如随机森林）：利用集成模型来识别数据中的异常值。
> ❑ One-Class SVM：使用支持向量机来识别异常值。
> 4. 可视化方法
> ❑ 散点图：绘制散点图，以可视化数据分布，识别偏离主要数据云的点。
> ❑ 直方图和密度图：绘制直方图或密度图，以查看数据分布，异常值通常位于分布尾部。
> 5. 规则和专业知识
> ❑ 基于领域知识：利用领域专业知识来确定哪些值可能是异常的。
> ❑ 定义阈值：根据具体问题的要求定义阈值，超过阈值的数据点被视为异常。
> 异常值检测方法的选择通常依赖于数据的性质、分析目标以及领域知识。通常，多种方法可以结合使用，以提高异常值检测的准确性和可靠性。

ChatGPT 给出了非常多的用于识别异常值的方法，其中基于统计方法和基于数据分布的方法并没有特别明显的区分。比如我们在假设数据服从正态分布的情况下，利用标准差法来识别异常值，这种方法叫 3σ 准则。3σ 准则又称为拉依达准则。如果数据服从正态分布，在 3σ 准则下，异常值被定义为一组测定值与平均值偏差超过三倍标准差的值。在正态分布中，σ 代表标准差，μ 代表均值。3σ 准则为：数值分布在 $(\mu-\sigma,\mu+\sigma)$ 中的概率为 0.6826，数值分布在 $(\mu-2\sigma,\mu+2\sigma)$ 中的概率为 0.9544，数值分布在 $(\mu-3\sigma,\mu+3\sigma)$ 中的概率为 0.9973。距离平均值 3σ 之外的值出现的概率小于 0.003，属于极个别的小概率事件，故称为异常值。

箱线图也是常用来识别异常值的方法之一，具有数据不要求服从正态分布、鲁棒性强等特性。箱线图利用第一四分位数 Q_1、第三四分位数 Q_3 和四分位距 IQR（Q_3-Q_1）得到上限和下限，当值小于下限或大于上限则被识别为异常值。箱线图也属于数据可视化内容，所以关于箱线图的知识我们将在下一章重点介绍。

3σ 准则或箱线图仅利用单个数值变量来判断数据是否异常。但在实际工作中，我们要识别某个用户是否异常，不能仅因为某个指标异常就武断地认为该用户为欺诈用户，而是需要通过多个指标进行综合评价，此时可以利用上面提到的基于机器学习的方法来识别异常值。此外，无监督学习中的聚类分析算法也是常用的识别异常值的手段之一。

基于规则和专业知识这个相对来说是属于利用专家经验来判断数据是否异常，往往不需要借助复杂的统计分析或建模来甄别。比如收集到一份记录人员身高的数据，单位为 cm，当大部分身高数据都在 150 ～ 180 之间时，突然有一个是 1.6，那么这个数据极大可能是异常数据，因为可能是以为记录单位为 m；又如当分析用户付费率指标时，凭借业务经验知道付费率的正常水平在 0 ～ 1 之间，如果超过 1 就属于异常情况。

实际工作中，识别异常值往往比处理异常值更具挑战性。我们可以利用适合的方法把异常值识别出来，再根据样本索引号（或叫行号）删除异常值删除即可。

3.3　使用 ChatGPT 学习数据变换

对于数据分析建模来说，数据变换是一种最常用也最有效的数据处理技术。经过适当的数据变换后，我们才能将原始数据转换成适合建模的数据，模型的效果也会得到明显提升。正因如此，数据变换成了很多数据分析师在建模过程中常使用的数据处理手段之一。

按照采用的变换方法和目的的不同，数据变换常用的方法有产生衍生字段、数据分箱、数据标准化、数据独热编码等。其中产生衍生字段的方法可用于用户付费行为分析，此时数据集中已有用户总人数和用户付费人数，需根据这两个字段得到一个付费率的新字段进行分析；数据分箱的处理也在上一章介绍过；本节我们重点学习数据标准化处理和数据独热编码处理。

3.3.1　数据标准化处理

数据标准化是数据分析中常见的数据处理手段之一，其主要目的是消除变量之间的量纲（各变量的数据范围差异）影响，将数据按照比例进行缩放，使之落入一个相同范围之内，让不同的变量经过标准化处理后可以有平等分析和比较的基础。如 k 均值聚类、层次聚类、主成分分析等一般基于距离的算法或模型都需要对原始数据进行标准化处理。

我们在 ChatGPT 输入框中输入以下内容，学习常用的数据标准化方法：

> ❓　作为数据分析专家，请总结归纳常用的数据标准化方法，不用 Markdown，公式用 LaTeX 显示。

以下是 ChatGPT 给出的答案。

> 数据标准化是数据预处理的关键步骤，用于将不同尺度、单位或分布的数据转化为统一的标准形式，以便更好地进行比较和分析。以下是一些常用的数据标准化方法。
>
> 1. Min-Max 标准化
>
> 这种方法将数据线性地缩放到指定的范围，通常是 [0, 1]。标准化公式如下：
>
> $$X_{标准化} = \frac{X - X_{最小值}}{X_{最大值} - X_{最小值}}$$
>
> 2. Z-Score 标准化
>
> Z-Score 标准化也称为标准分数标准化，用于将数据转化为均值为 0、标准差为 1 的标准正态分布。标准化公式如下：
>
> $$X_{标准化} = \frac{X - \mu}{\sigma}$$
>
> 其中，μ 为均值；σ 为标准差。

3. 小数定标标准化

这种方法将数据除以适当的小数值，使数据位于 [−1, 1] 或 [0, 1] 范围内。标准化公式如下：

$$X_{标准化} = \frac{X}{10^n}$$

其中，n 取决于数据的范围，通常是使数据适应所需范围的最小数量级。

4. Robust 标准化

这种方法使用中位数和四分位距来减小异常值对标准化的影响。标准化公式如下：

$$X_{标准化} = \frac{X - 中位数}{四分位距}$$

其中，四分位距是第三四分位数和第一四分位数的差。

5. 对数转换

在数据包含大范围的值时，对数转换可以减小数据的尺度差异。标准化公式如下：

$$X_{标准化} = \log(x)$$

这些方法可以根据数据的特性和分析的需求选择使用。数据标准化有助于提高数据分析和建模的效果，确保不同特征之间具有可比性。

通过 ChatGPT 我们了解了常用的数据标准化方法，下一步让 ChatGPT 告诉我们在 Python 中如何实现 Min-Max 标准化和 Z-Score 标准化。在 ChatGPT 输入框中输入以下内容：

> ❓ 作为数据分析专家，请问在 Python 中如何进行 Min-Max 标准化和 Z-Score 标准化，并给出简单示例。

以下是 ChatGPT 给出的答案。

在 Python 中，你可以使用各种库来进行 Min-Max 标准化和 Z-Score 标准化，其中两个常用的库是 NumPy 和 scikit-learn。下面是使用这两个库进行标准化的简单示例。

使用 NumPy 进行 Min-Max 标准化：

```
import numpy as np
# 创建一个示例数据集
data = np.array([10, 20, 30, 40, 50])
# 使用 NumPy 进行 Min-Max 标准化
min_value = data.min()
max_value = data.max()
normalized_data = (data - min_value) / (max_value - min_value)
print("原始数据: ", data)
print("Min-Max 标准化后的数据: ", normalized_data)
```

使用 scikit-learn 进行 Z-Score 标准化：

```
from sklearn.preprocessing import StandardScaler
# 创建一个示例数据集
data = np.array([10, 20, 30, 40, 50]).reshape(-1, 1)
# 使用 scikit-learn 进行 Z-Score 标准化
scaler = StandardScaler()
normalized_data = scaler.fit_transform(data)
print(" 原始数据: ", data)
print("Z-Score 标准化后的数据: ", normalized_data)
```

在示例中，首先导入必要的库，然后创建一个示例数据集。对于 Min-Max 标准化，我们使用 NumPy 来计算最小值和最大值，然后应用标准化公式。对于 Z-Score 标准化，我们使用 scikit-learn 的 StandardScaler 类来进行标准化。在标准化后，你可以查看标准化后的数据及其与原始数据的比较。

从 ChatGPT 给出的答案可知，进行 Min-Max 标准化和 Z-Score 标准化常用的两个库是 NumPy 和 scikit-learn。使用 NumPy 进行 Min-Max 标准化的 Python 代码很简单，首先计算出数组的最小值和最大值，再根据公式计算得到 Min-Max 标准化。我们将代码复制到 Jupyter Notebook 中运行，得到结果如下：

```
原始数据: [10 20 30 40 50]
Min-Max 标准化后的数据: [0.   0.25 0.5  0.75 1.]
```

可见，Min-Max 标准化的数据最小值为 0，最大值为 1。

我们也可以通过 NumPy 计算数组的均值和标准差，进而得到 Z-Score 标准化，实现代码如下：

```
# 使用 NumPy 进行 Z-Score 标准化
mean_value = data.mean()
sd_value = data.std()
scale_data = (data - mean_value) / sd_value
print("Z-score 标准化后的数据: ", scale_data)
```

输出结果为：

```
Z-score 标准化后的数据: [-1.41421356 -0.70710678  0.          0.70710678  1.41421356]
```

接下来看看使用 scikit-learn 进行 Z-Score 标准化的 Python 代码，先创建了一个 StandardScaler() 函数，再使用 fit_transform() 方法对数据进行 Z-Score 标准化。将代码复制到 Jupyter Notebook 中运行，得到结果如下：

```
原始数据:
[[10]
 [20]
 [30]
 [40]
 [50]]
```

```
Z-Score 标准化后的数据:
 [[-1.41421356]
 [-0.70710678]
 [ 0.         ]
 [ 0.70710678]
 [ 1.41421356]]
```

使用 StandardScaler() 函数进行 Z-Score 标准化与前面用 NumPy 处理的结果一致。我们也可以通过 scikit-learn 中的 MinMaxScaler 类进行 Min-Max 标准化，实现代码如下：

```python
# 使用 scikit-learn 进行 Min-Max 标准化
from sklearn.preprocessing import MinMaxScaler
# 创建 MinMaxScaler 对象
scaler = MinMaxScaler()
# 使用 MinMaxScaler 进行 Min-Max 标准化
normalized_data = scaler.fit_transform(data)
print(" 原始数据: \n", data)
print("Min-Max 标准化后的数据: \n", normalized_data)
```

输出结果为：

```
原始数据:
 [[10]
 [20]
 [30]
 [40]
 [50]]
Min-Max 标准化后的数据:
 [[0.  ]
 [0.25]
 [0.5 ]
 [0.75]
 [1.  ]]
```

使用 MinMaxScaler 类进行 Min-Max 标准化与前面用 NumPy 库处理的结果一致。

3.3.2　数据独热编码处理

我们先通过 ChatGPT 学习什么是数据独热编码。在 ChatGPT 输入框中输入以下内容：

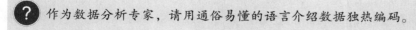 作为数据分析专家，请用通俗易懂的语言介绍数据独热编码。

以下是 ChatGPT 给出的答案。

数据独热编码（One-Hot Encoding）是一种用来处理分类数据的方法。当你有一列包含不同类别或标签的数据时，独热编码可帮助你将这些类别转化为计算机可以更好理解的形式。

独热编码的思想是：将每个类别转化为一个新的列，其中每一列表示原始数据中的一个类别。如果某一行属于某个类别，那么对应类别的列就被设置为 1，而其他列被设置为 0。这样，我们就将分类信息转化为了数值信息，使计算机可以更好地理解和处理这些数据。

例如，假设你有一个水果的分类列，包括苹果、橙子和香蕉。使用独热编码，你将得到 3 个新的列，分别表示苹果、橙子和香蕉。如果某一行对应苹果，则苹果列为 1，橙子和香蕉列为 0。这样，你可以在机器学习模型中使用这些编码后的数据，而不会引入不正确的数值关系。

总的来说，数据独热编码是一种将分类数据转化为二进制表示的方法，它有助于计算机更好地理解和处理这些数据，特别是在机器学习和深度学习领域中，它被广泛用于处理分类特征。

从 ChatGPT 给出的答案可知，独热编码又叫 One-Hot Encoding，是在做数据建模前对分类变量进行的数据预处理工作。经过独热编码处理后，新生成的字段的值都是 0 或者 1。例如，对包含 0 ～ 9 的数字图像进行分类建模工作时，标签中原本是 0 ～ 9 的数字，经过独热编码后转换为 10 个 0 或 1 的组合，如数字 5 经过独热编码转换后是 0000100000。

在学习了什么是独热编码后，让我们在 ChatGPT 输入框中输入以下内容，了解 Python 是如何实现数据独热编码处理的：

> **?** 作为数据分析专家，请列举 Python 实现数据独热编码处理的常用方法，并给出示例。

以下是 ChatGPT 给出的答案。

> 在 Python 中，有多种方法可以实现数据独热编码，其中一些常用的方法包括使用 Pandas 库中的 get_dummies() 函数和 scikit-learn 库中的 OneHotEncoder() 函数。以下是这些方法的示例。
>
> 1. 使用 Pandas 实现数据独热编码
> Pandas 库提供了 get_dummies 函数，可以很容易地进行数据独热编码，代码如下：
>
> ```python
> import pandas as pd
> # 创建一个包含分类数据的 DataFrame
> data = pd.DataFrame({'水果': ['苹果', '橙子', '香蕉', '橙子']})
> # 使用 get_dummies() 函数进行独热编码
> encoded_data = pd.get_dummies(data, columns=['水果'])
> print(encoded_data)
> ```
>
> 2. 使用 scikit-learn 的 OneHotEncoder() 函数
> scikit-learn 库中的 OneHotEncoder() 函数可以用于处理分类数据，代码如下：

```
from sklearn.preprocessing import OneHotEncoder
import numpy as np
# 创建一个示例数据集
data = np.array(['苹果', '橙子', '香蕉', '橙子']).reshape(-1, 1)
# 创建 OneHotEncoder 对象
encoder = OneHotEncoder(sparse=False)
# 进行独热编码
encoded_data = encoder.fit_transform(data)
print(encoded_data)
```

在这个示例中，我们首先导入相应的库，然后创建一个包含分类数据的 DataFrame 或 NumPy 数组。对于 Pandas，我们使用 get_dummies 函数；而对于 scikit-learn，我们使用 OneHotEncoder 类。进行独热编码后，你会得到一个新的 DataFrame 或 NumPy 数组，其中每个类别都转化为了二进制形式，方便后续的数据分析和建模。

从 ChatGPT 给出的答案可知，Pandas 中的 get_dummies 函数和 scikit-learn 中的 OneHotEncoder 类可以非常轻松地实现分类数据的独热编码处理。

首先将使用 Pandas 实现数据独热编码的 Python 代码复制到 Jupyter Notebook 中并运行，得到的结果如下所示：

```
   水果_橙子  水果_苹果  水果_香蕉
0      0       1       0
1      1       0       0
2      0       0       1
3      1       0       0
```

可见原数据的水果列被拆分为了水果_橙子、水果_苹果和水果_香蕉。由于原数据的第 1 行为苹果，所以独热编码后的第 1 行为 0、1、0，即 1 表示是，0 表示否。

接着将使用 scikit-learn 的 Python 代码复制到 Jupyter Notebook 中并运行，得到的结果如下所示：

```
[[0. 1. 0.]
 [1. 0. 0.]
 [0. 0. 1.]
 [1. 0. 0.]]
```

返回的二维数组中，第 1 行为 0、1、0，跟用 Pandas 的 get_dummies 函数得到的结果一致。

3.4 本章小结

本章先详细介绍了数据抽样技术，如简单随机抽样、数据分区及分层随机抽样，利用过采样法和欠采样法解决了数据类失衡问题；接着介绍了常用的数据清洗工作，主要包括对缺失值和异常值的识别及处理；最后介绍了常用的数据变换方法，包括 Min-Max 标准化、Z-Score 标准化和数据独热编码处理。

第 4 章 | *Chapter 4*

使用 ChatGPT 学习数据静态可视化

Python 除了拥有良好的数据处理和分析能力外，对于数据的展现也有极其灵活和强大的能力。由于图形对分析结果的表达往往更简单直观，所以对于优秀的分析报告而言，将分析结果以适当的图形方式展示后，其沟通效果和说服力会更佳。

4.1 使用 ChatGPT 了解数据可视化工具

在深入学习 Python 数据可视化之前，我们先用 ChatGPT 了解常用的数据可视化工具。在 ChatGPT 输入框中输入以下内容：

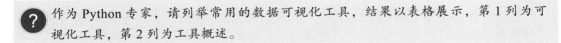

作为 Python 专家，请列举常用的数据可视化工具，结果以表格展示，第 1 列为可视化工具，第 2 列为工具概述。

以下是 ChatGPT 给出的答案。

 以下是一些常用的 Python 数据可视化工具以及它们的简要概述。

可视化工具	工具概述
Matplotlib	最常见的 Python 绘图库，用于创建静态图表
Seaborn	基于 Matplotlib 的高级绘图库，可提供更美观的默认样式和简化的 API
Plotly	交互性很强的绘图库，支持静态图和交互式图
Bokeh	专注于创建交互式数据可视化的库，支持大规模数据集
Altair	基于 Vega-Lite 的声明式可视化库，易于使用，可生成高质量图表

	（续）
可视化工具	工具概述
ggplot（ggpy）	基于 R 中 ggplot2 的 Python 版本，采用 "图层" 方法创建图表
D3.js(使用 Python 包装)	一个用 JavaScript 编写的强大的数据可视化库，可以通过 Python 包装使用
Plotnine	基于 ggplot2 的 Python 实现，用于创建有吸引力的图表
Yellowbrick	专注于机器学习模型评估的库，提供可视化工具来分析模型性能
NetworkX	用于创建和分析复杂网络的库，支持可视化网络结构
WordCloud	用于生成词云的库，可将文本数据可视化为词云图

这些工具的选择取决于你的具体需求和偏好。根据数据集的类型、所需的交互性以及可视化的复杂度等因素，你可以选择合适的工具来创建数据可视化。

从 ChatGPT 给出的答案可知，Python 有丰富的第三方库，既有用于创建静态图表的 Matplotlib 和 Seaborn，基于 ggplot2 的 ggplot (ggpy) 和 Plotnine，还包括可绘制交互数据可视化的第三方库 Plotly 和 Bokeh。除了以上提到的可视化工具外，使用 Pandas 也可对序列或数据框进行可视化，我们在后续章节将逐一详细介绍。

4.2 使用 ChatGPT 学习 Matplotlib 数据可视化

在 ChatGPT 输入框中输入以下内容，了解什么是 Matplotlib 数据可视化工具：

❓ 作为 Python 专家，请用通俗易懂的语言介绍什么是 Matplotlib 数据可视化工具，不需要示例。

以下是 ChatGPT 给出的答案。

Matplotlib 是一种用于在 Python 中创建各种图形和图表的工具，它允许你将数据可视化为各种图形，如折线图、条形图、散点图等。这个工具非常流行，因为它提供了创建静态图表的简单方式，适用于科学研究、数据分析和数据可视化任务。

Matplotlib 可以帮助你将复杂的数据变得更容易理解，使数据更具可读性。无论是用于展示趋势、分析数据分布，还是将数据结果可视化，Matplotlib 都是一个强大的工具，适用于各种领域，包括学术研究、工程、金融分析等。

你可以使用 Matplotlib 创建各种图表，根据数据的不同特征和你的需求选择合适的图表类型。Matplotlib 提供了众多自定义选项，以便你可以调整图表的样式、颜色和标签，以满足你的具体需求。无论你是初学者还是专家，Matplotlib 都是一个强大而灵活的工具，用于将数据可视化成图表，帮助你更好地理解和传达数据。

4.2.1　Matplotlib 绘图基础

在了解了什么是 Matplotlib 后，让我们来学习 Matplotlib 的绘图基础。一个图形一般包含三要素：颜色、大小和形状。

我们在 ChatGPT 输入框中输入以下内容，学习 Matplotlib 关于图形颜色的知识：

 作为 Python 专家，请详细介绍 Matplotlib 设置图形颜色的方法，并举例说明。

以下是 ChatGPT 给出的答案。

 Matplotlib 中用于设置图形颜色的方式有多种，包括使用命名颜色、RGB 颜色、十六进制颜色代码和颜色映射等。下面是一些设置 Matplotlib 图形颜色的示例。

1. 使用命名颜色

你可以使用预定义的命名颜色来设置图形的颜色，例如，'red' 表示红色，'blue' 表示蓝色。示例代码如下：

```
import matplotlib.pyplot as plt
plt.plot([1, 2, 3, 4], [1, 4, 9, 16], color='green')     # 设置线条颜色为绿色
plt.scatter([1, 2, 3, 4], [1, 4, 9, 16], color='blue')   # 设置散点颜色为蓝色
```

2. 使用 RGB 颜色

你可以使用 RGB 颜色来自定义颜色，其中每个元素的取值范围是 0 ～ 1。示例代码如下：

```
import matplotlib.pyplot as plt
plt.plot([1, 2, 3, 4], [1, 4, 9, 16], color=(0.2, 0.4, 0.6))  # 自定义颜色为淡
    蓝色
```

3. 使用十六进制颜色代码

你也可以使用十六进制颜色代码来指定颜色。示例代码如下：

```
import matplotlib.pyplot as plt
plt.plot([1, 2, 3, 4], [1, 4, 9, 16], color='#FF5733')     # 设置颜色为橙红色
```

4. 使用颜色映射

颜色映射（Colormap）是一种将数值映射为颜色的方法，常用于热力图等图表类型。示例代码如下：

```
import matplotlib.pyplot as plt
import numpy as np
x = np.arange(0, 10, 0.1)
y = np.sin(x)
colors = np.arange(0, 1, 0.1)              # 随数值变化的颜色
plt.scatter(x, y, c=colors, cmap='viridis')  # 使用颜色映射
plt.colorbar()                             # 添加颜色条
```

以上是设置 Matplotlib 图形颜色的几种常见方法。你可以根据需要选择其中一种方法，以满足特定图表的颜色需求。Matplotlib 提供了很多自定义选项，以便你可以创建具有吸引力的图形。

从 ChatGPT 给出的答案可知，在绘图时可通过命名颜色、RGB 颜色、十六进制颜色代码等方式指定参数 color 的值，得到想要的图形颜色。

将使用命名颜色的 Python 代码复制到 Jupyter Notebook 中运行，得到的图形效果如图 4-1 所示。

图 4-1 中，使用 plt.plot 函数将参数 color 指定为 green，绘制绿色曲线；再使用 plt.scatter 函数将参数 color 指定为 blue，在现有线图上添加蓝色散点。

我们也可以使用一个英文字母表示某种颜色，比如运行以下代码也将得到图 4-1 所示的效果：

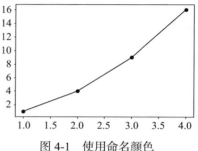

图 4-1　使用命名颜色

```
plt.plot([1, 2, 3, 4], [1, 4, 9, 16], color='g')      # 设置线条颜色为绿色
plt.scatter([1, 2, 3, 4], [1, 4, 9, 16], color='b')   # 设置散点颜色为蓝色
```

除了用字母 g 表示绿色，b 表示蓝色外，还可以用 r 表示红色，c 表示青色，m 表示品红色，y 表示黄色，k 表示黑色，w 表示白色等，其中图像默认是黑色。其他修改图形颜色的方式读者可自行复制代码到 Jupyter Notebook 中体验。

刚才在绘制图形时，我们发现绘制的线图默认是实线，散点默认是实心圆，那如何修改线的类型或散点形状呢？我们在 ChatGPT 输入框中输入以下内容，学习 Matplotlib 中关于线类型的知识：

 作为 Python 专家，请详细介绍 Matplotlib 中如何设置线的类型，并举例说明。

以下是 ChatGPT 给出的答案。

 Matplotlib 允许你设置线的类型，以更改图形中线的样式，包括线型（线条的形状）、线宽（线条的粗细）和颜色。下面是一些设置示例。

1. 设置线型

你可以使用 linestyle 参数来指定线的类型。常见的线型包括实线（默认）、虚线、点线、点画线等。示例代码如下：

```
import matplotlib.pyplot as plt
x = [1, 2, 3, 4]
y = [1, 4, 9, 16]
plt.plot(x, y, linestyle='--', label=' 虚线 ')                      # 使用虚线
plt.plot(x, [2 * val for val in y], linestyle=':', label=' 点线 ')   # 使用点线
plt.plot(x, [3 * val for val in y], linestyle='-.', label=' 点画线 ') # 使用点画线
```

2.设置线宽

你可以使用 linewidth 或缩写的 lw 参数来设置线的宽度。示例代码如下:

```
import matplotlib.pyplot as plt
x = [1, 2, 3, 4]
y = [1, 4, 9, 16]
plt.plot(x, y, linewidth=2, label=' 较粗的线 ')                # 设置线宽为 2
plt.plot(x, [2 * val for val in y], lw=0.5, label=' 较细的线 ')  # 设置线宽为 0.5
```

3.设置线的颜色和样式

你还可以组合设置线的颜色、线型和线宽。示例代码如下:

```
import matplotlib.pyplot as plt
x = [1, 2, 3, 4]
y = [1, 4, 9, 16]
plt.plot(x, y, 'r--', label=' 红色虚线 ')                      # 设置红色
    虚线
plt.plot(x, [2 * val for val in y], 'bs-.', label=' 蓝色方块点画线 ')  # 设置蓝色
    方块点画线
```

以上是设置线的几种常见方法。你可以根据需要选择其中一种方法,以满足特定图表的线条样式需求。Matplotlib 提供了很多自定义选项,以便你可以创建具有吸引力的线条样式。

将设置线型的 Python 代码复制到 Jupyter Notebook 中运行,得到的图形效果如图 4-2 所示。

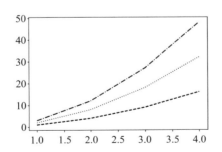

图 4-2　使用 linestyle 参数设置不同的线型

参数 linestyle 为 '--' 时为虚线、为 '..' 时为点线、为 '-.' 为点画线,默认为 '-',表示实线。我们也可以用单词 'solid'、'dashed'、'dotted' 和 'daashdot' 分别绘制实线、虚线、点线和点画线。运行以下代码得到的图形与图 4-2 一样:

```
plt.plot(x, y, linestyle='dashed', label=' 虚线 ')                    # 使用虚线
plt.plot(x, [2 * val for val in y], linestyle='dotted', label=' 点线 ')  # 使用点线
plt.plot(x, [3 * val for val in y], linestyle='dashdot', label=' 点画线 ')  # 使用点画线
```

将设置线宽的 Python 代码复制到 Jupyter Notebook 中运行，得到的图形效果如图 4-3 所示。

线的宽度默认为 1。当参数 linewidth 的值大于 1 时线将变宽，值小于 1 时线将变细。

使用 Matplotlib 绘图非常灵活，甚至可以组合设置线的颜色和类型。在 Jupyter Notebook 中输入以下代码并运行，得到的图形效果如图 4-4 所示。

```
x = [1, 2, 3, 4]
y = [1, 4, 9, 16]
plt.plot(x, y, 'r--', label=' 红色虚线 ')  # 设置红色虚线
# 等价于 plt.plot(x, y, color='r',linestyle='--',label=' 红色虚线 ')
```

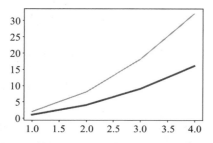

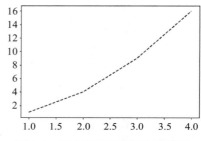

图 4-3　使用 linewidth 参数设置不同的线宽　　图 4-4　组合设置线的颜色和类型

学习完线的设置后，我们在 ChatGPT 输入框中输入以下内容学习点的设置：

? 作为 Python 专家，请详细介绍 Matplotlib 中如何设置点的形状、大小和颜色，并举例说明。

以下是 ChatGPT 给出的答案。

Matplotlib 允许你设置点的形状、大小和颜色，以更改散点图中点的样式。在 Matplotlib 中，这通常是通过 marker、s、color 等参数来实现的。下面是一些设置示例。

1. 设置点的形状

你可以使用 marker 参数来指定点的形状。常见的点形状包括圆点（默认）、方形、三角形、钻石、星形等。示例代码如下：

```
import matplotlib.pyplot as plt
x = [1, 2, 3, 4]
y = [1, 4, 9, 16]
plt.scatter(x, y, marker='o', label=' 圆点 ')                      # 使用圆点
plt.scatter(x, [2 * val for val in y], marker='s', label=' 方形 ')  # 使用方形
    点
plt.scatter(x, [3 * val for val in y], marker='^', label=' 三角形 ') # 使用三角
    形点
```

2. 设置点的大小

你可以使用 s 参数来设置点的大小。点的大小通常以像素为单位。示例代码如下：

```python
import matplotlib.pyplot as plt
x = [1, 2, 3, 4]
y = [1, 4, 9, 16]
# 设置点的大小为 50 像素
plt.scatter(x, y, marker='o', s=50, label=' 较大的圆点 ')
# 设置点的大小为 10 像素
plt.scatter(x, [2 * val for val in y], marker='o', s=10, label=' 较小的圆圈 ')
```

3. 组合设置点的颜色和形状

你还可以同时设置点的颜色和形状。示例代码如下：

```python
import matplotlib.pyplot as plt
x = [1, 2, 3, 4]
y = [1, 4, 9, 16]
# 设置为红色圆点
plt.scatter(x, y, color='red', marker='o', s=50, label=' 红色圆点 ')
# 设置为蓝色方形点
plt.scatter(x, [2 * val for val in y], color='blue', marker='s', s=30,
    label=' 蓝色方形点 ')
```

以上是设置点样式的几种常见方法。你可以根据需要选择其中一种方法，以满足特定图表的点样式需求。Matplotlib 提供了很多自定义选项，以便你可以创建具有吸引力的点样式。

从 ChatGPT 给出的答案可知，我们可以使用参数 marker 来指定点的形状。常见的点形状包括圆点（默认）、方形、三角形、钻石、星形等。

将设置点形状的 Python 代码复制到 Jupyter Notebook 中运行，得到的图形效果如图 4-5 所示。

当参数 marker 为字符 'o' 时为圆点，为 's' 时为正方形，为 '^' 时为正三角形。更多符号代表的点形状如表 4-1 所示。

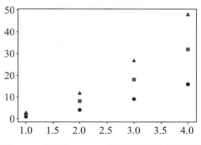

图 4-5　使用 marker 参数设置点的形状

表 4-1　参数 marker 代表的点形状

符号	点形状	符号	点形状
'.'	点标记	'1'	下箭头标记
','	像素标记	'2'	上箭头标记
'o'	圆点标记	'3'	左箭头标记
'v'	倒三角形标记	'4'	右箭头标记
'^'	正三角形标记	's'	正方形标记
'<'	左三角形标记	'p'	五边形标记
'>'	右三角形标记	'*'	星形标记

（续）

符号	点形状	符号	点形状
'h'	六边形标记 1	'x'	X 标记
'H'	六边形标记 2	'D'	菱形标记
'+'	加号标记	'd'	窄菱形标记

我们在 Jupyter Notebook 中输入以下代码，查看各种点的形状：

```
# 查看各种点的形状
marker = ['.','o','v','^','<','>','1','2','3','4','s','p','*','h','H','+','x','D','d']
for i in range(0,len(marker)):
    plt.plot(i,i,marker=marker[i],markersize=10)
```

结果如图 4-6 所示。

使用 plt.scatter 函数绘制散点图时，可以使用 s 参数来设置点的大小。我们在 Jupyter Notebook 中输入以下代码并运行：

```
plt.scatter(x, y, marker='o', s=50, label=' 较大的圆点 ')   # 设置点的大小为 50 像素
```

结果如图 4-7 所示。

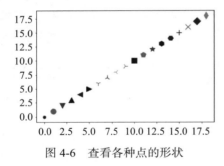

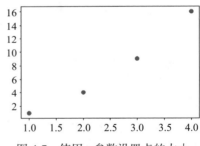

图 4-6　查看各种点的形状　　　　图 4-7　使用 s 参数设置点的大小

有时候我们想修改 Matplotlib 图形的默认配置，可以调用 matplotlib.rc() 函数实现。这次让我们在文心一言输入框中输入以下内容，学习该函数的用法：

❓作为 Python 专家，请介绍 matplotlib.rc() 函数，并给出参数解释，不需要示例。

以下是文心一言给出的答案。

matplotlib.rc() 是一个用于设置 Matplotlib 全局参数的函数。它允许你一次性设置多个图形属性，如字体大小、颜色等。

以下是一些常用的 matplotlib.rc() 参数及其解释。

1. figure.figsize: 这是一个长度为 2 的元组，用于设置图形的大小。第一个元素是图

形的宽度（以英寸为单位），第二个元素是图形的高度（以英寸为单位）。

2. figure.dpi: 这个参数用于设置图形的分辨率，以每英寸的点数（dpi）表示。例如，figure.dpi = 300 表示设置图形分辨率为 300dpi。

3. figure.facecolor 和 figure.edgecolor: 这两个参数分别用于设置图形的背景色和边框色。可以是颜色名称的字符串（如 'white'、'black' 等）或十六进制颜色代码（如 '#FFFFFF'）。

4. figure.frameon: 这个参数是一个布尔值，用于确定是否显示图形的边框。例如，figure.frameon = False 表示将关闭边框。

5. font.size: 这个参数用于设置字体的大小。默认情况下，字体大小为 12。

6. font.family: 这个参数用于设置字体类型。可选值包括 'serif'、'sans-serif'、'cursive'、'fantasy' 和 'monospace'。

7. grid.color 和 grid.linestyle: 这两个参数用于设置网格线的颜色和风格。颜色可以是颜色名称的字符串或十六进制颜色代码，风格可以是 '-'（实线）、'--'（虚线）、'-.'（点画线）等。

8. grid.linewidth: 这个参数用于设置网格线的宽度。值越小，网格线越细。

9. axes.formatter.limits: 这是一个元组，包含两个浮点数，分别表示 x 轴和 y 轴开始使用科学计数法的阈值。当坐标轴上的数值范围超过这些阈值时，Matplotlib 会使用科学计数法来显示刻度标签。例如，如果设置 axes.formatter.limits = (−1e−4, 1e−4)，那么当 x 轴或 y 轴上的数值小于 0.0001 或大于 10000 时，Matplotlib 就会使用科学计数法来显示刻度标签。

10. figure.autolayout: 这个参数是一个布尔值，用于确定是否自动布局。如果设置为 True，Matplotlib 将根据图形内容和大小自动调整布局。

通过调用 matplotlib.rc() 并传入相应的参数及其值，你可以轻松地设置 Matplotlib 图形的全局属性。

从文心一言给出的答案可知，matplotlib.rc() 函数提供了大量的参数。比如我们想修改图形的画布（figure）大小时，可以在绘图前添加以下代码：

```
# 设置 Matplotlib 图形的全局默认大小
plt.rc('figure', figsize=(10, 5))
```

也可以使用 matplotlib.rcParams 来修改 Matplotlib 的全局设置。matplotlib.rcParams 是 Matplotlib 中的一个字典对象，它包含许多不同的参数，用于控制绘图的各个方面。通过修改这些参数的值，我们可以自定义 Matplotlib 图形的样式、颜色、字体等。比如在绘制图形时，可能会遇到坐标轴负号、中文标签不能正常显示的问题，我们只需要在绘图前添加以下代码即可解决上述问题：

```
plt.rcParams['font.sans-serif']=['SimHei']   # 用来正常显示中文标签
plt.rcParams['axes.unicode_minus'] = False   # 用来正常显示负号
```

前面多个函数绘制的图都是一个图形显示，如果我们想让各函数绘制的图在不同图形上显示，可以用 Matplotlib 的子图实现。

我们在 ChatGPT 输入框中输入以下内容：

 作为 Python 专家，请详细介绍 Matplotlib 的子图，并给出示例。

以下是 ChatGPT 给出的答案。

Matplotlib 是一个强大的 Python 绘图库，用于创建各种类型的图表和图形。子图是 Matplotlib 中的一个重要概念，它允许你在同一图形中创建多个子图，以便比较不同的数据或图表。子图通常用于将多个相关的图表排列在一起，以便进行比较或共享一个共同的坐标轴。

下面是有关 Matplotlib 子图的详细介绍和示例。

1. 导入 Matplotlib

在使用 Matplotlib 之前，首先需要导入它：

```
import matplotlib.pyplot as plt
```

2. 创建子图

你可以使用 plt.subplot() 函数来创建子图。这个函数有 3 个整数参数，分别表示行数、列数和子图的索引。例如，如果你想创建一个 2×2 的子图，并在第一个子图中绘制数据，可以这样做：

```
plt.subplot(2, 2, 1)
```

3. 示例

以下是一个示例，演示如何创建一个包含多个子图的 Matplotlib 图形：

```
import matplotlib.pyplot as plt
import numpy as np
# 创建一个包含 2×2 子图的图形
plt.figure(figsize=(10, 8))
# 子图 1
plt.subplot(2, 2, 1)
x = np.linspace(0, 10, 100)
y = np.sin(x)
plt.plot(x, y)
plt.title('Sin Function')
# 子图 2
plt.subplot(2, 2, 2)
x = np.linspace(0, 10, 100)
```

```
y = np.cos(x)
plt.plot(x, y)
plt.title('Cos Function')
# 子图 3
plt.subplot(2, 2, 3)
data = np.random.rand(100)
plt.hist(data, bins=20)
plt.title('Histogram')
# 子图 4
plt.subplot(2, 2, 4)
x = np.arange(5)
y = [10, 15, 7, 12, 9]
plt.bar(x, y)
plt.title('Bar Chart')
# 调整子图之间的间距
plt.tight_layout()
# 显示图形
plt.show()
```

在上述示例中，我们创建了一个 2×2 的子图，然后在每个子图中绘制了不同的图表，包括正弦函数图、余弦函数图、直方图和条形图；通过 plt.subplot() 函数，我们指定每个子图的位置，并使用 plt.title() 函数为每个子图添加标题；最后使用 plt.tight_layout() 函数来确保子图之间的间距合适，并通过 plt.show() 函数显示整个图形。

这是 Matplotlib 中子图的基本使用方法。你可以根据需要创建更复杂的子图布局，并在每个子图中绘制不同类型的图表。

将示例的 Python 代码复制到 Jupyter Notebook 中运行，得到的图形效果如图 4-8 所示。

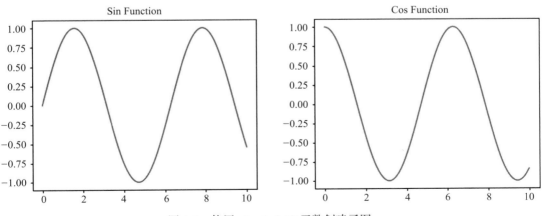

图 4-8 使用 plt.subplot() 函数创建子图

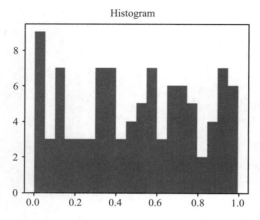
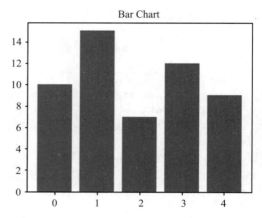

图 4-8　使用 plt.subplot() 函数创建子图（续）

其中 plt.figure(figsize=(10, 8)) 用于设置宽为 10、高为 8 的画布；plt.subplot(2, 2, 1) 用于指定绘制的图将放在画布的左上角大小为 2×2；plt.subplot(2, 2, 2) 用于指定绘制的图将放在画布的右上角大小也为 2×2；依此类推。绘制完 4 个子图后，我们使用 plt.tight_layout() 函数调整了子图之间的间距，使整个图形看起来更美观。

除了可使用 plt.subplot() 函数创建子图外，我们也可以利用 plt. subplots() 函数来创建子图。plt.subplots() 函数用于创建一个包含多个子图的图形，并返回一个包含图形对象和子图对象的元组。plt.subplots() 函数与 plt.subplot() 函数类似，我们将对上面示例的代码进行修改。

在 Jupyter Notebook 中输入以下代码，创建一个包含 2×2 子图的图形：

```
fig, ax = plt.subplots(2, 2, figsize=(10, 8))
```

运行结果如图 4-9 所示。

从输出图形可知，已经在一个画布上创建了 4 个子图。

在 Jupyter Notebook 中输入以下代码，查看 ax 对象：

```
ax
```

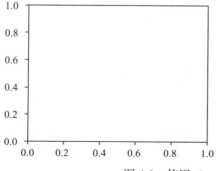
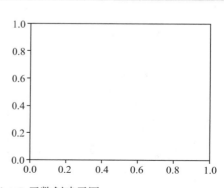

图 4-9　使用 plt.subplots() 函数创建子图

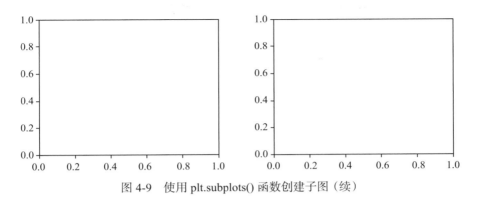

图 4-9　使用 plt.subplots() 函数创建子图（续）

输出结果为：

```
array([[<AxesSubplot:>, <AxesSubplot:>],
       [<AxesSubplot:>, <AxesSubplot:>]], dtype=object)
```

可见，ax 对象就是一个 NumPy 数组。我们可以通过数组的子集提取方式提取里面的元素。比如 ax[0,0] 表示第 1 个元素，即图形左上角。

在 Jupyter Notebook 中输入以下代码，将在创建的 2×2 子图的第一个子图中绘制 sin 函数曲线：

```
# 使用 plt.subplots() 函数创建子图
fig, ax = plt.subplots(2, 2, figsize=(10, 8))
# 子图 1
x = np.linspace(0, 10, 100)
y = np.sin(x)
ax[0, 0].plot(x, y)
ax[0, 0].set_title('Sin Function')
# 显示图形
plt.show()
```

结果如图 4-10 所示。

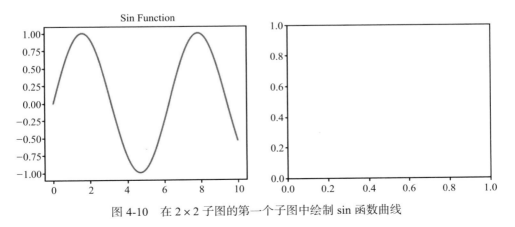

图 4-10　在 2×2 子图的第一个子图中绘制 sin 函数曲线

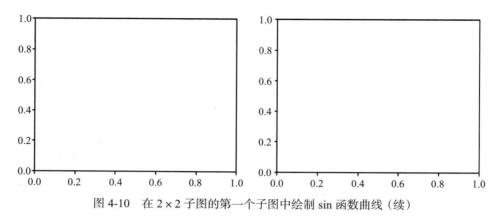

图 4-10　在 2×2 子图的第一个子图中绘制 sin 函数曲线（续）

　　到这里，相信读者自己也能完成剩下代码的调整。在 Jupyter Notebook 中输入以下代码并运行，得到的结果与图 4-8 一致：

```python
# 使用 plt.subplots() 函数创建子图
fig, ax = plt.subplots(2, 2, figsize=(10, 8))
# 子图 1
x = np.linspace(0, 10, 100)
y = np.sin(x)
ax[0, 0].plot(x, y)
ax[0, 0].set_title('Sin Function')
# 子图 2
x = np.linspace(0, 10, 100)
y = np.cos(x)
ax[0, 1].plot(x, y)
ax[0, 1].set_title('Cos Function')
# 子图 3
data = np.random.rand(100)
ax[1, 0].hist(data, bins=20)
ax[1, 0].set_title('Histogram')
# 子图 4
x = np.arange(5)
y = [10, 15, 7, 12, 9]
ax[1, 1].bar(x, y)
ax[1, 1].set_title('Bar Chart')
# 调整子图之间的间距
plt.tight_layout()
# 显示图形
plt.show()
```

　　Matplotlib 绘制的图形没有标题、坐标轴标签、网格线、图例等。可以通过各种函数为图形添加上述元素，丰富图表传递的信息。其他常用的函数及其用法如表 4-2 所示。

表 4-2　其他常用的函数及其用法

函数	用法
title()、xlabel()、ylabel()	添加标题、X 轴标签、Y 轴标签
xlim()、ylim()	设置 X、Y 轴范围
axis[(x1,x2,y1,y2)]	设置二维图形的 X、Y 轴范围
xticks()、yticks()	设置 X、Y 轴的刻度值
legend()	添加图例
grid()	参数为 True 时，在图形中显示网格线
text(x,y,s[,fontsize,color])	在坐标 (x,y) 处显示文本 s，fontsize 用于指定字体大小
annotate()	对图片的某个点进行注释
gca()	返回当前 axes(matplotlib.axes.Axes)
gcf()	返回当前 figure(matplotlib.figure.Figure)
clf()	清理当前图形
cla()	清理当前坐标轴
close()	直到显式地调用 close() 时，画布才会释放它所占用的资源

4.2.2　使用 Matplotlib 绘制图形

Matplotlib 实际上是一种比较低级的工具。要绘制一张图表，只要组装一些基本组件就行：数据展示（即图表类型，如曲线图、散点图、柱形图、条形图、饼图、直方图、箱线图等）、图例、标题、刻度值以及其他注解性信息。

我们在 ChatGPT 输入框中输入以下内容，先了解 Matplotlib 中用于绘制二维图表的常用函数。

> ❓ 作为 Python 专家，请给小白介绍 Matplotlib 中用于绘制二维图形的常用函数，结果以表格展示，其中第 1 列为函数名称，第 2 列为关键参数，第 3 列为参数描述，第 4 列为图形用途。

以下是 ChatGPT 给出的答案。

> 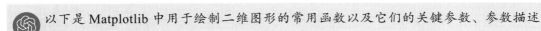 以下是 Matplotlib 中用于绘制二维图形的常用函数以及它们的关键参数、参数描述和图形用途。

函数名称	关键参数	参数描述	图形用途
plt.plot()	x, y, format	x: x 轴数据；y: y 轴数据；format: 格式字符串	绘制折线图或曲线图，用于显示数据趋势
plt.scatter()	x, y, s, c	x: x 轴数据；y: y 轴数据；s: 点的大小；c: 点的颜色	绘制散点图，用于显示数据点的分布和关联
plt.bar()	x, height, width	x: 条形的位置；height: 条形的高度；width: 条形的宽度	绘制垂直条形图，用于比较不同类别的数据

（续）

函数名称	关键参数	参数描述	图形用途
plt.barh()	y, width, height	y: 条形的位置；width: 条形的宽度；height: 条形的高度	绘制水平条形图，用于比较不同类别的数据
plt.hist()	x, bins, color	x: 数据；bins: 直方图的柱数；color: 颜色	绘制直方图，用于显示数据的分布和频率
plt.boxplot()	x, notch, vert	x: 数据；notch: 是否显示凹口；vert: 是否垂直显示箱线图	绘制箱线图，用于显示数据的分布和异常值
plt.pie()	x, explode, labels	x: 数据；explode: 部分扇形的偏移；labels: 饼图标签	绘制饼图，用于显示数据占比和相对大小
plt.errorbar()	x, y, xerr, yerr	x: x 轴数据；y: y 轴数据；xerr: x 轴误差；yerr: y 轴误差	绘制误差棒图，用于显示数据的误差范围
plt.fill_between()	x, y1, y2, where	x: x 轴数据；y1: 填充区域下边界；y2: 填充区域上边界；where: y1 与 y2 之间的区域	绘制填充区域，用于突出某个区域或范围
plt.contour()	X, Y, Z, levels	X: x 轴坐标；Y: y 轴坐标；Z: 等高线值；levels: 等高线级别	绘制等高线图，用于显示数据的等值线或轮廓
plt.imshow()	X,cmap, interpolation	X: 图像数据；cmap: 颜色映射；interpolation: 插值方法	绘制图像，用于显示热图或图像数据

这些函数是 Matplotlib 中用于绘制二维图形的常用函数，每个函数用于不同类型的数据可视化任务，如折线图、散点图、条形图、直方图等。你可以根据数据和需求选择适当的函数来创建所需的图形。上述表格提供了函数名称、关键参数、参数描述以及常见的图形用途，以帮助你更好地了解它们。

由 ChatGPT 给出的答案可知，Matplotlib 基本可以满足日常数据分析工作所需的数据图形。不过 Matplotlib 也有不足之处，最大的一个问题是图形的控制参数没能实现很好的统一，比如折线图 plt.plot() 函数的线条颜色参数为 color，而散点图 plt.scatter() 函数的数据点颜色参数为 c。

1. 绘制线图

对于时间序列数据而言，一般都会使用线图反映数据背后的趋势。通常，线图的横坐标代表日期数据，纵坐标代表某个数值型变量。

我们使用 economics 数据集来演示如何绘制线图。这个数据集包含与美国宏观经济指标相关的数据，变量描述如下。

❑ date：日期，以年和月表示。

❑ pce：个人消费支出（Personal Consumption Expenditures），表示个人在一段时间内购买商品和服务的支出总额。

❑ pop：美国的人口数量。

❑ psavert：个人储蓄率（Personal Savings Rate），表示个人储蓄占可支配收入的百分比。

   ❏ uempmed：失业中位数（Median Duration of Unemployment），表示失业持续时间的
    中位数，以周为单位。

   ❏ unemploy：失业人数。

我们已经将 economics 数据集下载到本地的 data 目录下，下面利用 ChatGPT 将数据导入 Python 中，并查看前 5 行数据。在 ChatGPT 输入框中输入以下内容：

> ❓ 本地目录 data 中有 economics.csv 文件，请用 Pandas 将其导入，并查看前 5 行。

以下是 ChatGPT 给出的答案。

要使用 Pandas 将名为"economics.csv"的文件导入并查看前 5 行，你可以按照以下步骤进行：

首先，确保你已经安装了 Pandas 库。如果尚未安装，可以使用以下命令安装：

```
pip install pandas
```

然后，使用以下 Python 代码导入数据并查看前 5 行：

```python
import pandas as pd
# 指定文件路径
file_path = "data/economics.csv"  # 假设文件在名为 data 的子目录中
# 使用 Pandas 导入数据
df = pd.read_csv(file_path)
# 查看前 5 行数据
print(df.head())
```

这段代码会从指定路径读取 economics.csv 文件，然后使用 head() 函数查看数据框的前 5 行。确保将 file_path 变量设置为正确的文件路径，以使代码正常工作。

由 ChatGPT 给出的答案可知，Pandas 利用 read_csv() 函数非常容易地将本地的 csv 文件导入 Python 中，导入后通过 head() 方法查看前 5 行。我们将 Python 代码复制到 Jupyter Notebook 中运行，得到以下输出：

```
      date     pce      pop    psavert  uempmed  unemploy
0  1967-07-01  506.7  198712.0   12.6      4.5     2944
1  1967-08-01  509.8  198911.0   12.6      4.7     2945
2  1967-09-01  515.6  199113.0   11.9      4.6     2958
3  1967-10-01  512.2  199311.0   12.9      4.9     3143
4  1967-11-01  517.4  199498.0   12.8      4.7     3066
```

数据导入后，我们想绘制 psavert 和 uempmed 变量的线图。在 ChatGPT 输入框中输入以下内容：

> ❓ 上面的 df 数据框中包含 date、pce、pop、psavert、uempmed、unemploy 等变量，请利用 Matplotlib 绘制基于 date 变量的 psavert 和 uempmed 线图，要求图形不显示 X 轴标签，但要显示图例。

以下是 ChatGPT 给出的答案。

要使用 Matplotlib 绘制基于 date 变量的 psavert 和 uempmed 线图，同时不显示 X 轴标签但显示图例，你可以按照以下方式进行：

```python
import matplotlib.pyplot as plt
# 设置图形大小
plt.figure(figsize=(10, 6))
# 绘制 psavert 线图
plt.plot(df['date'], df['psavert'], label='Personal Savings Rate')
# 绘制 uempmed 线图
plt.plot(df['date'], df['uempmed'], label='Median Duration of Unemployment')
# 设置标题
plt.title('Personal Savings Rate and Median Duration of Unemployment Over
    Time')
# 显示图例
plt.legend()
# 隐藏 X 轴标签
plt.xticks([])
# 显示图形
plt.show()
```

这段代码将创建一个图形，显示基于 date 变量的 psavert 和 uempmed 线图，并在图形中显示图例。同时，通过 plt.xticks([]) 函数来隐藏 X 轴标签。你可以根据需要调整图形的大小、颜色、线型等属性。

在 ChatGPT 给出的绘图代码中，首先使用 plt.figure(figsize=(10, 6)) 函数设置图形的宽为 10，高为 6；接着使用 plt.plot() 函数以变量 date 为 X 轴、变量 psavert 为 Y 轴绘制 psavert 线图，使用 plt.plot() 函数以变量 date 为 X 轴、变量 uempmed 为 Y 轴绘制 uempmed 线图；最后使用 plt.legend() 函数显示图例，使用 plt.xticks([]) 函数隐藏 X 轴标签。将 Python 代码复制到 Jupyter Notebook 中运行，得到的图形如图 4-11 所示。

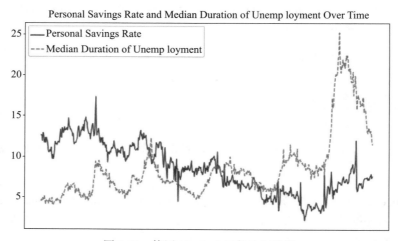

图 4-11　使用 plt.plot() 函数绘制线图

2. 绘制散点图

如果需要研究两个数值型变量之间是否存在某种关系（如正向的线性关系或者趋势性的非线性关系），那么散点图将是最佳的选择。

我们继续使用 economics 数据集，在 ChatGPT 输入框中输入以下内容：

 继续使用上面的 df 数据集，请利用 Matplotlib 绘制散点图，要求 psavert 为 X 轴，uempmed 为 Y 轴。

以下是 ChatGPT 给出的答案。

 要使用 Matplotlib 绘制散点图，将 psavert 作为 X 轴，uempmed 作为 Y 轴，你可以按照以下方式进行：

```python
import matplotlib.pyplot as plt
# 设置图形大小
plt.figure(figsize=(8, 6))
# 绘制散点图
plt.scatter(df['psavert'], df['uempmed'], alpha=0.5)
# 设置标题
plt.title('Scatter Plot of Personal Savings Rate vs. Median Duration of
    Unemployment')
# 设置轴标签
plt.xlabel('Personal Savings Rate')
plt.ylabel('Median Duration of Unemployment')
# 显示图形
plt.show()
```

这段代码会创建一个散点图，其中 psavert 为 X 轴，uempmed 为 Y 轴。你可以根据需要调整图形的大小、颜色、透明度等属性。

在 ChatGPT 给出的绘图代码中，首先使用 plt.figure(figsize=(8, 6)) 函数设置图形的宽为 8，高为 6；接着使用 plt.scatter() 函数以变量 psavert 为 X 轴、变量 uempmed 为 Y 轴、透明度为 0.5 绘制散点图，使用 plt.title() 函数、plt.xlabel() 函数和 plt.ylabel() 函数分别设置标题、X 轴标签和 Y 轴标签。将 Python 代码复制到 Jupyter Notebook 中运行，得到的图形如图 4-12 所示。

3. 绘制条形图

条形图又称条图、条状图、棒形图、柱状图，是一种以长方形的长度为变量的统计图表。对于条形图而言，对比的是柱形的高低，柱体越高，代表的数值越大。plt.bar() 函数和 plt.barh() 函数分别用于绘制垂直和水平的条形图。

我们将使用 titanic_train 数据集来演示如何绘制条形图。titanic_train 数据集通常是 Titanic 生存数据集的训练部分，用于机器学习和数据分析的训练与建模。这个数据集包含

Titanic 号船上部分乘客的信息，其中一些乘客的生存状态已知，可以用于训练机器学习模型来预测其他乘客的生存状态。这个数据集通常包括以下列（特征）：

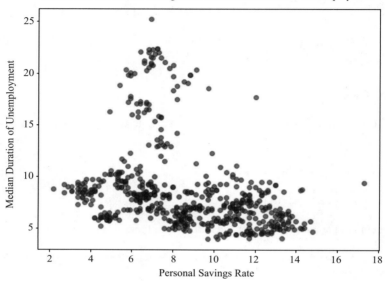

图 4-12　使用 plt.scatter() 函数绘制散点图

❑ PassengerId：乘客的唯一标识号。

❑ Survived：乘客是否生存，通常是二进制值，1 表示生存，0 表示未生存。

❑ Pclass：船舱等级，通常表示社会经济地位，可以是 1（上层）、2（中层）、3（下层）。

❑ Name：乘客的姓名。

❑ Sex：乘客的性别。

❑ Age：乘客的年龄。

❑ SibSp：一同上船的兄弟姐妹 / 配偶的数量。

❑ Parch：一同上船的父母 / 子女的数量。

❑ Ticket：船票号码。

❑ Fare：船票价格。

❑ Cabin：客舱号码。

❑ Embarked：上船的港口，通常是 C（Cherbourg）、Q（Queenstown）、S（Southampton）。

我们已经将 titanic_train 数据集下载到本地的 data 目录下。在 Jupyter Notebook 中输入以下代码，将 titanic_train.csv 文件导入 Python 中，并查看数据框的形状：

```
# 导入 titanic_train 数据集
import pandas as pd
# 指定文件路径
```

```
file_path = "data/titanic_train.csv"
# 使用 Pandas 导入数据
titanic_train = pd.read_csv(file_path)
# 查看数据框的形状
titanic_train.shape
```

输出结果为:

```
(891, 12)
```

可见, 导入的 titanic_train 数据集共有 891 行、12 列。

完成数据导入后, 我们想对变量 Pclass 绘制垂直条形图, 在 ChatGPT 输入框中输入以下内容:

> **?** 假设已有数据框 titanic_train, 请利用 Matplotlib 对变量 Pclass 绘制垂直条形图。

以下是 ChatGPT 给出的答案。

> 如果你已经有了名为 "titanic_train" 的数据框, 并且该数据框包含 "Pclass" 变量, 那么你可以使用 Matplotlib 来创建垂直条形图。以下是绘制条形图的代码示例:
>
> ```
> import matplotlib.pyplot as plt
> # 使用 value_counts() 函数计算每个 Pclass 中乘客的数量
> pclass_counts = titanic_train['Pclass'].value_counts()
> # 排序, 以确保条形图按顺序显示
> pclass_counts = pclass_counts.sort_index()
> # 创建垂直条形图
> plt.figure(figsize=(8, 6))
> plt.bar(pclass_counts.index, pclass_counts.values, color='skyblue')
> # 添加标题和标签
> plt.title('Passenger Class Distribution on Titanic')
> plt.xlabel('Pclass')
> plt.ylabel('Count')
> # 显示条形图
> plt.show()
> ```
>
> 这段代码假定你的数据框中已经包含了 "Pclass" 变量, 并且会计算每个等级的乘客数量; 然后创建一个垂直条形图, 显示各等级乘客的分布情况。确保你的数据框确实包含了名为 "Pclass" 的列。

从 ChatGPT 给出的答案可知, 在绘制垂直条形图前, 需要先统计出变量 Pclass 中各类别的数量。在 Jupyter Notebook 中输入以下代码并运行:

```
# 使用 value_counts() 函数计算每个 Pclass 中乘客的数量
pclass_counts = titanic_train['Pclass'].value_counts()
# 排序, 以确保条形图按顺序显示
pclass_counts = pclass_counts.sort_index()
```

```
# 查看结果
pclass_counts
```

输出结果为：

```
1    216
2    184
3    491
Name: Pclass, dtype: int64
```

从结果可知，变量 Pclass 的类别 1 有 216 条数据，2 有 184 条数据，3 有 491 条数据。接下来就可以使用 plt.bar() 绘制垂直条形图了，其中 pclass_counts 的索引号为 X 轴，pclass_counts 的值为 Y 轴，并分别设置标题、标签和 X 轴刻度值，在 Jupyter Notebook 中输入以下代码并运行：

```
# 创建垂直条形图
plt.figure(figsize=(8, 6))
plt.bar(pclass_counts.index, pclass_counts.values, color='skyblue')
# 添加标题、标签和 X 轴刻度值
plt.title('Passenger Class Distribution on Titanic')
plt.xlabel('Pclass')
plt.ylabel('Count')
plt.xticks(pclass_counts.index)
# 显示条形图
plt.show()
```

得到的图形如图 4-13 所示。

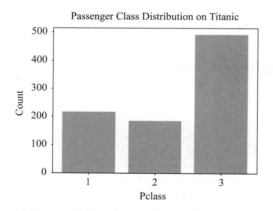

图 4-13　使用 plt.bar() 函数绘制垂直条形图

现在，绘制的垂直条形图已经非常好看了，但如何在图形上展示各条形图的数值呢？我们在 ChatGPT 输入框中输入以下内容，看看如何实现：

 请问如何在上面绘制的垂直条形图上添加数值呢？

以下是 ChatGPT 给出的答案。

要在垂直条形图上添加数值，你可以使用 Matplotlib 的 text() 函数。以下是如何在上面的示例中添加数值的代码：

```
import matplotlib.pyplot as plt
# 使用 value_counts() 函数计算每个 Pclass 中乘客的数量
pclass_counts = titanic_train['Pclass'].value_counts()
# 排序，以确保条形图按顺序显示
pclass_counts = pclass_counts.sort_index()
# 创建垂直条形图
plt.figure(figsize=(8, 6))
bars = plt.bar(pclass_counts.index, pclass_counts.values, color='skyblue')
# 添加标题和标签
plt.title('Passenger Class Distribution on Titanic')
plt.xlabel('Pclass')
plt.ylabel('Count')
# 在每个条形上添加数值
for bar, count in zip(bars, pclass_counts.values):
    plt.text(bar.get_x() + bar.get_width() / 2 - 0.15, bar.get_height() + 1,
        str(count), ha='center', color='black')
# 显示条形图
plt.show()
```

在上述代码中，使用 plt.text() 函数在每个条形的中心位置添加了相应的数值。bar.get_x() 函数和 bar.get_width() 函数分别用于确定每个条形的位置和宽度，然后将数值放置在合适的位置，以确保它们与条形对齐。

在创建垂直条形图后，可使用 plt.text() 函数在每个条形的中心位置添加相应的数值。plt.text() 函数的前两个参数分别用于确定 X 轴和 Y 轴的位置，可通过 bar.get_x() 函数和 bar.get_width() 函数确定每个条形的位置和宽度；第 3 个参数则是需显示的文字内容；参数 ha 为 center，表示文本水平居中对齐。将 Python 代码复制到 Jupyter Notebook 中运行，得到的图形如图 4-14 所示。

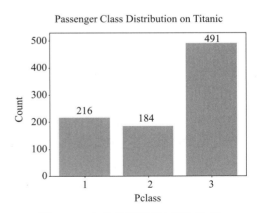

图 4-14　在垂直条形图上添加数值

在掌握了如何绘制垂直条形图后，想要绘制水平条形图就是非常简单的事情了。在 Jupyter Notebook 中输入绘制水平条形图的代码：

```
# 绘制水平条形图
plt.figure(figsize=(8, 6))
plt.barh(pclass_counts.index, pclass_counts.values, color='lightcoral')
```

```
plt.xlabel('Count')
plt.ylabel('Pclass')
plt.title('Passenger Count by Pclass (Horizontal)')
plt.yticks(pclass_counts.index)
plt.show()
```

绘制的图形如图 4-15 所示。

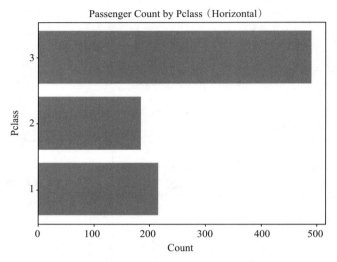

图 4-15　使用 plt.barh() 函数绘制水平条形图

简单条形图是最简单的，实际工作中更常遇到的是绘制分组条形图或者叠加条形图。让我们在 ChatGPT 输入框中输入以下内容，学习如何绘制分组垂直条形图：

? 假设已有数据框 titanic_train，请利用 Matplotlib 对变量 Pclass 绘制垂直条形图，需要以变量 Sex 进行分组，并使用 plt.bar() 函数实现。

以下是 ChatGPT 给出的答案。

要使用 Matplotlib 的 plt.bar() 函数绘制以变量 Pclass 为 x 轴、以变量 Sex 为分组的垂直条形图，你可以按照以下方式进行：

```
import matplotlib.pyplot as plt
import numpy as np
# 使用 Pandas 对数据进行预处理
pclass_sex_counts = titanic_train.groupby(['Pclass', 'Sex']).size().unstack()
# 提取不同性别乘客的数量
male_counts = pclass_sex_counts['male']
female_counts = pclass_sex_counts['female']
# 设置 x 轴位置
x = np.arange(len(pclass_sex_counts.index))
```

```
# 设置条形宽度
bar_width = 0.35
# 创建垂直条形图
plt.figure(figsize=(8, 6))
plt.bar(x - bar_width/2, male_counts, bar_width, label='Male',
    color='lightcoral')
plt.bar(x + bar_width/2, female_counts, bar_width, label='Female',
    color='skyblue')
# 设置 x 轴刻度值
plt.xticks(x, pclass_sex_counts.index)
# 设置标题和标签
plt.title('Passenger Count by Pclass and Sex')
plt.xlabel('Pclass')
plt.ylabel('Count')
# 显示图例
plt.legend()
# 显示图形
plt.show()
```

这段代码首先使用 Pandas 对数据进行预处理，然后使用 plt.bar() 函数创建垂直条形图；不同性别的数据以不同颜色显示，通过调整 x 轴位置和 bar_width 控制条形的位置和宽度；最后设置 x 轴刻度值、标题、标签和图例，并显示了图形。

我们先将 Python 代码复制到 Jupyter Notebook 中运行，生成的图形如图 4-16 所示。

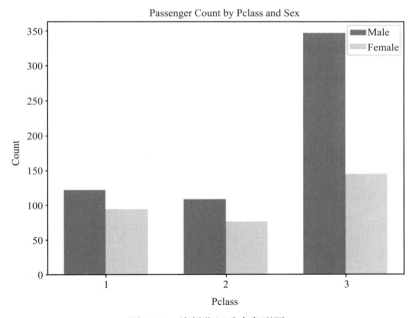

图 4-16　绘制分组垂直条形图

上面 Python 代码的最关键步骤就是如何进行数据预处理。我们先使用 groupby() 方法指定按照变量 Pclass 和 Sex 进行分组，然后通过 size() 方法统计不同组别的样本数量，最后通过 unstack() 方法进行数据重塑。在 Jupyter Notebook 中输入以下代码，查看按照变量 Pclass 和 Sex 分组后的各组别样本数量：

```
groupby_counts = titanic_train.groupby(['Pclass', 'Sex']).size()
print(groupby_counts)
```

输出结果为：

```
Pclass   Sex
1        female     94
         male      122
2        female     76
         male      108
3        female    144
         male      347
dtype: int64
```

这是一个复合索引的序列，当 Pclass 为 1 且 Sex 为 female 时，样本数量为 76。我们在 Jupyter Notebook 中输入以下代码查看索引：

```
groupby_counts.index
```

输出结果为：

```
MultiIndex([(1, 'female'),
            (1,   'male'),
            (2, 'female'),
            (2,   'male'),
            (3, 'female'),
            (3,   'male')],
           names=['Pclass', 'Sex'])
```

下一步就可以用 unstack() 方法对多重索引的序列进行重塑。unstack() 是 Pandas 中的一个重要方法，用于将多重索引的数据结构（Series 或 DataFrame）从长格式（long format）转换为宽格式（wide format），可以展开某一层的索引，将其变成列，以便更容易查看和分析数据。在 Jupyter Notebook 中输入以下代码，查看重塑后的结果：

```
pclass_sex_counts
```

输出结果为：

```
Sex     female   male
Pclass
1          94     122
2          76     108
3         144     347
```

重塑后的数据框为 3 行 2 列，第 1 列为 female 在 Pclass 中不同类别的数量，第 2 列为 male 在 Pclass 中不同类别的数量。

4. 绘制箱线图

箱线图（又称箱形图、盒形图）通过绘制连续变量的最小值、第一四分位数 Q1、中位数、第三四分位数 Q3 以及最大值，描述连续型变量的分布。它由一个盒子和两边各一条线组成。如果箱线图是竖直的，那么盒子上下边分别代表 Q1 和 Q3。显然，有约一半的中间大小的数据落在盒子的范围内。盒子中间有一条线，称为中位数。盒子的长度等于第三四分位数与第一四分位数之差，称为四分位距或四分位差（IQR）。在 1.5 倍 IQR 范围外的点，箱线图都会识别为异常值，故箱线图也是甄别异常值常用的方式之一。

我们将以鸢尾花数据集 iris 为例绘制萼片长度的箱线图。iris 数据集是一个非常常见的数据集，用于数据可视化和机器学习。这个数据集包含 3 种不同的鸢尾花：山鸢尾（Setosa）、变色鸢尾（Versicolor）和维吉尼亚鸢尾（Virginica）。每种鸢尾花都有 4 个特征测量值，分别是萼片长度（Sepal_Length）、萼片宽度（Sepal_Width）、花瓣长度（Petal_Length）和花瓣宽度（Petal_Width）。

我们已经在 data 目录下下载好了 iris 数据集。在 Jupyter Notebook 中输入以下代码将 iris.csv 文件导入 Python 中，并查看前 5 行：

```
import pandas as pd
iris = pd.read_csv('data/iris.csv')
iris.head()
```

输出结果为：

	Sepal_Length	Sepal_Width	Petal_Length	Petal_Width	Species
0	5.1	3.5	1.4	0.2	setosa
1	4.9	3.0	1.4	0.2	setosa
2	4.7	3.2	1.3	0.2	setosa
3	4.6	3.1	1.5	0.2	setosa
4	5.0	3.6	1.4	0.2	setosa

我们在 ChatGPT 输入框中输入以下内容，对萼片长度（Sepal_Length）绘制箱线图：

? 假设已有数据框 iris，请利用 Matplotlib 对变量 Sepal_Length 绘制箱线图。

以下是 ChatGPT 给出的答案。

 如果你已经有一个名为 iris 的数据框，并且想要使用 Matplotlib 对 iris 数据框中的 Sepal_Length 变量绘制箱线图，可以按以下方式进行操作。

确保你已经导入了 Matplotlib 库。如果尚未导入，可以使用以下代码导入：

```
import matplotlib.pyplot as plt
```

然后，你可以使用以下代码绘制箱线图：

```
# 导入 Matplotlib 库（如果尚未导入）
import matplotlib.pyplot as plt
# 获取 Sepal_Length 的数据
sepal_length_data = iris["Sepal_Length"]   # 假设数据框中的列名为 "Sepal_Length"
# 创建一个空的箱线图
plt.figure(figsize=(8, 6))                  # 设置图形大小
# 绘制箱线图
plt.boxplot(sepal_length_data)
# 添加标题和标签
plt.title("Box Plot of Sepal Length")
plt.ylabel("Sepal Length (cm)")
# 显示图形
plt.show()
```

这段代码会使用 Matplotlib 的 plt.boxplot() 函数绘制 Sepal_Length 变量的箱线图。确保你的数据框中包含名为 "Sepal_Length" 的列，并在代码中正确引用该列名。

从 ChatGPT 给出的答案可知，绘制箱线图非常容易，只需要将变量 Sepal_Length 的数据指定给 plt.boxplot() 函数即可。我们将 Python 代码复制到 Jupyter Notebook 中并运行，得到的图形如图 4-17 所示。

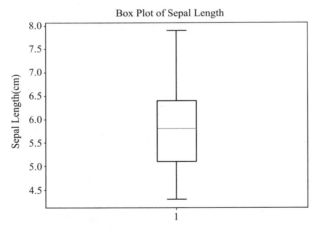

图 4-17　使用 plt.boxplot() 函数绘制箱线图

普通箱线图是不显示均值的。如果需要在现有箱线图上增加均值的显示，该如何实现呢？我们在 ChatGPT 输入框中输入以下内容：

? 如果需要在上面的箱线图中用散点表示数据均值，该如何实现呢？

以下是 ChatGPT 给出的答案。

要在箱线图中使用散点表示数据均值，你可以计算 Sepal_Length 的均值，并使用 Matplotlib 的 plt.scatter() 函数在箱线图上绘制一个散点来表示均值。以下是实现这一点的示例代码：

```python
# 导入 Matplotlib 库 (如果尚未导入)
import matplotlib.pyplot as plt
# 获取 Sepal_Length 的数据
sepal_length_data = iris["Sepal_Length"]  # 假设数据框中的列名为 "Sepal_Length"
# 计算均值
mean_sepal_length = sepal_length_data.mean()
# 创建一个空的箱线图
plt.figure(figsize=(8, 6))                # 设置图形大小
# 绘制箱线图
box = plt.boxplot(sepal_length_data)
# 添加均值点
plt.scatter(1, mean_sepal_length, color='red', marker='o', label='Mean')
# 添加标题和标签
plt.title("Box Plot of Sepal Length with Mean Point")
plt.ylabel("Sepal Length (cm)")
# 显示图例
plt.legend()
# 显示图形
plt.show()
```

这段代码计算了 Sepal_Length 的均值，然后使用 plt.scatter() 函数在箱线图上绘制了一个红色圆点来表示均值，最后添加了一个图例来说明均值点的含义，并显示了箱线图。

以上代码与之前绘制箱线图的代码的区别在于，先计算出 Sepal_Length 的均值，再利用 plt.scatter() 函数在已有箱线图上绘制一个红色散点来表示均值。将 Python 代码复制到 Jupyter Notebook 中并运行，得到的图形如图 4-18 所示。

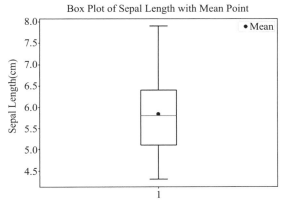

图 4-18　增加均值显示的箱线图

想在箱线图中显示均值不需要那么烦琐。plt.boxplot() 函数中有一个参数叫 showmeans，仅需将其设置为 True 即可。我们在 Jupyter Notebook 中输入以下代码：

```
plt.boxplot(sepal_length_data,showmeans=True) # 显示均值
plt.show()
```

结果如图 4-19 所示。

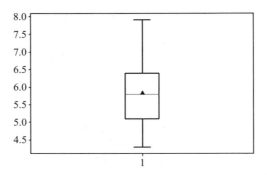

图 4-19　通过参数 showmeans 显示均值

绘制单个箱线图相对简单，但是如何按照某个变量分组绘制箱线图呢？比如，我们想以鸢尾花种类进行分组，对萼片长度（Sepal_Length）绘制箱线图，在 ChatGPT 输入框中输入以下内容：

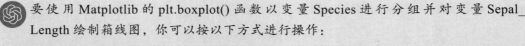

假设已有数据框 iris，请利用 Matplotlib 的 plt.boxplot() 函数，以变量 Species 进行分组，对变量 Sepal_Length 绘制箱线图。

以下是 ChatGPT 给出的答案。

要使用 Matplotlib 的 plt.boxplot() 函数以变量 Species 进行分组并对变量 Sepal_Length 绘制箱线图，你可以按以下方式进行操作：

```python
# 导入 Matplotlib 库
import matplotlib.pyplot as plt
# 假设你已有数据框 iris
# 获取不同种类的鸢尾花
species = iris["Species"].unique()
# 创建一个空的箱线图
plt.figure(figsize=(10, 6))  # 设置图形大小
# 为每个种类绘制箱线图
box_data = [iris[iris["Species"] == spec]["Sepal_Length"] for spec in
    species]
plt.boxplot(box_data, labels=species)
# 添加标题和标签
plt.title("Box Plot of Sepal Length by Species")
plt.xlabel("Species")
```

```
plt.ylabel("Sepal Length (cm)")
# 显示图形
plt.show()
```

这段代码会将数据按照不同的鸢尾花种类进行分组，并使用 Matplotlib 的 plt. boxplot() 函数分别绘制每个种类的 Sepal_Length 箱线图，最后添加了标题和标签，并显示了箱线图。确保在你的数据框中包含名为 "Species" 和 "Sepal_Length" 的列，并在代码中正确引用这些列名。

我们来初步分析一下如何创建图形所需的数据。在 Jupyter Notebook 中输入以下代码：

```
# 获取不同种类的鸢尾花
species = iris["Species"].unique()
species
```

输出结果为：

```
array(['setosa', 'versicolor', 'virginica'], dtype=object)
```

返回一个 NumPy 数组，数组的值是 Species 的类别值。

接着构建用于绘图的数据 box_data，在 Jupyter Notebook 中输入以下代码，将数据按照 Species 进行分组（代码使用 for 语句，依次将 Species 各类别下的 Sepal_Length 值存储在列表 box_data 中）：

```
box_data = [iris[iris["Species"] == spec]["Sepal_Length"] for spec in species]
```

以上代码是非常简洁的写法。我们也可以先创建一个空列表，然后通过 for 循环依次取出每个类别下的各个值并用 append() 方法追加到空列表中。在 Jupyter Notebook 中输入以下代码，也能得到 box_data 列表：

```
# 等价于
box_data = []
for spec in species:
    box_data.append(iris[iris["Species"] == spec]["Sepal_Length"])
```

完成数据处理后，绘图工作就非常轻松了。plt.boxplot() 将参数 labels 指定为鸢尾花种类，这样 x 轴刻度标签值就将被 'setosa'、'versicolor'、'virginica' 替换，增加了可读性。将 ChatGPT 给出的 Python 代码全部复制到 Jupyter Notebook 中并运行，得到的图形如图 4-20 所示。

可见，种类 setosa 的数据量明显低于其他两个种类，且种类 virginica 有一个异常点（在低于下限处有一个空心圆），故箱线图也是用来识别一组数据有无异常点的常用方法之一。

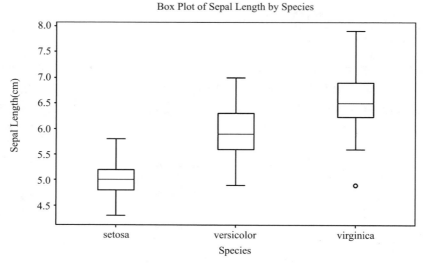

图 4-20　绘制按某变量分组的箱线图

5. 绘制饼图

饼图属于传统的统计图形之一，几乎随处可见。饼图是一个由许多扇形组成的圆，各个扇形的大小比例等于各变量的频数比例，通常根据扇形的面积大小来判断类别值的差异。我们在 ChatGPT 输入框中输入以下内容，学习如何绘制饼图。

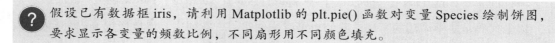

假设已有数据框 iris，请利用 Matplotlib 的 plt.pie() 函数对变量 Species 绘制饼图，要求显示各变量的频数比例，不同扇形用不同颜色填充。

以下是 ChatGPT 给出的答案。

要使用 Matplotlib 的 plt.pie() 函数对数据框 iris 中的 Species 变量绘制饼图，并显示各变量的频数比例，不同扇形用不同颜色填充，可以按照以下步骤进行操作。

首先，确保你已经导入 Matplotlib 库。如果尚未导入，可以使用以下代码导入：

```
import matplotlib.pyplot as plt
```

然后，使用以下代码绘制饼图：

```
# 导入 Matplotlib 库（如果尚未导入）
import matplotlib.pyplot as plt
# 计算各种鸢尾花的频数
species_counts = iris["Species"].value_counts()
# 获取种类标签和频数
labels = species_counts.index
frequencies = species_counts.values
# 设置不同种类的颜色
```

```
colors = ['lightcoral', 'lightskyblue', 'lightgreen']
# 绘制饼图
plt.figure(figsize=(8, 8))  # 设置图形大小
plt.pie(frequencies, labels=labels, colors=colors, autopct='%1.1f%%',
    startangle=140)
# 添加标题
plt.title("Distribution of Iris Species")
# 显示图形
plt.show()
```

这段代码首先计算了不同鸢尾花种类的频数，然后设置了不同种类的颜色；接着，使用 plt.pie() 函数绘制了饼图，并使用 autopct 参数显示了百分比；最后，添加了标题并显示了饼图。

确保在代码中正确引用数据框 iris 和 Species 列名。

以上代码首先计算了各类别的样本数量。我们在 Jupyter Notebook 中输入以下代码并运行：

```
# 计算各种鸢尾花的频数
species_counts = iris["Species"].value_counts()
species_counts
```

输出结果为：

```
setosa        50
versicolor    50
virginica     50
Name: Species, dtype: int64
```

结果为一个序列，各种类的样本数量均为 50。下一步提取序列的索引名称和内容，在 Jupyter Notebook 中输入以下代码并运行：

```
# 获取种类标签和频数
labels = species_counts.index
frequencies = species_counts.values
print(' 标签 :\n',labels)
print(' 频数 :\n',frequencies)
```

输出结果为：

```
标签 :
 Index(['setosa', 'versicolor', 'virginica'], dtype='object')
频数 :
 [50 50 50]
```

frequencies 为绘图时指定的数据，labels 用于为饼图添加标签说明。plt.pie() 函数的参数 colors 将指定饼图的填充色；参数 autopct 将自动添加百分比显示，可以采用格式化的方法显示；参数 startangle 用于设置饼图的初始摆放角度。将 ChatGPT 给出的 Python 代码全

部复制到 Jupyter Notebook 中并运行，得到的图形如图 4-21 所示。

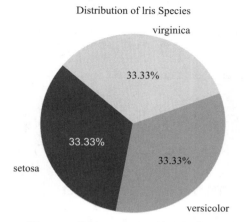

图 4-21　使用 plt.pie() 函数绘制饼图

Matplotlib 还可以绘制其他图形。读者如在数据分析时遇到其他图形绘制需求，可以向 ChatGPT 寻求帮助。

4.3　使用 ChatGPT 学习 Pandas 数据可视化

Pandas 的数据框是数据分析工作中最常遇到的数据对象。数据框有多列数据，还有行和列标签。Pandas 自身就有内置的 plot() 方法，用于简化使用数据框和序列绘制图形。

4.3.1　Pandas 绘图方法

我们在 ChatGPT 的输入框中输入以下内容，了解 Pandas 中 Series.plot() 方法的使用。

> 作为 Python 专家，请概述 Pandas 中 Series.plot() 方法的使用，需要对参数进行详细描述。

以下是 ChatGPT 给出的答案。

> Pandas 的 Series.plot() 方法用于绘制 Pandas Series 对象的图表，它提供了一种便捷的方式来进行数据可视化。下面是关于 Series.plot() 方法的概述，包括其常用参数。
>
> 1. kind（字符串，默认为 'line'）：用于指定要绘制的图表类型。常见的选项包括：
>   ❑ 'line'：折线图（默认）。
>   ❑ 'bar'：垂直条形图。
>   ❑ 'barh'：水平条形图。
>   ❑ 'hist'：直方图。

❑ 'box'：箱线图。

❑ 'kde'：核密度估计图。

❑ 'density'：与 'kde' 相同。

❑ 'area'：面积图。

❑ 'scatter'：散点图。

❑ 'pie'：饼图。

2. ax（Matplotlib 的 Axes 对象，默认为 None）：指定要在其上绘制图表的 Matplotlib Axes 对象。如果未提供，将自动创建一个新的 Axes 对象。

3. figsize（元组，默认为 None）：指定图表的宽度和高度（以英寸为单位）。

4. use_index（布尔值，默认为 True）：如果为 True，将使用 Series 的索引作为 x 轴标签；如果为 False，将使用整数位置作为标签。

5. title（字符串，默认为 None）：用于指定图表的标题。

6. grid（布尔值，默认为 None）：如果为 True，将显示网格线。

7. legend（布尔值，默认为 False）：如果为 True，将显示图例。

8. color（字符串，默认为 None）：指定所绘制线条、条形图或散点的颜色。

9. xlim（元组，默认为 None）：指定 x 轴的限制范围。

10. ylim（元组，默认为 None）：指定 y 轴的限制范围。

11. logy（布尔值，默认为 False）：如果为 True，y 轴将使用对数刻度。

12. secondary_y（布尔值，默认为 False）：如果为 True，将使用第二个 y 轴，通常用于绘制不同范围的数据。

13. mark_right（布尔值，默认为 True）：如果为 True，将在右边的 y 轴上标记线条颜色。

这些是 Series.plot() 方法的一些常用参数，但还有可用于进一步自定义图表的其他参数。根据所选择的图表类型和需求，你可以调整这些参数，以创建符合要求的可视化图表。

从 ChatGPT 给出的 Series.plot() 方法介绍可以看出，Pandas 绘图相对 Matplotlib 绘图最大的优势就是无须记住各种图形的绘图函数，仅需通过参数 kind 指定需要绘制的图形名称即可。此外还可以通过传递参数来定制图形的各种属性，例如标题、轴标签、网格线等。同时，Pandas 也很好地继承了 Matplotlib 绘图的优势，也可以通过 plt.tilte()、plt.xlabel()、plt.ylabel() 函数来指定图形的标题、轴标签等属性。

我们在 ChatGPT 输入框中输入以下内容，了解 Pandas 中 DataFrame.plot() 方法的使用。

❓ 作为 Python 专家，请概述 Pandas 中 DataFrame.plot() 方法的使用，需要对 Series.plot() 方法中没有的参数进行解释。

以下是 ChatGPT 给出的答案。

Pandas 的 DataFrame.plot() 方法用于绘制 Pandas DataFrame 对象的图表。与 Series. plot() 方法不同，DataFrame.plot() 方法用于可视化多变量数据，使你能够在不同列之间探索数据的关系。以下是关于 DataFrame.plot() 方法的概述，包括与 Series.plot() 方法不同的参数。

1. x（字符串，默认为 None）：用于指定 x 轴上的列。这是 DataFrame 的列名，表示要在 x 轴上绘制的数据。

2. y（字符串，默认为 None）：用于指定 y 轴上的列。这是 DataFrame 的列名，表示要在 y 轴上绘制的数据。可以同时指定 x 和 y，以绘制散点图或线图。

3. subplots（布尔值，默认为 False）：如果为 True，将每个列绘制为单独的子图。

4. sharex（布尔值或 ax 对象，默认为 True）：用于控制 x 轴的共享方式。如果为 True，所有子图共享相同的 x 轴。

5. sharey（布尔值或 ax 对象，默认为 False）：用于控制 y 轴的共享方式。如果为 True，所有子图共享相同的 y 轴。

6. layout（元组，默认为 None）：用于指定子图的布局，例如 (2, 2) 表示 2 行 2 列的子图布局。

7. secondary_y（布尔值，默认为 False）：如果为 True，将使用第二个 y 轴，通常用于绘制不同范围的数据。

8. labels（字典，默认为 None）：用于自定义图例标签的字典，可将列名映射为自定义标签。

9. stacked（布尔值，默认为 False）：用于堆叠条形图的数据。

10. table（布尔值，默认为 False）：如果为 True，将显示数据表格。

11. yerr（DataFrame 或 Series，默认为 None）：用于指定 y 轴上的误差线。

12. xerr（DataFrame 或 Series，默认为 None）：用于指定 x 轴上的误差线。

DataFrame.plot() 方法允许在一个图中可视化多列数据，以探索不同列之间的关系，更好地理解数据的模式和趋势。这些额外的参数能够更灵活地定制图表，以满足特定的需求。

4.3.2 使用 Pandas 绘制图形

我们继续使用 economics 数据集来演示如何绘制线图。在 ChatGPT 输入框中输入以下内容：

假设 Python 中已有数据框 economics，请基于 Pandas 的 plot() 方法绘制线图，其中变量 date 为 X 轴，变量 psavert、uempmed 为 Y 轴。

以下是 ChatGPT 给出的答案。

要基于 Pandas 的 plot() 方法绘制线图，你可以使用以下代码来实现，假设你的数据框名为 economics：

```python
import pandas as pd
import matplotlib.pyplot as plt
# 假设 economics 是包含你所需数据的数据框
# 设置日期列作为 X 轴，psavert 和 uempmed 列作为 Y 轴
economics.plot(x='date', y=['psavert', 'uempmed'], kind='line', figsize=(10,
    6))
# 添加标题和标签
plt.title('Line Plot of psavert and uempmed')
plt.xlabel('Date')
plt.ylabel('Value')
# 显示图形
plt.show()
```

这段代码中，我们首先导入了 pandas 和 matplotlib.pyplot 库，然后使用 plot() 方法绘制线图。用 x 参数指定 X 轴的数据，y 参数指定 Y 轴的数据，将 kind 参数设置为 'line'，以绘制线图。接下来，我们添加了标题和标签，并使用 plt.show() 方法来显示图形。确保替换 economics 为你实际使用的数据框名称。

从 ChatGPT 给出的答案可知，使用 DataFrame.plot() 方法绘制图形非常简单，只需要在函数中将 date 指定为 X 轴，同时将 ['psavert', 'uempmed'] 指定为 Y 轴，再将 kind 参数指定为 line 即可绘制线图。将 Python 代码复制到 Jupyter Notebook 中并运行：

```python
import pandas as pd
import matplotlib.pyplot as plt
# 使用 Pandas 导入数据
economics = pd.read_csv('data/economics.csv')
economics.plot(x='date', y=['psavert', 'uempmed'], style=['-','--'],kind='line',
    figsize=(10, 6))
# 添加标题和标签
plt.title('Line Plot of psavert and uempmed')
plt.xlabel('Date')
plt.ylabel('Value')
# 显示图形
plt.show()
```

得到的图形如图 4-22 所示。

在介绍 Pandas 绘图方法时，我们已经知道标题、轴标签等属性也可以通过 plot() 方法的参数指定。运行下面的代码将得到与图 4-22 的图形一致：

```python
economics.plot(x='date', y=['psavert', 'uempmed'], style=['-','--'],
        kind='line',figsize=(10, 6),
```

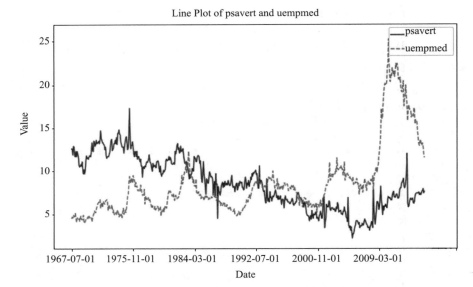

图 4-22　使用 DataFrame.plot() 方法绘制线图

```
            title='Line Plot of psavert and uempmed',
            xlabel='Date',
            ylabel='Value')
plt.show()
```

下面继续使用 economics 数据集绘制散点图。在 ChatGPT 输入框中输入以下内容:

? 假设 Python 中已有数据框 economics，请基于 Pandas 的 plot() 方法绘制散点图，要求 psavert 为 X 轴，uempmed 为 Y 轴。

以下是 ChatGPT 给出的答案。

要基于 Pandas 的 plot() 方法绘制散点图，其中 psavert 为 X 轴，uempmed 为 Y 轴，你可以使用以下代码:

```
import pandas as pd
import matplotlib.pyplot as plt
# 假设 economics 是包含你所需数据的数据框
# 设置 psavert 列作为 X 轴, uempmed 列作为 Y 轴
economics.plot(x='psavert', y='uempmed', kind='scatter')
# 添加标题和标签
plt.title('Scatter Plot of psavert and uempmed')
plt.xlabel('psavert')
plt.ylabel('uempmed')
# 显示图形
plt.show()
```

　　这段代码中，我们首先导入了 pandas 和 matplotlib.pyplot 库，然后使用 plot() 方法绘制散点图。用 x 参数指定 X 轴的数据列为 'psavert'，y 参数指定 Y 轴的数据列为 'uempmed'，将 kind 参数设置为 'scatter'，以绘制散点图。接下来，我们添加了标题和标签，并使用 plt.show() 方法来显示图形。确保替换 economics 为你实际使用的数据框名称。

　　同样是使用 plot() 方法，在指定变量 psavert 为 X 轴、变量 uempmed 为 Y 轴后，将 kind 参数设置为 scatter 即可绘制散点图。将 Python 代码复制到 Jupyter Notebook 中运行，得到的图形如图 4-23 所示。

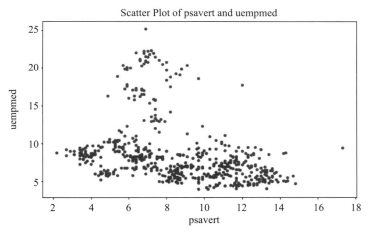

图 4-23　使用 DataFrame.plot() 方法绘制散点图

　　下面以 titanic_train 数据集为例，学习在 Pandas 中如何绘制分组垂直条形图。让我们在 ChatGPT 输入框中输入以下内容：

> 假设已有数据框 titanic_train，请利用 Pandas 的 plot() 方法对变量 Pclass 绘制分组垂直条形图，需要按变量 Sex 分组。

　　以下是 ChatGPT 给出的答案。

> 要利用 Pandas 的 plot() 方法对变量 Pclass 绘制垂直条形图，并按变量 Sex 分组，你可以使用以下代码：

```
import pandas as pd
import matplotlib.pyplot as plt
# 假设 titanic_train 是包含你所需数据的数据框
# 使用 groupby() 方法对数据进行分组并计算每个组的样本数量
grouped = titanic_train.groupby(['Pclass', 'Sex']).size().unstack()
# 绘制分组垂直条形图
```

```
grouped.plot(kind='bar')
# 添加标题和标签
plt.title('Vertical Bar Chart of Pclass Grouped by Sex')
plt.xlabel('Pclass')
plt.ylabel('Count')
# 显示图形
plt.show()
```

这段代码中，我们首先导入了 pandas 和 matplotlib.pyplot 库；然后，我们使用 groupby() 方法将数据按 Pclass 和 Sex 两个变量进行分组，并使用 size() 方法计算每个组的数量；接着，我们使用 unstack() 方法将分组后的数据重新排列，以便在条形图中绘制；最后，我们使用 plot() 方法绘制分组垂直条形图，添加标题和标签，并使用 plt. show() 方法来显示图形。确保替换 titanic_train 为你实际使用的数据框名称。

从 ChatGPT 给出的答案可知，使用 Pandas 进行分组垂直条形图绘制时，也是需要先统计各组的样本数量。在 Jupyter Notebook 中输入以下代码并运行：

```
# 使用 Pandas 导入数据
titanic_train = pd.read_csv('data/titanic_train.csv')
# 使用 groupby() 方法对数据进行分组并计算每个组的样本数量
grouped = titanic_train.groupby(['Pclass', 'Sex']).size().unstack()
grouped
```

输出结果为：

```
Sex      female    male
Pclass
1        94        122
2        76        108
3        144       347
```

下一步对新创建的数据框 grouped 用 plot() 方法绘制分组垂直条形图，此处只需指定 kind 参数为 bar 即可。运行以下代码：

```
# 绘制分组垂直条形图
grouped.plot(kind='bar',figsize=(10,6))
# 添加标题和标签
plt.title('Vertical Bar Chart of Pclass Grouped by Sex')
plt.xlabel('Pclass')
plt.ylabel('Count')
# 显示图形
plt.show()
```

结果如图 4-24 所示。

继续以鸢尾花 iris 数据集为例，利用 Pandas 对萼片长度（Sepal_Length）绘制箱线图。在 ChatGPT 输入框中输入以下内容：

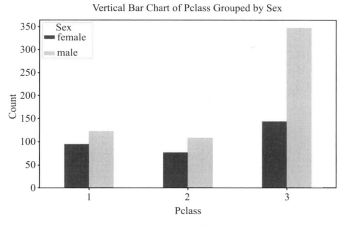

图 4-24　使用 DataFrame.plot() 函数绘制分组垂直条形图

? 假设已有数据框 iris，请利用 Pandas 的 plot() 方法对变量 Sepal_Length 绘制箱线图。

以下是 ChatGPT 给出的答案。

要使用 Pandas 的 plot() 方法绘制 Sepal_Length 的箱线图，你可以简单地执行以下代码：

```python
import pandas as pd
import matplotlib.pyplot as plt
# 假设 iris 是包含你所需数据的数据框
# 绘制箱线图
iris['Sepal_Length'].plot(kind='box')
# 添加标题
plt.title('Box Plot of Sepal_Length')
# 显示图形
plt.show()
```

这段代码中，我们首先导入 pandas 和 matplotlib.pyplot 库；然后使用 plot() 方法绘制 Sepal_Length 的箱线图，并指定 kind='box'；最后添加标题，并使用 plt.show() 方法来显示图形。这将生成 Sepal_Length 的箱线图。

从 ChatGPT 给出的答案可知，首先通过 iris['Sepal_Length'] 提取该列数据（此时是一个序列），然后利用 plot() 方法将 kind 参数指定为 box 即可绘制箱线图。将 Python 代码复制到 Jupyter Notebook 中并运行，得到的图形如图 4-25 所示。

我们也可以通过使用 DataFrame.plot() 方法指定 Sepal_Length 为 Y 轴的方式实现该箱线图的绘制。运行下面代码将得到与图 4-25 一样的图形：

```python
iris.plot(y='Sepal_Length',kind='box') # 另一种方式
```

```
plt.show()
```

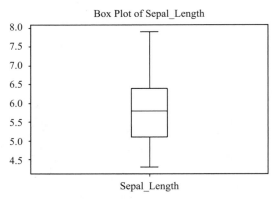

图 4-25　使用 DataFrame.plot() 方法绘制箱线图

如果想在箱线图中显示均值，可在 Pandas 的 plot() 方法中指定 showmeans=True 即可。运行以下代码：

```
# 绘制显示均值的箱线图
iris['Sepal_Length'].plot(kind='box',showmeans=True)
plt.show()
```

结果如图 4-26 所示。

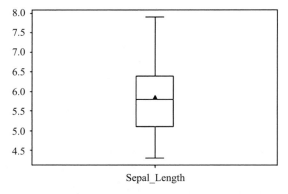

图 4-26　使用 plot() 方法绘制带均值的箱线图

4.4　使用 ChatGPT 学习 Seaborn 数据可视化

Seaborn 是一款专门用于绘制统计图形的利器，它并不在 Anoconda 集成工具中，可以通过 pip install seaborn 命令下载安装。Seaborn 的主要思想是利用高级命令来创建各种用于统计数据探索的绘图类型，甚至是一些统计模型拟合。Seaborn 在 Matplotlib 的基础上侧重于数据统计分析图表的绘制，包括带误差线的条形图和散点图、箱线图、小提琴图、一维和二维的统计直方图以及核密度图等。

4.4.1　Seaborn 绘图方法

我们在 ChatGPT 输入框中输入以下内容，了解 Seaborn 常用的绘图函数：

> **?**　作为 Python 专家，请给小白介绍 Seaborn 常用的绘图函数，结果以表格展示，其中第 1 列为绘图函数，第 2 列为关键参数，第 3 列为参数描述，第 4 列为图形用途。

以下是 ChatGPT 给出的答案。

> 以下是 Seaborn 中常用的绘图函数以及它们的关键参数、参数描述和图形用途，以表格形式展示。

绘图函数	关键参数	参数描述	图形用途
sns.relplot()	x, y, data, hue, col, row, kind, height, aspect	x：x 轴数据列名；y：y 轴数据列名；data：数据源；hue：数据列名，用于颜色区分；col：数据列名，用于分组列；row：数据列名，用于分组行；kind：绘图类型（"scatter" 或 "line"）；height：图表高度；aspect：图表纵横比	绘制关系图，以可视化形式展示变量之间的关系，支持散点图和线图的绘制
sns.scatterplot()	x, y, data, hue, style, size	x：x 轴数据列名；y：y 轴数据列名；data：数据源；hue：数据列名，用于颜色区分；style：数据列名，用于点样式区分；size：数据列名，用于点大小区分	绘制散点图，展示两个变量之间的关系，支持颜色和样式区分
sns.lineplot()	x, y, data, hue, style	x：x 轴数据列名；y：y 轴数据列名；data：数据源；hue：数据列名，用于颜色区分；style：数据列名，用于线样式区分	绘制线图，展示数据趋势和变化，支持颜色和样式区分
sns.barplot()	x, y, data, hue, palette	x：x 轴数据列名；y：y 轴数据列名；data：数据源；hue：数据列名，用于颜色区分；palette：颜色调色板	绘制条形图，展示不同类别的数据比较，支持颜色区分
sns.countplot()	x, data, hue, palette	x：x 轴数据列名；data：数据源；hue：数据列名，用于颜色区分；palette：颜色调色板	绘制条形图，展示类别数据的频数分布，支持颜色区分
sns.boxplot()	x, y, data, hue, palette	x：x 轴数据列名；y：y 轴数据列名；data：数据源；hue：数据列名，用于颜色区分；palette：颜色调色板	绘制箱线图，展示数据分布和离群值，支持颜色区分
sns.violinplot()	x, y, data, hue, palette	x：x 轴数据列名；y：y 轴数据列名；data：数据源；hue：数据列名，用于颜色区分；palette：颜色调色板	绘制小提琴图，展示数据分布，包含核密度估计，支持颜色区分

（续）

绘图函数	关键参数	参数描述	图形用途
sns.heatmap()	data, cmap, annot, fmt	data：数据源；cmap：颜色映射方案；annot：是否显示数值标签；fmt：数值标签格式	绘制热力图，展示矩阵数据的关系和分布
sns.pairplot()	data, hue, palette	data：数据源；hue：数据列名，用于颜色区分；palette：颜色调色板	绘制散点矩阵图，用于探索多个变量之间的关系，支持颜色区分

这些是 Seaborn 中一些常用的绘图函数，它们提供了丰富的功能和参数选项，可以用于可视化数据的不同方面和关系。根据你的数据和需求，选择适当的函数来创建各种各样的图形。

从 ChatGPT 给出的答案可知，Seaborn 绘图方法跟 Matplotlib 相似，不同类型的图形也是通过不同函数实现的。实际上 Seaborn 的绘图都可以用原始的 Matplotlib 绘图方法完成，但是 Seaborn API 更方便。Seaborn 绘图可以将多数据序列直接映射为颜色（hue）、大小（size）和样式（style）等。

4.4.2 使用 Seaborn 绘制图形

下面继续使用 economics 数据集来演示如何绘制线图，在 ChatGPT 输入框中输入以下内容：

> 假设 Python 中已有数据框 economics，请使用 Seaborn 绘制线图，其中变量 date 为 X 轴，变量 psavert、uempmed 为 Y 轴，要求图形不显示 X 轴标签。

以下是 ChatGPT 给出的答案。

 要绘制线图，并在图形中不显示 X 轴标签，你可以使用 Seaborn 中的 sns.lineplot() 函数进行绘制，并通过 plt.xticks([]) 函数来隐藏 X 轴标签。以下是示例代码：

```
import seaborn as sns
import matplotlib.pyplot as plt
# 设置 Seaborn 样式
sns.set(style="whitegrid")
# 绘制线图
plt.figure(figsize=(10, 6))  # 设置图形大小
sns.lineplot(x="date", y="psavert", data=economics, label="psavert")
sns.lineplot(x="date", y="uempmed", data=economics, label="uempmed"
,dashes=[2, 2])
# 设置图例
plt.legend()
```

```
# 添加标题和轴标签
plt.title("PSAVERT and UEMPMED over Time")
plt.ylabel("Value")
# 隐藏 X 轴标签
plt.xticks([])
# 显示图形
plt.show()
```

这段代码将创建一个线图，其中 X 轴表示 date 列的日期数据，Y 轴分别表示 psavert 和 uempmed 列的值；通过 plt.xticks([]) 函数来隐藏 X 轴标签。

从 ChatGPT 给出的答案可知，可用 sns.set() 函数将 Seborn 的样式设置为灰白色，用 sns.linepot() 函数绘制线图，只需指定 X 轴、Y 轴和 data 参数即可。由于需要对两个变量绘制线图，所以使用两次 sns.lineplot() 函数分别绘制。将 Python 代码复制到 Jupyter Notebook 中并运行，得到的图形如图 4-27 所示。

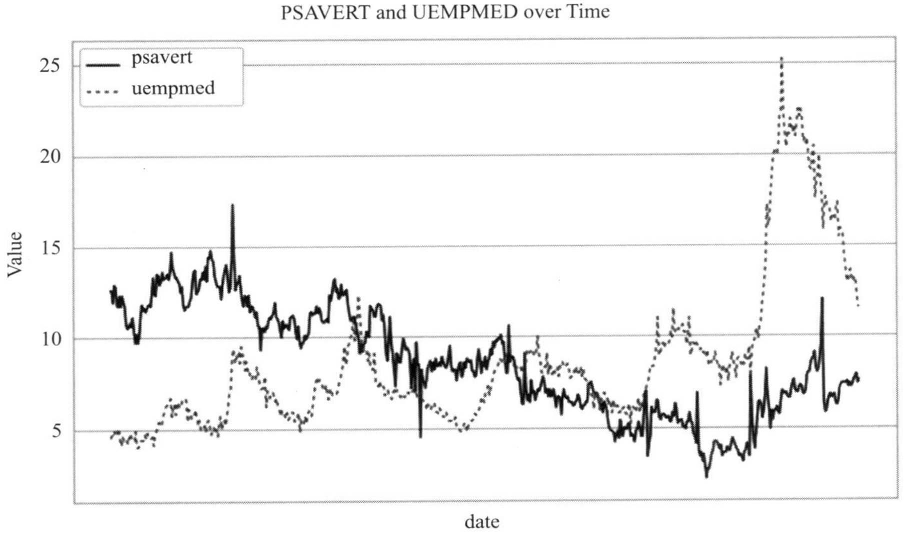

图 4-27　使用 sns.lineplot() 函数绘制线图

从代码中可以发现，Seaborn 可以完美使用 Matplotlib 的所有绘图功能。比如设置 Seaborn 样式还可以通过 plt.style.use() 函数实现。在 Jupyter Notebook 中输入以下代码并运行，得到的图形与图 4-27 一致：

```
# 设置样式
plt.style.use('seaborn-whitegrid')
# 绘制线图
plt.figure(figsize=(10, 6))  # 设置图形大小
sns.lineplot(x="date", y="psavert", data=economics, label="psavert")
```

```
sns.lineplot(x="date", y="uempmed", data=economics, label="uempmed" ,dashes=[2,
    2])
# 设置图例
plt.legend()
# 添加标题和轴标签
plt.title("PSAVERT and UEMPMED over Time")
plt.ylabel("Value")
# 隐藏 X 轴标签
plt.xticks([])
# 显示图形
plt.show()
```

如果好奇 Matplotlib 还有哪些样式，可以通过 plt.style.available 命令获取所有的样式。在 Jupyter Notebook 中输入以下代码并运行：

```
plt.style.available
```

输出结果为：

```
['Solarize_Light2',
 '_classic_test_patch',
 '_mpl-gallery',
 '_mpl-gallery-nogrid',
 'bmh',
 'classic',
 'dark_background',
 'fast',
 'fivethirtyeight',
 'ggplot',
 'grayscale',
 'seaborn',
 'seaborn-bright',
 'seaborn-colorblind',
 'seaborn-dark',
 'seaborn-dark-palette',
 'seaborn-darkgrid',
 'seaborn-deep',
 'seaborn-muted',
 'seaborn-notebook',
 'seaborn-paper',
 'seaborn-pastel',
 'seaborn-poster',
 'seaborn-talk',
 'seaborn-ticks',
 'seaborn-white',
 'seaborn-whitegrid',
 'tableau-colorblind10']
```

可见，Matplotlib 除了支持多种 Seaborn 的样式，还支持 Tableau 的各种样式、ggplot 的样式等。

下面继续使用 economics 数据集绘制散点图，在 ChatGPT 输入框中输入以下内容：

假设 Python 中已有数据框 economics，请使用 Seaborn 绘制散点图，要求以 psavert 为 X 轴，uempmed 为 Y 轴。

以下是 ChatGPT 给出的答案。

要使用 Seaborn 绘制一个散点图，其中 psavert 为 X 轴，uempmed 为 Y 轴，你可以使用 sns.scatterplot() 函数。以下是示例代码：

```python
import seaborn as sns
import matplotlib.pyplot as plt
# 创建散点图
plt.figure(figsize=(8, 6))  # 设置图形大小
sns.scatterplot(x="psavert", y="uempmed", data=economics)
# 添加标题和轴标签
plt.title("Scatter Plot of PSAVERT and UEMPMED")
plt.xlabel("PSAVERT")
plt.ylabel("UEMPMED")
# 显示图形
plt.show()
```

这段代码将创建一个散点图，其中 psavert 列的值位于 X 轴，uempmed 列的值位于 Y 轴。图形的标题和轴标签也已添加。你可以根据需要修改图形大小和其他样式选项。

使用 plot.scatterplot() 函数绘制散点图，将变量 psavert 设为 X 轴、变量 uempmed 设为 Y 轴后，将 economics 指定为 data 即可绘制散点图。将 Python 代码复制到 Jupyter Notebook 中运行，得到的图形如图 4-28 所示。

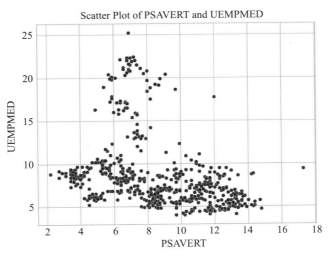

图 4-28　使用 sns.scatterplot() 函数绘制散点图

图 4-28 依然是 Seaborn 的灰白样式，因为样式设置后将影响后面的所有图形。如果我们想恢复默认样式，可以通过 plt.rcdefaults() 命令实现。在 Jupyter Notebook 中输入以下代码并运行：

```
# 恢复默认样式
plt.rcdefaults()
# 创建散点图
plt.figure(figsize=(8, 6))  # 设置图形大小
sns.scatterplot(x="psavert", y="uempmed", data=economics)
plt.show()
```

结果如图 4-29 所示。

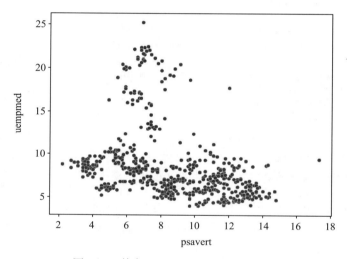

图 4-29　恢复 Seaborn 图形的默认样式

下面以 titanic_train 数据集为例，学习在 Seaborn 中如何绘制分组垂直条形图。让我们在 ChatGPT 输入框中输入以下内容：

> ❓ 假设已有数据框 titanic_train，请利用 Seaborn 对变量 Pclass 绘制分组垂直条形图，需要以变量 Sex 分组。

以下是 ChatGPT 给出的答案。

> 要使用 Seaborn 绘制分组垂直条形图，以变量 Pclass 为 X 轴，以变量 Sex 进行分组，你可以使用 sns.barplot() 函数。以下是示例代码：
>
> ```
> import seaborn as sns
> import matplotlib.pyplot as plt
> # 创建分组垂直条形图
> plt.figure(figsize=(8, 6))  # 设置图形大小
> ```

```
sns.barplot(x="Pclass", y="Pclass", hue="Sex", data=titanic_train, estimator=
    len)
# 添加标题和轴标签
plt.title("Vertical Bar Plot of Pclass Grouped by Sex")
plt.xlabel("Pclass")
plt.ylabel("Count")
# 显示图例
plt.legend(title="Sex")
# 显示图形
plt.show()
```

这段代码将创建一个分组垂直条形图，其中 Pclass 列的值位于 X 轴，不同的 Sex 类别被分组显示；estimator=len 用于计算每个组的计数（出现次数）；图例显示了不同的性别。你可以根据需要修改图形大小和其他样式选项。

使用 Seaborn 绘制分组垂直条形图比使用 Matplotlib 和 Pandas 都简单得多，无须进行数据预处理，只需将依赖分组的变量指定给参数 hue 即可。注意：需将参数 estimator 设置为 len 才会计算每组的样本数量。将 Python 代码复制到 Jupyter Notebook 中运行，得到的图形如图 4-30 所示。

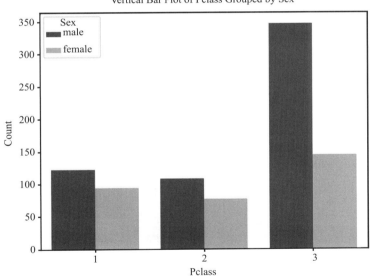

图 4-30　使用 sns.barplot() 函数绘制分组垂直条形图

其实使用 Seaborn 绘制分组垂直条形图时默认是显示图例的，即以上代码无须使用 plt.legend(title="Sex") 也能在图形中显示图例。

下面继续以鸢尾花 iris 数据集为例，按鸢尾花种类进行分组，对萼片长度（Sepal_Length）绘制箱线图。在 ChatGPT 输入框中输入以下内容：

假设已有数据框 iris，按鸢尾花种类进行分组后，请利用 Seaborn 绘制变量 Sepal_Length 的箱线图。

以下是 ChatGPT 给出的答案。

 要使用 Seaborn 绘制以变量 Species 进行分组的箱线图，其中 Sepal_Length 是 Y 轴，你可以使用 sns.boxplot() 函数。以下是示例代码：

```
import seaborn as sns
import matplotlib.pyplot as plt
# 创建箱线图
plt.figure(figsize=(8, 6))  # 设置图形大小
sns.boxplot(x="Species", y="Sepal_Length", data=iris)
# 添加标题和轴标签
plt.title("Box Plot of Sepal Length Grouped by Species")
plt.xlabel("Species")
plt.ylabel("Sepal Length")
# 显示图形
plt.show()
```

这段代码将创建一个箱线图，其中 Species 列的不同类别被分组，Sepal_Length 列的值在 Y 轴上显示。箱线图显示了每个种类的分布，包括中位数、四分位数和离群值。你可以根据需要修改图形大小和其他样式选项。

同样，使用 Seaborn 创建分组箱线图也比使用 Matplotlib 和 Pandas 都简单，无须进行数据预处理，只需在使用 sns.boxplot() 函数绘图时将分组变量 Species 指定给 X 轴即可。将 Python 代码复制到 Jupyter Notebook 中运行，得到的图形如图 4-31 所示。

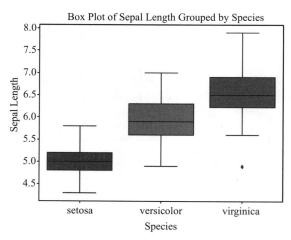

图 4-31　使用 sns.boxplot() 函数绘制箱线图

使用 Seaborn 绘制的箱线图也是默认不显示均值。我们在 ChatGPT 输入框中输入以下

内容，让 ChatGPT 教我们如何添加均值：

> 　　如果需要在上面绘制的箱线图中显示均值呢？

以下是 ChatGPT 给出的答案。

> 　　如果你想在箱线图中显示均值，你可以在 sns.boxplot() 函数中使用 showmeans=True 参数。以下是示例代码：
>
> ```python
> import seaborn as sns
> import matplotlib.pyplot as plt
> # 创建箱线图，显示均值
> plt.figure(figsize=(8, 6))  # 设置图形大小
> sns.boxplot(x="Species", y="Sepal_Length", data=iris, showmeans=True)
> # 添加标题和轴标签
> plt.title("Box Plot of Sepal Length Grouped by Species with Means")
> plt.xlabel("Species")
> plt.ylabel("Sepal Length")
> # 显示图形
> plt.show()
> ```
>
> 　　将 showmeans=True 添加到 sns.boxplot() 函数中后，均值将会显示在每个箱线图的上面。这将在箱线图中提供更多的统计信息，包括均值、中位数、四分位数和离群值。你可以根据需要修改图形大小和其他样式选项。

　　给出的代码与上面的代码几乎相同，不同之处就是在使用 sns.boxplot() 函数绘制箱线图时将参数 showmeans 设置为 True。将 Python 代码复制到 Jupyter Notebook 中运行，得到的图形如图 4-32 所示。

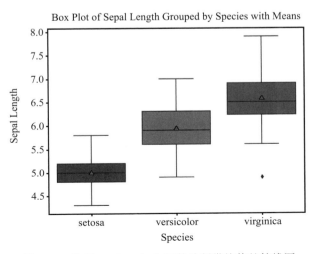

图 4-32　使用 sns.boxplot() 函数绘制带均值的箱线图

在学习完如何使用 Seaborn 绘制箱线图后，让我们学习另一个与箱线图非常相似的图形，那就是小提琴图。小提琴图是箱线图与核密度图的结合，箱线图展示了分位数的位置，小提琴图则展示了任意位置的数据密度，通过小提琴图可以知道哪些位置的数据密度较高。可以通过 sns.violinplot() 函数绘制小提琴图。

下面继续以鸢尾花 iris 数据集为例，先按鸢尾花种类分组，对萼片长度（Sepal_Length）绘制小提琴图。在 ChatGPT 输入框中输入以下内容：

 假设已有数据框 iris，按鸢尾花种类进行分组后，请利用 Seaborn 绘制变量 Sepal_Length 的小提琴图。

以下是 ChatGPT 给出的答案。

要使用 Seaborn 绘制以变量 Species 进行分组的小提琴图，并显示均值，你可以使用 sns.violinplot() 函数，并指定参数 showmeans=True。以下是示例代码：

```
import seaborn as sns
import matplotlib.pyplot as plt
# 创建小提琴图，显示均值
plt.figure(figsize=(8, 6))  # 设置图形大小
sns.violinplot(x="Species", y="Sepal_Length", data=iris)
# 添加标题和轴标签
plt.title("Violin Plot of Sepal Length Grouped by Species with Means")
plt.xlabel("Species")
plt.ylabel("Sepal Length")
# 显示图形
plt.show()
```

将 showmeans=True 添加到 sns.violinplot() 函数中后，均值将显示在小提琴图的中心。这将在小提琴图中提供更多的统计信息，包括均值、中位数、四分位数和数据分布的密度估计。你可以根据需要修改图形大小和其他样式选项。

ChatGPT 给出的 Python 代码与上面绘制箱线图的代码几乎一致，只是绘图函数由 sns.boxplot() 变成了 sns.violinplot() 而已。将 Python 代码复制到 Jupyter Notebook 中运行，得到的图形如图 4-33 所示。

小提琴图的特点是：左右两边是核密度图，中间是箱线图。我们也可以绘制其他的变体，比如将中间的箱线图变成散点图。在 Jupyter Notebook 中输入以下代码并运行：

```
# 增加散点图的小提琴图
# 第一步：绘制中间为空的小提琴图
sns.violinplot(x='Species',y='Sepal_Length',data=iris,inner=None)
# 第二步：在现有小提琴图中添加散点图
sns.swarmplot(x='Species',y='Sepal_Length',data=iris,color='w',alpha=.5)
plt.show()
```

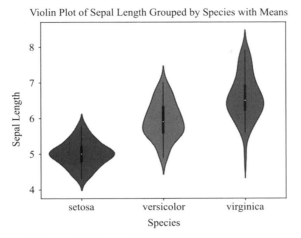

图 4-33　使用 sns.violinplot() 函数绘制小提琴图

结果如图 4-34 所示。

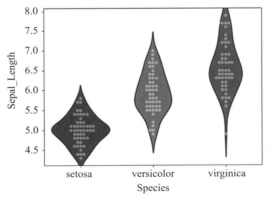

图 4-34　使用 sns.violinplot() 函数绘制带散点图的小提琴图

使用 Seaborn 绘制图形的一大亮点是可以在图形上添加一些统计模型拟合。比如使用 sns. lmplot() 函数可以探索变量间的关系，在绘制散点图的同时添加线性拟合线。默认参数是线性拟合，参数 order 用于设置高阶拟合，参数 robust 用于设置抗噪声鲁棒性，参数 logistic 用于设置拟合曲线是 logistic。

下面继续以鸢尾花 iris 数据集为例，按鸢尾花种类（Species）进行分组，绘制萼片长度（Sepal_Length）和萼片宽度（Sepal_Width）的线性相关图。在 ChatGPT 输入框中输入以下内容：

> ❓ 假设已有数据框 iris，对鸢尾花种类进行分组后，请利用 Seaborn 绘制萼片长度（Sepal_Length）和萼片宽度（Sepal_Width）的线性相关图。

以下是 ChatGPT 给出的答案。

 要使用 Seaborn 绘制按鸢尾花种类（Species）分组的线性相关图，显示 Sepal_Length 和 Sepal_Width 之间的关系，你可以使用 sns.lmplot() 函数。以下是示例代码：

```
import seaborn as sns
import matplotlib.pyplot as plt
# 创建线性相关图
plt.figure(figsize=(8, 6))  # 设置图形大小
sns.lmplot(x="Sepal_Length", y="Sepal_Width", data=iris, hue="Species")
# 添加标题
plt.title("Linear Relationship Between Sepal Length and Sepal Width")
# 显示图形
plt.show()
```

这段代码将创建一个线性相关图，其中 Sepal_Length 位于 X 轴，Sepal_Width 位于 Y 轴，不同的鸢尾花种类通过颜色进行区分。你可以看到不同种类之间 Sepal_Length 和 Sepal_Width 的线性关系。你可以根据需要修改图形大小和其他样式选项。

从 ChatGPT 给出的答案可知，跟绘制普通图形基本没区别，只需要给 sns.lmplot() 函数的参数 x、y、data 和 hue 指定相应的变量和数据即可。将 Python 代码复制到 Jupyter Notebook 中运行，得到的图形如图 4-35 所示。

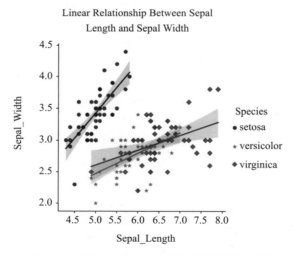

图 4-35　使用 sns.lmplot() 函数绘制线性相关图

当数据集变量多于两个时，想绘制两两变量间的散点图，查看各变量间的关系，可以借助散点图矩阵来实现，这对于探索多维数据之间的相关性非常有用。

下面继续以鸢尾花 iris 数据集为例，按 Species 进行分组，绘制散点图矩阵。在 ChatGPT 输入框中输入以下内容：

假设已有数据框 iris，请利用 Seaborn 绘制按 Species 进行分组的散点图矩阵。

以下是 ChatGPT 给出的答案。

 要使用 Seaborn 绘制按 Species 进行分组的散点图矩阵，你可以使用 sns.pairplot()
函数。以下是示例代码：

```
import seaborn as sns
import matplotlib.pyplot as plt
# 创建散点图矩阵
sns.set(style="ticks")
sns.pairplot(iris, hue="Species")
# 显示图形
plt.show()
```

这段代码将创建一个散点图矩阵，绘制出两两变量之间的散点图，并通过不同的颜
色区分不同的鸢尾花种类（Species）。这有助于可视化各个变量之间的关系以及它们在
不同种类之间的差异。你可以根据需要修改图形的样式和大小。

使用 sns.pairplot() 函数绘制散点图矩阵非常轻松，只需要指定数据集和分组变量即可。
将 Python 代码复制到 Jupyter Notebook 中运行，得到的图形如图 4-36 所示。

散点图矩阵的对角线是自身变量的核密度曲线。由于根据 Species 变量做了分组，所以
是不同类别下数据的核密度曲线。对角线上边和下边部分分别称为上三角和下三角，两者
根据对角线对称，该散点图的 X 轴变量即对称位置散点图的 Y 轴变量。

热力图有时也称为交叉填充表。该图形最典型的用途就是实现列联表的可视化，即通
过图形的方式展现两个离散变量之间的组合关系。下面继续以鸢尾花 iris 数据集为例，在
ChatGPT 输入框中输入以下内容：

 假设已有数据框 iris，请利用 Seaborn 绘制各变量相关系数矩阵的热力图。

以下是 ChatGPT 给出的答案。

 要使用 Seaborn 绘制各变量相关系数矩阵的热力图，你可以使用 sns.heatmap() 函
数。以下是示例代码：

```
import seaborn as sns
import matplotlib.pyplot as plt
# 计算相关系数矩阵
correlation_matrix = iris.corr()
# 创建热力图
plt.figure(figsize=(8, 6))
sns.heatmap(correlation_matrix,annot=True,cmap="coolwarm",fmt=".2f",linewidt
    hs=0.5)
```

```
# 添加标题
plt.title("Correlation Matrix Heatmap")
# 显示图形
plt.show()
```

这段代码首先计算数据框 iris 中各个变量之间的相关系数矩阵，然后使用 sns. heatmap() 函数绘制热力图。参数 annot=True 用于在热力图上显示相关系数的数值，cmap="coolwarm" 用于设置颜色映射，fmt=".2f" 用于设置数值的格式，linewidths=0.5 用于设置单元格之间的分隔线宽度。你可以根据需要修改图形的大小、颜色映射和其他样式选项。

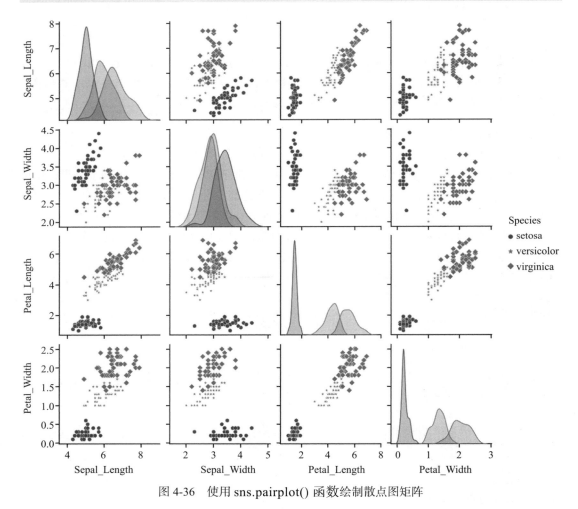

图 4-36　使用 sns.pairplot() 函数绘制散点图矩阵

ChatGPT 给出的答案中先计算 iris 数据集中各变量的相关系数矩阵，corr() 方法默认采用皮尔逊相关系数，只能用于数值变量间的计算，故结果自动忽略类别变量 Species。在 Jupyter Notebook 中输入以下代码并运行：

```
# 计算相关系数矩阵
import numpy as np
correlation_matrix = iris.corr()
np.round(correlation_matrix,2)
```

输出结果为：

```
              Sepal_Length    Sepal_Width    Petal_Length    Petal_Width
Sepal_Length      1.00           -0.12           0.87            0.82
Sepal_Width      -0.12            1.00          -0.43           -0.37
Petal_Length      0.87           -0.43           1.00            0.96
Petal_Width       0.82           -0.37           0.96            1.00
```

相关系数值的范围是 [-1,1]。如果值大于 0，说明两变量存在正相关；如果值小于 0，则说明两变量存在负相关。相关系数的绝对值越大，说明相关性越强。如果绝对值超过 0.8，说明存在强相关。从输出的相关系数矩阵可知对角线值为 1，Sepal_Length 和 Petal_Length 的相关系数值为 0.87，说明两者存在强相关。

相关系数矩阵一般可以通过热力图进行可视化展示，可读性会更高。这可通过 sns. heatmap() 函数实现。将 Python 代码复制到 Jupyter Notebook 中运行，得到的图形如图 4-37 所示。

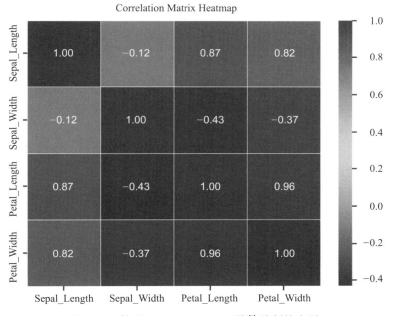

图 4-37　使用 sns. heatmap() 函数绘制热力图

4.5　使用 ChatGPT 学习 plotnine 数据可视化

plotnine 是 Python 版的 gglot2，语法与 R 语言的 ggplot2 基本一致。plotnine 主张模块间的协调分工。plotnine 库可使用 pip install plotnine 语句安装。

4.5.1　plotnine 绘图方法

让我们先了解 plotnine 的语法特点。在 ChatGPT 输入框中输入以下内容：

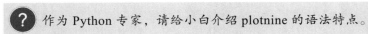

以下是 ChatGPT 给出的答案。

plotnine 是一个用于绘制图形的 Python 库，它的语法特点受到 R 中的 ggplot2 影响，因此使用一种清晰、直观的语法来创建高质量的数据可视化图形。以下是 plotnine 的主要语法特点。

1. 基于图层的语法：plotnine 使用图层（layer）的概念来构建图形。你可以通过不断添加图层来创建复杂的图形。每个图层可以包括数据、几何对象（geometries）、统计变换、坐标轴、标度等。

2. 数据映射：plotnine 鼓励将数据变量与可视化属性（如颜色、形状、大小）进行映射，以便更好地理解数据的模式和关系。

3. 几何对象（geometries）：几何对象代表数据点在图形中的形状，例如点、线、条形等。plotnine 提供了各种内置的几何对象，你可以选择适合你数据的几何对象来展示信息。

4. 统计变换：plotnine 允许对数据进行统计变换，如均值、中位数、百分数等，以便更好地理解数据分布。

5. 坐标轴：plotnine 提供了丰富的坐标轴选项，包括线性、对数、时间轴等，使你能够以适当的方式呈现数据。

6. 标度：标度控制了数据的映射，例如颜色的范围、形状的映射等。plotnine 允许你自定义标度，以更好地传达数据的含义。

7. 主题：plotnine 具有可自定义的主题，你可以调整图形的字体、背景、颜色和其他外观特性，以使图形符合你的需求。

8. 链式调用：plotnine 支持链式调用，允许你通过多次函数调用来构建图层，使代码更具可读性。

9. 数据框友好：plotnine 可以直接使用 Pandas 数据框中的数据，不需要额外的数据处理步骤。

10. 高质量的图形输出：plotnine 可以生成高分辨率的图形，并支持多种输出格式，如图片文件、PDF 以及嵌入到 Jupyter Notebook 中。

　　总之，plotnine 的语法特点使得创建复杂的数据可视化图形变得直观和易于理解，同时提供了丰富的选项来自定义图形的外观和风格。这使得 plotnine 成为一个强大的数据可视化工具，特别适用于探索性数据的分析和高质量图形的生成。

　　接下来在 ChatGPT 输入框中输入以下内容，学习 plotnine 常用的绘图函数：

> 作为 Python 专家，请给小白介绍 plotnine 常用的绘图函数，结果以表格展示，其中第 1 列为绘图函数，第 2 列为关键参数，第 3 列为参数描述，第 4 列为图形用途。

　　以下是 ChatGPT 给出的答案。

> 以下是一些 plotnine 中常用的绘图函数，以表格形式展示它们的常用参数和图形用途。

绘图函数	关键参数	参数描述	图形用途
ggplot()	data, mapping	data：数据框；mapping：数据映射	创建一个新的 ggplot 对象
geom_point()	mapping, color, size	mapping：数据映射；color：点的颜色；size：点的大小	绘制散点图
geom_line()	mapping, color, size	mapping：数据映射；color：线的颜色；size：线的大小	绘制线图
geom_bar()	mapping, stat, position	mapping：数据映射；stat：统计变换（如"count"）；position：位置调整	绘制垂直条形图
geom_histogram()	mapping, binwidth, color	mapping：数据映射；binwidth：条形宽度；color：条形颜色	绘制直方图
geom_boxplot()	mapping, color	mapping：数据映射；color：箱线图的颜色	绘制箱线图
geom_violin()	mapping, color	mapping：数据映射；color：小提琴图的颜色	绘制小提琴图
geom_text()	mapping, label	mapping：数据映射；label：文本标签	绘制文本标签
facet_wrap()	facets	facets：子图变量	绘制分面图，根据子图变量绘制多个小图
theme()	axis_title, axis_text, legend_title	axis_title：坐标轴标题样式；axis_text：坐标轴文本样式；legend_title：图例标题样式	设置图形主题，自定义外观和样式
labs()	x, y, title	x：X 轴标签；y：Y 轴标签；title：图形标题	设置标签和标题
ggtitle()	label	label：图形标题	设置图形标题

这些函数是 plotnine 中的一些常用绘图函数，每个函数用于绘制不同类型的图形，例如散点图、线图、条形图、箱线图、小提琴图等。使用这些函数可以轻松创建高质量的数据可视化图形，以帮助你更好地理解数据的模式和关系。

以上给出的只是 plotnine 中的一些常用绘图函数。plotnine 非常强大，我们在 4.5.2 节通过简单示例进行演示。

4.5.2　使用 plotnine 绘制图形

下面继续使用 economics 数据集绘制散点图，在 ChatGPT 输入框中输入以下内容：

假设 Python 中已有数据框 economics，请使用 plotnine 绘制散点图，要求 psavert 为 X 轴，uempmed 为 Y 轴。

以下是 ChatGPT 给出的答案。

要使用 plotnine 绘制散点图，其中 psavert 为 X 轴，uempmed 为 Y 轴，你可以采用以下方式：

```
from plotnine import *
# 创建散点图
(ggplot(economics, aes(x='psavert', y='uempmed')) +
 geom_point() +
 labs(x='PSAVERT', y='UEMPMED') +
 ggtitle('Scatter Plot of PSAVERT and UEMPMED')
)
```

这段代码使用 ggplot() 函数创建一个基本的绘图对象，使用 geom_point() 函数添加散点图，通过 labs() 函数设置 X 轴和 Y 轴的标签，使用 ggtitle() 函数来添加标题。这将创建一个散点图，其中 psavert 位于 X 轴，uempmed 位于 Y 轴，用于展示这两个变量之间的关系。

使用 plotnine 绘图时通过图层叠加的方式不断丰富完善。我们从给出的代码学习到，首先使用 ggplot() 函数创建一个基本的绘图对象。我们在 Jupyter Notebook 中输入以下代码并运行：

```
from plotnine import *
# 创建基本的绘图对象
(ggplot(economics, aes(x='psavert', y='uempmed')))
```

结果如图 4-38 所示。

由图 4-38 可知，我们通过 ggplot() 函数将对数据集 econmics 进行绘图，通过 aes() 指定 X 轴和 Y 轴变量。ggplot() 的绘图风格是默认灰色背景和白色网格线。由于目前并未指定需要绘制什么图形，所以画布内容为空。

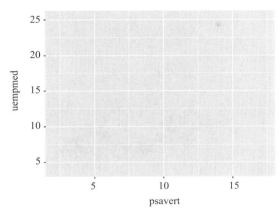

图 4-38　使用 ggplot() 函数创建基本绘图对象

在现有代码上添加 geom_point() 函数后将在此基础上绘制散点图。运行以下代码：

```
# 创建散点图
(ggplot(economics, aes(x='psavert', y='uempmed'))+
    geom_point())
```

结果如图 4-39 所示。

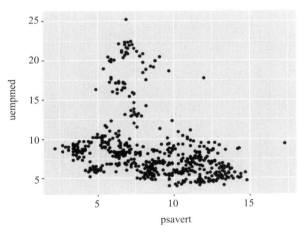

图 4-39　使用 geom_point() 函数绘制散点图

下面通过 ggtitle() 函数给图形添加标题。将 ChatGPT 给出的 Python 代码复制到 Jupyter Notebook 中并运行，得到的图形如图 4-40 所示。

由于篇幅有限，本小节就通过一个散点图示例帮助读者理解 plotnine 的绘图思路。读者如果想尝试使用 plotnine 绘制其他图形，可以自行咨询 ChatGPT。

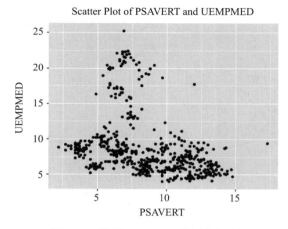

图 4-40　使用 ggtitle() 函数添加标题

4.6　本章小结

本章先简要介绍了 Python 常用的数据可视化工具，接着详细介绍了最常用的 4 种静态数据可视化工具：Matplotlib、Pandas、Seaborn 和 plotnine，包括各自的绘图方法和案例演示。希望读者能了解不同工具的绘图特点，并能借助 ChatGPT 熟练绘制不同图形。

使用 ChatGPT 学习交互数据可视化

前面内容中，我们可视化的结果是一个静态的图形，所有信息都一目了然地放在一张图上。静态图形适合于分析报告等纸质媒介。而在网络时代，如果在网页上发布可视化图形，那么动态的、交互的图形则更有优势。在 Python 中，常用的交互可视化工具有 Plotly、Bokeh、Pyecharts 等。

5.1 使用 ChatGPT 学习 Plotly 数据可视化

我们在 ChatGPT 输入框中输入以下内容，了解 Plotly 数据可视化工具：

> ❓ 作为 Python 专家，请用通俗易懂的语言介绍 Plotly 数据可视化工具，不需要示例。

以下是 ChatGPT 给出的答案。

> Plotly 是一种强大的数据可视化工具，它帮助你将数据转化成图形，以便更容易理解和分享。你可以使用 Plotly 创建各种类型的图表，如折线图、条形图、散点图和饼图，以展示数据的模式、趋势和关系。Plotly 具有直观的用户界面，也可以通过编写 Python 代码来自定义图表，使其适应你的需求。它不仅能够在本地计算机上生成图表，还可以在 Web 上共享和嵌入这些图表，使其成为数据科学和数据分析的重要工具之一。

从 ChatGPT 给出的答案可知，Plotly 非常容易创建交互式的各种图形。

5.1.1 Plotly 交互可视化绘图方法

我们在 ChatGPT 输入框中输入以下内容，了解 Plotly 常用的绘图方法：

> ❓ 作为 Python 专家，请给小白介绍 Plotly 常用的绘图方法，结果以表格展示，其中第 1 列为方法名称，第 2 列为关键参数，第 3 列为参数描述，第 4 列为图形用途。

以下是 ChatGPT 给出的答案。

> 🤖 以下是 Plotly 常用绘图方法的表格，包括方法名称、关键参数、参数描述和图形用途。

方法名称	关键参数	参数描述	图形用途
go.Scatter()	x, y	指定 x 和 y 轴数据	绘制散点图、线图
go.Bar()	x, y	指定 x 轴和 y 轴数据	绘制垂直条形图
go.Histogram()	x, nbins	指定数据和柱数	绘制直方图
go.Box()	y, boxpoints	指定 y 轴数据和箱线图的点类型	绘制箱线图
go.Pie()	labels, values	指定标签和值	绘制饼图
go.Scatter3d()	x, y, z	指定 x、y 和 z 轴数据	绘制 3D 散点图
go.Surface()	x, y, z	指定 x、y 和 z 轴数据	绘制 3D 表面图
go.Heatmap()	z, x, y	指定热图数据及 x 轴和 y 轴数据	绘制热力图
go.Scattergeo()	lon, lat	指定经度和纬度数据	绘制地理散点图
go.Choropleth()	z,locations, locationmode	指定区域值、区域标识和区域模式	绘制区域地图、区域热力图
go.Parcats()	dimensions, line	指定维度数据和线的设置	绘制平行坐标图
go.Sunburst()	labels, parents	指定标签和父节点	创建旭日图

> 这些方法涵盖了 Plotly 中常用的绘图类型，你可以根据具体需求选择适当的方法，并根据参数进行配置，以生成各种不同类型的图形。如果需要更详细的信息和示例，请参考 Plotly 的官方文档。

ChatGPT 给出的答案中，go 是 plotly.graph_objects 模块的缩写。go 模块有非常丰富的交互绘图函数，如 go.Scatter() 是 Plotly 中一个用于创建散点图、线图和曲线图的函数。

在 Plotly 中，除了 graph_objects 模块可提供绘制各种交互可视化图形的函数外，Plotly Express 也可用于绘制交互可视化图形。它是 Plotly 库的一个高级接口，提供了一种更简单的方法来创建常见类型的图表，例如散点图、线图、条形图等。Plotly Express 通常缩写为 px。我们在 ChatGPT 输入框中输入以下内容，学习 px 模块的常用绘图方法：

> ❓ 作为 Python 专家，请给小白介绍 Plotly Express 常用的绘图方法，结果以表格展示，其中第 1 列为方法名称，第 2 列为关键参数，第 3 列为参数描述，第 4 列为图形用途。

以下是 ChatGPT 给出的答案。

下面是 Plotly Express 中常用绘图方法的表格，包括方法名称、关键参数、参数描述和图形用途。

方法名称	关键参数	参数描述	图形用途
px.scatter()	data_frame, x, y	指定数据框、x 轴和 y 轴数据	绘制散点图、线图
px.line()	data_frame, x, y	指定数据框、x 轴和 y 轴数据	绘制线图
px.bar()	data_frame, x, y	指定数据框、x 轴和 y 轴数据	绘制垂直条形图
px.histogram()	data_frame, x	指定数据框和 x 轴数据	绘制直方图
px.box()	data_frame, x, y	指定数据框、x 轴和 y 轴数据	绘制箱线图
px.pie()	data_frame, names, values	指定数据框、标签和值	绘制饼图
px.scatter_3d()	data_frame, x, y, z	指定数据框、x、y 和 z 轴数据	绘制 3D 散点图
px.surface()	data_frame, x, y, z	指定数据框、x、y 和 z 轴数据	绘制 3D 表面图
px.heatmap()	data_frame, x, y, z	指定数据框、x、y 和 z 轴数据	绘制热力图
px.scatter_geo()	data_frame, lon, lat	指定数据框、经度和纬度数据	绘制地理散点图
px.choropleth()	data_frame, locations, locationmode, z	指定数据框、区域标识、区域模式和区域值	绘制区域地图、区域热力图
px.parallel_coordinates()	data_frame, color	指定数据框和颜色列	绘制平行坐标图
px.sunburst()	data_frame, names, parents	指定数据框、标签和父节点	绘制旭日图

　　这些方法使得使用 Plotly Express 更加简单，因为它们自动处理了许多绘图的细节，使得绘图过程更加直观和高效。你可以根据需要选择适当的方法，并根据参数进行配置，以生成各种不同类型的图形。如果需要更详细的信息和示例，请参考 Plotly Express 的官方文档。

　　使用 px 模块可绘制散点图、线图、直方图、箱线图、饼图等各种交互图形，整个绘图过程更加直观和高效。

5.1.2　使用 graph_objs 进行交互可视化

1. 使用 go 绘制交互线图

　　下面继续使用 economics 数据集来演示如何绘制线图。在 ChatGPT 输入框中输入以下内容：

　　? 假设 Python 中已有数据框 economics，请用 plotly.graph_objs.Scatter() 函数绘制线图，其中变量 date 为 X 轴，变量 psavert、uempmed 为 Y 轴。

　　以下是 ChatGPT 给出的答案。

你可以使用 Plotly 的 graph_objs.Scatter() 函数来绘制线图。示例代码如下：

```python
import plotly.graph_objs as go
# 提取数据
date = economics['date']
psavert = economics['psavert']
uempmed = economics['uempmed']
# 创建线图
trace1 = go.Scatter(x=date, y=psavert, mode='lines', name='Personal Savings
    Rate')
trace2=go.Scatter(x=date, y=uempmed, mode='lines', line=dict(dash='dash')
    name='Median Duration of Unemployment')
# 创建布局对象
layout = go.Layout(title='Economic Indicators Over Time',
                   xaxis=dict(title='Date'),
                   yaxis=dict(title='Value'))
# 创建图形对象
fig = go.Figure(data=[trace1, trace2], layout=layout)
# 显示图形
fig.show()
```

在这个示例中，我们首先从数据框 economics 中提取了需要绘制的数据列；然后，我们使用两个 go.Scatter() 函数绘制了两条线，分别表示个人储蓄率（psavert）和失业持续时间中位数（uempmed）随时间的变化；最后，我们创建了一个布局对象来定义图形的标题和轴标签，将这两条线添加到 go.Figure() 函数中，并显示图形。

这将创建一个线图，显示个人储蓄率和失业持续时间中位数随时间的变化趋势。你可以根据需要进行自定义和进一步的修改。

我们先将 ChatGPT 给出的 Python 代码复制到 Jupyter Notebook 中并运行，得到的图形如图 5-1 所示。

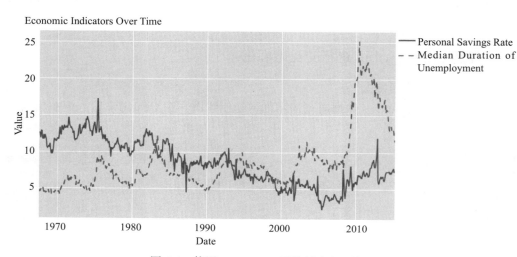

图 5-1　使用 go.Scatter() 函数创建交互线图

我们将鼠标悬停在线图上，将显示悬停位置的 X 轴、Y 轴的值，同时右上角会显示工具箱，如图 5-2 所示。

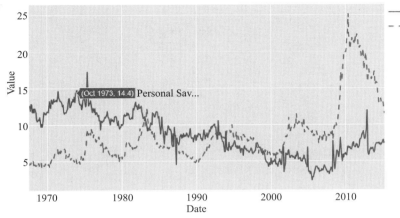

图 5-2　鼠标悬停将显示该位置的值

右上角工具箱的第一个按钮可将图形以 .png 格式保存到本地。单击第二个按钮（zoom）后，鼠标在图形区域将变成"+"号。可以按住鼠标左键选择某一区域进行放大，如图 5-3 所示。

如果想还原坐标轴范围，可选择工具箱第 6 个按钮"Reset Axes"，如图 5-4 所示。

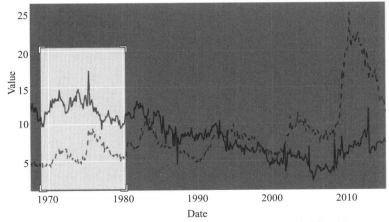

a）按住鼠标左键选择需要放大的区域

图 5-3　放大区域

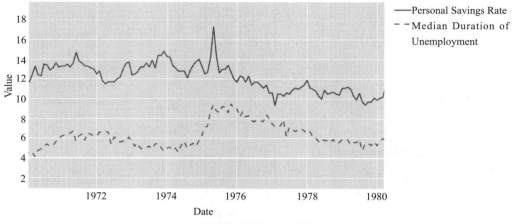

b）松开鼠标左键放大所选择区域

图 5-3　放大区域（续）

　　图形的其他交互可视化效果读者可自行在图形上单击体验。接下来，我们将学习如何使用 go 模块绘制交互图形。

　　使用 go 模块绘图时，可先使用 go.Figure() 函数创建图形对象，再添加图形元素和调整图形布局。我们在 ChatGPT 输入框中输入以下内容，学习 go.Figure() 函数的知识：

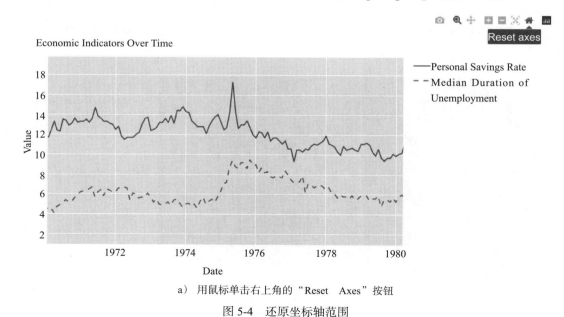

a）用鼠标单击右上角的"Reset　Axes"按钮

图 5-4　还原坐标轴范围

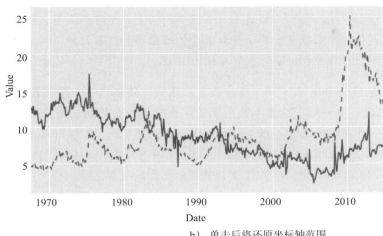

b) 单击后将还原坐标轴范围

图 5-4　还原坐标轴范围（续）

 作为 Python 专家，请详细介绍 go.Figure() 函数的使用，需要对参数进行详细描述，不需要示例。

以下是 ChatGPT 给出的答案。

go.Figure() 函数是 Plotly 中用于创建交互可视化图形的核心函数之一。以下是关于 go.Figure() 函数的详细说明，包括参数的详细描述：

```
go.Figure(data=None, layout=None, frames=None, skip_invalid=False)
```

❑ data（可选参数）：用于指定图形数据的列表，其中每个元素代表一个图形元素（如散点图、线图、条形图等）。这个参数通常是一个包含多个图形元素的列表，用于组成最终的图形。默认值为 None，表示没有数据。

❑ layout（可选参数）：用于定义图形的布局和外观属性。你可以通过这个参数来设置图形的标题、轴标签、图例、颜色等各种布局选项。默认值为 None，表示没有自定义布局。

❑ frames（可选参数）：用于创建动态图形（动画）的帧的列表。每个帧包含数据和布局信息，可以用于创建时间序列图形。默认值为 None，表示没有动画。

❑ skip_invalid（可选参数）：一个布尔值，用于指定是否跳过无效的数据点。如果设置为 True，则无效的数据点将被忽略。默认值为 False，表示不跳过无效数据点。

go.Figure() 函数用于创建一个图形对象，你可以通过 data 参数指定图形的数据元素，通过 layout 参数设置图形的布局属性，通过 frames 参数创建动画，使用 show() 方法来显示图形。

通过这些参数的组合和定制，你可以创建各种不同类型的交互可视化图形，以满足你的数据可视化需求。具体的参数设置和用法将取决于你的数据和图形设计目标。如果需要更详细的信息和示例，请参考 Plotly 的官方文档。

go.Figure() 函数用于创建一个图形对象，当参数为默认值时将创建一个空图形。参数 data 与前面学过的绘图函数不太一样，这里不是用于指定数据集，而是用于指定图形数据的列表，其中每个元素是一个 Plotly 对象，如 go.Scatter()、go.Bar() 等。参数 layout 用于描述图形布局，它包含许多属性，如 title（图形的标题）、xaxis（x 轴的参数）、yaxis（y 轴的参数）、hovermode（鼠标悬停模式）、updatemenus（用于交互式更新图形的菜单）等。

上面示例是先创建两个线图对象和图形布局，再将其依次赋值给 go.Figure() 函数中的参数 data 和 layout，完成交互线图的绘制。我们还可以先通过 go.Figure() 命令创建空的图形对象 fig，再通过 fig.add_trace() 方法添加图形元素，通过 fig.update_layout() 方法修改图形布局。

接下来我们用另一种方式来逐步完成图 5-1 所示的线图。在 Jupyter Notebook 中输入以下代码并运行：

```
fig = go.Figure()  # 创建空的图形对象
fig.show()          # 显示图形
```

结果如图 5-5 所示。

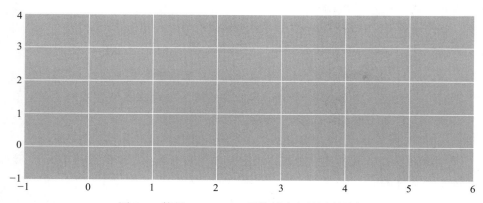

图 5-5　使用 go.Figure() 函数创建空的图形对象

下一步，我们可以先使用 go.Scatter() 函数创建线图，然后用 fig.add_trace() 方法将其添加到 fig 对象中。在 Jupyter Notebook 中输入以下代码并运行：

```
trace = go.Scatter(x=date, y=psavert,mode='lines' ,name='psavert') # 创建线图
fig.add_trace(trace)  # 将线图添加到图形对象中
```

结果如图 5-6 所示。

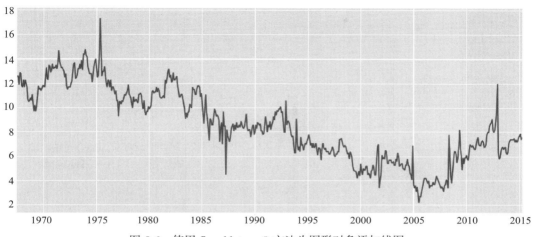

图 5-6　使用 fig.add_trace() 方法为图形对象添加线图

运行后，将在空的图形对象 fig 上添加一个线图，此时的图形没有标题、坐标轴标题等元素。在 Jupyter Notebook 中输入以下代码，为现有图形添加标题和坐标轴标题：

```
fig.update_layout(title='Economic Indicators Over Time',
                  xaxis=dict(title='Date'),
                  yaxis=dict(title='Value')) # 添加标题、X 轴和 Y 轴标签
```

结果如图 5-7 所示。

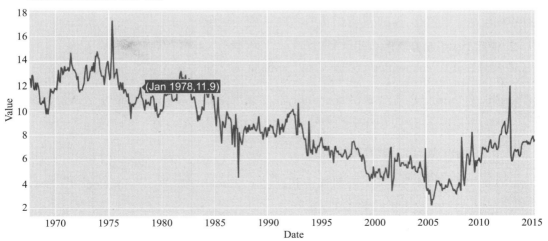

图 5-7　使用 fig.update_layout() 方法修改图形布局

如果我们想在现有图形对象上添加其他图形，可再次使用 fig.add_trace() 方法。比如，

要想在图 5-7 中再添加 uempmed 的线图，可通过在 Jupyter Notebook 中输入以下代码实现：

```
trace1 = go.Scatter(x=date, y=uempmed,mode='lines', ,line=dict(dash='dash'),
name='Median Duration of Unemployment') # 创建另一个线图
fig.add_trace(trace1)                     # 将新的线图添加到图形对象中
fig.show()                                # 显示图形
```

结果如图 5-8 所示。

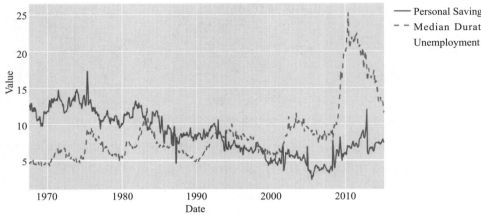

图 5-8　可多次使用 fig.add_trace() 方法添加图形

图 5-8 已经和图 5-1 所示的图形完全一致，两种实现方式都非常简单。第一种是先创建好图形元素和图形布局，再将它们指定给 go.Figure() 函数的参数；第二种方式有点类似 plotnine 的图层叠加方式，不断往最初的图形对象中添加内容。

2. 使用 go 绘制交互散点图

我们继续使用 economics 数据集。在 ChatGPT 输入框中输入以下内容：

 假设 Python 中已有数据框 economics，请使用 Plotly 的 go 模块绘制散点图，要求 psavert 为 X 轴，uempmed 为 Y 轴。

以下是 ChatGPT 给出的答案。

要使用 Plotly 的 go 模块绘制散点图，其中 psavert 为 X 轴，uempmed 为 Y 轴，你可以按照以下方式进行操作：

```
import plotly.graph_objects as go
# 假设 economics 是你的数据框
# 这里你需要替换 economics 为你实际的数据框
# 创建散点图
```

```
fig = go.Figure()
# 添加散点数据
fig.add_trace(go.Scatter(x=economics['psavert'], y=economics['uempmed'],
    mode='markers', text=economics.index, name=' 散点图 '))
# 设置图表布局
fig.update_layout(
    title=' 散点图示例 ',
    xaxis_title='psavert',
    yaxis_title='uempmed',
)
# 显示图表
fig.show()
```

这段代码将使用 Plotly 的 go 模块创建一个散点图，其中 X 轴是 psavert，Y 轴是 uempmed。确保将 economics 替换为你的实际数据框，并根据需要自定义图表的标题、轴标签和其他属性。

从 ChatGPT 给出的答案可知，可使用 go.Scatter() 函数绘制交互散点图，其中将参数 mode 设置为 markers 即可。我们将 Python 代码复制到 Jupyter Notebook 中并运行，得到的图形如图 5-9 所示。

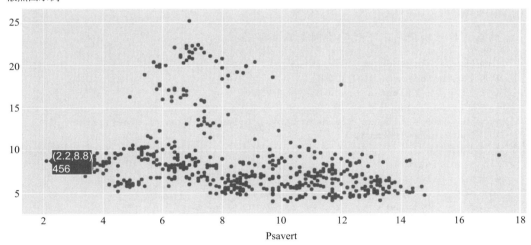

图 5-9　使用 go.Scatter() 函数绘制交互散点图

ChatGPT 给出的代码是先创建图形对象 fig，再通过 fig.add_trace() 方法修改图形布局。我们现在用另一种方式实现，首先创建散点图，接着创建图形布局，最后在 go.Figure() 函数中指定参数 data 和 layout。在 Jupyter Notebook 中输入以下代码并运行，将得到与图 5-9 相同的图形：

```
# 创建散点图
```

```
trace = go.Scatter(x=economics['psavert'], y=economics['uempmed'],
                    mode='markers',text=economics['date'], name=' 散点图 ')
# 创建图形布局
layout = go.Layout(title=' 散点图示例 ',
                   xaxis=dict(title='psavert'),
                   yaxis=dict(title='uempmed'))
# 创建图形对象
fig = go.Figure(data=[trace], layout=layout)
# 显示图形
fig.show()
```

3. 使用 go 绘制交互条形图

下面以 titanic_train 数据集为例，在 ChatGPT 输入框中输入以下内容：

? 假设已有数据框 titanic_train，请利用 Plotly 的 go 模块对变量 Pclass 绘制垂直条形
图，需要以变量 Sex 分组。

以下是 ChatGPT 给出的答案。

要使用 Plotly 的 go 模块绘制垂直条形图，以变量 Pclass 分组，并按 Sex 进行分组，
你可以按照以下步骤进行操作。首先，确保你已经安装了 Plotly 库：

```
pip install plotly
```

然后，你可以使用以下代码绘制垂直条形图：

```
import plotly.graph_objects as go
# 假设 titanic_train 是你的数据框
# 这里你需要替换 titanic_train 为你实际的数据框
# 根据 Pclass 和 Sex 进行分组并计算各组的样本数量
grouped_data = titanic_train.groupby(['Pclass', 'Sex']).size().reset_
    index(name='Count')
# 创建垂直条形图
fig = go.Figure()
# 添加条形图数据
for sex in grouped_data['Sex'].unique():
    data = grouped_data[grouped_data['Sex'] == sex]
    fig.add_trace(go.Bar(x=data['Pclass'], y=data['Count'], name=sex))
# 设置图表布局
fig.update_layout(
    title='Pclass 变量的垂直条形图（按 Sex 分组）',
    xaxis_title='Pclass',
    yaxis_title='Count',
    xaxis=dict(type='category'),   # 设置 X 轴为类别类型
)
# 显示图表
fig.show()
```

> 这段代码将创建一个垂直条形图，其中 X 轴是 Pclass，Y 轴是样本数量，不同的 Sex 通过不同颜色的条形进行区分。确保将 titanic_train 替换为你的实际数据框，并根据需要自定义图表的标题、轴标签和其他属性。

由 ChatGPT 给出的答案可知，可以使用 go.Bar() 函数绘制交互条形图。首先需要进行数据预处理，统计出变量 Pclass 和 Sex 不同类别组合下的样本数量。在 Jupyter Notebook 中输入以下代码并运行：

```
# 根据 Pclass 和 Sex 进行分组并计算各组的样本数量
grouped_data = titanic_train.groupby(['Pclass', 'Sex']).size().reset_index
    (name='Count')
grouped_data
```

代码先通过数据框的 groupby() 方法按照变量 Pclass 和 Sex 进行分组，再通过 size() 方法统计分组后的样本数量，最后通过 reset_index() 方法进行重置索引操作。输出结果为：

```
  Pclass    Sex       Count
0   1       female    94
1   1       male      122
2   2       female    76
3   2       male      108
4   3       female    144
5   3       male      347
```

从返回的数据分组结果可知，当变量 Pclass 为 1、Sex 为 female 时，样本数量为 94。

数据预处理好后，就可以进行绘图了。我们使用 for 循环，分别绘制当 Sex 为 female 和 male 时的条形图。在 Jupyter Notebook 中输入以下代码并运行：

```
# 创建垂直条形图
fig = go.Figure()
# 添加条形图数据
for sex in grouped_data['Sex'].unique():
    data = grouped_data[grouped_data['Sex'] == sex]
    fig.add_trace(go.Bar(x=data['Pclass'], y=data['Count'], name=sex))
# 设置图表布局
fig.update_layout(
    title='Pclass 变量的垂直条形图（按 Sex 分组）',
    xaxis_title='Pclass',
    yaxis_title='Count',
    xaxis=dict(type='category'),   # 设置 X 轴为类别类型
)
# 显示图表
fig.show()
```

结果如图 5-10 所示。

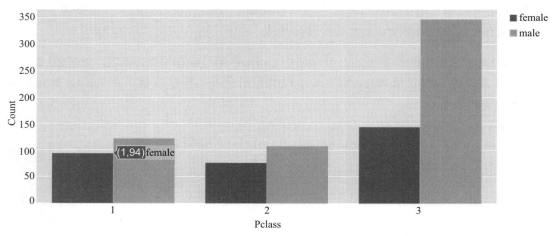

图 5-10　使用 go.Bar() 函数创建交互条形图

接下来，我们通过另一种方式实现。在 Jupyter Notebook 中输入以下代码，将得到与图 5-10 相同的图形：

```
# 绘制垂直条形图
trace1=go.Bar(x=grouped_data[grouped_data['Sex'] == 'female']['Pclass'],
              y=grouped_data[grouped_data['Sex'] == 'female']['Count'],
              name='female')
trace2=go.Bar(x=grouped_data[grouped_data['Sex'] == 'male']['Pclass'],
              y=grouped_data[grouped_data['Sex'] == 'male']['Count'],
              name='male')
# 创建图形布局
layout = go.Layout(title='Pclass 变量的垂直条形图（按 Sex 分组）',
    xaxis_title='Pclass',
    yaxis_title='Count',
    xaxis=dict(type='category')   # 设置 X 轴为类别类型
)
# 创建图形对象
fig = go.Figure(data=[trace1,trace2], layout=layout)
# 显示图形
fig.show()
```

4. 使用 go 绘制交互箱线图

下面继续使用鸢尾花 iris 数据集，按鸢尾花种类分组，对萼片长度（Sepal_Length）绘制箱线图。在 ChatGPT 输入框中输入以下内容：

> ❓ 假设已有数据框 iris，按鸢尾花种类进行分组后，请利用 Plotly 的 go 模块绘制变量 Sepal_Length 的箱线图。

以下是 ChatGPT 给出的答案。

 要使用 Plotly 的 go 模块绘制以变量 Species 分组的箱线图，其中 Y 轴是 Sepal_Length，你可以按照以下方式操作。首先，确保你已经安装了 Plotly 库：

```
pip install plotly
```

然后，你可以使用以下代码来创建箱线图：

```
import plotly.graph_objects as go
# 假设 iris 是你的数据框
# 这里你需要替换 iris 为你实际的数据框
# 创建箱线图
fig = go.Figure()
# 添加箱线图数据
for species in iris['Species'].unique():
    data = iris[iris['Species'] == species]
    fig.add_trace(go.Box(y=data['Sepal_Length'], name=species))
# 设置图表布局
fig.update_layout(
    title='Sepal_Length 变量的箱线图（按 Species 分组）',
    yaxis_title='Sepal_Length',
    xaxis_title='Species',
)
# 显示图表
fig.show()
```

这段代码将创建一个箱线图，其中 Y 轴是 Sepal_Length，箱线图根据 Species 分组。确保将 iris 替换为你的实际数据框，并根据需要自定义图表的标题、轴标签和其他属性。

从 ChatGPT 给出的答案可知，使用 go.Box() 函数绘制交互箱线图时，也是通过 for 循环依次绘制各类别的箱线图。将 Python 代码复制到 Jupyter Notebook 中并运行，得到的图形如图 5-11 所示。

鼠标悬停到箱线图上时，将显示最大值、第三四分位数（Q_3）、中位数（median）、第一四分位数（Q_1）和最小值。

接下来，我们通过另一种方式来绘制图 5-11。在 Jupyter Notebook 中输入以下代码，将得到与图 5-11 相同的图形：

```
# 使用另一种方式实现箱线图
# 绘制箱线图
trace = []
for species in iris['Species'].unique():
    data = iris[iris['Species'] == species]
    trace.append(go.Box(y=data['Sepal_Length'], name=species))
# 创建图形布局
```

```
layout = go.Layout(
    title='Sepal_Length 变量的箱线图（按 Species 分组）',
    yaxis_title='Sepal_Length',
    xaxis_title='Species'
)
# 创建图形对象
fig = go.Figure(data=trace, layout=layout)
# 显示图形
fig.show()
```

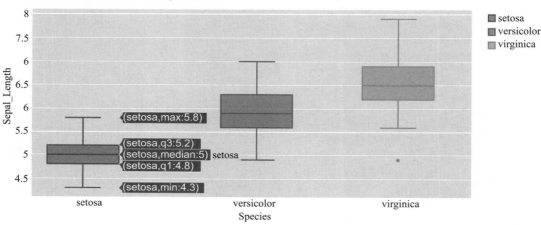

图 5-11　使用 go.Box() 函数绘制交互箱线图

5.1.3　使用 express 进行交互可视化

1. 使用 px 绘制交互线图

下面继续使用 economics 数据集来演示如何绘制线图。在 ChatGPT 输入框中输入以下内容：

> ❓ 假设 Python 中已有数据框 economics，请用 Plotly Express 绘制线图，其中变量 date 为 X 轴，变量 psavert、uempmed 为 Y 轴。

以下是 ChatGPT 给出的答案。

> 要使用 Plotly Express 绘制线图，你需要确保已经安装了 Plotly 库。如果尚未安装，你可以使用以下命令安装它：
>
> ```
> pip install plotly
> ```

　　然后，你可以使用以下代码绘制线图，其中数据框 economics 中包含 date、psavert 和 uempmed 变量：

```
import plotly.express as px
# 假设你的数据框名为 economics
fig = px.line(economics, x='date', y=['psavert', 'uempmed'], title='Economic
    Data')
fig.show()
```

　　上面的代码中，我们首先导入 Plotly Express 库，并创建一个图形对象 fig；然后使用 px.line() 函数指定 X 轴和两个 Y 轴变量；最后使用 fig.show() 函数来显示线图。

　　由 ChatGPT 给出的答案可知，使用 px.line() 函数可以非常容易地绘制线图，我们只需要指定需要绘图的数据、X 轴和 Y 轴变量即可。它可以同时绘制多条线图，非常方便。我们将 Python 代码复制到 Jupyter Notebook 中并运行，得到的图形如图 5-12 所示。

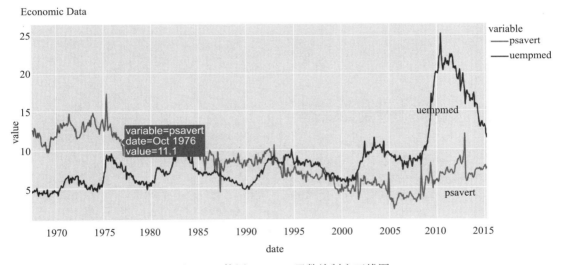

图 5-12　使用 px.line() 函数绘制交互线图

2. 使用 px 绘制交互散点图

　　我们继续使用 economics 数据集。在 ChatGPT 输入框中输入以下内容：

> 假设 Python 中已有数据框 economics，请使用 Plotly Express 绘制散点图，要求 psavert 为 X 轴，uempmed 为 Y 轴。

　　以下是 ChatGPT 给出的答案。

要使用 Plotly Express 绘制散点图，使用 Python 中的数据框 economics，其中变量 psavert 为 X 轴，变量 uempmed 为 Y 轴，你可以使用以下代码：

```
import plotly.express as px
# 假设你的数据框名为 economics
fig = px.scatter(economics, x='psavert', y='uempmed',
title='Scatter Plot of psavert vs uempmed')
fig.show()
```

这段代码导入了 Plotly Express 库，创建了一个散点图的图形对象 fig，并使用 px.scatter() 函数指定 X 轴和 Y 轴的变量，最后使用 fig.show() 函数来显示散点图。

与 px.line() 函数相似，使用 px.scatter() 函数也可以非常轻松地创建散点图，只需要指定数据集、X 轴和 Y 轴的变量即可。我们将 Python 代码复制到 Jupyter Notebook 中并运行，得到的图形如图 5-13 所示。

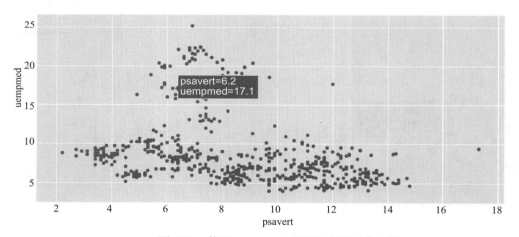

图 5-13　使用 px.scatter() 函数绘制交互散点图

3. 使用 px 绘制交互条形图

下面使用 titanic_train 数据集来绘制交互条形图，让我们在 ChatGPT 输入框中输入以下内容：

 假设已有数据框 titanic_train，请利用 Plotly Express 对变量 Pclass 绘制垂直条形图，需要按变量 Sex 分组。

以下是 ChatGPT 给出的答案。

要使用 Plotly Express 绘制垂直条形图，以 Python 中的数据框 titanic_train 为例，按照变量 Pclass 进行分组，可以使用以下代码：

```
import plotly.express as px
# 假设你的数据框名为 titanic_train
fig = px.bar(titanic_train, x='Pclass', color='Sex', title='Vertical Bar
    Chart of Pclass by Sex')
fig.show()
```

这段代码导入了 Plotly Expresss 模块，创建了一个垂直条形图的图形对象 fig，使用 px.bar() 函数指定 X 轴变量为 Pclass，并按 Sex 进行颜色分组；最后使用 fig.show() 函数来显示垂直条形图，其中不同性别的条形以不同颜色显示。

从 ChatGPT 给出的答案可知，使用 px 比使用 go 更容易绘制交互的垂直条形图，我们只需将分组变量 Sex 指定为参数 color 后，即可按照 Sex 的类别绘制不同颜色的条形图。不过由于变量 Pclass 是数值型，我们在绘图前需要进行类型变换，将 Pclass 转换为字符型。我们在 Jupyter Notebook 中输入以下代码并运行：

```
import plotly.express as px
# 将变量 Pclass 转为字符型变量
titanic_train['Pclass'] = titanic_train['Pclass'].astype(str)
fig = px.bar(titanic_train, x='Pclass', color='Sex',barmode = 'group',
             title='Vertical Bar Chart of Pclass by Sex')
fig.show()
```

结果如图 5-14 所示。

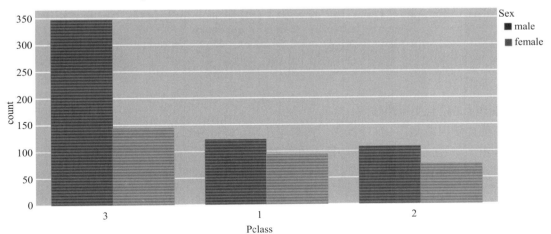

图 5-14 使用 px.bar() 函数绘制交互条形图

图 5-14 中，条形图 X 轴刻度值的顺序为 [3,1,2]，不是我们想要的 [1,2,3]。此时我们可在 ChatGPT 输入框中输入以下内容，请教 ChatGPT 如何优化：

> ？如何调整 X 轴刻度值的顺序，比如将 [3,1,2] 调整为 [1,2,3]？

以下是 ChatGPT 给出的答案。

> 要调整 X 轴刻度值的顺序，你可以使用 category_orders 参数，该参数允许你指定 X 轴的刻度值顺序。在这种情况下，你可以将 Pclass 的类别顺序设置为 [1, 2, 3]。代码修改如下：
>
> ```
> import plotly.express as px
> # 假设你已经有了名为 titanic_train 的数据框
> # 指定 X 轴的刻度值顺序
> category_order = [1, 2, 3]
> fig = px.bar(titanic_train, x='Pclass', color='Sex', title='Pclass vs Sex',
> labels={'Pclass': 'Passenger Class'},
>                 category_orders={'Pclass': category_order})
> fig.show()
> ```
>
> 通过在 px.bar() 函数中添加 category_orders 参数，并指定 'Pclass' 列的顺序为 category_order，你可以调整 X 轴刻度值的顺序为 [1, 2, 3]。这样，图表中的 X 轴将按照你指定的顺序进行显示。

从 ChatGPT 给出的答案可知，在使用 px.bar() 函数绘图时，可通过参数 category_orders 指定 X 轴的刻度值顺序。在 Jupyter Notebook 中输入以下代码并运行：

```
# 指定 X 轴的刻度值顺序
category_order = [1,2,3]
fig = px.bar(titanic_train, x='Pclass', color='Sex',barmode = 'group',
                category_orders={'Pclass': category_order},
                title='Vertical Bar Chart of Pclass by Sex')
fig.show()
```

结果如图 5-15 所示。

4. 使用 px 绘制交互箱线图

下面继续使用鸢尾花 iris 数据集，按鸢尾花种类进行分组，对萼片长度（Sepal_Length）绘制箱线图。在 ChatGPT 输入框中输入以下内容：

> ？假设 Python 中已有数据框 iris，对鸢尾花按种类进行分组后，请利用 Plotly Express 绘制变量 Sepal_Length 的箱线图。

以下是 ChatGPT 给出的答案。

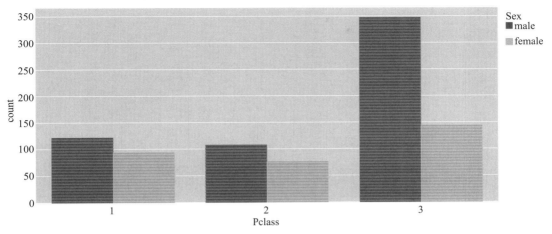

图 5-15　调整 X 轴的刻度值顺序

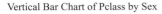　如果你已经有了名为 iris 的数据框（Pandas DataFrame），且已按鸢尾花种类进行分组后，可以使用 Plotly Express 来绘制变量 Sepal_Length 的箱线图。以下是如何执行此操作的示例代码：

```
import plotly.express as px
# 假设已有数据框 iris
# 使用 Plotly Express 绘制箱线图
fig = px.box(iris, x='Species', y='Sepal_Length', title='Sepal Length Box
    Plot by Species')
fig.show()
```

在上述代码中，我们使用 px.box() 函数创建箱线图，其中 x 参数设置为要进行分组的变量（Species），y 参数设置为要绘制箱线图的变量（Sepal_Length），并指定了图的标题，然后使用 fig.show() 函数来显示箱线图。

确保你已经导入了必要的模块并且已经定义了 iris 数据框，然后运行上述代码，将绘制一个以 Species 进组分组的 Sepal_Length 箱线图，展示不同物种的花瓣长度分布情况。

从 ChatGPT 给出的答案可知，使用 px.box() 函数绘制分组箱线图非常容易，只需要将分组变量 Species 指定为 X 轴，将需要分组后绘制箱线图的变量 Sepal_Length 指定为 Y 轴即可。将 Python 代码复制到 Jupyter Notebook 中运行，得到的图形如图 5-16 所示。

通过前面的学习，读者应该已经掌握了如何使用 ChatGPT 辅助 Plotly 绘制常见的交互图形，可以自行探索更多交互图形的绘制。

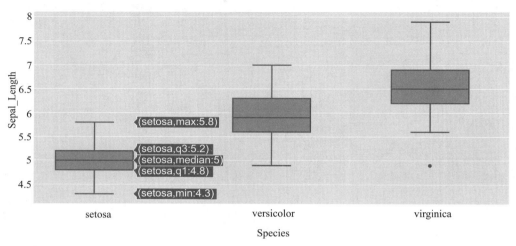

图 5-16　使用 px.box() 函数绘制交互箱线图

5.2　使用 ChatGPT 学习 Bokeh 数据可视化

我们在 ChatGPT 输入框中输入以下内容，了解 Bokeh 数据可视化工具：

> **?** 作为 Python 专家，请用通俗易懂的语言介绍 Bokeh 数据可视化工具，不需要示例。

以下是 ChatGPT 给出的答案。

> Bokeh 是一个 Python 库，用于创建交互式和具有吸引力的数据可视化。它使你能够轻松地将数据转化为各种可视化图表，如折线图、散点图、条形图、地图、热力图等。Bokeh 的一个主要特点是它能够生成交互式图表，这意味着用户可以通过鼠标操作来探索数据，放大、缩小、查看数据点的详细信息等，使数据可视化更具互动性和可理解性。Bokeh 也支持在 Web 应用程序中嵌入这些可视化图表，以便与用户进行互动，展示数据的更多信息。
>
> 　　总之，Bokeh 是一个强大的 Python 工具，用于创建漂亮的、交互式的数据可视化，使数据更容易理解和解释。它是数据科学家和分析师的有力工具，可用于探索数据、传达见解和与他人分享数据分析的结果。

从 ChatGPT 给出的答案可知，使用 Bokeh 也非常容易创建各种交互图形。

5.2.1　Bokeh 交互可视化绘图方法

我们在 ChatGPT 输入以下内容，了解 Bokeh 常用的绘图方法。

> 作为 Python 专家，请给小白介绍 Bokeh 常用的绘图方法，结果以表格展示，第 1 列为方法名称，第 2 列为关键参数，第 3 列为参数描述，第 4 列为图形用途。

以下是 ChatGPT 给出的答案。

 以下是 Bokeh 常用绘图方法的表格，包括方法名称、关键参数、参数描述以及图形用途。

方法名称	关键参数	参数描述	图形用途
figure()	title, x_range, y_range, plot_height, plot_width	创建一个绘图对象，设置标题、坐标轴范围、图表大小等属性	创建一个绘图对象，用于绘制各种类型的图表
line()	x, y, source, line_color, line_width	创建折线图，指定 x 和 y 轴数据，设置线条颜色和宽度	绘制折线图，显示数据的趋势和变化
scatter()	x, y, source, size, color	创建散点图，指定 x 和 y 轴数据，设置点的大小和颜色	绘制散点图，用于显示数据点之间的关系
hbar()	y, right, source, height, color	创建水平条形图，指定 y 轴和右侧数据，设置条形的高度和颜色	绘制水平条形图，用于比较不同类别或数据的大小
vbar()	x, top, source, width, color	创建垂直条形图，指定 x 轴和顶部数据，设置条形的宽度和颜色	绘制垂直条形图，用于比较不同类别或数据的大小
wedge()	x, y, source, radius, start_angle, end_angle	创建扇形图，指定中心坐标、半径、起始角度和结束角度	绘制扇形图，常用于表示部分的占比关系
rect()	x, y, source, width, height, angle, color	创建矩形图，指定左上角坐标、宽度、高度、角度和颜色	绘制矩形图，用于表示不同类别的数据分布
image()	image, x, y, dw, dh, palette	创建图像图表，指定图像数据、左上角坐标、宽度、高度和颜色调色板	显示图像数据，常用于图像处理和分析
quiver()	x, y, source, angle, length	创建箭头图，指定箭头起点坐标、方向角度和长度	绘制箭头图，用于表示矢量数据的方向和强度
patch()	x, y, source, fill_color, line_color	创建填充多边形，指定多边形的顶点坐标、填充颜色和线条颜色	绘制填充多边形，用于地图、地理数据可视化等
quad()	left, right, top, bottom, color	创建四边形图，指定左、右、上、下边界的坐标和颜色	绘制四边形图，用于表示不同区域的数据
annular_wedge()	x, y, source, inner_radius, outer_radius, start_angle, end_angle	创建环形扇形图，指定中心坐标、内外半径、起始角度和结束角度	绘制环形扇形图，用于表示部分的占比关系
oval()	x, y, source, width, height, angle	创建椭圆图，指定中心坐标、宽度、高度和旋转角度	绘制椭圆图，用于表示椭圆形状的数据
ellipse()	x, y, source, width, height, angle	创建椭圆图，指定中心坐标、宽度、高度和旋转角度	绘制椭圆图，用于表示椭圆形状的数据

> 这些是 Bokeh 中一些常用的绘图方法,每个方法都有不同的参数,用于控制图形的外观和行为。根据你的数据和可视化需求,你可以选择适当的方法来创建各种类型的图表。

可见,Borkeh 也跟其他绘图工具类似,用不同的方法绘制各种交互可视化图形,基本用法是指定 X 轴、Y 轴和 source 数据源。

5.2.2　使用 Bokeh 进行交互可视化

下面继续使用 economics 数据集来演示如何绘制交互线图。在 ChatGPT 输入框中输入以下内容:

> ❓ 假设 Python 中已有数据框 economics,请使用 Bokeh 绘制线图,其中变量 date 为 X 轴,变量 psavert、uempmed 为 Y 轴。

以下是 ChatGPT 给出的答案。

> 要使用 Bokeh 绘制线图,你可以按照以下步骤操作,前提是已经有了名为 economics 的数据框(Pandas DataFrame):
>
> ```python
> from bokeh.plotting import figure, show
> from bokeh.models import ColumnDataSource
> from bokeh.io import output_notebook
> import pandas as pd
> # 创建一个输出到 notebook 的 Bokeh 绘图环境(如果在 Jupyter Notebook 中使用)
> output_notebook()
> # 在 Pandas DataFrame 中创建 Bokeh 数据源
> source = ColumnDataSource(economics)
> # 创建一个 Bokeh 绘图对象
> p = figure(x_axis_label='Date', y_axis_label='Value', title='Economics Data')
> # 添加折线图
> p.line(x='date', y='psavert', source=source, line_width=2, legend_
>     label='psavert', line_color='blue')
> p.line(x='date', y='uempmed', source=source, line_width=2, legend_
>     label='uempmed', line_color='red')
> # 添加图例
> p.legend.title = 'Variables'
> # 显示图形
> show(p)
> ```

在上述代码中,我们首先导入了必要的 Bokeh 库,并使用 ColumnDataSource 在 Pandas DataFrame economics 中创建了数据源 source;然后,我们创建了一个 Bokeh 绘图对象 p,添加了两条折线,分别将 psavert 和 uempmed 作为 Y 轴,date 作为 X 轴;最后,我们添加了图例,以区分不同的线图,并使用 show() 方法显示图形。

> 这段代码将绘制一个 Bokeh 线图，其中 X 轴是 date，Y 轴分别是 psavert 和 uempmed，用不同的颜色表示这两个变量的趋势。

由于第一次使用 Bokeh 绘图，我们将逐步讲解 ChatGPT 给出的 Python 代码。首先将 economics 数据集导入 Python 中，并将 date 转换成日期格式。在 Jupyter Notebook 中输入以下代码：

```python
# 导入 economics 数据集
economics = pd.read_csv('data/economics.csv')
# 将 date 列转换为日期格式
economics['date'] = pd.to_datetime(economics['date'])
```

数据处理后，在 Jupyter Notebook 中输入以下代码，创建一个输出到 Notebook 的 Bokeh 绘图环境：

```python
from bokeh.plotting import figure, show
from bokeh.models import ColumnDataSource
from bokeh.io import output_notebook
import pandas as pd
# 创建一个输出到 Notebook 的 Bokeh 绘图环境
output_notebook()
```

通过以下代码将 Pandas 的数据框转换为 Bokeh 数据源（不过绘图时直接使用 Pandas 的数据框也是可以的）：

```python
source = ColumnDataSource(economics)-
```

下面的绘图步骤跟其他绘图工具类似。在 Jupyter Notebook 中输入以下代码，创建一个 Bokeh 绘图对象：

```python
p = figure(x_axis_label='Date', y_axis_label='Value', title='Economics Data')
```

然后分别在创建好的 Bokeh 绘图对象中添加两条拆线和图例等。在 Jupyter Notebook 中输入以下代码并运行：

```python
# 添加折线图
p.line(x='date', y='psavert', source=source,
line_width=2, legend_label='psavert', line_color='blue')
p.line(x='date', y='uempmed', source=source,
line_width=2, legend_label='uempmed', line_color='red')
# 添加图例
p.legend.title = 'Variables'
# 显示图形
show(p)
```

结果如图 5-17 所示。

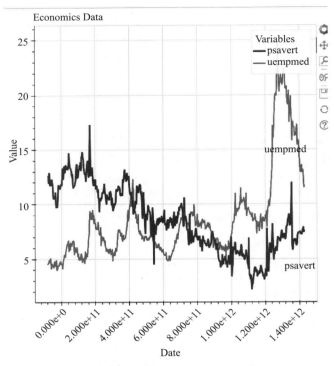

图 5-17　使用 line() 函数绘制交互线图

图 5-17 中，交互线图的 X 轴刻度值是科学计数法的数字，不是我们期望的日期格式。想要将其转换成日期格式，也非常容易。通过请教 ChatGPT 我们知道，只需在完成交互图形后指定 X 轴刻度值为日期格式即可。在 Jupyter Notebook 中输入以下代码并运行：

```
from bokeh.models import DatetimeTicker, DatetimeTickFormatter
# 指定 X 轴刻度为日期格式
p.xaxis[0].ticker = DatetimeTicker(desired_num_ticks=10)      # 可以根据需要指定刻
    度数
p.xaxis.formatter = DatetimeTickFormatter(days='%m/%d/%Y')    # 指定日期格式
show(p)                                                       # 显示绘图
```

结果如图 5-18 所示。

其实也可以在创建 Bokeh 对象时将参数 x_axis_type 设置为 datetime。在 Jupyter Notebook 中输入以下代码，将得到与图 5-18 相同的交互图形。

```
# 创建一个 Bokeh 绘图对象
p1 = figure(x_axis_label='Date', y_axis_label='Value',
            title='Economics Data',x_axis_type='datetime')
# 添加折线图
p1.line(x='date', y='psavert', source=source,
        line_width=2, legend_label='psavert', line_color='blue')
```

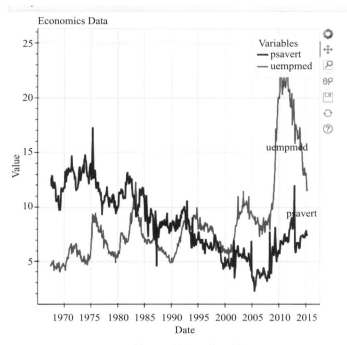

图 5-18　修改 X 轴刻度值的数据格式

```
p1.line(x='date', y='uempmed',
        source=source, line_width=2, legend_label='uempmed', line_color='red')
# 添加图例
p1.legend.title = 'Variables'
# 显示图形
show(p1)
```

下面继续使用 economics 数据集来演示如何绘散点图。在 ChatGPT 输入框中输入以下内容：

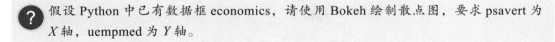

假设 Python 中已有数据框 economics，请使用 Bokeh 绘制散点图，要求 psavert 为 X 轴，uempmed 为 Y 轴。

以下是 ChatGPT 给出的答案。

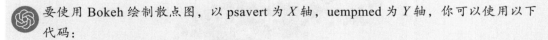

要使用 Bokeh 绘制散点图，以 psavert 为 X 轴，uempmed 为 Y 轴，你可以使用以下代码：

```
from bokeh.plotting import figure, output_file, show
import pandas as pd
# 假设你已经有一个名为 economics 的数据框
# 如果没有，请加载你的数据框，确保它包含 psavert 和 uempmed 列
```

```
# 创建一个 Bokeh 图形对象
p = figure(x_axis_label='psavert', y_axis_label='uempmed', title='Scatter
    Plot')
# 绘制散点图
p.circle('psavert', 'uempmed', source=economics, size=8, color='blue',
    legend_label='Data Points')
# 添加图例
p.legend.title = 'Variables'
# 在 Jupyter Notebook 中显示图形
from bokeh.io import output_notebook
output_notebook()
# 显示图形
show(p)
```

请确保替换上述代码中的 economics 数据框名称，以便它匹配你的实际数据框名称。这段代码将创建一个 Bokeh 散点图，其中 psavert 为 *X* 轴，uempmed 为 *Y* 轴；然后添加一个图例，以标识数据点。

从 ChatGPT 给出的答案可知，可以使用 Bokeh 对象的 circle() 方法绘制交互散点图，只需要指定 *X* 轴、*Y* 轴和数据源即可。将 Python 代码复制到 Jupyter Notebook 中并运行，得到的图形如图 5-19 所示。

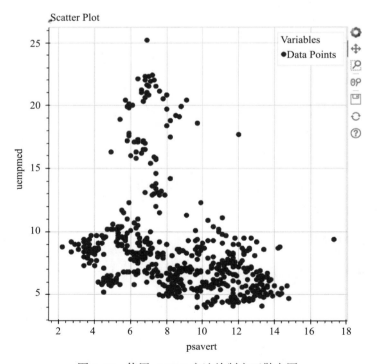

图 5-19　使用 circle() 方法绘制交互散点图

除了使用 Bokeh 的 circle() 方法外，也可以用 scatter() 方法实现。在 Jupyter Notebook 输入以下代码并运行，将得到与图 5-19 相同的图形。

```
p1 = figure(x_axis_label='psavert', y_axis_label='uempmed', title='Scatter
    Plot')
p1.scatter('psavert', 'uempmed', source=economics, marker='circle',
           size=8,color='blue',legend_label='Data Points')
p1.legend.title = 'Variables'
show(p1)
```

通过以上学习，相信读者已经掌握了使用 Bokeh 绘制交互线图和散点图的方法。如果需要使用 Bokeh 绘制更多交互图形，可通过 ChatGPT 辅助学习。

5.3　使用 ChatGPT 学习 Pyecharts 数据可视化

我们现在 ChatGPT 输入框中输入以下内容，了解 Pyecharts 数据可视化工具：

> ❓ 作为 Python 专家，请用通俗易懂的语言介绍 Pyecharts 数据可视化工具，不需要示例。

以下是 ChatGPT 给出的答案。

> Pyecharts 是一个基于 ECharts 的 Python 数据可视化库。ECharts 是百度开源的一套数据可视化库，而 Pyecharts 则是它的 Python 封装版本。它提供了一种简单而强大的方式，让开发者能够使用 Python 轻松创建交互式的图表，如折线图、条形图、散点图等。
>
> 　　Pyecharts 的设计理念是将复杂的 ECharts 图表配置封装成简洁的 Python 语法，使得用户无须深入了解前端技术，即可通过 Python 实现丰富的数据可视化效果。它支持丰富的图表类型和配置选项，同时还能方便地与 Pandas 数据框进行集成，使得数据的处理和可视化变得更加便捷。
>
> 　　总体而言，Pyecharts 是一个使得 Python 开发者能够轻松利用 ECharts 强大功能的工具，让数据可视化在 Python 中变得更加容易上手和灵活。

从 ChatGPT 给出的答案可知，Pyecharts 封装了国内百度 ECharts 的开源数据可视化库，可以轻松创建交互式图表，如折线图、条形图和散点图等。

5.3.1　Pyecharts 交互可视化绘图方法

我们在 ChatGPT 输入框中输入以下内容，了解 Pyecharts 常用的绘图方法：

作为 Python 专家，请给小白介绍 Pyecharts 常用的绘图方法，结果以表格展示，其中第 1 列为方法名称，第 2 列为关键参数，第 3 列为参数描述，第 4 列为图形用途。

以下是 ChatGPT 给出的答案。

方法名称	关键参数	参数描述	图形用途
Line()	init_opts, width, height	初始化选项、宽度、高度	绘制折线图，显示趋势和变化
Bar()	init_opts, width, height	初始化选项、宽度、高度	绘制条形图，用于比较不同类别的数据
Scatter()	init_opts, width, height	初始化选项、宽度、高度	绘制散点图，观察两个变量之间的关系
EffectScatter()	init_opts, width, height	初始化选项、宽度、高度	绘制带有涟漪效果的散点图，强调异常值
Pie()	init_opts, radius	初始化选项、半径	制作饼图，显示数据占比
Funnel()	init_opts, width, height	初始化选项、宽度、高度	绘制漏斗图，表示数据的递进关系
Map()	init_opts, width, height	初始化选项、宽度、高度	创建地图，显示区域数据分布
WordCloud()	init_opts, width, height	初始化选项、宽度、高度	制作词云图，用于展示文本数据的关键词
Parallel()	init_opts, width, height	初始化选项、宽度、高度	绘制平行坐标系图，展示多维度数据
HeatMap()	init_opts, width, height	初始化选项、宽度、高度	绘制热力图，展示二维数据的密度分布

这是一些常用的 Pyecharts 绘图方法及其关键参数的简要介绍。请注意，具体使用时可能需要根据实际情况调整其他参数，这里只是列举了一些常见的关键参数。

从 ChatGPT 给出的答案可知，Pyecharts 是一个用于生成 Echarts 图表的类库。Echarts 是百度开源的一个数据可视化 Java Script 库，用 Echarts 生成的图表可视化效果非常棒。Pyecharts 是为了与 Python 进行对接，方便在 Python 中直接使用数据生成图。使用 Pyecharts 可以生成独立的网页，也可以在 Flask、Django 中集成使用。Pyecharts 支持 Jupyter Notebook、Jupyter Lab、Nteract、Zeppelin 等多环境的渲染。

5.3.2 使用 Pyecharts 进行交互可视化

1. 使用 Line() 函数绘制交互线图

下面继续使用 economics 数据集来演示如何绘制交互线图。在 ChatGPT 输入框中输入以下内容：

假设 Python 中已有数据框 economics，请用 pyecharts 绘制线图，其中变量 date 为 X 轴，变量 psavert、uempmed 为 Y 轴。

以下是 ChatGPT 给出的答案。

要使用 pyecharts 绘制线图，首先确保你已经安装了 pyecharts 库。如果没有安装，可以使用以下命令安装：

```
pip install pyecharts
```

接下来，你可以使用以下代码来绘制线图：

```
from pyecharts import options as opts
from pyecharts.charts import Line
import pandas as pd
# 假设 economics 是一个 Pandas 数据框
# 请确保 economics 中包含 date、psavert 和 uempmed 列
# 如果没有安装 Pandas，可以使用 pip install pandas 进行安装
# 示例数据
data = {
    'date': ['2021-01-01', '2021-02-01', '2021-03-01', '2021-04-01'],
    'psavert': [5.1, 4.8, 5.5, 6.2],
    'uempmed': [8.1, 8.3, 8.0, 7.7],
}
economics = pd.DataFrame(data)
# 创建线图
line_chart = (
    Line()
    .add_xaxis(economics['date'].tolist())
    .add_yaxis("psavert",economics['psavert'].tolist(),label_opts=opts.
        LabelOpts(is_show=False))
    .add_yaxis("uempmed",economics['uempmed'].tolist(), label_opts=opts.
        LabelOpts(is_show=False))
    .set_global_opts(
        title_opts=opts.TitleOpts(title="Economics Data Line Chart"),
        tooltip_opts=opts.TooltipOpts(trigger="axis", axis_pointer_
            type="cross"),
        legend_opts=opts.LegendOpts(pos_right="right", pos_top="top"),
    )
)
# 展示图形
line_chart.render("economics_line_chart.html")
```

请确保 economics 数据框中包含 date、psavert 和 uempmed 列。这个例子中，我们使用了示例数据，你需要根据实际情况替换数据。执行这段代码后，它会生成一个 HTML 文件，其中包含绘制好的线图。打开这个 HTML 文件，你就可以看到生成的线图了。

从 ChatGPT 给出的答案可知，在绘制交互线图时，先使用 Line() 初始化线图，再使用 .add_xaxis() 方法设置 X 轴变量，使用 .add_yaxis() 方法设置 Y 轴变量，最后通过 .set_global_opts() 方法进行全局变量设置，如标题、图例等。接下来对 ChatGPT 提供的 Python 绘图代码进行逐一解读。

我们先通过 Line() 初始化线图，并使用 .render_notebook() 方法在 Jupyter Notebook 中交互显示。运行下面的代码：

```
import pandas as pd
economics = pd.read_csv('data/economics.csv')  # 导入 economics 数据集
from pyecharts import options as opts
from pyecharts.charts import Line
line_chart = (
    Line()                                      # 初始化线图
)
line_chart.render_notebook()                    # 在 Jupyter Notebook 中显示
```

结果如图 5-20 所示。

图 5-20　使用 Line() 方法初始化线图

接着，在初始化的线图上通过 .add_xaxis() 方法添加 X 轴变量 date，通过 .add_yaxis() 添加 Y 轴变量 psavert，需要注意两者都为列表对象。运行下面的代码：

```
# 添加 X 轴和 Y 轴
line_chart = (
    Line()                                         # 初始化线图
    .add_xaxis(economics['date'].tolist())         # 添加 X 轴变量
    .add_yaxis('psavert',economics['psavert'].tolist()) # 添加 Y 轴变量
)
line_chart.render_notebook()   # 在 Jupyter Notebook 中显示
```

结果如图 5-21 所示。

由图 5-21 可知，我们已经绘制了一条交互线图，可再次使用 .add_yaxis() 方法在现有图形上新增一条线图。此外，在线图上默认显示标签值，可以通过 opts.LabelOpts(is_show=False)) 进行取消。运行以下代码：

```
# 绘制两条交互线图
line_chart = (
    Line() # 初始化线图
    .add_xaxis(economics['date'].tolist())              # 添加 X 轴变量
    .add_yaxis('psavert',economics['psavert'].tolist(),
            is_symbol_show=False,                       # 设置不显示散点
            label_opts=opts.LabelOpts(is_show=False))   # 添加第一个 Y 轴变量
```

```
        .add_yaxis('uempmed',economics['uempmed'].tolist(),
                is_symbol_show=False,                       # 设置不显示散点
                linestyle_opts=opts.LineStyleOpts(type_="dashed"),# 设置虚线样式
                label_opts=opts.LabelOpts(is_show=False))   # 添加第二个 Y 轴变量
)
line_chart.render_notebook()      # 在 Jupyter Notebook 中显示
```

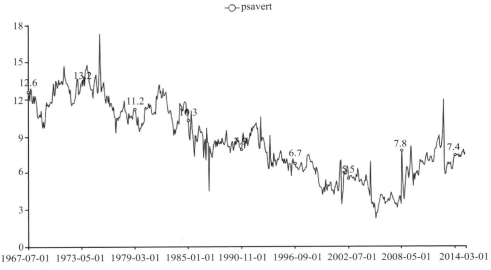

图 5-21　使用 Line() 函数绘制线图

结果如图 5-22 所示。

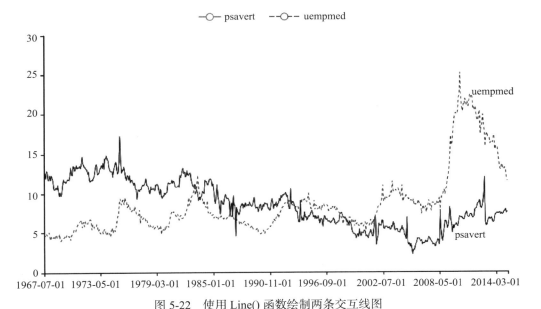

图 5-22　使用 Line() 函数绘制两条交互线图

由图 5-22 可知，Pycharts 的图例默认摆放在图形正上方，可以通过 opts.LegendOpts() 方法进行图例调整；图形默认是不带标题的，可以通过 opts.TitleOpts() 方法添加。opts. TooltipOpts() 是 Pyecharts 中用于配置图表提示框（Tooltip）的方法。运行以下代码：

```python
# 添加标题，修改图例
line_chart = (
    Line()                                              # 初始化线图
    .add_xaxis(economics['date'].tolist())              # 添加 X 轴变量
    .add_yaxis('psavert',economics['psavert'].tolist(),
            label_opts=opts.LabelOpts(is_show=False)) # 添加第一个 Y 轴变量
    .add_yaxis('uempmed',economics['uempmed'].tolist(),
            label_opts=opts.LabelOpts(is_show=False)) # 添加第二个 Y 轴变量
    .set_global_opts(
        title_opts=opts.TitleOpts(title="Economics Data Line Chart"),  # 添加标题
        tooltip_opts=opts.TooltipOpts(trigger="axis", axis_pointer_type=
            "cross"), # 调整提示框
        legend_opts=opts.LegendOpts(pos_right="right", pos_top="top"), # 调整图例
    )
)
line_chart.render_notebook()    # 在 Jupyter Notebook 中显示
```

结果如图 5-23 所示。

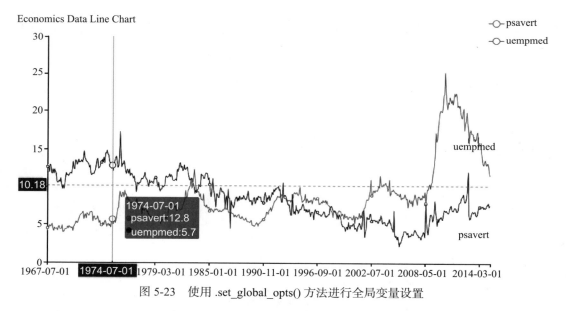

图 5-23　使用 .set_global_opts() 方法进行全局变量设置

我们甚至还可以利用 DataZoomOpts() 方法增加时间轴选项。运行下面的代码：

```python
# 添加时间轴选项
line_chart = (
    Line()
    .add_xaxis(economics['date'].tolist())
```

```
    .add_yaxis('psavert',economics['psavert'].tolist(),
               label_opts=opts.LabelOpts(is_show=False))
    .add_yaxis('uempmed',economics['uempmed'].tolist(),
               label_opts=opts.LabelOpts(is_show=False))
    .set_global_opts(
        title_opts=opts.TitleOpts(title="Economics Data Line Chart"),
        tooltip_opts=opts.TooltipOpts(trigger="axis", axis_pointer_type=
            "cross"),
        legend_opts=opts.LegendOpts(pos_right="right", pos_top="top"),
        datazoom_opts=opts.DataZoomOpts() # 增加时间轴选项
    )


)
line_chart.render_notebook()                    # 在 Jupyter Notebook 中显示
```

结果如图 5-24 所示。

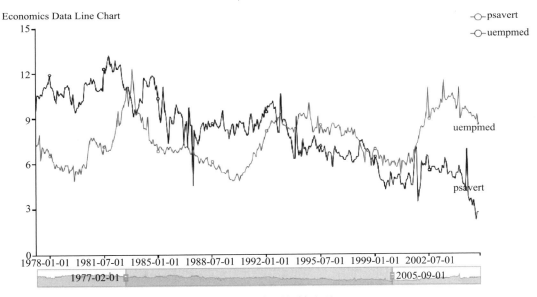

图 5-24　添加时间轴选项

读者可以自行探索全局变量设置的更多方法，解锁更多有趣的交互效果。

2. 使用 Bar() 函数绘制交互条形图

接下来将使用 diamonds 数据集演示如何创建交互条形图。diamonds 数据集是一个包含近 54000 颗钻石的价格和其他属性的数据集，共 53940 行、10 个变量。这些变量包括钻石的重量（克拉）、切工、颜色、纯净度、长度、宽度、深度、价格等。该数据集被广泛应用于机器学习和数据分析领域，例如分类、回归和聚类算法。同时，该数据集也被用于可视化图表的绘制，例如气泡散点图等。

我们首先请教 ChatGPT 如何绘制最简单的交互条形图。在 ChatGPT 输入框中输入以下内容：

Python 中已有数据框 diamonds，不需要再模拟数据。请用 Pyecharts 绘制条形图，统计每种颜色的钻石数量。

以下是 ChatGPT 给出的答案。

 如果已经有了实际的数据框 diamonds，可以直接使用该数据框进行绘图。以下是绘制条形图的代码：

```
from pyecharts.charts import Bar
from pyecharts import options as opts
# 假设 diamonds 是一个 Pandas 数据框
# 请确保 diamonds 中包含 color 列
# 如果没有安装 Pandas，可以使用 pip install pandas 命令进行安装
# 创建条形图
bar_chart = (
    Bar()
    .add_xaxis(diamonds['color'].value_counts().index.tolist())
    .add_yaxis(" 数量 ", diamonds['color'].value_counts().tolist())
    .set_global_opts(
        title_opts=opts.TitleOpts(title="Diamonds Color 统计 "),
        xaxis_opts=opts.AxisOpts(name=" 颜色 "),
        yaxis_opts=opts.AxisOpts(name=" 数量 "),
    )
)
# 在 Jupyter Notebook 中显示图形
bar_chart.render_notebook()
```

上述代码中使用了 value_counts() 方法来统计 diamonds 数据框中每种颜色的钻石数量，然后使用 Pyecharts 绘制了条形图。确保在 Jupyter Notebook 中执行这段代码，图形将直接嵌入 Jupyter Notebook 中。

从 ChatGPT 给出的答案可知，绘制交互条形图与绘制线图几乎相同，先通过 Bar() 方法初始化条形图，再逐步添加 X 轴、Y 轴和其他内容。

绘图前需要计算出不同颜色的钻石数量。在 Jupyter Notebook 中输入以下代码，进行数据读取及不同颜色数量统计：

```
diamonds = pd.read_csv('data/diamonds.csv') # 读入 diamonds 数据集
print(' 查看颜色: \n',
        diamonds['color'].value_counts().index.tolist())
print(' 查看各种颜色的钻石数量: \n',
        diamonds['color'].value_counts().tolist())
```

输出结果为：

```
查看颜色:
['G', 'E', 'F', 'H', 'D', 'I', 'J']
```

查看各种颜色的钻石数量：
[11292, 9797, 9542, 8304, 6775, 5422, 2808]

在 Jupyter Notebook 中运行 ChatGPT 给出的 Python 代码，得到的图形如图 5-25 所示。

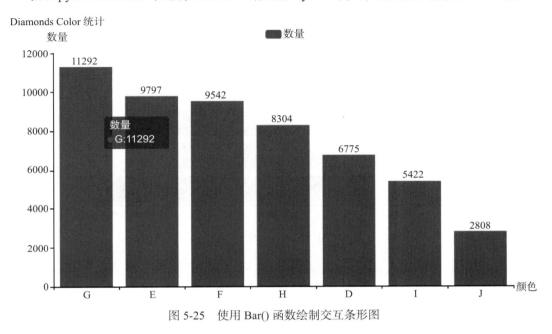

图 5-25　使用 Bar() 函数绘制交互条形图

从图 5-25 可知，Bar() 函数默认绘制垂直条形图（柱状图）。可以使用 reversal_axis() 方法翻转 X 轴和 Y 轴，从而得到水平条形图。运行以下代码：

```
# 创建水平条形图
bar_chart = (
    Bar() # 初始化
    .add_xaxis(diamonds['color'].value_counts().index.tolist()) # X 轴变量
    .add_yaxis("数量", diamonds['color'].value_counts().tolist(),
               label_opts=opts.LabelOpts(is_show=False))        # Y 轴变量
    .reversal_axis()                                            # 翻转 X/Y 轴
)
bar_chart.render_notebook()
```

结果如图 5-26 所示。

使用 Bar() 绘制单属性的交互条形图非常容易，那如果我们想绘制多属性的交互条形图呢？是否也可以跟绘制多条线图一样，通过使用 .add_yaxis() 方法添加 Y 轴变量即可呢？这次我们不借助 ChatGPT 的帮助，自己尝试来验证。

利用 Pandas 的 pivot_table() 方法计算不同颜色和切工组合下的样本数量。我们在 Jupyter Notebook 中输入以下代码并运行：

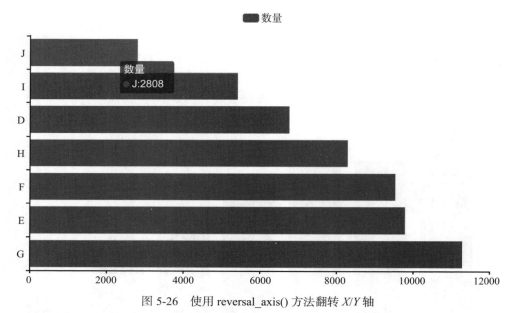

图 5-26　使用 reversal_axis() 方法翻转 X/Y 轴

```
result1 = pd.pivot_table(diamonds,index='color',
                columns='cut',values='carat',aggfunc=np.size)
result1
```

输出结果为：

cut color	Fair	Good	Ideal	Premium	Very Good
D	163	662	2834	1603	1513
E	224	933	3903	2337	2400
F	312	909	3826	2331	2164
G	314	871	4884	2924	2299
H	303	702	3115	2360	1824
I	175	522	2093	1428	1204
J	119	307	896	808	678

统计结果的行为各自颜色，列为各种切工种类，数字为不同组合下的样本数量，比如颜色为 D、切工为 Fair 的钻石数量为 163。

在 Jupyter Notebook 中输入以下代码，绘制切工为 Ideal 和 Premium 两种情况下各种颜色的样本数量：

```
# 绘制分组条形图
columns = diamonds['cut'].unique().tolist()
bar =(Bar()
        .add_xaxis(result1.index.tolist())
        .add_yaxis(columns[0],result1[columns[0]].tolist())
```

```
        .add_yaxis(columns[1],result1[columns[1]].tolist())
        )
bar.render_notebook()
```

结果如图 5-27 所示。

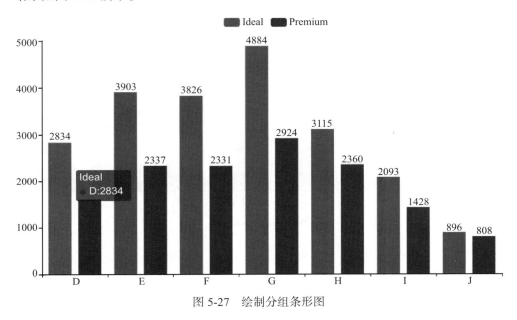

图 5-27　绘制分组条形图

默认绘制的是分组条形图。如果想实现堆叠条形图，可以在使用 .add_yaxis() 方法时将其参数 stack 设置为 True。运行下面的代码：

```
bar = (Bar()
        .add_xaxis(result1.index.tolist())
        .add_yaxis(columns[0],result1[columns[0]].tolist(),stack=True,
                label_opts=opts.LabelOpts(is_show=False))
        .add_yaxis(columns[1],result1[columns[1]].tolist(),stack=True,
                label_opts=opts.LabelOpts(is_show=False))
        )
bar.render_notebook()
```

结果如图 5-28 所示。

3. 使用 Boxplot() 函数绘制交互箱线图

下面继续以鸢尾花 iris 数据集为例演示使用 Boxplot() 函数绘制交互箱线图的方法。对鸢尾花按种类分组后，绘制萼片长度（Sepal_Length）的箱线图。在 ChatGPT 输入框中输入以下内容：

> ❓　假设已有数据框 iris，对鸢尾花按种类进行分组后，请利用 Pyecharts 绘制变量 Sepal_Length 的箱线图。

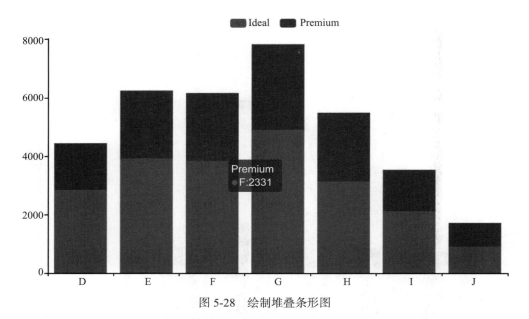

图 5-28 绘制堆叠条形图

以下是 ChatGPT 给出的答案。

 要使用 Pyecharts 绘制变量 Sepal_Length 的箱线图，首先确保已经安装了 Pyecharts 库。你可以使用以下命令来安装 Pyecharts：

```
pip install pyecharts
```

然后，你可以使用以下代码来绘制箱线图：

```python
import pandas as pd
from pyecharts.charts import Boxplot
from pyecharts import options as opts
# 假设已有数据框 iris
# 如果没有 iris 数据集，你可以使用以下代码加载示例数据集
# from sklearn.datasets import load_iris
# iris = load_iris()
# df = pd.DataFrame(data=iris.data, columns=iris.feature_names)
# df['Species'] = iris.target_names[iris.target]
# 示例数据框 iris
data = {
    'Sepal_Length': [5.1, 4.9, 4.7, 4.6, 5.0, 5.4, 4.6, 5.0, 4.4, 4.9, 5.4,
        4.8, 4.8, 4.3, 5.8, 5.7, 5.4, 5.1, 5.7, 5.1],
    'Species': ['setosa'] * 5 + ['versicolor'] * 5 + ['virginica'] * 5
}
df = pd.DataFrame(data)
# 利用 Pyecharts 绘制箱线图
boxplot = Boxplot()
boxplot.add_xaxis(df['Species'].unique().tolist())
boxplot.add_yaxis("Sepal_Length",boxplot.prepare_data(df.groupby('Species')
```

```
    ['Sepal_Length'].apply(list).tolist()))
boxplot.set_global_opts(title_opts=opts.TitleOpts(title="Sepal Length Boxplot
    by Species"))
boxplot.render("sepal_length_boxplot.html")
```

　　在这个例子中，我们创建了一个简单的数据框 iris，你可以将示例数据替换为你的实际数据；然后，我们使用 Pyecharts 的 Boxplot 类来绘制箱线图，其中 x 轴表示不同的 Species，y 轴表示 Sepal_Length；最后，我们使用 render() 函数将图表保存为 HTML文件。你可以打开生成的 sepal_length_boxplot.html 文件来查看箱线图。

　　从 ChatGPT 给出的代码可知，使用 Boxplot() 绘制交互箱线图的步骤跟前面绘制线图和条形图相同。需要注意的是在代码中使用了 prepare_data() 函数来处理数据，确保每个类别下的数据是一个列表，以适应箱线图的绘制。在 Jupyter Notebook 中输入以下代码并运行：

```
import pandas as pd
from pyecharts.charts import Boxplot
from pyecharts import options as opts
# 导入 iris 数据集
df = pd.read_csv('data/iris.csv')
# 利用 Pyecharts 绘制箱线图
boxplot = Boxplot()
boxplot.add_xaxis(df['Species'].unique().tolist())
boxplot.add_yaxis("Sepal_Length",boxplot.prepare_data(df.groupby('Species')
    ['Sepal_Length'].apply(list).tolist()))
boxplot.set_global_opts(title_opts=opts.TitleOpts(title="Sepal Length Boxplot by
    Species"))
boxplot.render_notebook()
```

结果如图 5-29 所示。

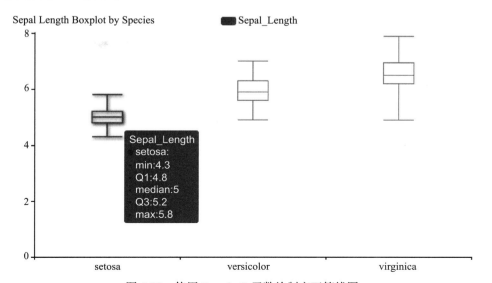

图 5-29　使用 Boxplot() 函数绘制交互箱线图

我们已经学习了使用 Pyecharts 绘制交互线图、条形图和箱线图。如果需要使用 Pyecharts 绘制更多交互图形，读者可通过 ChatGPT 辅助学习。

5.4 本章小结

本章详细介绍了 3 种交互数据可视化工具：Plotly、Bokeh 和 Pyecharts。其中详细讲解了在 Plotly 中分别用 graph_objs 和 express 两种方法绘制交互线图、散点图、条形图及箱线图，然后分别讲解了 Bokeh 和 Pyecharts 两种工具的绘图技巧及常用图形的绘制。希望读者能独立借助 ChatGPT 熟练绘制其他交互图形。

第 6 章 *Chapter 6*

使用 ChatGPT 学习聚类分析

前面章节我们已经使用 ChatGPT 辅助学习了数据预处理及数据可视化的知识，接下来将进入数据建模的学习。本章我们先重点了解无监督学习，后面章节将学习有监督学习的知识。

6.1 使用 ChatGPT 了解无监督学习

我们先在 ChatGPT 输入框中输入以下内容，了解什么是有监督学习，什么是无监督学习：

> ❓ 作为数据挖掘专家，请用通俗易懂的语言给小白介绍有监督学习和无监督学习，并给出简单的例子。

以下是 ChatGPT 给出的答案。

> 当我们谈到机器学习时，有监督学习和无监督学习是两种主要的学习方式。
>
> 1. 有监督学习（Supervised Learning）
>
> 简单解释：有监督学习就像教它一种规律，告诉它正确的答案，然后让它学会根据这个规律预测未知的答案。
>
> 例子：想象一下你在教小猫识别狗和猫的图片。你给小猫看一堆狗和猫的图片，并告诉它每张图片中是狗还是猫。小猫通过观察这些例子学会了如何区分狗和猫。然后，你给它一张它从未见过的图片，它能够判断出这张图片中是狗还是猫。

在有监督学习中，我们有一组已知的输入和相应的输出，模型通过学习输入和输出之间的关系来对新的输入做出预测。

2. 无监督学习（Unsupervised Learning）

简单解释：无监督学习就像让算法自己去发现数据中的规律，它没有给定标签或答案，而是尝试找到数据中的结构或模式。

例子：想象你有一堆彩色糖果，但你并不知道这些糖果的种类。你让计算机根据颜色、形状等特征自己去找出相似的糖果，然后把它们分成不同的组。这样，你就可能发现一些你之前没有察觉到的糖果种类。

在无监督学习中，我们没有预先标记的输出，模型通过分析数据的内在结构或相似性，发现数据中的模式或群组。

总体而言，有监督学习是告诉计算机正确的答案，让它学会预测未知的答案；而无监督学习是让计算机自己去发现数据中的模式和结构。

从 ChatGPT 给出的答案可知，有监督学习和无监督学习是机器学习最常见的两种学习方式。在有监督学习中，我们有一组已知的输入和相应的输出，模型通过学习输入和输出之间的关系对新的输入做出预测。如果输出是可以分类的，如 0 ~ 9 手写数字的识别、判断是否为垃圾邮件等，这样的有监督学习称为分类；如果标签是连续的数据，如身高、年龄、商品的价格等，这样的有监督学习称为回归。无监督学习不需要提前知道数据的标签，它让算法自己去发现数据中的规律，尝试找到数据中的结构或模式。

在了解了有监督学习和无监督学习的区别后，让我们通过 ChatGPT 学习无监督学习的常用类型及使用场景。在 ChatGPT 输入框中输入以下内容：

> ❓ 作为数据挖掘专家，请给小白总结无监督学习的常用类型及使用场景，并通过案例进行解释，不需要给出代码。

以下是 ChatGPT 给出的答案。

> 无监督学习的常用类型包括聚类、降维、关联规则分析、异常检测和生成模型。以下是这些类型的简要总结以及相应的使用场景和案例解释。
>
> 1. 聚类（Clustering）
>
> 简要总结：将数据点分为不同的组，使得同一组内的数据点彼此相似，而不同组之间的数据点差异较大。
>
> 应用场景：
>
> 市场细分：将顾客分为不同的群组，以便进行个性化的市场营销。
>
> 社交网络分析：将用户分为不同的兴趣群体，以推荐朋友或内容。

2. 降维（Dimensionality Reduction）

简要总结：减少数据维度，保留主要信息，适用于高维数据的可视化和去噪。

应用场景：

数据可视化：将高维数据降维到二维或三维，以更容易理解和可视化数据的结构。

模型训练加速：减少特征数量可以提高模型训练速度，尤其对于大规模数据集。

3. 关联规则分析（Association Rule Mining）

简要总结：发现数据中的关联关系，即找到项集之间的关联规则。

应用场景：

市场篮分析：发现购物篮中的商品之间的关联关系，以制定更有效的促销策略。

推荐系统：基于用户购买或浏览历史，推荐相似的商品或内容。

4. 异常检测（Anomaly Detection）

简要总结：识别数据中的异常或离群值。

应用场景：

网络安全：检测异常网络活动，判断是否是入侵行为。

制造业：检测设备或生产线上的异常，以预防故障。

5. 生成模型（Generative Modeling）

简要总结：学习数据的分布，用于生成新的数据。

应用场景：

图像生成：生成逼真的图像，用于艺术创作或数据增强。

自然语言处理：生成类似人类语言的文本，用于对话系统或创作。

这些无监督学习的类型在不同领域都有广泛的应用，可帮助我们理解数据的结构、发现隐藏的模式以及优化业务流程。选择何种方法取决于数据的性质和要分析的目标。

6.2　聚类分析方法概述

聚类分析是一种原理简单、应用广泛的数据挖掘技术。聚类是将相同、相似的对象划分到同一个组（簇）中的技术，以实现组内距离最小化而组间（外部）距离最大化的目的。聚类分析又被称为"模式识别"或"无监督学习"，"无监督"是指聚类分析事先不需要参考任何分类信息，即算法不受哪些变量或样本属于哪些聚类的先验思想的指导；"学习"是指算法可以简单地通过判断数据特征的相似性来完成对数据的归类。

在 ChatGPT 输入框中输入以下内容，了解常用的聚类分析方法：

> ❓ 作为数据挖掘专家，请给出聚类分析的定义、常用的聚类算法及各自的优缺点。

以下是 ChatGPT 给出的答案。

聚类分析是一种将数据集中的样本划分为不同组或簇的方法，使得同一组内的样本彼此相似，而不同组之间的样本差异较大。聚类的目标是发现数据集的内在结构，以便更好地理解数据集。

以下是一些常用的聚类算法以及它们的优缺点。

1. k 均值聚类（k-Means Clustering）
   - ❑ 定义：将数据集划分为 k 个簇，使得每个样本点属于离其最近的簇中心。
   - ❑ 优点：简单、易于理解和实现，对大数据集有效。
   - ❑ 缺点：对初始中心点的选择敏感，对噪声和异常值敏感，需要事先确定簇的个数 k。

2. 层次聚类（Hierarchical Clustering）
   - ❑ 定义：基于样本之间的相似性逐步构建聚类层次，形成一棵树状结构（聚类树或树状图）。
   - ❑ 优点：不需要预先指定簇的数量，可视化效果好。
   - ❑ 缺点：对大数据集的计算开销较大，结果可能不稳定，难以处理噪声和异常值。

3. DBSCAN（Density-Based Spatial Clustering of Applications with Noise，具有噪声的基于密度的聚类算法）
   - ❑ 定义：基于样本点周围的密度来划分簇，能够识别任意形状的簇，对噪声和异常值有较好的鲁棒性。
   - ❑ 优点：不需要预先指定簇的数量，能够发现任意形状的簇，对噪声和异常值鲁棒。
   - ❑ 缺点：对数据分布不均匀的情况较敏感，对参数的选择敏感。

4. 均值偏移（Mean Shift）
   - ❑ 定义：不断将数据点向密度最大的方向移动，直到达到密度的局部最大值，从而形成簇。
   - ❑ 优点：不需要预先指定簇的数量，对任意形状的簇都有效。
   - ❑ 缺点：对初始种子点的选择敏感，计算复杂度较高。

5. GMM（Gaussian Mixture Model，高斯混合模型）
   - ❑ 定义：假设数据由多个高斯分布组成，通过最大化似然函数来估计参数，从而得到数据的概率密度分布。
   - ❑ 优点：对于服从正态分布的数据效果较好，能够计算每个样本属于每个簇的概率。
   - ❑ 缺点：对于非正态分布的数据效果可能不理想，计算复杂度较高。

选择何种聚类算法取决于数据的性质以及问题的需求，通常需要通过实验和验证来确定最适合的方法。

从 ChatGPT 给出的答案可知，聚类方法有很多，常见的有 k 均值聚类、层次聚类、DBSCAN 和 GMM。其中 k 均值聚类也叫快速聚类或扁平聚类，算法原理简单且便于处理大量数据，缺点是需要事先确定簇的个数，在最小化误差函数的基础上将数据划分为预定的簇数 k。层次聚类也叫多系谱聚类或系统聚类，该算法不需要事先指定类别的个数，但性能不如 k 均值聚类。密度聚类算法将分布稠密的样本划分到同一个簇，并过滤掉那些低密度的区域。在高斯混合模型中，每个聚类都被假设为服从一个高斯分布，因此模型需要估计聚类的数量以及每个聚类的高斯分布参数。一般采用期望最大化（Expectation Maximization，EM）算法来估计参数。我们将在下面重点学习 k 均值聚类、层次聚类和密度聚类算法。

6.3　k 均值聚类

k 均值聚类是一种经典的聚类算法，属于划分聚类算法，即进行一层划分得到 k 个簇。与层次聚类算法事先不需要指定簇数不同，k 均值聚类算法需要用户事先确定好簇的个数。k 均值聚类算法的效率要优于层次聚类算法，适用于大数据快速聚类。

6.3.1　k 均值聚类的原理

在 ChatGPT 输入框中输入以下内容，了解 k 均值聚类的实现过程：

 作为数据挖掘专家，请给出 k 均值聚类的实现过程，不要用 Markdown，公式用 LaTeX 显示。

以下是 ChatGPT 给出的答案。

k 均值聚类的实现原理如下。

1. 初始化：随机选择 k 个初始质心，每个质心代表一个聚类中心。

2. 分配样本：计算每个样本到 k 个质心的距离，并将其分配给距离最近的质心对应的聚类中心。

3. 更新质心：对每个聚类中心，计算所有分配给该聚类的样本的平均值，将这个平均值作为新的聚类中心。

4. 重复：重复步骤 2 和 3，直到质心不再发生明显变化或达到预定的迭代次数。

最终，样本将被划分为 k 个簇，每个簇由一个质心代表。k 均值聚类的目标是最小化所有样本与其所属簇质心之间距离的平方和，即最小化如下目标函数：

$$J = \sum_{i=1}^{K} \sum_{j=1}^{n} \| x_j^{(i)} - \mu_i \|_2^2$$

其中，K 是簇的数量；n 是每个簇的样本数量；$x_j^{(i)}$ 是第 i 个簇中的第 j 个样本；μ_i 是第 i 个簇的质心。

从 ChatGPT 给出的答案可知，k 均值聚类的思路是以随机选取的 k（预设类别数）个样本作为起始中心点，将其余样本归入相似度最高的中心点所在的簇（cluster）；再将当前簇中样本坐标的均值作为新的中心点，依次循环迭代下去，直至所有样本所属类别不再变动。算法的计算过程非常直观。

k 均值聚类算法效率高，结果易于理解，但也有以下缺点。

❏ 需要事先指定簇的个数 k；
❏ 只能对数值数据进行处理；
❏ 只能保证是局部最优，而不一定是全局最优（不同的起始点可能导致不同的结果）；
❏ 对噪声和孤立点数据敏感。

针对 k 均值聚类易受极值影响这一缺点，有一种改进算法叫 k 中心点聚类。k 中心点聚类与 k 均值聚类在原理上十分相近，差异在于选择各类别中心点时，k 中心点聚类不取样本均值点，而在类别内选取到其余样本距离之和最小的样本为中心。

6.3.2　k 均值聚类的 Python 实现

Python 的 scikit-learn 能实现各种聚类算法。我们在 ChatGPT 输入框中输入以下内容，学习如何用 scikit-learn 实现 k 均值聚类。

作为数据挖掘专家，请问 scikit-learn 实现 k 均值聚类的方法，需要对参数进行详细解释，不需要给出 Python 代码示例。

以下是 ChatGPT 给出的答案。

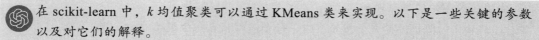
在 scikit-learn 中，k 均值聚类可以通过 KMeans 类来实现。以下是一些关键的参数以及对它们的解释。

1. n_clusters
解释：指定聚类的数量，即要形成的簇的个数 k。

2. init
解释：质心初始化方法，即确定初始质心的策略。

可选值：

❏ 'k-means++'（默认值）：使用智能初始化方法，提高算法的收敛速度和准确性。
❏ 'random'：随机选择数据中的观测值作为初始质心。

❑ 数组：提供自定义初始质心的数组。

3. max_iter

解释：最大迭代次数，即算法运行的最大迭代次数。

默认值：300。

4. tol

解释：容忍度，即质心的变化小于 tol 时，算法认为已经收敛。

默认值：1e-4。

5. precompute_distances

解释：是否提前计算样本之间的距离。

默认值：'auto'。

可选值：

❑ 'auto'：根据样本数量和特征维度自动选择是否提前计算距离。

❑ True：始终提前计算距离。

❑ False：不提前计算距离。

6. n_init

解释：运行 k 均值算法的次数，每次使用不同的初始质心。

默认值：10。

7. random_state

解释：随机数种子，用于确定初始质心的随机性以及在算法中使用的其他随机性。

8. algorithm

解释：k 均值算法的实现方式。

可选值：

❑ 'auto'：根据数据的大小和特征数自动选择算法。

❑ 'full'：使用传统的 k 均值算法。

❑ 'elkan'：使用 Elkan 变体，适用于稠密数据。

这些参数提供了灵活性，允许根据数据集的特性进行调整，以获得最佳的聚类结果。

　　从 ChatGPT 给出的答案可知，可以使用 KMeans 类实现 k 均值聚类。其中参数 n_clusters 用于指定聚类的簇数，默认为 8；参数 init 用于指定初始的簇中心设置方法，默认为 'k-means++'；n_init 用于指定 k 均值聚类算法运行的次数，每次运行时都会选择不同的初始簇中心，目的是防止算法收敛于局部最优，默认为 10；参数 max_iter 用于指定单次运行的迭代次数，默认为 300；参数 tol 用于指定算法收敛的阈值，默认为 0.0001；参数 algorithm 用于指定 k 均值聚类算法实现方式，可以选择 'auto' 'full' 和 'elkan'，默认为 'auto'，表示自动根据数据特征选择算法。

6.3.3 案例：对 iris 数据集进行 k 均值聚类

在 6.3.2 节我们已经知道使用 KMeans 类可以实现 k 均值聚类，本小节我们让 ChatGPT 教我们如何对 iris 数据集进行 k 均值聚类。在 ChatGPT 输入框中输入以下内容：

 作为数据挖掘专家，请对 scikit-learn 自带的 iris 数据集进行 k 均值聚类，要求基于 scikit-learn 的 KMeans 类实现。

以下是 ChatGPT 给出的答案。

 当使用 scikit-learn 进行 k 均值聚类时，可以使用 KMeans 类。以下是对 iris 数据集进行 k 均值聚类的基本步骤：

```python
# 导入必要的库
import numpy as np
import matplotlib.pyplot as plt
from sklearn.cluster import KMeans
from sklearn.datasets import load_iris
from sklearn.preprocessing import StandardScaler
from sklearn.decomposition import PCA
# 加载 iris 数据集
iris = load_iris()
data = iris.data
target = iris.target
# 数据标准化（可选，但建议使用）
scaler = StandardScaler()
data_scaled = scaler.fit_transform(data)
# 创建 k 均值聚类模型并拟合数据
kmeans = KMeans(n_clusters=3, random_state=42)
kmeans.fit(data_scaled)
# 获取聚类结果
labels = kmeans.labels_
# 为了可视化，我们可以使用 PCA 将数据降维到二维
pca = PCA(n_components=2)
data_pca = pca.fit_transform(data_scaled)
# 绘制聚类结果
plt.scatter(data_pca[:, 0], data_pca[:, 1], c=labels, cmap='viridis',
    edgecolor='k')
plt.title('K-Means Clustering of Iris Dataset')
plt.xlabel('Principal Component 1')
plt.ylabel('Principal Component 2')
plt.show()
```

在上述代码中，我们首先加载 iris 数据集，并进行数据标准化；然后，我们使用 KMeans 类创建一个 k 均值聚类模型，并将其拟合到标准化后的数据；最后，我们使用 PCA 将数据降维到二维，并绘制散点图以显示聚类结果。

　　请注意，n_clusters 参数用于指定要分成的簇的数量，这里设置为 3，因为 iris 数据集有 3 个类别。你可以根据需要调整这个参数。

在 ChatGPT 给出的 Python 代码中，先对 iris 数据集进行标准化处理，再通过 KMeans() 函数将样本分为 3 个簇，最后对分簇结果进行可视化。我们在 Jupyter Notebook 中输入以下代码，进行数据集导入和标准化处理：

```
# 导入必要的库
import numpy as np
import pandas as pd
import matplotlib.pyplot as plt
from collections import Counter
from sklearn.cluster import KMeans
from sklearn.datasets import load_iris
from sklearn.preprocessing import StandardScaler
from sklearn.decomposition import PCA
# 加载 iris 数据集
iris = load_iris()
data = iris.data
target = iris.target
# 数据标准化
scaler = StandardScaler()
data_scaled = scaler.fit_transform(data)
```

data 在经过标准化后，每个字段都将转换为均值为 0、标准差为 1 的值。我们在 Jupyter Notebook 中输入以下代码，查看数据标准化前后各字段的均值和标准差：

```
print('原始数据各列的均值及标准差：\n')
print(np.round(pd.DataFrame(data,columns=iris.feature_names).describe().loc
    [['mean','std'],:],2))
print('标准化后各列的均值及标准差：\n')
print(np.round(pd.DataFrame(data_scaled,columns=iris.feature_names).describe().
    loc[['mean','std'],:],2))
```

输出结果如下：

```
原始数据各列的均值及标准差：
        sepal length (cm)  sepal width (cm)  petal length (cm)  petal width (cm)
mean         5.84               3.06              3.76               1.20
std          0.83               0.44              1.77               0.76
标准化后各列的均值及标准差：
        sepal length (cm)  sepal width (cm)  petal length (cm)  petal width (cm)
mean        -0.0              -0.0              -0.0              -0.0
std          1.0               1.0               1.0               1.0
```

接下来只需两步即可完成 k 均值聚类。第一步使用 KMeans() 函数进行实例化，其中参数 n_clusters 设置为 3，即将 150 个样本分为 3 个簇；参数 random_state 设置为 42，保证每次运行都得到相同的结果。第二步通过实例化对象 fit() 方法对标准化后的数据进行 k 均值聚类，通过以下代码实现：

```
# 创建 k 均值聚类模型并拟合数据
kmeans = KMeans(n_clusters=3, random_state=42)
kmeans.fit(data_scaled)
```

可以通过 labels_ 属性查看聚类结果的标签，结合 Counter() 函数查看各类别的样本数量。在 Jupyter Notebook 中输入以下代码并运行：

```
# 获取聚类结果
labels = kmeans.labels_
# 查看各类别的样本数量
Counter(labels)
```

输出结果为：

```
Counter({1: 50, 0: 47, 2: 53})
```

接下来，我们在 Jupyter Notebook 中输入 ChatGPT 给出的可视化代码，绘制 150 个样本的散点图，散点颜色为不同聚类的标签值，得到的图形如图 6-1 所示。

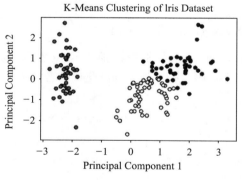

图 6-1　聚类结果数据的可视化

6.3.4　使用统计方法寻找最佳聚类簇数

我们在做聚类分析时，更常遇到的数据集是没有类别标签的，即不像鸢尾花数据集那样已经知道花的种类分为 3 类。如果没有任何先验知识，一个经验规则是建议设置 K 等于 $\sqrt{\dfrac{n}{2}}$，其中 n 表示数据集中的样本总数。然而，该经验规则可能会导致大型数据集中的聚类簇数比较庞大。因此另一种经验规则建议将 K 设置为 $2 \sim 10$，不断尝试，以寻找最优聚类簇数。幸运的是，还有其他的统计方法可以帮助我们找到合适的聚类簇数，最常用的方法就是"肘部法"。

让我们在 ChatGPT 输入框中输入以下内容，了解什么是肘部法：

> ❓ 作为数据分析专家，请介绍聚类分析中经常用于寻找合适聚类簇数的肘部法。

以下是 ChatGPT 给出的答案。

肘部法（Elbow Method）是一种用于确定聚类簇数的简单但有效的方法。在肘部法中，我们可尝试不同的聚类簇数，然后绘制每个簇数对应的聚类模型的性能度量值，通常是簇内平方和（Inertia）或其他相似的度量。通过观察图形，我们希望找到一个点，该点对应的簇数是一个"肘部"，即在该点之后，性能度量值的下降幅度减缓，形成一个肘部形状。

以下是使用肘部法确定聚类簇数的一般步骤。

1. 尝试不同的聚类簇数（比如从 1 到 K，K 为你认为可能的最大簇数）。

2. 对每个簇数训练相应的聚类模型（例如 k 均值模型），并计算性能度量值（通常是簇内平方和）。

3. 绘制聚类簇数与性能度量值的关系图。

4. 观察图形，找到肘部，即性能度量值下降幅度减缓的点。

5. 选择肘部对应的簇数作为最终的聚类数。

以下是一个示例代码，演示如何使用肘部法确定 k 均值聚类的最佳簇数：

```python
import numpy as np
import matplotlib.pyplot as plt
from sklearn.cluster import KMeans
from sklearn import datasets
# 加载 iris 数据集
iris = datasets.load_iris()
X = iris.data
# 尝试不同的聚类簇数
k_values = range(1, 11)
inertia_values = []
for k in k_values:
    kmeans = KMeans(n_clusters=k, random_state=42)
    kmeans.fit(X)
    inertia_values.append(kmeans.inertia_)
# 绘制肘部法图形
plt.plot(k_values, inertia_values, marker='o')
plt.title('Elbow Method for Optimal K')
plt.xlabel('Number of Clusters (K)')
plt.ylabel('Inertia (Within-Cluster Sum of Squares)')
plt.show()
```

在这个例子中，我们尝试了从 1 到 10 的聚类簇数，计算了每个簇数对应的簇内平方和（Inertia），绘制了肘部法图形；然后观察图形并找到肘部，以确定最佳的聚类簇数。

从 ChatGPT 给出的答案可知，肘部法是一种用于确定聚类簇数的简单但有效的方法，该方法主要计算不同 K 值类内部的同质性或者异质性是如何变化的。随着 K 值的增大，类内部的同质性是上升的；类似地，异质性也将随着 K 值的增大而持续减小。所以我们的目标不是最大化同质性或者最小化异质性，而是要找到一个 K，使得高于该值之后，性能度量值的降幅会减缓，这个 K 值就是肘部点。因为它看起来像人的肘部，俗称"拐点"。

在 ChatGPT 给出的示例中，我们尝试了从 1 到 10 的聚类簇数，计算了每个簇数对应的簇内平方和，然后绘制了肘部法图形。将 Python 代码复制到 Jupyter Notebook 中运行，得到的图形如图 6-2 所示。

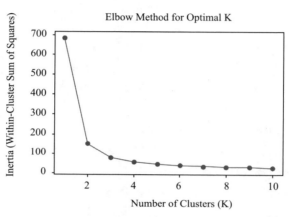

图 6-2　使用肘部法寻找最佳簇数

图 6-2 中，X 轴是簇数 1 ～ 10，Y 轴是每个簇数对应的簇内平方和。要寻找性能度量值下降幅度减缓的点，拐点出现在 K 为 2 时，所以鸢尾花数据集分为 2 个簇或者比 3 个簇更合适。

使用肘部法进行可视化时，除了计算簇内平方和的统计方法，还可用其他统计量来度量类内部同质性或异质性，如轮廓系数（ Silhouette Coefficient ）和差距统计（Gap Statistic）。让我们在 ChatGPT 输入框中输入以下内容，了解什么是轮廓系数：

> ❓ 作为数据分析专家，请介绍聚类分析中用于寻找合适聚类簇数的轮廓系数。

以下是 ChatGPT 给出的答案。

> 轮廓系数是一种用于评估聚类结果的指标，它考虑了簇内的紧密度（簇内样本越相似越好）和簇间的分离度（不同簇之间的样本差异越大越好）。轮廓系数的取值范围为 [−1, 1]，越接近 1 表示聚类结果越好。
>
> 轮廓系数会对每个样本都进行计算，公式如下：
>
> $$S(i) = \frac{b(i) - a(i)}{\max\{a(i), b(i)\}}$$

　　其中，$a(i)$ 表示样本 i 到同簇其他样本的平均距离（簇内紧密度）；$b(i)$ 表示样本 i 到最近簇中所有样本的平均距离（簇间分离度）。

　　整体轮廓系数是所有样本轮廓系数的平均值。

　　在实际应用中，我们可以尝试不同的聚类簇数，计算每个簇数对应的轮廓系数，然后选择轮廓系数最大的簇数作为最佳聚类数。以下是一个简单的示例代码：

```python
from sklearn.cluster import KMeans
from sklearn.metrics import silhouette_score
from sklearn import datasets
# 加载 iris 数据集
iris = datasets.load_iris()
X = iris.data
# 尝试不同的聚类簇数
k_values = range(2, 11)
silhouette_scores = []
for k in k_values:
    kmeans = KMeans(n_clusters=k, random_state=42)
    kmeans.fit(X)
    labels = kmeans.labels_
    silhouette_avg = silhouette_score(X, labels)
    silhouette_scores.append(silhouette_avg)
# 绘制轮廓系数图形
plt.plot(k_values, silhouette_scores, marker='o')
plt.title('Silhouette Coefficient for Optimal K')
plt.xlabel('Number of Clusters (K)')
plt.ylabel('Silhouette Coefficient')
plt.show()
```

　　在这个例子中，我们尝试了从 2 到 10 的聚类簇数，计算了每个簇数对应的轮廓系数，并绘制了轮廓系数图形，然后选择轮廓系数最大的簇数作为最佳的聚类数。

　　从 ChatGPT 给出的答案可知，轮廓系数是一种评估聚类性能的指标，它反映了样本之间的平均距离和紧凑程度。轮廓系数越大，说明样本点与同类样本点之间的距离越小，与不同类样本点之间的距离越大，聚类效果越好。可以使用 sklearn.metrics 模块的 silhouette_score() 函数计算轮廓系数，参数为数据和聚类标签。将 ChatGPT 给出的 Python 代码复制到 Jupyter Notebook 中并运行，得到的图形如图 6-3 所示。

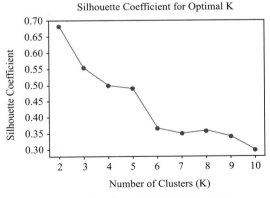

图 6-3　使用轮廓系数寻找最佳簇数

　　由图 6-3 可知，当簇数 K 为 2 时，轮廓系数值最大，所以鸢尾花数据集的最佳聚类簇数应该为 2。

当聚类结果有"标准答案"（即有外部类标签）时，可以使用调整兰德指数（Adjusted Rand Index，ARI）来评价聚类效果。让我们在 ChatGPT 输入框中输入以下内容，了解什么是 ARI 指标。

> **?** 作为数据分析专家，请介绍聚类分析中的调整兰德指数。

以下是 ChatGPT 给出的答案。

> 调整兰德指数是一种用于评估聚类结果的外部评估指标。它用于度量两个数据分割的相似程度，无论它们是否是由相同的真实聚类生成的。
>
> ARI 的取值范围为 [−1, 1]，其中 1 表示两个数据分割完全一致，0 表示它们的一致性等于随机聚类，而负数表示它们的一致性不及随机聚类。由于 ARI 是对兰德指数的修正，它解决了兰德指数对于纯度度量的倾向性问题。
>
> 在 scikit-learn 中，你可以使用 adjusted_rand_score() 函数来计算 ARI。以下是一个简单的例子：
>
> ```python
> from sklearn.cluster import KMeans
> from sklearn.metrics import adjusted_rand_score
> from sklearn import datasets
> # 加载 iris 数据集
> iris = datasets.load_iris()
> X = iris.data
> true_labels = iris.target
> # 使用 k 均值聚类
> kmeans = KMeans(n_clusters=3, random_state=42)
> kmeans.fit(X)
> predicted_labels = kmeans.labels_
> # 计算 ARI
> ari = adjusted_rand_score(true_labels, predicted_labels)
> print(f"Adjusted Rand Index (ARI): {ari}")
> ```
>
> 在这个例子中，我们使用了 KMeans() 函数进行聚类，然后使用 adjusted_rand_score() 函数计算真实标签和预测标签之间的 ARI。ARI 的值越接近 1，表示聚类结果越好。

从 ChatGPT 给出的答案可知，调整兰德指数是一种聚类外部评价指标，用于评估聚类结果与真实标签的相似度。ARI 的取值范围为 [−1,1]，其中正值表示聚类结果与真实标签匹配较好，负值表示聚类结果与真实标签存在较大偏差。可以使用 sklearn.metrics 模块中的 adjusted_rand_score() 函数计算 ARI 值，参数为聚类标签和实际标签。将 ChatGPT 给出的 Python 代码复制到 Jupyter Notebook 中并运行，输出结果为：

```
Adjusted Rand Index (ARI): 0.7302382722834697
```

ARI 值为 0.73，说明聚类结果与实际标签相似度高，聚类效果不错。

6.4　层次聚类

层次聚类通过计算数据点之间的距离创建一个有层次结构的树形图。树形图的各个叶节点表示每条记录，树的高度表示不同记录或不同类之间的距离。由此，可以使用图形来辅助进行类数量的选择，为聚类提供一个较直观的理解。

6.4.1　层次聚类的原理

在 ChatGPT 输入框中输入以下内容，了解层次聚类的基本原理：

> **?** 作为数据挖掘专家，请介绍层次聚类的基本原理，不要用 Markdown，公式用 LaTeX 显示。

以下是 ChatGPT 给出的答案。

> 层次聚类是一种将数据分层次进行组织的聚类方法，其基本原理是通过逐步合并或分裂数据点来构建层次结构。具体而言有两种主要的层次聚类方法：凝聚型（Agglomerative）和分裂型（Divisive）。
>
> 1. 凝聚型层次聚类
>
> a）初始阶段：将每个数据点视为一个单独的簇。
>
> b）相似度计算：计算两两数据点之间的相似度。常用的相似度度量包括欧氏距离、曼哈顿距离、余弦相似度等。
>
> c）合并簇：找到相似度最高的两个簇，并将它们合并成一个新的簇。
>
> d）更新相似度矩阵：重新计算新簇与其他簇之间的相似度。
>
> e）重复步骤 c）～ d），直到只剩下一个簇，形成层次结构。
>
> 2. 分裂型层次聚类
>
> a）初始阶段：将所有数据点视为一个簇。
>
> b）相似度计算：计算当前簇内数据点之间的相似度。
>
> c）选择分裂簇：找到当前簇中最不相似的两个数据点，将它们分开成两个新的簇。
>
> d）更新相似度矩阵：重新计算新簇与其他簇之间的相似度。
>
> e）重复步骤 c）～ d），直到每个数据点都成为一个独立的簇，形成层次结构。
>
> 在这两种方法中，层次聚类的结果都可以通过树状图来展示，每个节点代表一个簇，节点之间的连接表示簇的合并或分裂关系。

从 ChatGPT 给出的答案可知，层次聚类可以分为凝聚型（自底向上）和分裂型（自顶向下）两种。

1）凝聚型层次聚类：这是一种自底向上的聚类算法。算法开始时，每个观测样例都被划分在单独的簇中；算法通过计算得出每个簇之间的相似度（距离），并将两个相似度最高的簇合并成一个簇；然后反复迭代，直到所有的数据都被划分在一个簇中。

2）分裂型层次聚类：这是一种自顶向下的聚类算法。算法开始时，每个观察样例都被划分在同一个簇中；然后算法开始将簇分裂成两个差异度最大的小簇，并反复迭代，直到每个观测样例都属于单独的一个簇。

需要注意的是，距离的测量涉及两个层面的问题：第一，观察样例之间的距离；第二，类与观察样例或类与类之间的距离。

观察样例之间的距离度量包括欧氏距离、曼哈顿距离、余弦相似度等，相对简单。接下来，让我们通过 ChatGPT 学习簇之间的距离（相似度）到底有多大。在 ChatGPT 输入框输入以下内容：

 作为数据挖掘专家，请描述层次聚类中的簇之间相似度的度量指标，并给出公式，不要用 Markdown，公式用 LaTeX 显示。

以下是 ChatGPT 给出的答案。

在层次聚类中，簇之间相似度的度量指标通常有以下几种。

1. 单链接（Single Linkage）

$$d(C_i, C_j) = \min_{x \in C_i, C_j} \text{dist}(x, y)$$

其中，C_i 和 C_j 是两个簇；$\text{dist}(x, y)$ 表示样本 x 和 y 之间的距离。

2. 全链接（Complete Linkage）

$$d(C_i, C_j) = \max_{x \in C_i, C_j} \text{dist}(x, y)$$

类似于单链接，但这里使用的是样本间的最大距离。

3. 平均链接（Average Linkage）

$$d(C_i, C_j) = \frac{1}{|C_i| \cdot |C_j|} \sum_{x \in C_i} \sum_{y \in C_j} \text{dist}(x, y)$$

使用样本间距离的平均值。

4. 离差平方和链接（Ward's Method）

$$d(C_i, C_j) = \frac{|C_i| \cdot |C_j|}{|C_i| + |C_j|} \sum_{k=1}^{n} (m_{i,k} - m_{j,k})^2$$

其中，$m_{i,k}$ 和 $m_{j,k}$ 分别是簇 C_i 和 C_j 中第 k 个维度上的均值。

这些度量指标用于计算不同层次聚类算法中簇之间的相似度，以便在层次聚类的过程中选择合适的合并策略。

从 ChatGPT 给出的答案可知，计算簇之间相似度的常用方法有 4 种，其中单链接使用最短距离或最近邻方法来度量两个簇之间的相似性；全链接使用最远距离方法来度量两个簇之间的相似性；平均链接通过计算两个簇中所有点对之间的平均距离来度量两个簇之间的相似性；离差平方和链接基于簇内方差来度量两个簇之间的相似性，目标是使合并后的簇内方差最小。

6.4.2　层次聚类的 Python 实现

我们在 ChatGPT 输入框中输入以下内容，学习如何用 scikit-learn 来实现层次聚类：

> ❓ 作为数据挖掘专家，请问 scikit-learn 如何实现层次聚类，需要对参数进行详细解释，不需要给出 Python 代码示例。

以下是 ChatGPT 给出的答案。

> scikit-learn 中实现层次聚类的主要类是 AgglomerativeClustering。以下是对该类主要参数的解释。
>
> 1. n_clusters（int 或 None，默认为 2）：聚类的数量，即最终形成的簇的个数。如果设为 None，则表示使用 Ward linkage，此时 affinity 参数应为 "euclidean"。
>
> 2. affinity（字符串或可调用对象，默认为 "euclidean"）：用于计算距离的度量标准，可以是字符串或可调用对象。常见的有 "euclidean"、"l1"、"l2"、"manhattan" 等。如果使用自定义距离度量，可以传入一个可调用对象。该对象应该接收两个参数并返回一个浮点数，表示样本之间的距离。
>
> 3. linkage（字符串，默认为 "ward"）：用于指定簇间距离的计算方法，可选值有 "ward"、"complete"、"average" 等。"ward" 表示使用 Ward's variance minimization，而其他值表示使用对应的链接方法。
>
> 4. distance_threshold（float，默认为 None）：用于控制簇的形成。如果两个簇之间的距离大于或等于此阈值，则这两个簇不会合并为一个簇。如果设为 None，则合并所有簇。
>
> 5. compute_full_tree（"auto"、True 或 False，默认为 "auto"）：用于指定是否计算完整的树结构。如果为 "auto"，则根据输入样本数量和 linkage 方法自动选择是否计算完整的树。
>
> 6. connectivity(array-like 或 callable，默认为 None)：用于指定样本之间的连接结构，影响样本间的距离计算。可以是一个数组（代表连接图）或一个可调用对象，接收数据矩阵并返回连接图。
>
> 7. compute_distances(bool，默认为 False)：如果为 True，将计算样本间的距离矩阵，并存储在 distances_ 属性中。
>
> 这些参数使得用户可以根据具体问题和数据的特点来选择层次聚类的方法。在使用时，可以根据具体需求选择不同的参数值以及合适的距离度量和链接方法。

从 ChatGPT 给出的答案可知,可以使用 AgglomerativeClustering 类实现层次聚类。其中参数 n_clusters 用于指定聚类的簇数,默认为 2 ;参数 affinity 用于指定样本间距离的衡量指标,默认为欧氏距离;参数 linkage 用于指定簇间距离的衡量指标,默认为 Ward ;对于参数 compute_full_tree,通常情况下,当聚类过程达到 n_clusters 时,算法就会停止,如果该参数设置为 True,则表示算法将生成一棵完整的凝聚树;参数 connectivity 用于指定一个连接矩阵。

6.4.3　案例:对 USArrests 数据集进行层次聚类

USArrests 数据集包含 1973 年美国 50 个州每 10 万人因袭击、谋杀、强奸被捕的统计数据,还给出了城市地区人口的百分比。

我们在本地已经有 USArrests.csv 数据集文件,在 Jupyter Notebook 中运行以下代码,导入数据集并查看前 5 行:

```
import numpy as np
import pandas as pd
us_arrests = pd.read_csv('data/USArrests.csv',index_col =0) # 导入 csv 文件
us_arrests.head()                                           # 查看前 5 行
```

输出结果为:

```
              Murder   Assault   UrbanPop   Rape
Alabama       13.2     236       58         21.2
Alaska        10.0     263       48         44.5
Arizona       8.1      294       80         31.0
Arkansas      8.8      190       50         19.5
California    9.0      276       91         40.6
```

从前 5 行可知,4 个变量的取值范围差异较大,需要在层次聚类前进行数据标准化处理。在 Jupyter Notebook 中输入并运行以下代码,完成数据标准化处理并查看结果:

```
from sklearn import preprocessing
us_arrests_scale = preprocessing.scale(us_arrests) # 数据标准化
us_arrests_scale = pd.DataFrame(us_arrests_scale,index = us_arrests.index,
columns = us_arrests.columns)                      # 转换为数据框
np.round(us_arrests_scale.describe().loc[['mean','std'],:],1) # 查看标准化后的均值
    及标准差
```

输出结果为:

```
        Murder   Assault   UrbanPop   Rape
mean    -0.0     0.0       -0.0       0.0
std     1.0      1.0       1.0        1.0
```

从输出结果可知,4 个变量的值均在均值为 0、标准差为 1 的范围内。

在 ChatGPT 输入框中输入以下内容,让 ChatGPT 教我们如何对美国犯罪统计数据进行

层次聚类：

> ? 假设 Python 中已存在 us_arrests_scale 数据框，包含 Murder、Assault、UrbanPop、
> Rape 4 个变量，请对 us_arrests_scale 进行层次聚类，要求绘制树状图时 X 轴刻度
> 为数据框的索引值，不需要再创建模拟数据。

以下是 ChatGPT 给出的答案。

> 我们将对 us_arrests_scale 进行层次聚类，并在树状图上显示数据框的索引值。以下
> 是示例代码：

```python
import pandas as pd
from sklearn.cluster import AgglomerativeClustering
from scipy.cluster.hierarchy import dendrogram, linkage
import matplotlib.pyplot as plt
# 假设 us_arrests_scale 是你的数据框，包含 Murder、Assault、UrbanPop、Rape 4 个变量
# 请确保你的数据框中没有其他非数值型的列
# 如果有其他类型的列，可能需要进行适当的数据预处理
# 使用层次聚类
# 假设我们分为 3 个簇
n_clusters = 3
clustering = AgglomerativeClustering(n_clusters=n_clusters).fit(us_arrests_
    scale)
# 将聚类标签添加到数据框中
us_arrests_scale['Cluster'] = clustering.labels_
# 输出带有聚类标签的数据框
print(us_arrests_scale)
# 绘制树状图
linkage_matrix = linkage(us_arrests_scale.drop('Cluster', axis=1), 'ward')
dendrogram(linkage_matrix, labels=us_arrests_scale.index, orientation='top')
plt.title('Hierarchical Clustering Dendrogram')
plt.xlabel('Sample Index')
plt.ylabel('Cluster Distance')
plt.show()
```

> 在这个例子中，我们使用 us_arrests_scale.index 作为树状图的 X 轴刻度，确保 X 轴
> 上显示的是数据框的索引值。请确保你用实际数据框替换了示例数据框，并进行了适当
> 的数据预处理。

从 ChatGPT 给出的答案可知，层次聚类要求入模变量为数值型，Murder、Assault、UrbanPop、Rape 4 个变量均为数值型，无须再做处理即可用于层次聚类。在进行层次聚类时，假设将 50 个样本分为 3 个簇，在 Jupyter Notebook 中运行以下代码创建模型：

```python
import pandas as pd
from sklearn.cluster import AgglomerativeClustering
from scipy.cluster.hierarchy import dendrogram, linkage
```

```
import matplotlib.pyplot as plt
# 使用层次聚类
# 假设我们分为 3 个簇
n_clusters = 3
clustering = AgglomerativeClustering(n_clusters=n_clusters).fit(us_arrests_
    scale)
```

对于层次聚类，也可以通过 labels_ 属性查看聚类结果的标签，结合 Counter() 函数查看各簇的样本数量。在 Jupyter Notebook 中输入以下代码并运行：

```
from collections import Counter
Counter(clustering.labels_) # 查看聚类结果
```

输出结果为：

```
Counter({0: 19, 1: 19, 2: 12})
```

ChatGPT 给出的代码中还将聚类标签添加到了数据框中，方便后续使用。将以下代码复制到 Jupyter Notebook 中并运行：

```
# 将聚类标签添加到数据框中
us_arrests_scale['Cluster'] = clustering.labels_
# 输出带有聚类标签的数据框的前 5 行
us_arrests_scale.head()
```

输出结果为：

	Murder	Assault	UrbanPop	Rape	Cluster
Alabama	1.255179	0.790787	-0.526195	-0.003451	0
Alaska	0.513019	1.118060	-1.224067	2.509424	0
Arizona	0.072361	1.493817	1.009122	1.053466	0
Arkansas	0.234708	0.233212	-1.084492	-0.186794	1
California	0.281093	1.275635	1.776781	2.088814	0

前 5 行中，Alabama、Alaska、Arizona 和 California 经过层次聚类后归为 0 簇，Arkansas 归为 1 簇。

将 ChatGPT 给出的绘制树状图的代码复制到 Jupyter Notebook 中并运行，得到的图形如图 6-4 所示。

在上面显示的树形图中，每个叶子对应一个样本。当我们向上移动树时，彼此相似的样本会被组合成分支，分支本身在更高的高度融合。垂直轴上的融合高度表示两个样本 / 簇之间的相似性 / 距离。融合高度越高，物体越不相似。这个高度被称为两个物体之间的共生距离。

我们对 ChatGPT 给出的代码进行略微调整，让叶子同时展示州名称和聚类结果的标签，将更加直观。在 Jupyter Notebook 中输入以下代码并运行，得到的图形如图 6-5 所示。

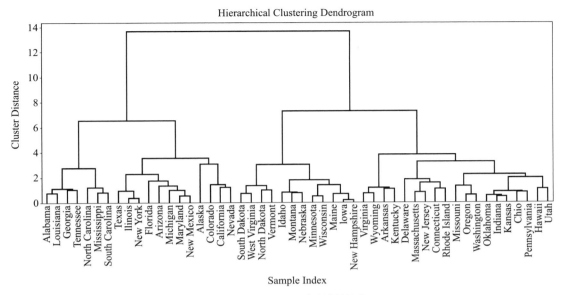

图 6-4　绘制层次聚类的树状图

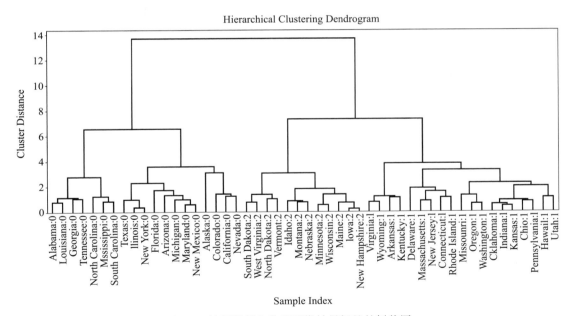

图 6-5　绘制带州名称及聚类结果标签的树状图

```
# 绘制带州名称和聚类结果标签的树状图
tree_labels = us_arrests_scale.index + ":" + us_arrests_scale['Cluster'].astype
    (str)
plt.figure(figsize=(16,6))
```

```
linkage_matrix = linkage(us_arrests_scale.drop('Cluster', axis=1), 'ward')
dendrogram(linkage_matrix, labels=tree_labels, orientation='top')
plt.title('Hierarchical Clustering Dendrogram')
plt.xlabel('Sample Index')
plt.ylabel('Cluster Distance')
plt.show()
```

6.4.4　使用轮廓系数寻找最佳聚类簇数

6.4.3 节在对 USArrests 数据集做层次聚类时，假设将所有样本分为 3 个簇，那么分为 3 个簇是不是最优的呢？下面让我们结合肘部法，通过轮廓系数寻找最佳聚类簇数。

在 Jupyter Notebook 中输入以下代码并运行：

```
from sklearn.metrics import silhouette_score
# 尝试不同的聚类簇数
n_clusters = range(2, 11)
silhouette_scores = []
for k in n_clusters:
    clustering = AgglomerativeClustering(n_clusters=k).fit(us_arrests_scale)
    labels = clustering.labels_
    silhouette_avg = silhouette_score(us_arrests_scale, labels)
    silhouette_scores.append(silhouette_avg)
# 绘制轮廓系数图形
plt.figure(figsize=(12,6))
plt.plot(n_clusters, silhouette_scores, marker='o')
plt.title('Silhouette Coefficient for Optimal K')
plt.xlabel('Number of Clusters (K)')
plt.ylabel('Silhouette Coefficient')
plt.show()
```

结果如图 6-6 所示。

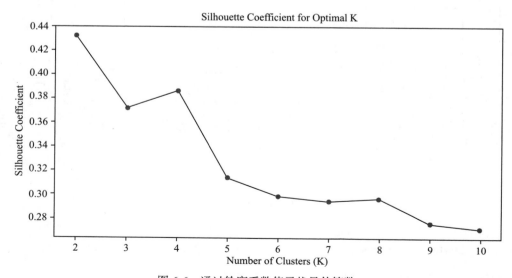

图 6-6　通过轮廓系数值寻找最佳簇数

由图 6-6 可知，当簇数为 2 时，轮廓系数值最大，所以 USArrests 数据集的最佳聚类簇数应该为 2。其次，簇数为 4 时的轮廓系数值也比为 3 时大，聚类效果也将好于簇数为 3 时的效果。

6.5 密度聚类

除了使用距离作为聚类指标外，我们还可以使用密度指标来对数据进行聚类处理，将分布稠密的样本与分布稀疏的样本分离开。基于密度的聚类算法能够挖掘任意形状的簇，此算法把一个簇视为数据集中密度大于某阈值的一个区域。

6.5.1 密度聚类的原理

密度聚类的基本思想是只要样本点的密度大于某阈值，就将该样本添加到最近的簇中。这类算法能克服基于距离的聚类算法只能发现"类圆形"（凸）聚类的缺点，它可以发现任意形状的聚类，且对噪声数据不敏感。

在 ChatGPT 输入框中输入以下内容，了解密度聚类的基本原理：

> **?** 作为数据挖掘专家，请介绍密度聚类的基本原理，不要用 Markdown，公式用 LaTeX 显示。

以下是 ChatGPT 给出的答案。

> 密度聚类的基本原理是根据样本点在数据空间中的密度来划分簇。密度聚类的步骤如下。
>
> 1. 密度定义。对于每个样本点 x_i，计算在以 ϵ 为半径的区域内的样本点数目，即密度 ρ_i：
>
> $$\rho_i = \sum_{j=1}^{n} \chi(\| x_i - x_j \| < \epsilon)$$
>
> 其中，χ 是指示函数，当括号内的条件成立时为 1，否则为 0。
>
> 2. 核心对象选择。定义一个阈值 minPts，选择密度不小于 minPts 的样本点为核心对象。
>
> 3. 直接密度可达。如果样本点 y 在样本点 x 的 ϵ - 区域内，并且 x 是核心对象，那么称从点到 y 点 x 是直接密度可达的。
>
> 4. 密度可达。如果存在样本点的序列 $p_1, p_2, \cdots, p_n$，其中 $p_1 = x$，$p_2 = y$，且 p_{i+1} 从 p_i 出发直接密度可达，那么称从点 y 到点 x 是密度可达的。
>
> 5. 密度连接。如果存在一个样本点 z，使得 x 和 y 都从 z 出发密度可达，那么称 x

和 y 为密度连接。

基于上述原理，密度聚类算法会将具有足够高密度的样本点划分为一个簇，并在低密度区域中识别出噪声点。最常见的密度聚类算法之一是 DBSCAN，它通过密度可达性和密度连接性来识别簇。

从 ChatGPT 给出的答案可知，密度聚类的基本原理提到很多专业名词。让我们再对这些名词进行更详细的解释。

密度聚类算法通常需要考虑两个参数：Eps（ϵ）和 MinPts。

1）Eps：为最大邻域半径。需要事先设定，给定一个对象（一个样本点）的半径为 Eps 内的区域。

2）MinPts：半径为 Eps 的区域内样本点个数的阈值，即邻域半径范围内的最小样本点数。

确定好这两个参数的值后，如果给定对象邻域半径范围内的样本点数大于 MinPts，则称该对象为核心点；如果给定对象邻域半径范围内的样本点数小于 MinPts，但紧挨着核心点，则称该对象为边缘点（边界点）；如果给定对象的 Eps 范围内的样本点个数大于 MinPts，则称该对象为核心对象。

进一步地，我们还需要定义两点间密度可达的概念，分为直接密度可达和密度可达两种。

1）直接密度可达：给定数据集，设定好 Eps 和 MinPts，如果点 p 在点 q 的半径范围内，且点 q 是一个核心对象，则从点 p 到点 q 是直接密度可达的，如图 6-7a 所示。

2）密度可达：给定数据集，设定好 Eps 和 MinPts，若点 p 到点 r 是直接密度可达的，点 q 到点 r 也是直接密度可达的，则点 p 到点 q 是密度可达的，如图 6-7b 所示。

掌握了密度聚类的初步概念，我们就可以解释应用最广的密度聚类算法 DBSCAN 的实现过程了：

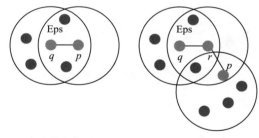

a) 直接密度可达　　b) 密度可达

图 6-7　点 p 密度可达点 q

1）随机选取一个点 p。

2）在给定 Eps 和 MinPts 的条件下，获得所有从点 p 密度可达的点。

3）如果点 p 是核心对象，则点 p 和所有从点 p 密度可达的点被标记为一个簇；如果点 p 是一个边缘点，找不到密度可达点，则将其标记为噪声，接着处理其他点。

4）重复该过程，直到所有点都被处理完。

密度聚类的优点在于其根据点的密度聚类，不需要用户指定生成的簇个数，能够处理噪声数据，也能处理任意形状和大小的簇；其缺点在于当簇的密度变化太大或数据的维度较高时，密度聚类的参数比较难以定义。

6.5.2　密度聚类的 Python 实现

我们在 ChatGPT 输入框中输入以下内容，学习如何用 scikit-learn 实现密度聚类：

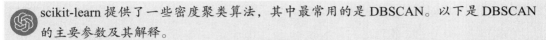

作为数据挖掘专家，请问 scikit-learn 如何实现密度聚类，需要对参数进行详细解释，不需要给出 Python 代码示例。

以下是 ChatGPT 给出的答案。

scikit-learn 提供了一些密度聚类算法，其中最常用的是 DBSCAN。以下是 DBSCAN 的主要参数及其解释。

1. eps
   - 描述：eps 是一个浮点数，用于定义样本点的邻域半径。具体来说，如果一个样本点与另一个样本点之间的距离不超过 eps，则称它们为是邻居。
   - 参数说明：较小的 eps 值会导致更多的点被视为孤立点，而较大的值可能会导致多个簇被合并为一个。

2. min_samples
   - 描述：min_samples 是一个整数，表示一个核心点应该具有的最小样本数。核心点是在其邻域内至少有 min_samples 个样本点的点。
   - 参数说明：较小的 min_samples 值可能会导致将噪声点视为簇，而较大的值可能会导致簇中包含过少的样本。

3. metric
   - 描述：metric 参数用于定义样本点之间距离的度量方式。可以选择的度量方式包括欧氏距离、曼哈顿距离等。
   - 参数说明：选择何种度量方式取决于数据的特性和问题的要求，通常默认为欧氏距离。

4. algorithm
   - 描述：algorithm 参数用于指定 DBSCAN 的计算算法，可选的值包括 "auto"、"ball_tree" 和 "kd_tree"。
   - 参数说明：通常使用默认值 "auto"，让算法自动选择合适的计算算法。"auto" 选项会在数据的特征数量大于样本数量时选择 "ball_tree" 或 "kd_tree"，否则选择 "brute" 算法。

5. leaf_size
   - 描述：leaf_size 是一个整数，仅在使用 "ball_tree" 或 "kd_tree" 算法时有效，用于指定叶节点的大小。
   - 参数说明：较小的 leaf_size 值可能会提高构建树的速度，但可能导致更大的内存占用。

> 这些参数是使用 scikit-learn 中的 DBSCAN 算法时需要考虑的主要参数。在应用密度聚类算法时，通过调整这些参数，可以对算法的性能和聚类效果进行调优。

从 ChatGPT 给出的答案可知，我们只需要调用 cluster 模块中的 DBSCAN 类就可以轻松实现密度聚类了。其中参数 eps 用于设置密度聚类中的 ϵ - 区域，即半径，默认为 0.5；参数 min_samples 用于设置 ϵ - 区域内最少的样本量，默认为 5；参数 metric 用于指定计算点之间距离的方法，默认为欧氏距离；参数 algorithm 用于在计算点之间距离的过程中，指定搜寻最近邻样本点的算法，默认为 "auto"，表示密度聚类会自动选择一个合适的搜寻方法。

6.5.3 案例：对 multishapes 数据集进行密度聚类

数据集 multishapes 中包含任何形状簇（椭圆形、线形和 S 形簇）的数据，常用于比较基于密度的聚类（DBSCAN）和基于距离的聚类（如 k 均值聚类）。该数据集一共有 1100 个样本、3 个变量。我们先导入数据集，并通过可视化手段查看数据集的样本点分布情况。在 Jupyter Notebook 中输入并运行以下代码：

```python
import numpy as np
import pandas as pd
import matplotlib.pyplot as plt
import seaborn as sns
# 导入数据集
multishapes = pd.read_csv('data/multishapes.csv')
# 绘制散点图
sns.lmplot(data=multishapes,x='x',y='y',hue='shape',
markers=['o','d','x','s','+','*'],
          scatter_kws={'s': 28},fit_reg=False)
# 获取当前图形
fig = plt.gcf()
# 设置图形大小，可以根据需要调整宽度和高度
fig.set_size_inches(16, 6)
# 显示图形
plt.show()
```

结果如图 6-8 所示。

由图 6-8 可知，类别 1、2 为圆形簇，类别 3、4 为线形簇，有部分类别 5 的样本散落在其他类别周围。

接着在 ChatGPT 输入框中输入以下内容，让 ChatGPT 教我们如何对 multishapes 数据集进行密度聚类：

> ❓ 假设 Python 中存在 multishapes 数据框，包含 x、y、shape 3 个变量，要求对 multishapes 的 x、y 两个变量进行密度聚类，代码中不需要创建示例数据。

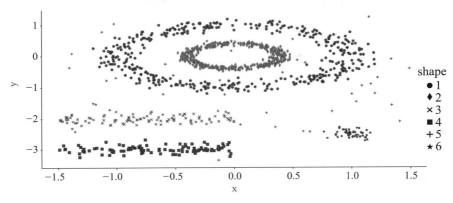

图 6-8 multishapes 数据集的可视化

以下是 ChatGPT 给出的答案。

如果你已经有了 multishapes 数据框，其中包含 x、y 和 shape 3 个变量，并且想要对 x 和 y 两个变量进行密度聚类，可以使用以下代码：

```
import pandas as pd
from sklearn.cluster import DBSCAN
import seaborn as sns
import matplotlib.pyplot as plt
# 假设 multishapes 是你的数据框
# 提取 x 和 y 列
X = multishapes[['x', 'y']]
# 使用 DBSCAN 进行密度聚类
dbscan = DBSCAN(eps=2, min_samples=2)
multishapes['cluster'] = dbscan.fit_predict(X)
# 绘制聚类结果
sns.scatterplot(x='x', y='y', hue='cluster', data=multishapes,
    palette='viridis', legend='full', s=100)
plt.title('Density-Based Clustering of Multishapes')
plt.show()
```

在这个代码中，我们首先提取了 x 和 y 两个变量的数据；然后使用 DBSCAN 进行密度聚类，并将聚类结果存储在 multishapes 数据框的新列 cluster 中；最后，通过绘制散点图并着色每个点的聚类结果，可以可视化密度聚类的效果。请根据实际数据调整 DBSCAN 的参数，以满足你的需求。

由 ChatGPT 给出的答案可知，使用 DBSCAN 进行密度聚类时，将参数 eps 设置为 2，参数 min_samples 也设置 2。我们在 Jupyter Notebook 中输入以下代码并查看 DBSCAN 聚类的聚类标签结果：

```
from sklearn.cluster import DBSCAN
from collections import Counter
```

```
# 提取 x 和 y 列
X = multishapes[['x', 'y']]
# 使用 DBSCAN 进行密度聚类
dbscan = DBSCAN(eps=2, min_samples=2)
multishapes['cluster'] = dbscan.fit_predict(X)
# 查看聚类结果
Counter(multishapes['cluster'])
```

输出结果为：

```
Counter({0: 1100})
```

很不幸，上述代码将 1100 个样本都聚为一类，这显然不是想要的结果。我们可通过不断尝试 eps 和 min_samples 的参数值，寻找更优的聚类结果。在 Jupyter Notebook 中输入以下代码并运行，查看此时的聚类标签结果：

```
# 寻找更优的 DBSCAN 聚类标签
# 提取 x 和 y 列
X = multishapes[['x', 'y']]
# 使用 DBSCAN 进行密度聚类
dbscan = DBSCAN(eps=0.15, min_samples=5)
multishapes['cluster'] = dbscan.fit_predict(X)
# 查看聚类结果
Counter(multishapes['cluster'])
```

输出结果为：

```
Counter({0: 410, -1: 31, 1: 405, 2: 104, 3: 99, 4: 51})
```

当把参数 eps 设置为 0.15、参数 min_samples 设置为 5 时，聚类结果为 6，比较符合数据集 multishapes 有 6 个类别的情况。

为了更直观地查看 1100 个样本的聚类标签结果，我们在 Jupyter Notebook 中输入以下代码，用聚类标签结果对散点图的样本进行分组：

```
sns.lmplot(data=multishapes,x='x',y='y',hue='cluster',
markers=['o','d','x','s','+','*'],
          scatter_kws={'s': 28},fit_reg=False)
plt.rcParams['axes.unicode_minus'] = False   # 用来正常显示负号
plt.rcParams['font.sans-serif']=['SimHei']   # 用来正常显示中文标签
fig = plt.gcf()
fig.set_size_inches(16, 6)
plt.title('DBSCAN 聚类结果可视化')
plt.show()
```

结果如图 6-9 所示。

由图 6-9 可知，此时 DBSCAN 聚类对数据集表现很好，并且聚类标签为 −1 对应的样本为异常值，故 DBSACN 也常用于异常值侦测。

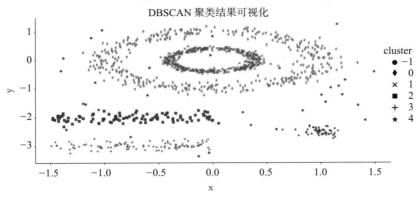

图 6-9   DBSCAN 聚类结果可视化

最后，让我们对该数据集进行 k 均值聚类，并通过可视化查看聚类结果。在 Jupyter Notebook 中输入以下代码并运行：

```python
# 使用 k 均值聚类对数据集进行聚类
from sklearn.cluster import KMeans
# 创建 k 均值聚类模型并拟合数据
kmeans = KMeans(n_clusters=6, random_state=42)
multishapes['cluster'] = kmeans.fit_predict(X)
sns.lmplot(data=multishapes,x='x',y='y',hue='cluster',
markers=['o','d','x','s','+','*'],
            scatter_kws={'s': 28},fit_reg=False)
fig = plt.gcf()
fig.set_size_inches(16, 6)
plt.title('k 均值聚类结果可视化 ')
plt.show()
```

结果如图 6-10 所示。

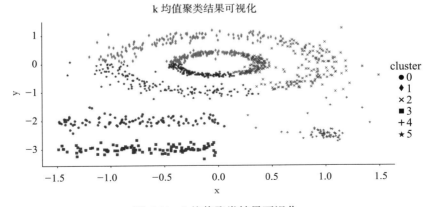

图 6-10 k 均值聚类结果可视化

由图 6-10 可知，k 均值聚类算法并未能达到我们期待的效果。比如，簇 0、1、5 代表的是 shape 为 1、2 的样本，未能识别出圆形簇；也没法识别出数据集中的异常值。

6.6 本章小结

本章先介绍了无监督学习算法的类型及常用场景，然后介绍了用途广泛的 3 种聚类分析算法：k 均值聚类、层次聚类及密度聚类。通过 ChatGPT 讲解了这 3 种聚类算法的原理及 Python 实现，同时通过具体案例帮助读者掌握算法的运用，并对聚类结果进行了解读。

使用 ChatGPT 学习降维算法及关联规则分析

在第 6 章,我们已经深入学习了聚类分析技术,本章我们学习另外两种常用的无监督学习:降维及关联规则分析。

7.1 使用 ChatGPT 了解降维算法

在 ChatGPT 输入框中输入以下内容,了解常用的降维算法有哪些:

> **?** 作为数据挖掘专家,请给出降维算法的定义、常用的降维算法及各自的优缺点。

以下是 ChatGPT 给出的答案。

> 降维是数据挖掘和机器学习中常用的算法,它的目标是通过减少数据集的特征数量来保留数据集的重要信息,并减少噪声和冗余。降维有助于处理高维数据,提高模型的效率,减少过拟合风险,并改善算法的可解释性。
>
> 以下是一些常见的降维算法以及它们的优缺点。
>
> 1. 主成分分析(Principal Component Analysis,PCA)
>   - ❑ 定义:PCA 通过找到数据中的主成分(主要方向)来降低数据的维度。
>   - ❑ 优点:简单且易于实现,对数据进行线性变换,保留大部分方差。
>   - ❑ 缺点:对非线性关系数据的处理效果较差,可能不适用于非高斯分布的数据。

2. t 分布邻域嵌入（t-Distributed Stochastic Neighbor Embedding，t-SNE）
   - ❑ 定义：t-SNE 是一种非线性降维方法，可在降维后保持相似数据点之间的相对距离。
   - ❑ 优点：能够保留数据的局部结构，对可视化高维数据的效果较好。
   - ❑ 缺点：对大规模数据集的计算成本较高，不适用于全局结构的保留。
3. 线性判别分析（Linear Discriminant Analysis，LDA）
   - ❑ 定义：LDA 是一种有监督学习的降维方法，旨在最大化类别之间的差异，同时最小化类别内部的差异。
   - ❑ 优点：考虑了类别信息，适用于分类问题，能够提高模型性能。
   - ❑ 缺点：对于非正态分布的数据，效果可能不如 PCA。
4. 自编码器（Autoencoder）
   - ❑ 定义：自编码器是一种神经网络结构，通过学习数据的压缩表示来实现降维。
   - ❑ 优点：能够捕捉数据中的非线性关系，适用于复杂的特征学习。
   - ❑ 缺点：对参数的选择敏感，训练可能需要较长时间，容易过拟合。
5. ISOMAP（Isometric Feature Mapping，等距特征映射）
   - ❑ 定义：Isomap 是一种基于流形学习的降维算法，可保留数据的流形结构。
   - ❑ 优点：对非线性流形结构的数据具有较好的表现。
   - ❑ 缺点：对高维数据的计算开销较大，对噪声敏感。

选择何种降维算法通常取决于数据的性质和任务的要求。在实际应用中，可能需要尝试多种方法并根据实验结果来选择最适合的降维算法。

从 ChatGPT 给出的答案可知，降维算法是一种将高维数据集转换为低维数据集的方法，通过减少数据集中的特征数量，简化数据的复杂性，同时保留数据的主要结构和信息。在众多的降维算法中，主成分分析、线性判别分析、广义判别分析、多维尺度变换、ISOMAP、t-SNE、自动编码器等都有各自的特点和应用场景。例如，主成分分析是一种常用的线性降维方法，通过寻找主成分来实现数据的降维，同时保持了原始数据的主要信息。但是，如果数据集存在非线性结构，主成分分析可能无法达到理想的效果。与此相对，t-SNE 和自动编码器等非线性降维方法可以应对复杂的非线性结构，但同时也带来了更多的计算负担。总的来说，选择哪种降维方法取决于具体的应用场景和数据特性，需要综合考虑各种因素，以得到最优的结果。

下面让我们使用 ChatGPT 进一步了解主成分分析的原理、Python 实现及案例演示。对于其他降维算法，读者可自行通过 ChatGPT 进行深入学习。

7.2　主成分分析

主成分分析是最常用的降维算法之一。它通过找到数据中的主成分，将高维数据投影到低维空间中。主成分分析的优点是简单、易于理解和实现，能够保留数据的主要特征，并且可以将数据可视化。

7.2.1　主成分分析的原理

在 ChatGPT 输入框中输入以下内容，了解主成分分析的实现过程：

> ❓　作为数据挖掘专家，请给出主成分分析的实现过程，不要用 Markdown，公式用 LaTeX 显示。

以下是 ChatGPT 给出的答案。

　主成分分析的实现过程可以分为以下步骤。

1. 对数据进行标准化，用每个特征的值减去均值并除以标准差，以确保每个特征的尺度一致。

2. 计算数据的协方差矩阵（covariance matrix）：

$$\frac{1}{m}\sum_{i=1}^{m}(x^i)(x^j)^{\mathrm{T}}$$

其中，m 为样本数量；x^i 是第 i 个样本。

3. 对协方差矩阵进行特征值分解（eigendecomposition）：

$$\boldsymbol{WAW}^{\mathrm{T}}$$

其中，$\boldsymbol{W}$ 包含数据的主成分（eigenvectors）；Λ 是对角矩阵，包含对应的特征值。

4. 用前 k 个特征值对应的主成分构建投影矩阵 $\boldsymbol{U}$。

5. 将原始数据集投影到低维空间，得到降维后的数据集：

$$\boldsymbol{Z} = \boldsymbol{X} \cdot \boldsymbol{U}$$

其中，$\boldsymbol{X}$ 是原始数据矩阵；$\boldsymbol{Z}$ 是降维后的数据矩阵。

以上步骤即主成分分析的基本实现过程。在实际应用中，可以使用现有的数学库或机器学习框架来实现这些计算，例如使用 NumPy、SciPy 或 scikit-learn 等。

从 ChatGPT 给出的答案可知，主成分分析就是把相关的变量数目减少，用较少的变量来取代原始变量，而这些新变量为原始变量的线性组合。这种转变可以降低原始数据的维度，同时也可在此过程中发现原始数据属性之间的关系。一般地，其中前 m 个主成分包含的数据信息总量（即其累积方差贡献率）不低于 80% 时，可取前 m 个主成分来反映原始信息。通常可用碎石图的可视化手辅助我们来选取主成分。

在 ChatGPT 输入框中输入以下内容，了解碎石图的相关知识。

> **?** 作为数据挖掘专家，请介绍主成分分析中的碎石图。

以下是 ChatGPT 给出的答案。

> 主成分分析中的碎石图（Scree Plot）是一种用于可视化主成分的方差解释比例的图表。该图表以主成分的编号为横轴，对应的特征值（或方差）为纵轴。通过观察碎石图，我们可以识别出主成分的数量，从而选择保留的主成分数量。
>
> 在碎石图中，特征值较大的主成分对应的方差较大，而特征值较小的主成分对应的方差较小。图上通常会呈现一个类似"肘部"的形状，这个肘部对应的主成分数量是一个重要的选择点。在这个点之后，额外增加的主成分对方差的解释贡献相对较小。
>
> 通过观察碎石图，数据分析人员可以做出关于保留多少主成分的决策。选择在肘部之前的主成分数量可以在降低数据维度的同时尽量保留原始数据的信息。这有助于更有效地进行特征选择和降维，以便后续分析和建模。

从 ChatGPT 给出的答案可知，碎石图是一种用于显示主成分分析中特征值与主成分个数关系的图形工具。这种图表的特点是先陡后平稳，呈现出类似碎石坡的形状。通常来说，我们会根据碎石图来选择保留的主成分数量。例如，如果观察到图形在某个点开始变得平坦，那么就只保留这个点之前的主成分即可，因为前面这些主成分已经解释了原数据中的大部分信息。

7.2.2　主成分分析的 Python 实现

在介绍主成分分析的原理时已经提到 Python 的 scikit-learn 能实现主成分分析。我们在 ChatGPT 输入框中输入以下内容：

> **?** 作为数据挖掘专家，请问 scikit-learn 如何实现主成分分析，需要对参数进行详细解释，不需要给出 Python 代码示例。

以下是 ChatGPT 给出的答案。

> scikit-learn 中实现主成分分析的主要函数是 sklearn.decomposition.PCA()。以下是一些关键参数的详细解释。
>
> 1. n_components
>
> ❑ 意义：指定要保留的主成分数量。
>
> ❑ 类型：整数或者可选的字符串，如 'mle'（使用最大似然估计选择主成分数量）。

2. copy
- ❑ 意义：表示是否在拟合时复制原始数据。
- ❑ 类型：布尔值，默认为 True。如果设置为 False，则原始数据会在原地进行修改。

3. whiten
- ❑ 意义：表示是否对数据进行白化处理。
- ❑ 类型：布尔值，默认为 False。如果设置为 True，将对每个主成分除以相应的奇异值，使它们的方差为 1。

4. svd_solver
- ❑ 意义：指定用于计算奇异值分解（Singular Value Decomposition，SVD）的算法。
- ❑ 类型：字符串，可选值有 'auto'、'full'、'arpack'、'randomized'。'auto' 会自动选择合适的算法。

5. tol
- ❑ 意义：表示停止标准，用于控制 SVD 求解的精度。
- ❑ 类型：浮点数，默认为 0.0。停止标准是指当两次迭代之间的平方残差变化小于 tol 时，迭代停止。

6. iterated_power
- ❑ 意义：指定幂迭代法的迭代次数。
- ❑ 类型：整数，默认为 2。

7. random_state
- ❑ 意义：控制随机数的生成，用于初始化随机化的 SVD 计算方法。
- ❑ 类型：整数、RandomState 实例或 None，默认为 None。

这些参数涵盖了 scikit-learn 中主成分分析实现的一些关键方面。选择哪些参数通常依赖于具体的数据集和分析任务。

　　从 ChatGPT 给出的答案可知，scikit-learn 使用 sklearn.decomposition.PCA 类实现主成分分析。参数 n_components 是希望保留的主成分数量，默认设置为 None，这意味着不会限制保留的主成分数量，而是根据所解释的方差比例来自动选择主成分数量；如果设置为 2，则保留原始数据的前两个主成分。参数 svd_solver 是一个字符串，用于指定用于计算 SVD 的算法。可选值包括 'auto'、'full'、'arpack' 和 'randomized'，其中 'auto' 选项将根据输入数据的性质选择最佳算法；'full' 选项使用完整的 SVD 计算，这可能需要更多的计算资源，但可以提供更精确的结果；'arpack' 选项使用 ARPACK 库进行计算，这比 'full' 选项更快，但可能不如 'full' 选项精确；'randomized' 选项使用随机化的 SVD 计算方法，这比 'full' 和 'arpack' 选项更快，但可能不如它们精确；默认值为 'auto'。

7.2.3 案例：对 iris 数据集进行主成分分析

本小节我们让 ChatGPT 教我们如何对 iris 数据集进行主成分分析。在 ChatGPT 输入框中输入以下内容：

 作为数据挖掘专家，请对 scikit-learn 自带的 iris 数据集进行主成分分析，要求基于 scikit-learn 的 PCA 类实现，对主成分绘制碎石图，最后对结果进行可视化。

以下是 ChatGPT 给出的答案。

 当使用 scikit-learn 进行主成分分析时，你可以使用 PCA 类进行降维，并通过绘制碎石图来选择要保留的主成分数量。以下是一个简要的步骤。

1. 导入必要的库和数据集。

2. 对 iris 数据集进行主成分分析。

3. 绘制碎石图。

4. 选择要保留的主成分数量。

5. 使用选择的主成分数量进行数据变换。

6. 可视化降维后的数据。

以下是一个示例代码：

```python
import matplotlib.pyplot as plt
from sklearn.decomposition import PCA
from sklearn.datasets import load_iris
from sklearn.preprocessing import StandardScaler
# 步骤 1：导入数据集
iris = load_iris()
X = iris.data
y = iris.target
# 步骤 2：标准化数据
X_scaled = StandardScaler().fit_transform(X)
# 步骤 3：进行主成分分析
pca = PCA()
X_pca = pca.fit_transform(X_scaled)
# 步骤 4：绘制碎石图
explained_variance_ratio = pca.explained_variance_ratio_
cumulative_variance_ratio = explained_variance_ratio.cumsum()
plt.plot(range(1, len(cumulative_variance_ratio) + 1), cumulative_variance_
    ratio, marker='o')
plt.title('Scree Plot')
plt.xlabel('Number of Principal Components')
plt.ylabel('Cumulative Explained Variance')
plt.show()
# 步骤 5：选择要保留的主成分数量
# 根据碎石图的肘部来确定要保留的主成分数量
# 步骤 6：使用选择的主成分数量进行数据变换
```

```
n_components = 2   # 选择要保留的主成分数量
pca_selected = PCA(n_components=n_components)
X_pca_selected = pca_selected.fit_transform(X_scaled)
# 步骤 7: 可视化降维后的数据
plt.scatter(X_pca_selected[:, 0], X_pca_selected[:, 1], c=y, cmap='viridis')
plt.title('PCA: 2 Principal Components')
plt.xlabel('Principal Component 1')
plt.ylabel('Principal Component 2')
plt.show()
```

在这个示例中，我们首先对 iris 数据集进行了标准化，使用 PCA() 函数进行主成分分析；然后，我们绘制了碎石图，通过观察肘部位置来选择要保留的主成分数量；最后，我们选择两个主成分进行数据变换，并可视化了降维后的数据。

让我们先在 Jupyter Notebook 中输入 ChatGPT 给出的前 10 行代码（导入必要的库和数据集并进行标准化，标准化后的各变量的均值为 0，标准差为 1）。可在 Jupyter Notebook 中输入以下代码，查看标准化后各变量的均值和标准差：

```
import numpy as np
print(np.round(np.mean(X_scaled,axis=0),2)) # 查看各变量的均值
print(np.round(np.std(X_scaled,axis=0),2))  # 查看各变量的标准差
```

输出结果为：

```
[-0. -0. -0. -0.]
[1. 1. 1. 1.]
```

接下来，在 Jupyter Notebook 中输入 ChatGPT 给出的进行主成分分析及计算各主成分方差贡献度的代码：

```
# 步骤 3: 进行主成分分析
pca = PCA()
X_pca = pca.fit_transform(X_scaled)
# 计算主成分的方差贡献度
explained_variance_ratio = pca.explained_variance_ratio_
cumulative_variance_ratio = explained_variance_ratio.cumsum()
print(' 各主成分的方差贡献度 ',explained_variance_ratio)
print(' 主成分的累积方差贡献度 ',cumulative_variance_ratio)
```

输出结果为：

```
各主成分的方差贡献度 [0.72962445 0.22850762 0.03668922 0.00517871]
主成分的累积方差贡献度 [0.72962445 0.95813207 0.99482129 1.         ]
```

第 1 个主成分的方差贡献度为 72.96%，第 2 个主成分的方差贡献度为 22.85%，前 2 个主成分的累积方差贡献度高达 95.8%，说明前两个主成分已经能包含原始信息的 95%。可以只利用前两个主成分替代原始变量，达到降维目的。

我们也可以通过碎石图可视化的方式寻找需保留的主成分数量。在 Jupyter Notebook 中输入 ChatGPT 给出的"步骤 4：绘制碎石图"部分代码，得到的图形如图 7-1 所示。

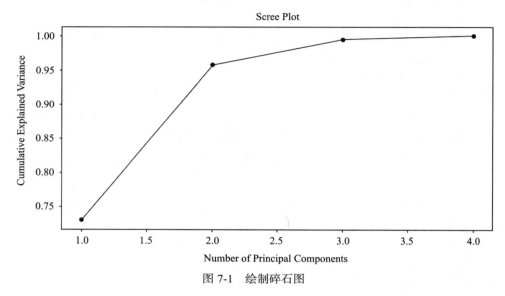

图 7-1　绘制碎石图

由图 7-1 可知，拐点出现在 2 处，所以保留 2 个主成分即可包含原始数据的大部分信息。

最后，让我们选择主成分数量为 2 重新进行数据变换，并可视化降维后的数据。在 Jupyter Notebook 中输入以下代码：

```
# 步骤 5：选择主成分数量
n_components = 2
# 步骤 6：使用选择的主成分数量进行数据变换
pca_selected = PCA(n_components=n_components)
X_pca_selected = pca_selected.fit_transform(X_scaled)
# 步骤 7：可视化降维后的数据
plt.figure(figsize=(12,6))
# 根据分组设置颜色和标记
colors = ['red', 'green', 'blue']
markers = ['o', 's', '^']
# 绘制散点图
for group in range(3):
    plt.scatter(X_pca_selected[:, 0][y==group], X_pca_selected[:, 1][y==group],
                c=colors[group], marker=markers[group], label=f'target {group}')
plt.title('PCA: 2 Principal Components')
plt.xlabel('Principal Component 1')
plt.ylabel('Principal Component 2')
plt.legend()
plt.show()
```

结果如图 7-2 所示。

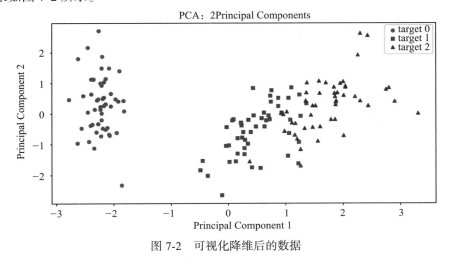

图 7-2　可视化降维后的数据

7.3　关联规则分析

关联规则是指从事务数据库、关系数据库和其他信息存储中的大量数据项集之间发现有趣的、频繁出现的模式、关联和相关性。更确切地说，关联规则通过量化的数字描述物品甲的出现对物品乙的出现有多大的影响。关联规则模式属于描述型模式，发现关联规则的算法属于无监督学习的方法。

7.3.1　关联规则分析的原理

Apriori 算法是最常用也是最经典的挖掘频繁项集的算法。在 ChatGPT 输入框中输入以下内容，了解 Apriori 算法的实现过程：

> ❓ 作为数据挖掘专家，请给出 Apriori 算法的实现过程，不要用 Markdown，不要代码示例，公式用 LaTeX 显示。

以下是 ChatGPT 给出的答案。

> 关联规则是数据挖掘领域的一种重要技术，而 Apriori 算法是一种用于挖掘频繁项集和关联规则的经典方法。下面是 Apriori 算法的基本实现步骤。
>
> 1. 扫描数据集：通过一次数据库扫描，确定每个项的支持度，即每个项在数据集中出现的频率。
>
> 2. 生成候选项集：基于支持度生成频繁 1 项集；然后使用频繁 1 项集生成候选 2 项集，再通过剪枝步去除不满足支持度要求的项集。这个过程会一直迭代，生成频繁 k 项

集，直到无法生成更多频繁项集。

3. 生成关联规则：对于每个频繁项集，生成其所有可能的关联规则。关联规则的生成涉及对项集的划分和计算规则的置信度。

4. 评估规则：计算生成的关联规则的置信度，并筛选出满足最小置信度要求的规则。

Apriori 算法的主要思想在于通过先验知识（Apriori 原则）来缩小搜索空间，从而提高算法的效率。根据 Apriori 原则，如果一个项集是频繁的，那么它的所有子集也必须是频繁的。这样，我们可以通过逐层的迭代来生成频繁项集，而不需要检查所有可能的项集。

希望这个简要的描述能够帮助你理解 Apriori 算法的实现过程。如果有任何具体问题，欢迎进一步询问。

从 ChatGPT 给出的答案可知，Apriori 算法的主要思想是找出存在于事务数据集中的最大频繁项集，再利用得到的最大频繁项集与预先设定的最小置信度阈值生成强关联规则。Apriori 算法的实现包含以下两个过程。

1）找出所有的频繁项集（支持度必须大于或等于给定的最小支持度阈值）。在这个过程中，将连接步和剪枝步互相融合，最终得到最大频繁项集 L_k。

连接步的目的是找到 k 项集。基于给定的最小支持度阈值，首先对候选 1 项集 C_1 剔除小于该阈值的项集，得到频繁 1 项集 L_1；下一步由 L_1 自身连接产生候选 2 项集 C_2，保留 C_2 中满足约束条件的项集，得到频繁 2 项集，记为 L_2；再下一步由 L_2 与 L_1 连接产生候选 3 项集 C_3，保留 C_3 中满足约束条件的项集，得到频繁 3 项集，记为 L_3……这样循环下去，得到最大频繁项集 L_k。

剪枝步紧接着连接步，在产生候选项集 C_k 的过程中起到缩小搜索空间的目的。由于 C_k 是 L_{k-1} 与 L_1 连接产生的，根据 Apriori 的性质，频繁项集的所有非空子集也必须是频繁项集，所以不满足该性质的项集将不会存在于 C_k 中。该过程就是剪枝。

2）由频繁项集产生强关联规则。由过程 1）可知，未超过预定最小支持度阈值的项集已经被剔除，如果剩下这些规则满足预定的最小置信度阈值，那么就挖掘出了强关联规则。

在挖掘布尔关联规则频繁项集的算法中，Apriori 算法是最有影响的一种。该关联规则在分类上属于单维、单层、布尔关联规则。在这里，所有支持度大于或等于最小支持度阈值的项集称为频繁项集。可能产生大量的候选集以及可能需要重复扫描数据库是 Apriori 算法的两大缺点。

可以用支持度（Support）、置信度（Confidence）和提升度（Lift）3 个指标来评估 Apriori 算法的效果。下面介绍如何计算这 3 个指标。

假设共有 1000 人购买了物品（事务集 W），其中购买了 X 物品的有 100 人，购买了 Y 物品的有 150 人，同时购买了 X 和 Y 物品的有 80 人。

1）支持度是指交易集中同时包含 X 和 Y 的交易数与事务集 W 之比，即

$$support(X{\Rightarrow}Y)=count(X \cap Y)/W=80/1000=8\%$$

2）置信度是指包含 X 和 Y 的交易数与包含 X 的交易数之比，即

$$confidence(X{\Rightarrow}Y)=support(X{\Rightarrow}Y)/support(X)=80/100=80\%$$

也就是说，有 80% 的用户在购买了 X 物品之后还会购买 Y 物品。

3）提升度就是在购买 X 物品的前提下购买 Y 物品的可能性与在没有购买 X 物品的情况下购买 Y 物品的可能性之比，即

$$lift(X{\Rightarrow}Y)= confidence(X{\Rightarrow}Y)/support(Y)=80\%/15\%=5.34$$

提升度等于 1 时，说明 X 和 Y 是相互独立的，只是一个随机事件。提升度大于 1 时，关联规则比随机推荐要有效得多。

7.3.2　关联规则分析的 Python 实现

我们在 ChatGPT 输入框中输入以下内容，学习如何用 Python 实现关联规则分析：

> ❓ 作为数据挖掘专家，请问 Python 有哪些库可进行关联规则分析，能实现哪些算法，不需要示例。

以下是 ChatGPT 给出的答案。

> 在 Python 中，有几个主要的库可以用于关联规则分析，它们支持多种算法。以下是一些常用的库和它们所支持的算法。
>
> 1.mlxtend：mlxtend 库提供了 Apriori、FP-growth 等关联规则分析算法。
>
> 2.Orange3：Orange3 是一个用于数据挖掘和机器学习的工具，它包含关联规则分析的功能，支持 Apriori 算法。
>
> 3.scikit-learn：scikit-learn 是一个广泛用于机器学习的库，虽然主要关注传统机器学习任务，但也提供了一些关联规则分析的功能。
>
> 4.pycaret：pycaret 是一个用于自动化机器学习的库，它包括一些关联规则分析的功能。
>
> 这些库提供了方便的接口和实现，使得关联规则分析变得更加容易。选择哪个库主要取决于你的需求、数据集的规模以及你喜欢的工作流程。

从 ChatGPT 给出的答案可知，Python 有多个库可实现关联规则分析。接下来让 ChatGPT 介绍 mlxtend 如何实现 Apriori 算法，在输入框中输入以下内容：

> ❓ 作为数据挖掘专家，请问 mlxtend 如何实现 Apriori 算法，需要对参数进行详细解释，不需要给出 Python 代码示例。

以下是 ChatGPT 给出的答案。

mlxtend 中实现 Apriori 算法的函数是 apriori()。以下是该函数的一些重要参数及其解释。

1. transactions：输入的事务数据，通常是一个列表的列表。每个子列表代表一个事务，包含项集。

2. min_support：最小支持度阈值，用于筛选频繁项集。支持度是指某项集出现在所有事务中的频率。

3. use_colnames：如果为 True，结果中的项集将使用原始数据中的列名。默认为 False，使用列索引。

4. max_len：生成的频繁项集的最大长度。默认为 None，表示没有限制。

5. verbose：控制输出信息的详细程度。如果为 True，将输出额外的信息。

6. low_memory：如果为 True，将以较低的内存模式运行，但可能会导致速度较慢。默认为 False。

7. n_jobs：并行计算的数量。默认为 1，表示不并行计算。若设置为 -1，则使用所有可用的 CPU 核心。

这些参数允许用户根据具体的需求来调整算法的行为，例如设置合适的支持度阈值、选择是否使用列名等。通过灵活使用这些参数，可以更好地适应不同的数据集和挖掘任务。

可使用 mlxtend 中的 frequent_patterns 模块进行关联规则分析。除了可用 apriori() 函数实现 Apriori 算法找到频繁项集，其实 association_rules() 函数也可以用来生成关联规则。

7.3.3 案例：对用户购买物品的行为进行关联规则分析

从数据库中导出一份用户物品购买数据，包括用户 id、商品名称和购买数量 3 个变量。表 7-1 是用户物品购买的部分数据。

表 7-1　用户物品购买的部分数据

player_id	product_name	qty
107204535	感恩大礼包	1
107204535	新手礼包	1
213666611	8 条钥匙	1
278620434	15000 金币	1
278620434	70000 金币	1
278620434	快速复活	2
……	……	……

我们在 Jupyter Notebook 中运行以下代码，导入数据集并查看前 5 行：

```
# 导入数据集
import numpy as np
import pandas as pd
df = pd.read_excel('data/ 用户物品购买数据 .xlsx') # 导入 Excel 文件
df.head()                                         # 查看前 5 行
```

输出结果为：

```
    player_id   product_name  qty
0   107204535   感恩大礼包       1
1   107204535   新手礼包         1
2   213666611   8 条钥匙         1
3   226500629   0.1 元大礼包     1
4   226500629   8 条钥匙         1
```

在进行关联规则分析前，我们还需将以上数据转换为事务型数据集。那么什么是事务型数据集呢？可通过 ChatGPT 得到答案。在输入框中输入以下内容：

❓ 什么是关联规则的事务型数据集？

以下是 ChatGPT 给出的答案。

关联规则的事务型数据集是指以事务为基本单位的数据集，其中每个事务记录了一个或多个项的购买、使用或发生的情况。在关联规则分析中，项集是指数据集中的物品或属性的组合。

事务型数据集适用于关联规则分析，因为关联规则通常是在项集之间的频繁出现和关联性上进行挖掘。这样的数据通常采用一种稀疏矩阵的表示方式，其中每行代表一个事务，每列代表一个可能的项，而矩阵中的元素表示项是否在事务中出现。

例如，一家超市的交易数据可以被组织成一个事务型数据集，其中每个事务是一个购物篮，而每个项则是购物篮中的商品。如果某个商品在某个购物篮中出现，对应的矩阵元素为 1，否则为 0。这样的数据结构有助于进行关联规则分析，找出商品之间的关联关系，例如购买了商品 A 的人也很可能购买了商品 B。

在使用 mlxtend 进行关联规则分析时，事务型数据集的格式是一个包含布尔值或整数的二维数据结构，其中每行表示一个事务，每列表示一个项，以支持关联规则算法的处理。

从 ChatGPT 给出的答案可知，关联规则中的事务型数据通常指的是每一行记录对应一个事务的数据集合，每个事务中的元素称为项，项集就是包含 1 个或者多个项的集合。对于这份用户购买物品的数据集，行就是用户，项就是物品集。如果用户购买某商品，则对应矩阵元素为 1，否则为 0。转换后的事务型数据集如表 7-2 所示。

表 7-2　转换为适合关联规则的事务型数据集

	感恩大礼包	新手礼包	8 条钥匙	0.1 元大礼包
107204535	1	1	0	0
213666611	0	0	1	0
226500629	0	0	1	1

由表 7-2 可知，用户 107204535 购买过感恩大礼包和新手礼包，没有购买过 8 条钥匙和 0.1 元大礼包。

现在我们已经知道什么是事务型数据集了，那么如何通过 Python 将以上数据集转换为事务型数据集呢？同样也可以咨询 ChatGPT。在 ChatGPT 输入框中输入以下内容：

> 作为数据分析专家，请用 Python 对下面 data 数据集中的 player_id、product_name、qty 3 个变量进行数据转换，转换成可使用 mlxtend 中 apriori() 函数进行关联规则分析的事务型数据集，要求行索引名称为 player_id。
>
> ```
> player_id,product_name,qty
> 107204535, 感恩大礼包 ,1
> 107204535, 新手礼包 ,1
> 213666611,8 条钥匙 ,1
> 226500629,0.1 元大礼包 ,1
> 226500629,8 条钥匙 ,1
> ```

以下是 ChatGPT 给出的答案。

> 要将数据转换为适用于 mlxtend 中 apriori() 函数的事务型数据集，你可以使用 Pandas 和 mlxtend 中的 TransactionEncoder() 函数进行数据转换。以下是一个示例代码：
>
> ```python
> import pandas as pd
> from mlxtend.preprocessing import TransactionEncoder
> # 创建data数据集
> data = {'player_id': [107204535, 107204535, 213666611, 226500629, 226500629],
>         'product_name': [' 感恩大礼包 ', ' 新手礼包 ', '8 条钥匙 ', '0.1 元大礼包 ', '8
>         条钥匙 '],
>         'qty': [1, 1, 1, 1, 1]}
> df = pd.DataFrame(data)
> # 将用户物品购买数据转换为事务型数据集
> transactions = df.groupby('player_id')['product_name'].apply(list).reset_
>     index(name='items')
> # 使用 TransactionEncoder() 函数进行数据转换
> te = TransactionEncoder()
> te_ary = te.fit(transactions['items']).transform(transactions['items'])
> # 将转换后的数据集转换为 DataFrame，并将 player_id 设置为行索引
> transaction_df = pd.DataFrame(te_ary, columns=te.columns_,
>     index=transactions['player_id'])
> # 显示转换后的数据集
> ```

```
print(transaction_df)
```

在这个示例中，我们首先使用 groupby() 函数将每个用户的购买项组合成一行，然后使用 TransactionEncoder() 函数进行数据转换，最后将转换后的数据集保存在 DataFrame 中，并将 player_id 设置为行索引。这样你就可以使用 mlxtend 中的 apriori() 函数进行关联规则分析。请根据你的实际数据集和需求进行调整。

我们将对 ChatGPT 给出的代码进行逐步讲解。在 Jupyter Notebook 中输入以下代码，进行数据转换：

```
# 将数据转换为事务型数据集
transactions = df.groupby('player_id')['product_name'].apply(list).reset_index
    (name='items')
transactions.head()
```

输出结果为：

```
   player_id    items
0  107204535    [感恩大礼包，新手礼包]
1  213666611    [8 条钥匙]
2  226500629    [0.1 元大礼包，8 条钥匙，限量版角色]
3  230329140    [38000 金币，限量版角色，新手礼包]
4  264162836    [50 条钥匙]
```

转换后数据的每行代表每位用户的物品购买记录，其中 play_id 列为用户 id，items 列为用户的物品购买清单。

下一步将使用 mlxtend 中的 TransactionEncoder 类将事务型数据转换为适用于关联规则分析的二进制矩阵形式。在 Jupyter Notebook 中输入以下代码并运行：

```
# 使用 TransactionEncoder() 函数进行数据转换
te = TransactionEncoder()
te_ary = te.fit(transactions['items']).transform(transactions['items'])
# 将转换后的数据集转换为 DataFrame，并将 player_id 设置为行索引
transaction_df = pd.DataFrame(te_ary, columns=te.columns_, index=transactions
    ['player_id'])
# 查看前 5 行用户对前 5 种商品的购买情况
transaction_df.iloc[0:5,0:5]
```

输出结果为：

player_id	0.1元大礼包	10 块滑板	15000 金币	15 元大礼包	1 条钥匙
107204535	False	False	False	False	False
213666611	False	False	False	False	False
226500629	True	False	False	False	False
230329140	False	False	False	False	False
264162836	False	False	False	False	False

至此，数据转换工作已经完成，可请教 ChatGPT 如何利用 mlxtend 进行关联规则分析了。在输入框中输入以下内容：

> 作为数据挖掘专家，请对上面的事务型数据 transaction_df 进行关联规则分析，要求基于 mlxtend 的 apriori() 函数实现，并对关联规则结果进行可视化，不需要再给出创建示例数据的代码。

以下是 ChatGPT 给出的答案。

> 如果 transaction_df 已经是你的实际事务型数据集，那么你可以直接使用该数据集进行关联规则分析。以下是基于 mlxtend 中的 apriori() 函数进行关联规则分析和可视化的代码：

```python
import pandas as pd
from mlxtend.frequent_patterns import apriori
from mlxtend.frequent_patterns import association_rules
import matplotlib.pyplot as plt
# 示例数据集
# transaction_df 是你的事务型数据集
# 使用 mlxtend 中的 apriori() 函数获取频繁项集
frequent_itemsets = apriori(transaction_df, min_support=0.2, use_
    colnames=True)
# 使用 mlxtend 中的 association_rules() 函数获取关联规则
rules = association_rules(frequent_itemsets, metric="confidence", min_
    threshold=0.7)
# 输出关联规则
print(" 关联规则: ")
print(rules)
# 可视化关联规则
plt.scatter(rules['support'], rules['confidence'], alpha=0.5, marker="*")
plt.xlabel(' 支持度 ')
plt.ylabel(' 置信度 ')
plt.title(' 关联规则分析 ')
plt.show()
```

> 这段代码假设 transaction_df 是以 player_id 为行索引的事务型数据集。它使用 apriori() 函数获取频繁项集，然后使用 association_rules() 函数获取关联规则，最后通过 matplotlib 将支持度和置信度可视化展示在散点图中。请根据你的实际数据集和需求进行调整。

将 ChatGPT 给出的代码复制到 Jupyter Notebook 中并运行。使用 apriori() 函数获取频繁项集，其中将最小支持度的参数 min_support 设置为 0.2（用于寻找频繁项集），将参数 use_colnames 设置为 True（使用行索引名称）；使用 association_rules() 函数获取关联规则，其中将最小置信度的 min_threshold 设置为 0.7。如下所示：

```
# 使用 mlxtend 中的 apriori() 函数获取频繁项集
frequent_itemsets = apriori(transaction_df, min_support=0.2, use_colnames=True)
# 使用 mlxtend 中的 association_rules() 函数获取关联规则
rules = association_rules(frequent_itemsets, metric="confidence", min_threshold=
    0.7)
# 输出关联规则
print(" 关联规则: ")
print(rules)
```

输出结果为:

```
关联规则:
Empty DataFrame
Columns: [antecedents, consequents, antecedent support, consequent support,
    support, confidence, lift, leverage, conviction]
Index: []
```

结果很不幸,并未任何找到关联规则。这是因为我们把最小支持度和最小置信度的阈值设置得过大,导致没有符合条件的关联规则。

下面将最小支持度阈值设置为 0.01,最小置信度阈值设置为 0.2,重新运行以下代码:

```
# 将最小支持度阈值设置为 0.01,最小置信度阈值设置为 0.1
frequent_itemsets = apriori(transaction_df, min_support=0.01, use_colnames=True)
rules = association_rules(frequent_itemsets, metric="confidence", min_threshold=
    0.2)
# 输出关联规则
print(" 关联规则: ")
print(rules)
```

输出结果为:

```
关联规则:
     antecedents    consequents  antecedent    support   consequent  support  support \
0  (70000 金币 )   (15000 金币 )   0.093250    0.185701    0.019194
1  (15000 金币 )   (8 条钥匙 )    0.185701    0.347249    0.040787
2  (20 条钥匙 )     (8 条钥匙 )    0.031670    0.347249    0.014075
3  ( 新手礼包 )      ( 超值大礼包 )  0.068298    0.017754    0.015995
4  ( 超值大礼包 )    ( 新手礼包 )    0.017754    0.068298    0.015995
5  ( 特殊滑板 )      ( 限量版角色 )  0.048944    0.117083    0.012796
6  ( 解锁滑板 )      ( 限量版角色 )  0.061420    0.117083    0.019194
     confidence    lift          leverage    conviction
0  0.205832      1.108407      0.001877    1.025349
1  0.219638      0.632510      -0.023697   0.836472
2  0.444444      1.279902      0.003078    1.174952
3  0.234192      13.190708     0.014782    1.282627
4  0.900901      13.190708     0.014782    9.401719
5  0.261438      2.232937      0.007065    1.195455
6  0.312500      2.669057      0.012003    1.284244
```

关联规则最重要的 3 个指标是支持度、置信度和提升度。第一条规则 70000 金币→ 15000 金币的支持度（support）约为 1.9%，置信度（confidence）约为 20.6%，提升度（lift）约为 1.1，说明 1.9% 的顾客同时购买了 70000 金币和 15000 金币；在购买 70000 金币的顾客中，有约 20.6% 也购买了 15000 金币。提升度接近 1，表示规则的出现对购买 15000 金币的影响不是很显著。

也可以对关联规则按照某个指标进行排序。在 Jupyter Notebook 中输入以下代码，对关联规则按照提升度进行降序排序：

```
# 关联规则可以按 lift 进行排序
rules.sort_values(by='lift',ascending=False,inplace=True)
print(rules)
```

输出结果为：

	antecedents	consequents	antecedent support	consequent support	support \
3	（新手礼包）	（超值大礼包）	0.068298	0.017754	0.015995
4	（超值大礼包）	（新手礼包）	0.017754	0.068298	0.015995
6	（解锁滑板）	（限量版角色）	0.061420	0.117083	0.019194
5	（特殊滑板）	（限量版角色）	0.048944	0.117083	0.012796
2	(20 条钥匙)	(8 条钥匙)	0.031670	0.347249	0.014075
0	(70000 金币)	(15000 金币)	0.093250	0.185701	0.019194
1	(15000 金币)	(8 条钥匙)	0.185701	0.347249	0.040787

	confidence	lift	leverage	conviction
3	0.234192	13.190708	0.014782	1.282627
4	0.900901	13.190708	0.014782	9.401719
6	0.312500	2.669057	0.012003	1.284244
5	0.261438	2.232937	0.007065	1.195455
2	0.444444	1.279902	0.003078	1.174952
0	0.205832	1.108407	0.001877	1.025349
1	0.219638	0.632510	-0.023697	0.836472

规则 3、规则 4 指的都是用户购买过新手礼包和超值大礼包，两条规则的支持度约为 16%，提升度为 13.19，由此说明 Apriori 算法是不考虑物品购买前后顺序的。

最后，在 Jupyter Notebook 中输入 ChatGPT 给出的关联规则可视化代码：

```
# 可视化关联规则
plt.rcParams['font.sans-serif']=['SimHei'] # 用来正常显示中文标签
plt.scatter(rules['support'], rules['confidence'], alpha=0.5, marker="*")
plt.xlabel(' 支持度 ')
plt.ylabel(' 置信度 ')
plt.title(' 关联规则分析 ')
plt.show()
```

结果如图 7-3 所示。

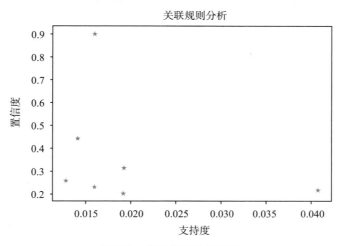

图 7-3　关联规则分析结果

7.4　本章小结

　　本章首先通过 ChatGPT 介绍了常用的降维算法，然后通过 ChatGPT 学习了主成分分析和关联规则分析的原理及其 Python 实现，并通过案例帮助读者掌握这两种算法的数据处理及代码实现。

第 8 章

使用 ChatGPT 学习回归分析

前两章我们已经学习了无监督学习的相关算法，后面章节将深入学习有监督学习的相关算法。

8.1 使用 ChatGPT 了解常用的有监督学习算法

在介绍回归分析前，我们先使用 ChatGPT 了解常用的有监督学习算法。在 ChatGPT 输入框中输入以下内容：

> 作为数据挖掘专家，请用通俗易懂的语言给小白介绍常用的有监督学习算法，并简要概述各种算法的优缺点，不需要举例。

以下是 ChatGPT 给出的答案。

> 当我们谈论有监督学习算法时，我们实际上是在讨论一种通过已知输入和输出的数据来进行学习的方式。这些算法用于预测或分类未知数据。以下是一些常用的有监督学习算法的简要介绍。
>
> 1. 线性回归
>   - 优点：简单易懂，计算速度快。
>   - 缺点：对非线性关系的数据拟合效果差。
> 2. 逻辑回归
>   - 优点：适用于二分类问题，输出结果易解释。

❑ 缺点：对于复杂的数据关系可能表现不佳。

3. 决策树

❑ 优点：易于理解和解释，可处理非线性关系。

❑ 缺点：对噪声敏感，容易过拟合。

4. 随机森林

❑ 优点：集成多个决策树，提高了模型的鲁棒性和准确性。

❑ 缺点：训练速度较慢，可能占用较多内存。

5. 支持向量机

❑ 优点：在高维空间中表现良好，适用于复杂问题。

❑ 缺点：对大规模数据集和噪声敏感，计算复杂度较高。

6. k 近邻（k-Nearest Neighbors）

❑ 优点：简单直观，对局部结构的适应性强。

❑ 缺点：对噪声和维度较高的数据敏感，计算复杂度高。

7. 神经网络

❑ 优点：适用于复杂问题，可以学习非线性关系。

❑ 缺点：需要大量数据进行训练，模型解释性差。

以上只是简要介绍，每种算法都有其适用的场景和不足之处。在选择算法时，需要考虑数据的性质、问题的复杂度及计算资源等因素。希望这能帮助你更好地理解有监督学习算法的基本特点。

ChatGPT 给出了常用的有监督学习算法及其优缺点。线性回归是一种简单的模型，其对一个或多个自变量和因变量之间的线性关系进行建模，可用最小二乘法求解模型系数。逻辑回归主要用于解决二分类问题，是广义线性回归模型的特例。决策树是一种易于理解和解释的算法，它根据特征进行分割，进而预测因变量，既可用于分类，也可用于回归。随机森林是一种集成学习算法，它将多个决策树组合在一起，以提高预测精度和稳定性。集成学习算法除了随机森林外，还有 Bagging（Bootstrap Aggregating，引导聚合算法）、Boosting、GBDT（Gradient Boosting Decision Tree，梯度提升决策树）、XGBoost（eXtreme Gradient Boosting，极致梯度提升树）等算法。支持向量机主要用于解决高维数据的分类和回归问题，具有很好的泛化能力。k 近邻是一种基于实例的学习算法，它根据距离度量将新的数据点分配给最近的 k 个训练实例所属的类别。神经网络用于对一组输入信号和一组输出信号之间的关系进行建模，其灵感来源于人类大脑对外界信息的处理。

由于逻辑回归属于广义线性回归模型，所以本章将详细介绍线性回归及逻辑回归，其他算法将在后面章节陆续介绍。

8.2 一元线性回归

一元线性回归模型也被称为简单线性回归模型，是指模型中只含有一个自变量和一个因变量。

8.2.1 一元线性回归的原理

在 ChatGPT 输入框中输入以下内容，初步了解一元线性回归：

> ❓ 作为数据挖掘专家，请用通俗易懂的语言给小白介绍一元线性回归的原理，不要用 Markdown，公式用 LaTeX 显示。

以下是 ChatGPT 给出的答案。

> 🌀 好的，我会尽量用简单的语言来解释一元线性回归的原理。
>
> 一元线性回归的原理：假设我们有一堆数据，比如一组关于房屋面积和价格的信息。我们想知道房屋面积对价格有没有影响及影响程度是多少。
>
> 一元线性回归就像是在尝试寻找一条直线，通过这条直线来最好地拟合已知的数据点。这条直线的方程可以表示为：
>
> $$y=mx+b$$
>
> 其中，y 是我们想预测的结果（比如房价）；x 是已知的变量（比如房屋面积）；m 是直线的斜率；b 是截距。
>
> 这个方程告诉我们，房价（y）与房屋面积（x）之间存在一种线性关系。斜率 m 表示这个关系的斜度，截距 b 表示直线和 y 轴的交点。
>
> 那么，当我们有了这条直线后，如果有新的房屋面积，我们就可以用这个方程来预测它的价格。简而言之，一元线性回归就是试图用一条直线来最好地描述已知数据，并利用这条直线来预测未知数据。

由 ChatGPT 给出的答案可知，一元线性回归就是一条直线（$y=mx+b$）。我们希望利用变量 x 和 y 的已知数据，求出斜率 m 和截距 b 的值。

简单的线性回归模型可表达为如下形式

$$y_i=mx_i+b+e_i, \ i=1, 2, \cdots, n$$

目标是利用训练集中已有的 n 个观测值 $(y_1, x_1), (y_2, x_2), \cdots, (y_n, x_n)$ 来估计未知系数的值。也就是寻找一条直线 $y=mx+b$（等价于寻找斜率 m 和截距 b），使得因变量 $y=(y_1, y_2, \cdots, y_n)$ 和该直线之间的误差（也称为残差 e）的平方和最小，如图 8-1 所示。

当残差平方和（即图 8-1 中虚线长度的平方和）最小时，拟合直线即最优拟合直线。也就是说，线性回归旨在使残差平方和最小。

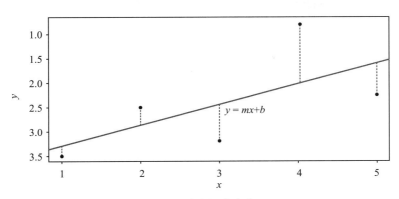

图 8-1　散点拟合直线

在 ChatGPT 输入框中输入以下内容，学习如何通过最小二乘法得到最优拟合直线：

作为数据挖掘专家，请介绍线性回归中基于最小二乘法寻找最优拟合直线的过程，不要用 Markdown，公式用 LaTeX 显示。

以下是 ChatGPT 给出的答案。

在线性回归中，基于最小二乘法寻找最优拟合直线的过程如下。

假设我们有一组数据点 $(x_1, y_1), (x_2, y_2), \cdots, (x_n, y_n)$，目标是找到一条直线 $y=mx+b$，使得这条直线与所有数据点的误差平方和最小。误差即实际观测值与模型预测值之间的差异。

定义模型的预测值为 $\hat{y}_i = mx_i + b$，第 i 个数据点的误差为 $e_i = y_i - \hat{y}_i$。我们的目标是最小化所有误差的平方和，即最小化损失函数：

$$L_{(m,b)} = \sum_{i=1}^{n} e_i^2 = \sum_{i=1}^{n} [y_i - (mx_i + b)]^2$$

最小二乘法的思想是找到使损失函数最小的斜率 m 和截距 b。

为了找到最小值，我们分别对 m 和 b 求偏导数，令其等于 0，然后解出 m 和 b。

对 m 求偏导数：

$$\frac{\partial L}{\partial m} = -2 \sum_{i=1}^{n} x_i [y_i - (mx_i + b)]$$

对 b 求偏导数：

$$\frac{\partial L}{\partial b} = -2 \sum_{i=1}^{n} [y_i - (mx_i + b)]$$

令上述偏导数等于 0，得到方程组。通过求解这个方程组，可以找到使损失函数最小的参数 m 和 b。这样，我们就得到了基于最小二乘法的线性回归模型，使得拟合直线在最大程度上符合我们的数据。

求解最优拟合直线，除了使用最小二乘法外，还可以使用梯度下降法实现。在 ChatGPT 输入框中输入以下内容，学习如何基于梯度下降法得到最优拟合直线：

> **?** 作为数据挖掘专家，请用介绍线性回归中基于梯度下降法寻找最优拟合直线的过程，不要用 Markdown，公式用 LaTeX 显示。

以下是 ChatGPT 给出的答案。

 在线性回归中，基于梯度下降法寻找最优拟合直线的过程如下。

定义损失函数为：

$$J_{(m,b)} = \frac{1}{2n} \sum_{i=1}^{n} [y_i - (mx_i + b)]^2$$

其中，n 是数据点的数量。

梯度下降法的目标是通过不断迭代调整参数 m 和 b 的值，使得损失函数 J 最小化。梯度下降法的迭代更新规则如下：

$$m = m - \alpha \frac{\partial J}{\partial m}$$
$$b = b - \alpha \frac{\partial J}{\partial b}$$

其中，α 是学习率，是一个控制更新步长的参数。

分别对 m 和 b 求偏导数：

$$\frac{\partial J}{\partial m} = -\frac{1}{n} \sum_{i=1}^{n} x_i [y_i - (mx_i + b)]$$
$$\frac{\partial J}{\partial b} = -\frac{1}{n} \sum_{i=1}^{n} [y_i - (mx_i + b)]$$

然后，使用上述迭代更新规则不断调整 m 和 b 的值，直到损失函数达到最小值或收敛到一个满意的程度。这样，我们就得到了基于梯度下降法的线性回归模型，使得拟合直线在最大程度上符合我们的数据。

至此，我们已经掌握了一元线性回归的原理，8.2.2 节将介绍如何通过 Python 实现一元线性回归。

8.2.2 使用 scikit-learn 实现一元线性回归

我们在 ChatGPT 输入框中输入以下内容，学习如何用 scikit-learn 实现一元线性回归：

> **?** 作为数据挖掘专家，请问如何使用 scikit-learn 实现一元线性回归，需要对参数进行详细解释，不需要给出 Python 代码示例。

以下是 ChatGPT 给出的答案。

 scikit-learn 提供了一元线性回归的实现，主要使用 LinearRegression 类。以下是该类的一些重要参数的详细解释。

1. fit_intercept（默认为 True）
   ❑ 如果设置为 True，模型会拟合截距（即方程中的 b）。如果输入数据中已经包含截距，可以将其设为 False。
2. normalize（默认为 False）
   ❑ 如果设置为 True，输入数据会在回归前进行归一化。这在特征具有不同尺度时可能有用。
3. copy_X（默认为 True）
   ❑ 如果设置为 True，会在拟合模型前复制输入数据的副本；如果设置为 False，并且 normalize 为 True，则直接在原始数据上进行修改。
4. n_jobs（默认为 None）
   ❑ 用于计算的作业数。如果为 −1，则使用所有可用的 CPU 核心。这对于大型数据集可能会提高其性能。
5. positive（默认为 False）
   ❑ 如果设置为 True，要求系数为正。

这些参数具有一定的灵活性，可以根据数据的特点和需要进行调整。通常情况下，默认参数已经适用于许多情况。在实际使用中，具体参数的选择会取决于数据的特性和分析的目的。

线性回归可以通过 scikit-learn 中的 LinearRegression 类实现。参数 fit_intercept 用于控制是否在拟合模型时计算截距。参数 normalize 用于控制是否对回归系数进行归一化处理，默认为 False；如果设置为 True，则在拟合模型之前会先对数据进行归一化处理。

8.2.3　案例：对 women 数据集进行一元线性回归

本小节我们让 ChatGPT 教我们如何对 women 数据集进行一元线性回归。在 ChatGPT 输入框中输入以下内容：

? 作为数据挖掘专家，请对 women 数据集进行一元线性回归，实现用 height 预测 weight，要求基于 scikit-learn 中的 LinearRegression 类实现，并评估模型的预测效果。

```
women 数据集
height   weight
58       115
59       117
```

60	120
61	123
62	126
63	129
64	132
65	135
66	139
67	142
68	146
69	150
70	154
71	159
72	164

以下是 ChatGPT 给出的答案。

在这里，我提供一个实现一元线性回归的基本流程，包括使用 scikit-learn 的 LinearRegression 类来拟合模型以及预测和评估模型的效果。请注意，这里只是一个演示，实际应用时可能需要更复杂的模型评估和调优过程。示例代码如下：

```python
import numpy as np
import pandas as pd
from sklearn.model_selection import train_test_split
from sklearn.linear_model import LinearRegression
from sklearn.metrics import mean_squared_error, r2_score
import matplotlib.pyplot as plt
# 创建 women 数据集
data = {'height':[58, 59, 60, 61, 62, 63, 64, 65, 66, 67, 68, 69, 70, 71,72],
        'weight':[115, 117, 120, 123, 126, 129, 132, 135, 139, 142, 146, 150,
            154, 159, 164 ]}
women_df = pd.DataFrame(data)
# 划分数据集
X = women_df[['height']]
y = women_df['weight']
X_train, X_test, y_train, y_test = train_test_split(X, y, test_size=0.2,
    random_state=42)
# 创建一元线性回归模型
model = LinearRegression()
# 拟合模型
model.fit(X_train, y_train)
# 预测
y_pred = model.predict(X_test)
# 评估模型
mse = mean_squared_error(y_test, y_pred)
r2 = r2_score(y_test, y_pred)
# 输出模型参数
print(" 斜率 (m):", model.coef_[0])
print(" 截距 (b):", model.intercept_)
print(" 均方误差 (MSE):", mse)
```

```
print(" 决定系数 (R^2):", r2)
# 绘制拟合曲线
plt.scatter(X_test, y_test, color='black', label='Actual')
plt.plot(X_test, y_pred, color='blue', linewidth=3, label='Linear
    Regression')
plt.xlabel('Height')
plt.ylabel('Weight')
plt.legend()
plt.show()
```

在这个例子中，我们首先使用 LinearRegression 类拟合模型；然后对测试集进行预测，并评估模型的性能；最后绘制实际值和预测值之间的拟合曲线，以便直观地了解模型的效果。请注意，这只是一个基本的示例，实际应用中可能需要更详细的模型评估和参数调整。

ChatGPT 给出的 Python 代码中，首先在进行线性回归之前对数据集进行分区，其中 80% 作为训练集，20% 作为测试集；训练集用于模型训练，测试集用于模型效果评估。可通过 model_selection 模块中的 train_test_split() 函数实现，其中参数 test_size 为 0.2，表示从整体数据集中随机抽取 20% 作为测试集；参数 random_state 为 42，保证每次抽样结果一致。

完成数据分区后，使用 LinearRegression() 函数创建一元线性回归模型。model.fit(X,y) 方法用于模型拟合，其中 X 是输入特征的数组，y 是对应的目标值，模型将尝试寻找到最佳的回归系数来拟合数据；predict(X) 方法用于对新的输入特征数据 X 进行预测，并返回模型对 X 的预测值。

将 Python 代码全部复制到 Jupyter Notebook 中并运行，得到的输出结果如下：

```
斜率 (m): 3.555906756222835
截距 (b): -94.43026471750281
均方误差 (MSE): 4.77238091209106
决定系数 (R^2): 0.9787158433058377
```

此时斜率（m）的值为 3.56，截距（b）的值为 -94.43，则最优拟合直线为 weight= 3.56*height-94.43。

均方误差（MSE）常用来评估回归模型的预测效果，MSE 值越小，模型的拟合效果越好。关于模型评估的知识将在后面章节详细介绍。MSE 的计算可通过 metrics 模块中的 mean_squared_error() 函数进行。对测试集预测得到的均方误差为 4.77，说明模型的预测效果不错。

输出结果还有一个决定系数（R^2）值，该值又称为判定系数，是线性回归拟合优度的指标。判定系数用于检验样本数据集在回归直线周围的密集程度，并以此判断回归方程对样本数据的拟合程度，用来衡量方程的可靠性。判定系数定义为

$$R^2 = 1 - \frac{\sum_{i=1}^{n}(y_i - \hat{y}_i)^2}{\sum_{i=1}^{n}(y_i - \overline{y})^2} = \frac{\sum_{i=1}^{n}(\hat{y}_i - \overline{y})^2}{\sum_{i=1}^{n}(y_i - \overline{y})^2} = \frac{\text{SSA}}{\text{SST}}$$

其中，SSA 为回归平方和；SST 为总离差平方和。

下面对总离差平方和和回归平方和进行解释。总离差可以分解为两部分：一部分来自回归直线，是由因变量引起的变动；另一部分则来自随机因素的影响。也就是说，总离差平方和（SST）= 回归平方和（SSA）+ 残差平方和（SSE），即

$$\sum_{i=1}^{n}(y_i - \overline{y})^2 = \sum_{i=1}^{n}(\hat{y}_i - \overline{y})^2 + \sum_{i=1}^{n}(y_i - \hat{y}_i)^2$$

样本观测点越接近回归直线，回归平方和占总离差平方和的比重就越大。这进一步说明，在回归方程的总变动中，由自变量引起的变动占了很大的比重。故判定系数越接近 1，意味着残差平方和越小，回归方程的拟合程度越好；越接近 0，拟合程度越差。

本案例中，测试集的判定系数为 0.98，说明线性模型能解释数据中 98% 的信息，即模型预测效果不错。

ChatGPT 给出的代码中最后还对测试数据集绘制了拟合直线，如图 8-2 所示。

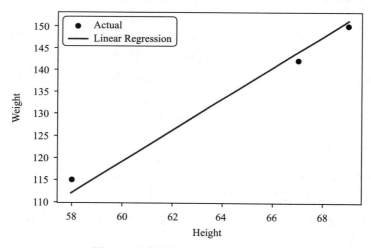

图 8-2　绘制测试数据集的拟合直线

8.3　多元线性回归

一元线性回归模型反映的是单个自变量对因变量的影响。然而在实际情况中，影响因变量的自变量往往不止一个，因此需要将一元线性回归模型扩展到多元线性回归模型。

8.3.1　多元线性回归的原理

在 ChatGPT 输入框中输入以下内容，学习多元线性回归的原理：

> ❓ 作为数据挖掘专家，请介绍多元线性回归中基于最小二乘法寻找最优拟合直线的过程，不要用 Markdown，公式用 LaTeX 显示。

以下是 ChatGPT 给出的答案。

> 在多元线性回归中，基于最小二乘法寻找最优拟合直线的过程如下。
>
> 假设我们有一组数据，包含多个自变量 $x_1, x_2, \cdots, x_k$ 和一个因变量 y。我们想要找到一条直线来描述自变量与因变量之间的关系，这个关系可以表示为：
>
> $$y = b_0 + b_1 x_1 + b_2 x_2 + \cdots + b_k x_k$$
>
> 其中，b_0 是截距；$b_1, b_2, \cdots, b_k$ 是各自变量的系数。
>
> 我们定义模型的预测值为 $\hat{y}_i = b_0 + b_1 x_{i1} + b_2 x_{i2} + \cdots + b_k x_{ik}$，其中第 i 个数据点的误差为 $e_i = y_i - \hat{y}_i$。
>
> 我们的目标是最小化所有误差的平方和，即最小化损失函数：
>
> $$L(b_0, b_1, \cdots, b_k) = \frac{1}{2n} \sum_{i=1}^{n} [y_i - (b_0 + b_1 x_{i1} + b_2 x_{i2} + \cdots + b_k x_{ik})]^2$$
>
> 最小二乘法的思想是找到使损失函数最小的系数 $b_0, b_1, \cdots, b_k$。
>
> 为了找到最小值，我们分别对 $b_0, b_1, \cdots, b_k$ 求偏导数，令其等于 0，然后解出 $b_0, b_1, \cdots, b_k$。
>
> 对 b_0 求偏导数：
>
> $$\frac{\partial L}{\partial b_0} = \frac{1}{n} \sum_{i=1}^{n} [y_i - (b_0 + b_1 x_{i1} + b_2 x_{i2} + \cdots + b_k x_{ik})]$$
>
> 对 b_j（其中 $j = 1, 2, \cdots, k$）求偏导数：
>
> $$\frac{\partial L}{\partial b_j} = \frac{1}{n} \sum_{i=1}^{n} x_{ij} [y_i - (b_0 + b_1 x_{i1} + b_2 x_{i2} + \cdots + b_k x_{ik})]$$
>
> 令上述偏导数等于 0，可得到一组方程。通过求解这个方程组，可以找到使损失函数最小的参数 $b_0, b_1, \cdots, b_k$。这样，我们就得到了基于最小二乘法的多元线性回归模型，使得拟合直线在最大限度上符合我们的数据。

8.3.2　案例：对个人医疗费用进行多元线性回归

多元线性回归也可以通过 scikit-learn 中的 LinearRegression 类实现。下面对 Kaggle 上的个人医疗费用数据集 insurance（https://www.kaggle.com/mirichoi0218/insurance/）进行多

元线性回归。数据集 insurance 一共有 1338 条记录，7 个变量。其中 charges（医疗费用）为
因变量，希望利用其他变量来进行预测。

我们在本地已经有 insurance 数据集文件，在 Jupyter Notebook 中运行以下代码，导入
数据集并查看前 5 行：

```
import numpy as np
import pandas as pd
insurance = pd.read_excel('data/insurance.xlsx')
insurance.head()
```

输出结果为：

	age	sex	bmi	children	smoker	region	charges
0	19	female	27.900	0	yes	southwest	16884.92400
1	18	male	33.770	1	no	southeast	1725.55230
2	28	male	33.000	3	no	southeast	4449.46200
3	33	male	22.705	0	no	northwest	21984.47061
4	32	male	28.880	0	no	northwest	3866.85520

下面我们将 age（年龄）、bmi（体重指数）和 children（儿童人数）作为自变量，将
charges（医疗费用）作为因变量进行多元线性回归。在 ChatGPT 输入框中输入以下内容：

作为数据挖掘专家，请对 insurance 数据集进行多元线性回归，其中自变量为 age、
bmi 和 children，因变量为 charges，并评估模型预测效果。

insurance 数据集

age	bmi	children	charges
19	27.9	0	16884.924
18	33.77	1	1725.5523
28	33	3	4449.462
33	22.705	0	21984.47061
32	28.88	0	3866.8552
31	25.74	0	3756.6216
46	33.44	1	8240.5896
37	27.74	3	7281.5056
37	29.83	2	6406.4107
60	25.84	0	28923.13692

以下是 ChatGPT 给出的答案。

对于 insurance 数据集的多元线性回归，你可以使用类似于前面的 women 数据集的
处理方法，只是这次有多个自变量。以下是一个简单的 Python 代码示例：

```
import pandas as pd
import statsmodels.api as sm
# 创建 insurance 数据集
data = {'age': [19, 18, 28, 33, 32, 31, 46, 37, 37, 60],
        'bmi': [27.9, 33.77, 33, 22.705, 28.88, 25.74, 33.44, 27.74, 29.83,
```

```
                25.84],
         'children': [0, 1, 3, 0, 0, 0, 1, 3, 2, 0],
         'charges': [16884.924, 1725.5523, 4449.462, 21984.47061, 3866.8552,
             3756.6216, 8240.5896, 7281.5056, 6406.4107, 28923.13692]}
insurance_df = pd.DataFrame(data)
# 添加常数项列，用于拟合截距
insurance_df = sm.add_constant(insurance_df)
# 定义因变量和自变量
endog = insurance_df['charges']
exog = insurance_df[['const', 'age', 'bmi', 'children']]
# 使用 OLS() 函数进行多元线性回归
model = sm.OLS(endog, exog)
results = model.fit()
# 输出模型摘要
print(results.summary())
```

在摘要中，你可以查看模型的系数、截距、P 值等信息。为了评估模型的预测效果，你可以使用各种统计指标，例如均方根误差、决定系数等。同样，你可以使用模型来进行预测，然后比较预测值和实际值。

ChatGPT 这次使用 statsmodels 进行多元线性回归。statsmodels 是一个用于统计建模和数据分析的 Python 库，它提供了许多统计模型，包括线性回归。

其实 scikit-learn 的 LinearRegression 类也可以实现多元线性回归，我们先在 Jupyter Notebook 中输入以下代码，通过 LinearRegression 类对个人医疗费用进行多元线性回归，并输出回归系数及判定系数：

```
# 使用 LinearRegression 类
# 构建自变量 X 和因变量 y
X = insurance[[ 'age', 'bmi', 'children']]
y = insurance['charges']
# 实例化并训练模型
model = LinearRegression().fit(X,y)
# 预测
y_pred = model.predict(X)
# 评估模型
r2 = r2_score(y, y_pred)
# 输出模型参数
print(" 斜率:", np.round(model.coef_,2))
print(" 截距:", np.round(model.intercept_,2))
print(" 判定系数:", np.round(r2,2))
```

输出结果为：

```
斜率: [239.99 332.08 542.86]
截距: -6916.24
判定系数: 0.12
```

利用 LinearRegression 类得到的多元线性回归方程为：charges = 239.99 * age + 332.08 * bmi + 542.86 * children − 6916.24，判定系数 R^2 为 0.12。

在利用 statsmodels 进行多元线性回归前，先简单了解其用法。statsmodels 可以通过 ols() 函数和 OLS 类两种方式实现线性回归模型。其中 ols() 函数是 statsmodels.formula. api 模块中的函数，可以接收公式字符串作为输入，类似于 R 语言的模型规范。例如，你可以使用 ols('y ~ x', data=df) 来指定因变量 y 和自变量 x 的关系。OLS 类是 statsmodels. regression.linear_model 模块中的类，它需要直接指定因变量和自变量的数组或数据框。例如，你可以使用 OLS(endog, exog) 来指定因变量 endog 和自变量 exog。在此案例中，ChatGPT 使用 OLS 类进行线性回归。但如果你更倾向于使用公式字符串，可以考虑使用 ols() 函数。两者的选择取决于个人的使用偏好和数据准备方式。

下面我们将分别讲解使用 OLS 类和 ols() 函数两种方式实现线性回归。

在使用 OLS 类创建线性回归模型前，先对数据集添加常数项列，用于拟合截距项。通过以下代码实现：

```
# 添加常数项列，用于拟合截距
insurance_df = sm.add_constant(insurance)
```

以下代码先将数据集拆分为自变量 exog 和因变量 endog，再使用 OLS 类进行多元线性回归，最后输出回归系数及判定系数：

```
import statsmodels.api as sm
# 定义因变量和自变量
endog = insurance_df['charges']
exog = insurance_df[['const', 'age', 'bmi', 'children']]
# 使用 OLS 类进行多元线性回归
model1 = sm.OLS(endog, exog)
results = model1.fit()
# 输出回归系数
print('回归系数: \n',results.params)
# 输出判定系数
print('判定系数: \n',results.rsquared)
```

输出结果为：

```
回归系数:
const     -6916.243348
age          239.994474
bmi          332.083365
children     542.864652
dtype: float64
判定系数:
0.1200981957624695
```

由模型结果可知，常数项（及截距）的值和各自变量的斜率均与使用 LinearRegression 类得到的模型相同；判定系数 R^2 为 0.12，也与之前相同。

接下来使用 ols() 函数建立多元线性回归模型。让我们先简单了解该函数的用法：

```
sm.formula.ols(formula, data, subset=None, drop_cols=None, *args, **kwargs)
```

其中，参数 formula 以字符串的形式指定线性回归模型的公式；参数 data 指定建模的数据集；参数 subset 通过 bool 类型的数组对象获取 data 的子集，用于建模；参数 drop_cols 指定需要从 data 中删除的变量。

以下代码通过 ols 函数创建线性回归模型，并查看回归系数及判定系数：

```
import statsmodels.api as sm
# 构建线性回归模型
model2 = sm.formula.ols('charges ~ age + bmi + children',data=insurance).fit()
# 输出回归系数
print(' 回归系数: \n',model2.params)
# 输出判定系数
print(' 判定系数: \n',model2.rsquared)
```

输出结果为：

```
回归系数:
Intercept   -6916.243348
age           239.994474
bmi           332.083365
children      542.864652
dtype: float64
判定系数:
0.12009981957624696
```

由输出结果可知，建立的线性回归模型与前两种方式建立的相同。

8.4　对自变量中有定性变量的数据集进行线性回归

线性回归模型要求自变量为连续变量。当自变量中有定性变量（也称分类变量、离散变量、属性变量等）时，需要对其进行独热编码处理，再利用转换后的数据构建线性回归模型。

8.4.1　对自变量中有定性变量的数据集建立线性回归模型

假如我们在 8.3.2 节的多元线性回归模型中新增一列定性变量 sex，此时又应该如何建模呢？我们在 ChatGPT 输入框中输入以下内容：

> ❓ 作为数据挖掘专家，请对 insurance 数据集进行多元线性回归，其中自变量为 age、sex、bmi 和 children，因变量为 charges，并评估模型的预测效果。
>
> ```
> insurance 数据集
> age   sex      bmi     children   charges
> 19    female   27.9    0          16884.924
> ```

18	male	33.77	1	1725.5523
28	male	33	3	4449.462
33	male	22.705	0	21984.47061
32	male	28.88	0	3866.8552

以下是 ChatGPT 给出的答案。

 要进行多元线性回归，你可以使用统计软件（如 Python 中的 statsmodels 或 scikit-learn）来拟合模型。以下代码使用 statsmodels 进行多元线性回归：

```python
import pandas as pd
import statsmodels.api as sm
# 创建数据集
data = {
    'age': [19, 18, 28, 33, 32],
    'sex': ['female', 'male', 'male', 'male', 'male'],
    'bmi': [27.9, 33.77, 33, 22.705, 28.88],
    'children': [0, 1, 3, 0, 0],
    'charges': [16884.924, 1725.5523, 4449.462, 21984.47061, 3866.8552]
}
df = pd.DataFrame(data)
# 将性别转换为虚拟变量（0 和 1）
df['sex'] = pd.get_dummies(df['sex'], drop_first=True)
# 添加截距项
X = sm.add_constant(df[['age', 'sex', 'bmi', 'children']])
y = df['charges']
# 拟合多元线性回归模型
model = sm.OLS(y, X).fit()
# 输出模型摘要
print(model.summary())
```

上述代码中，首先将性别转换为虚拟变量（0 和 1），然后添加一个截距项，最后使用 OLS 类拟合多元线性回归模型，并输出模型摘要。摘要中的 R-squared 值可以用来评估模型的拟合效果，越接近 1 表示模型拟合越好。

请确保你的 Python 环境中安装了相关的库。如果未安装，可以使用以下命令安装：

```
pip install pandas statsmodels
```

此外，你还可以使用其他工具和库，如 scikit-learn 中的线性回归模型来完成上述任务。

从 ChatGPT 给出的答案可知，对于自变量中有定性变量的数据集，在利用 OLS 类建立线性回归模型前，需要对定性变量进行虚拟变量（又称哑变量）处理。这一点可用 Pandas 的 get_dummies() 函数实现。在 Jupyter Notebook 中输入以下代码，查看将定性变量转换为虚拟 / 哑变量后的情况：

```
df = insurance.loc[:,['age', 'sex', 'bmi', 'children', 'charges']]# 提取数据子集
df_dummy = pd.get_dummies(df)                                      # 对类别变量进行
    虚拟变量处理
print(' 查看原数据集的前 5 行 :\n',df.head())                        # 查看原数据集的
    前 5 行
print(' 查看虚拟变量处理后的前 5 行: \n',df_dummy.head())             # 查看虚拟变量处
    理后的前 5 行
```

输出结果为：

```
查看原数据集的前 5 行 :
    age    sex      bmi    children    charges
0   19     female   27.900   0          16884.92400
1   18     male     33.770   1          1725.55230
2   28     male     33.000   3          4449.46200
3   33     male     22.705   0          21984.47061
4   32     male     28.880   0          3866.85520
查看虚拟变量处理后的前 5 行:
    age    bmi    children    charges      sex_female    sex_male
0   19     27.900   0          16884.92400   1             0
1   18     33.770   1          1725.55230    0             1
2   28     33.000   3          4449.46200    0             1
3   33     22.705   0          21984.47061   0             1
4   32     28.880   0          3866.85520    0             1
```

　　get_dummies() 函数会自动去判断原数据集中哪些变量是类别变量，它仅仅类别变量进行虚拟变量处理。由输出结果可知，该函数仅对类别变量 sex 进行了虚拟变量处理，处理后将自动删除变量 sex，生成变量名 _ 类别格式的 sex_female 和 sex_male 两个新变量，其值为 1 或 0（表示是或否）。以第一行为例，该样本对应的 sex 是 female，故 sex_female 的值为 1，sex_male 的值为 0。

　　get_dummies() 函数也可以指定对某个类别变量进行转换。由于双类别变量可以通过仅新增一列就代表原数据的信息，所以在使用函数时可将参数 drop_first 设置为 True，转换后的结果中将会舍去第一个类别水平的变量，代码如下所示：

```
pd.get_dummies(df['sex'], drop_first=True).head() # 仅对变量 sex 进行处理
```

输出结果为：

```
    male
0   0
1   1
2   1
3   1
4   1
```

　　此时仅返回新变量 male，其值为 1 或 0。原数据第 1 个样本的变量 sex 为 female，所以变量 male 对应的值为 0；第 2 个样本的变量 sex 为 male，所以变量 male 对应的值为 1。

在完成虚拟变量处理后，ChatGPT 给出的通过 OLS 类创建多元线性回归模型的代码基本与之前的一致。我们在 Jupyter Notebook 中输入并运行以下代码：

```python
# 将性别转换为虚拟变量（0 和 1）
df = pd.get_dummies(df, drop_first=True)
# 添加截距项
X = sm.add_constant(df[['age', 'sex_male', 'bmi', 'children']])
y = df['charges']
# 拟合多元线性回归模型
model = sm.OLS(y, X).fit()
# 输出回归系数
print('回归系数: \n',model.params)
# 输出判定系数
print('判定系数: \n',model.rsquared)
```

输出结果为：

```
回归系数:
const      -7459.969598
age          241.263511
sex_male    1321.719782
bmi          326.761491
children     533.168130
dtype: float64
判定系数:
0.12306876681889367
```

对于定性变量，参数估计值不是斜率，而是各种截距。变量 sex 有 2 个类别，故最终拟合的多元线性回归模型其实有 2 个，分别如下。

当 sex 为 female 时，变量 sex_male 的取值为 0，此时拟合的线性回归模型为

$$charges = -7459.97 + 241.26 \times age + 1321.72 \times 0 + 326.76 \times bmi + 533.17 \times childen$$

$$= -7459.97 + 241.26 \times age + 326.76 \times bmi + 533.17 \times childen$$

当 sex 为 male 时，变量 sex_male 的取值为 1，此时拟合的线性回归模型为

$$charges = -7459.97 + 241.26 \times age + 1321.72 \times 1 + 326.76 \times bmi + 533.17 \times childen$$

$$= -6138.25 + 241.26 \times age + 326.76 \times bmi + 533.17 \times childen$$

ChatGPT 给出的答案中也提到还可以通过 scikit-learn 中的线性回归模型来完成相似的任务。我们在 Jupyter Notebook 中输入以下代码，利用 scikit-learn 中的 LinearRegression 类实现上述模型：

```python
# 构建自变量 X 和因变量 y
X = df[['age', 'sex_male', 'bmi', 'children']]
y = df['charges']
# 实例化并训练模型
model = LinearRegression().fit(X,y)
```

```
# 预测
y_pred = model.predict(X)
# 评估模型
r2 = r2_score(y, y_pred)
# 输出模型参数
print(" 斜率 :", np.round(model.coef_,2))
print(" 截距 :", np.round(model.intercept_,2))
print(" 判定系数 :", np.round(r2,2))
```

输出结果为：

```
斜率 : [ 241.26 1321.72  326.76  533.17]
截距 : -7459.97
判定系数 : 0.12
```

结果与通过 OLS 类实现的模型一致。

其实我们还可以使用另一种无须进行虚拟变量处理的方式，就是通过类似于 R 语言的模型规范，使用可以接收公式字符串作为输入的 ols 函数 () 实现。在 Jupyter Notebook 中输入以下代码：

```
# 通过 ols() 函数构建线性回归模型
model = sm.formula.ols('charges ~ age + sex_male + bmi+children',data=df).fit()
# 输出回归系数
print(' 回归系数: \n',model.params)
# 输出判定系数
print(' 判定系数: \n',model.rsquared)
```

输出结果为：

```
回归系数 :
Intercept      -7459.969598
sex_male        1321.719782
age              241.263511
bmi              326.761491
children         533.168130
dtype: float64
判定系数 :
0.12306876681889367
```

结果与前两种方式相同。所以如果要对自变量中含定性变量的数据集建立线性回归模型，建议使用 ols 函数来实现。

8.4.2　回归模型的效果评估

前面我们只是输出了回归系数和判定系数的值。如果想得到模型拟合质量和参数估计的详细信息，可通过在 Jupyter Notebook 中输入 model.summary() 实现。

```
# 输出模型摘要
print(model.summary())
```

输出结果为:

```
OLS Regression Results
==============================================================================
Dep. Variable:                charges   R-squared:                       0.123
Model:                            OLS   Adj. R-squared:                  0.120
Method:                 Least Squares   F-statistic:                     46.77
Date:                Sun, 14 Jan 2024   Prob (F-statistic):           8.05e-37
Time:                        14:46:26   Log-Likelihood:                -14390.
No. Observations:                1338   AIC:                         2.879e+04
Df Residuals:                    1333   BIC:                         2.882e+04
Df Model:                           4
Covariance Type:            nonrobust
==============================================================================
                 coef    std err          t      P>|t|      [0.025      0.975]
------------------------------------------------------------------------------
Intercept    -7459.9696   1773.722     -4.206      0.000   -1.09e+04   -3980.380
sex_male      1321.7198    621.995      2.125      0.034     101.523    2541.916
age            241.2635     22.268     10.835      0.000     197.580     284.947
bmi            326.7615     51.304      6.369      0.000     226.116     427.407
children       533.1681    257.942      2.067      0.039      27.152    1039.185
==============================================================================
Omnibus:                      321.539   Durbin-Watson:                   2.022
Prob(Omnibus):                  0.000   Jarque-Bera (JB):              592.267
Skew:                           1.506   Prob(JB):                    2.46e-129
Kurtosis:                       4.243   Cond. No.                         293.
==============================================================================

Notes:
[1] Standard Errors assume that the covariance matrix of the errors is correctly
    specified.
```

模型摘要的统计指标非常多,在 ChatGPT 输入框中输入以下问题,先了解各指标的用途:

 请对模型摘要进行详细解读。

以下是 ChatGPT 给出的答案。

 多元线性回归的摘要(Summary)提供了关于模型拟合质量和参数估计的详细信息。以下是对摘要的解读。

1. Dep. Variable(因变量):模型中因变量的名称,即"charges"。

2. Model:模型使用的方法。这里是"OLS",表示普通最小二乘法。

3. Method:用于拟合模型的优化方法。这里是"Least Squares",即最小二乘法。

4. No. Observations:数据集中的观测值数量。

5. Df Residuals:残差的自由度,即观测值减去估计参数后的数量。

6. Df Model：模型中估计参数的数量。

7. R-squared：R^2 是一个衡量模型拟合优度的指标，表示因变量的变异程度中可以由模型解释的百分比。值越接近 1，表示模型拟合得越好。

8. Adj. R-squared：调整 R^2 考虑了模型中使用的自变量数量，是 R^2 的一种修正。

9. F-statistic：F 统计量用于检验模型中所有自变量是否联合对因变量有显著影响。

10. Prob（F-statistic）：F 统计量的 P 值，用于判断 F 检验的显著性。通常，如果 P 值小于某个显著性水平（如 0.05），则拒绝原假设，认为模型中的自变量至少有一个对因变量有显著影响。

11. AIC（AKaike Information Criterion，赤池信息准则）：赤池信息准则是衡量模型拟合优良性和复杂度的指标。较小的 AIC 值表明模型拟合较好。

12. BIC（Bayesian Information Criterion，贝叶斯信息准则）：贝叶斯信息准则类似于 AIC，用于评估模型的质量。

13. Omnibus（奥姆尼巴斯统计量）：用于检验残差是否符合正态分布。较小的值表明模型的残差正态性较好。

14. Prob（Omnibus）：Omnibus 统计量的概率值。小于 0.05 可能表明残差不符合正态分布。

15. Skew（偏度）：偏度是残差分布的偏斜度。正值表示右偏，负值表示左偏。

16. Kurtosis（峰度）：峰度是残差分布的峰度。正值表示尖峭，负值表示平缓。

17. Durbin-Watson（德宾 – 沃森统计量）：用于检验残差之间的自相关性。值在 $0 \sim 4$ 之间，接近 2 表示自相关性较小。

18. Jarque-Bera（雅尔克 – 贝拉统计量）：用于检验残差是否符合正态分布。较小的值表明模型的残差正态性较好。

19. Prob(JB)（雅尔克 – 贝拉统计量的概率）：Jarque-Bera 统计量的概率值。小于 0.05 可能表明残差不符合正态分布。

20. Cond. No.（条件数）：用于评估模型矩阵的稳定性。较大的值可能表明模型存在共线性问题。

在摘要中，尤其要关注 R-squared、P 值（尤其是 F 统计量的 P 值）、AIC 和 BIC 等指标，它们提供了关于模型拟合效果和整体质量的信息。

从 ChatGPT 给出的对模型摘要的解读可知，评估模型拟合效果和整体质量的信息有 R-squared、Adj. R-squared、P 值（尤其是 F 统计量的 P 值）、AIC 和 BIC 等指标。

那为什么需要调整 R^2 这个统计指标呢？仅依靠 R^2 我们并不能得知回归模型是否符合要求，因为 R^2 不考虑自由度，所以计算值存在偏差。为了得到更准确的评估结果，我们往往会使用经过调整的 R^2 进行无偏差估计。调整后的判定系数定义为

$$\bar{R}^2 = 1 - (1 - R^2)\frac{n-1}{n-p-1}$$

其中，n 是样本个数；p 是自变量的个数。

$\bar{R}^2$ 是为了避免因变量增加导致 R^2 过大而设置的。容易验证 $\bar{R}^2 < R^2$。当 n 比较大时，R^2 和 $\bar{R}^2$ 差不多。另外，$\bar{R}^2$ 可能会是负数。上述模型的 R^2 值为 0.123，$\bar{R}^2$ 值为 0.120，值应该越接近 1 效果越好，所以模型效果不佳。

模型的 AIC 值为 2.879e+04（即 2.879×10^4），BIC 值为 2.882e+04（即 2.882×10^4）。这两个指标的值是越小，模型效果越好，所以模型效果不佳。

除了衡量模型整体效果外，模型摘要第二部分的表格用于衡量参数估计值的显著性情况。$P > |t|$ 为 t 统计量的 P 值，用于判断单个自变量是否显著，当 P 值小于 0.05 时，说明该自变量对模型显著。变量 age 和 bmi 的 $P > |t|$ 值为 0.000，说明这两个变量对模型效果极其显著。

8.5 通过逐步回归寻找最优模型

一般来讲，如果在一个回归方程中忽略了对因变量有显著影响的自变量，那么所建立的方程必与实际有较大的偏离。例如，前面的数据集 insurance 忽略了变量 smoker 对变量 charges 的影响，造成判定系数（R^2）偏小。但变量选得过多，可能因为误差平方和（SSE）的自由度减小而使 σ^2 的估计值变大，从而影响回归方程的预测精度。因此，选择合适的自变量建立一个"最优"的回归方程十分重要。这里讲的"最优"，是指从可供选择的所有变量中选出对因变量有显著影响的变量建立方程，且在方程中不含对因变量无显著影响的变量。

多元线性回归能否按照一些方法筛选变量，建立"最优"回归方程呢？答案是肯定的。常用的方法有"一切子集回归法""向前法""向后法""逐步法"。这几种方法筛选或剔除变量的一个准则为 AIC 准则，其计算公式为

$$\text{AIC} = 2k - 2\ln(L)$$

其中，k 是参数个数；L 是似然函数。

最小二乘法在正态假设下等价于选择合适的参数，使似然函数 L 最大（或 $-\ln(L)$ 最小）。一般来说，增加参数可使得 AIC 的第 2 项减小，但会使惩罚项 $2k$ 增大。显然，这是在模型的简单性和拟合性上做平衡。

假设 n 为观察数量，RSS 为残差平方和，即 $\sum_{i=1}^{n}(\hat{y}_i - y_i)^2$，则 AIC 计算公式可变为

$$\text{AIC} = 2k + n\left(\log\frac{\text{RSS}}{n}\right)$$

AIC 值越小，说明模型效果越好，越简洁。

　　Python 中并没有用于逐步回归、选择最优模型的封装好的函数，不过可以通过 rpy2 库直接调用 R 语言中的 step() 函数实现，使用前需通过 pip install rpy2 命令进行在线安装。

　　R 语言提供了较为方便的 "逐步回归" 计算函数 step()，它通过选择最小的 AIC 统计量，来达到删除或增加变量的目的，其基本表达形式为

```
step(object, scope, scale = 0,direction = c("both", "backward", "forward"),trace
    = 1, keep = NULL, steps = 1000, k = 2, 3, ...)
```

　　其中参数 object 是回归模型。参数 scope 用于确定逐步搜索的区域。参数 scale 表示 AIC 统计量。参数 direction 用于确定逐步搜索的方向，其中 both（默认值）表示 "一切子集回归法"，即不断增减变量，使用所有可能的变量组合进行建模，并依据一定的准则选择解释能力最强、最稳定的模型；backward 表示 "向后法"，即从具有全部变量的模型开始，逐个减少变量；forward 表示 "向前法"，即从只有截距的模型开始，逐个增加变量。

　　在 Jupyter Notebook 中输入以下代码，通过 R 语言的 lm() 函数创建多元线性回归模型，其中 formula 为 'charges ~ .'，表示将数据集 insurance 的变量 charges 作为因变量，其他变量作为自变量，以此构建多元线性回归模型；在构建多元线性回归模型后，再通过 step() 函数完成逐步回归，寻找最优模型：

```python
# 调用 R 进行逐步回归，以寻找最优模型
import pandas as pd
from rpy2 import robjects
from rpy2.robjects.packages import importr
stats = robjects.packages.importr('stats')
insurance = pd.read_excel('data/insurance.xlsx')
# 使用 robjects.DataFrame 创建 R 数据框
rdf = robjects.DataFrame({
    'age': robjects.IntVector(insurance['age']),
    'sex': robjects.StrVector(insurance['sex']),
    'bmi': robjects.IntVector(insurance['bmi']),
    'children': robjects.IntVector(insurance['children']),
    'smoker': robjects.StrVector(insurance['smoker']),
    'region': robjects.StrVector(insurance['region']),
    'charges': robjects.IntVector(insurance['charges']),
})
# 定义逐步回归模型
formula = robjects.Formula('charges ~ .')
lm_fit = stats.lm(formula,data=rdf)
step_result = stats.step(lm_fit)
# 输出逐步回归结果
print(step_result)
```

输出结果为：

```
Start:  AIC=23316.43
charges ~ age + sex + bmi + children + smoker + region
```

```
            Df  Sum of Sq         RSS        AIC
- sex        1  5.7164e+06   4.8845e+10    23315
<none>                       4.8840e+10    23316
- region     3  2.3343e+08   4.9073e+10    23317
- children   1  4.3755e+08   4.9277e+10    23326
- bmi        1  5.1692e+09   5.4009e+10    23449
- age        1  1.7124e+10   6.5964e+10    23717
- smoker     1  1.2245e+11   1.7129e+11    24993

Step:  AIC=23314.58
charges ~ age + bmi + children + smoker + region

            Df  Sum of Sq         RSS        AIC
<none>                       4.8845e+10    23315
- region     3  2.3320e+08   4.9078e+10    23315
- children   1  4.3596e+08   4.9281e+10    23325
- bmi        1  5.1645e+09   5.4010e+10    23447
- age        1  1.7151e+10   6.5996e+10    23715
- smoker     1  1.2301e+11   1.7186e+11    24996
```

从运行结果可以看到，用全部变量构建回归方程时，AIC 的值为 23316.43。接下来的数据表表明，如果剔除变量 sex，得到的回归方程的 AIC 值为 23315；如果剔除变量 region，得到的回归方程的 AIC 值为 23317；以此类推。由于剔除变量 sex 可以使 AIC 值达到最小，因此 R 语言自动去掉变量 sex，进行下一轮计算。在下一轮计算中，发现剔除任何一个变量得到的 AIC 值均不会变小，故此时得到最优模型。

根据逐步回归结论，在 Jupyter Notebook 中使用 ols() 函数构建最优的回归模型：

```
# 选择最优模型
best_model=sm.formula.ols('charges~age+bmi+children+smoker+region',data=insuran
    ce).fit()
best_model.summary() # 查看模型摘要
```

此时模型的 R^2 值为 0.751，$\overline{R}^2$ 值为 0.750，整体效果远好于前面的模型。

8.6 逻辑回归

本章前面介绍的算法均是对连续型的因变量进行预测。更多时候，我们可能需要对客户是否流失、客户是否付费、客户是否欺诈、肿瘤是否为良性等二分类或多分类的离散型因变量进行预测，得到一个预测概率值，进而预测某事件发生的可能性。在众多分类算法中，逻辑回归因算法原理简单、高效，是应用最为广泛的分类算法之一。

8.6.1 逻辑回归的原理

在 ChatGPT 输入框中输入以下内容，初步了解逻辑回归的原理：

? 作为数据挖掘专家，请用通俗易懂的语言给小白介绍逻辑回归的原理，不要用 Markdown，公式用 LaTeX 显示。

以下是 ChatGPT 给出的答案。

逻辑回归是一种用于解决分类问题的统计学习方法。在理解逻辑回归之前，我们先来看一下回归问题。

回归问题的目标是通过给定的一些输入特征（比如房屋的面积、卧室的数量等）来预测一个连续的输出值（比如房屋的价格）。但是，在分类问题中，我们的目标是将输入数据分到两个或多个类别中。逻辑回归专门用于二分类问题。

逻辑回归使用了一个叫作逻辑函数（logistic function）的函数，通常表示为 Sigmoid 函数：

$$\sigma(z) = \frac{1}{1 + e^{-z}}$$

在这里，z 是输入的线性组合，通过加权和来表示：

$$z = \beta_0 + \beta_1 x_1 + \beta_2 x_2 + \cdots + \beta_n x_n$$

其中，$\beta_0, \beta_1, \beta_2, \cdots, \beta_n$ 是模型的参数；$x_0, x_1, x_2, \cdots, x_n$ 是输入特征。

现在，Sigmoid 函数的输出范围在 0～1 之间。这使得我们可以将它解释为某个实例属于某一类的概率。当 $\sigma(z) \geq 0.5$ 时，我们将实例分为正类别（1）；当 $\sigma(z) < 0.5$ 时，我们将实例分为负类别（0）。

模型的训练过程就是通过调整参数 β，使得模型的预测值尽可能地接近实际标签。这通常涉及极大似然估计。

简而言之，逻辑回归通过将输入特征的线性组合传递给一个 Sigmoid 函数，将结果映射到 0～1 之间，从而得到一个概率值。通过调整模型的参数，我们可以使模型在给定输入条件下预测目标变量的概率。

从 ChatGPT 给出的答案可知，逻辑回归能做分类预测的关键就是利用 Sigmoid 函数将线性回归结果映射到（0，1）范围内，得到各类别的概率值，从而实现类别分类的目的。Sigmoid 函数式中的 e 是纳皮尔常数。

如果将 Sigmoid 函数中的 z 换成多元线性回归模型的形式，令 $z = f(X) = \beta_0 + \beta_1 x_1 + \beta_2 x_2 + \cdots + \beta_n x_n$，就得到了逻辑回归模型的一般形式

$$h(z) = \frac{1}{1 + e^{-(\beta_0 + \beta_1 x_1 + \beta_2 x_2 + \cdots + \beta_n x_n)}} = h_\beta(X)$$

它是将线性回归模型的预测值经过非线性的 Sigmoid 函数转换为（0，1）之间的概率值。假定在已知 X 和 β 的情况下，因变量取 1 和 0 的条件概率分别用 $h_\beta(X)$ 和 $1 - h_\beta(X)$ 表

示，则条件概率可以表示为

$$P(y=1\,|\,X;\beta)=h_\beta(X)=p$$

$$P(y=0\,|\,X;\beta)=1-h_\beta(X)=1-p$$

接下来，可以通过这两个条件概率的比值（$p/(1-p)$）得到优势比（odds），代表某个事件是否发生的概率比值，它的范围在 $(0,+\infty)$ 之间。优势比的计算公式为

$$\frac{p}{1-p}=\frac{h_\beta(X)}{1-h_\beta(X)}=\frac{1}{e^{-(\beta_0+\beta_1x_1+\beta_2x_2+\cdots+\beta_nx_n)}}=e^{\beta_0+\beta_1x_1+\beta_2x_2+\cdots+\beta_nx_n}$$

如果对优势比 $p/(1-p)$ 取对数，则可以将其还原成线性回归模型，得到的公式为

$$\log\left(\frac{p}{1-p}\right)=\log(e^{\beta_0+\beta_1x_1+\beta_2x_2+\cdots+\beta_nx_n})=\beta_0+\beta_1x_1+\beta_2x_2+\cdots+\beta_nx_n$$

逻辑回归模型的参数估计使用的是极大似然估计法。参数估计的步骤是构建最大似然函数，估计参数 β，使得最大似然函数的值达到最大。其原理在于根据样本因变量的分布计算最大的似然函数值，找到相应的参数 β，使得预测值最接近于因变量分布。

8.6.2 逻辑回归的 Python 实现

我们在 ChatGPT 输入框中输入以下内容，学习如何用 Python 实现逻辑回归：

> ❓ 作为数据挖掘专家，请问 Python 如何实现逻辑回归，需要对参数进行详细解释，不需要给出 Python 代码示例。

以下是 ChatGPT 给出的答案。

> 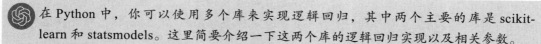 在 Python 中，你可以使用多个库来实现逻辑回归，其中两个主要的库是 scikit-learn 和 statsmodels。这里简要介绍一下这两个库的逻辑回归实现以及相关参数。
>
> 1. scikit-learn
>
> LogisticRegression 类：scikit-learn 提供了一个名为 LogisticRegression 的类，用于实现逻辑回归。
>
> 重要参数：
> ❏ penalty：正则化项的类型，可以是 "l1"、"l2" 等。
> ❏ C：正则化强度的倒数，较小的值表示较强的正则化。
> ❏ solver：用于求解优化问题的算法，可以是 "liblinear"、"lbfgs" 等。
> ❏ max_iter：求解算法的最大迭代次数。
> ❏ fit_intercept：是否拟合截距项。
> 其他参数包括 class_weight、random_state 等。

2. statsmodels

Logit 类：statsmodels 库提供了一个名为 Logit 的类，用于实现逻辑回归。

重要参数：

❑ endog：因变量。

❑ exog：自变量。

❑ method：用于估计参数的方法，可以是 "newton"、"bfgs" 等。

❑ maxiter：最大迭代次数。

❑ disp：是否显示估计结果的详细信息。

❑ fit_intercept：是否拟合截距项。

其他参数包括 cov_type、use_t 等。

在使用这两个库时，你需要提供因变量和自变量，然后调整模型的参数以满足你的需求。通常，你可以使用交叉验证、网格搜索等技术来调整超参数，以提高模型的性能。模型的性能可以通过准确率、精确率、召回率等评估指标来衡量。

从 ChatGPT 给出的答案可知，常用 scikit-learn 中的 LogisticRegression 类或 statsmodels 中的 Logit 类来实现逻辑回归。

8.6.3　案例：对 iris 数据集进行逻辑回归

我们让 ChatGPT 教我们如何对 iris 数据集进行逻辑回归，对花的种类进行预测。在 ChatGPT 输入框中输入以下内容：

 作为数据挖掘专家，请利用 scikit-learn 自带的 iris 数据集，使用逻辑回归对花的种类进行预测。

以下是 ChatGPT 给出的答案。

当涉及机器学习任务时，使用逻辑回归对鸢尾花（iris）数据集进行分类是一个常见的示例。以下是使用 scikit-learn 对 iris 数据集进行逻辑回归分类的示例代码：

```
from sklearn.model_selection import train_test_split
from sklearn.linear_model import LogisticRegression
from sklearn.datasets import load_iris
from sklearn.metrics import accuracy_score, classification_report
# 加载 iris 数据集
iris = load_iris()
X = iris.data
y = iris.target
# 将数据集划分为训练集和测试集
X_train, X_test, y_train, y_test = train_test_split(X, y, test_size=0.2,
    random_state=42)
# 创建逻辑回归模型
```

```
model = LogisticRegression()
# 在训练集上拟合模型
model.fit(X_train, y_train)
# 在测试集上进行预测
y_pred = model.predict(X_test)
# 评估模型性能
accuracy = accuracy_score(y_test, y_pred)
report = classification_report(y_test, y_pred)
# 输出模型性能
print(f'Accuracy: {accuracy}')
print('Classification Report:')
print(report)
```

在上述代码中，我们首先加载 iris 数据集，并将数据集划分为训练集和测试集；然后创建逻辑回归模型，并在训练集上拟合模型；最后使用测试集进行预测，并评估模型性能。

这个例子使用准确率（accuracy）和分类报告（classification report）作为评估指标。你可以根据具体任务的要求选择其他评估指标，如精确率、召回率等。

ChatGPT 给出的 Python 代码中，首先利用 train_test_split() 函数进行数据分区，其中 80% 作为训练集训练模型，剩余的 20% 作为测试集评估模型效果。在对测试集上进行预测后，使用准确率衡量模型效果。将 Python 代码复制到 Jupyter Notebook 中，得到的模型对测试集的评估结果如下：

```
Accuracy: 1.0
Classification Report:
               precision    recall    f1-score    support
           0       1.00       1.00       1.00        10
           1       1.00       1.00       1.00         9
           2       1.00       1.00       1.00        11
    accuracy                             1.00        30
   macro avg       1.00       1.00       1.00        30
weighted avg       1.00       1.00       1.00        30
```

模型对测试集的预测准确率（accuracy）为 1，说明全部预测正确。分类报告（classification report）是用于评估分类模型性能的一种综合性报告，提供了多个评估指标，包括精确率、召回率、F1 分数和支持数。

8.7　本章小结

本章首先通过 ChatGPT 介绍了常用的有监督学习算法；接着详细介绍了一元线性回归及多元线性回归模型的原理及 Python 实现，并讲解了如何对自变量中有定性变量的数据集进行线性回归以及如何通过逐步回归寻找最优模型；最后介绍了逻辑回归模型的原理及 Python 实现。

第 9 章 *Chapter 9*

使用 ChatGPT 学习决策树算法
及随机森林算法

第 8 章在介绍常用的有监督学习算法时，提到除了线性回归、逻辑回归算法外，还有决策树、随机森林、k 近邻、支持向量机及神经网络。本章我们将重点学习决策树与随机森林算法的原理及其 Python 实现。

9.1 决策树算法的原理

决策树（decision tree）是一种树状分类结构模型。它是一种通过拆分变量值来建立分类规则，再通过树形图分割来形成概念路径的数据分析技术。决策树因可解释性强、原理简单而被广泛使用，同时由于性能优异也常常作为组合算法中的基分类器模型。

9.1.1 决策树算法概述

在 ChatGPT 输入框中输入以下内容，初步了解决策树算法：

> ❓ 作为数据挖掘专家，请用通俗易懂的语言给小白介绍什么是决策树算法。

以下是 ChatGPT 给出的答案。

> 当我们谈论决策树算法时，可以把它想象成一种用来做决策的图表，就像是解决问题的流程图一样。决策树是一种机器学习算法，它通过对数据进行分析，帮助我们

做出决策或者预测未来事件。

决策树的工作原理就像是在玩猜谜游戏一样。你有一系列的问题，每个问题都有两个可能的答案。根据对方的回答，你继续提出下一个问题，直到最终得出一个结论。

在决策树中，每个问题都是基于数据的某个特征提出的。算法通过分析这些特征，找到最能区分数据的问题，然后逐步创建基于这些问题的层次结构，形成树状图。每个问题的答案会引导我们沿着树的不同分支走向下一个问题，最终到达一个决策或者预测结果。

决策树不仅可以用于分类问题（将数据分成不同的类别），还可以用于回归问题（预测数值）。这种算法易于理解，而且可以从数据中学习到一些规律，帮助我们做出更好的决策。

从 ChatGPT 给出的答案可知，决策树可以用于分类，也可用于回归。回归与分类的主要差异在于选择变量的标准不是分类的效果，而是预测误差。当决策树的输出变量（因变量）是分类变量时称为分类树，而当决策树的输出变量为连续变量时称为回归树。虽然回归树的因变量是连续变量，但叶节点的数据是有限的，因此输出的值也是这个叶节点上的平均观测值。

决策树的构建过程由两个关键步骤组成。

1）第一步是对特征空间按变量对分类效果的影响大小进行变量和变量值选择。

2）第二步是用选出的变量和变量值对数据区域进行矩阵划分，在不同的划分区间进行效果和模型的复杂性比较，从而确定最合适的划分。

在 ChatGPT 输入框中输入以下内容，了解决策树的构建过程：

? 作为数据挖掘专家，请给出构建决策树的关键步骤。

以下是 ChatGPT 给出的答案。

构建决策树的过程可以分为以下几个步骤。

1. 选择特征：从数据集中选择一个特征，该特征应该是能够有效区分不同类别的特征。选择的过程通常基于某个评估指标，比如信息增益或基尼不纯度。

2. 划分数据集：将数据集根据选择的特征进行划分，形成不同的子集。这些子集对应于所选特征的不同取值。这一步骤创建了决策树的一个分支。

3. 递归过程：对每个子集递归地重复上述过程，选择新的特征，划分数据集，形成更深的树结构。这个过程一直持续，直到满足停止条件，例如达到树的最大深度或者子集中的数据都属于同一类别。

4. 决策规则：在构建决策树的过程中，每个节点都会关联一个特征和一个判断条件。这些条件形成了决策规则，可以用于对新数据进行分类或预测。

5. 剪枝（可选）：构建好的决策树可能会对训练数据过度拟合，即过于复杂，不够泛化。剪枝是一种减少树的复杂度的技术，可以移除一些不必要的节点，提高模型的泛化能力。

6. 评估：使用独立的测试数据评估决策树的性能，确保它在新数据上的表现良好。这有助于发现模型是否过度拟合或者欠拟合。

以上是构建决策树的基本步骤，不同的决策树算法可能在细节上有所不同，但整体思路是相似的。通过选择合适的特征和划分数据，决策树能够有效地学习数据中的模式，用于分类或回归任务。

从 ChatGPT 给出的答案可知，构建决策树的过程首先是选择能将数据集进行有效划分的特征，根据选择的特征划分数据子集；然后对每个子集递归地重复上述过程，即选择新的特征，划分数据集，形成更深的树结构。

在构建决策树的过程中，每个节点都会关联一个特征和一个判断条件。这些条件形成了决策规则，这些规则采用 "if...then..." 的形式。从根节点到叶子节点的每一条路径，都可以生成一条规则，可以用于对新数据进行分类或预测。

利用决策树算法构建了初始的树之后，为了有效地分类，还要对其进行剪枝。这是因为，由于数据表示不当、有噪声等原因，会造成生成的决策树过大或过度拟合。为了简化决策树，寻找一棵最优的决策树，剪枝是一个必不可少的过程。不同的算法，其剪枝的方法也不尽相同。常用的剪枝方法有预剪枝和后剪枝两种。

1）预剪枝：是指在构建决策树之前，先指定好生长停止准则（例如指定某个评估参数的阈值）。此做法适用于大规模问题。

2）后剪枝：是指待决策树完全生长结束后，再根据一定的规则，剪去决策树中那些不具一般代表性的叶子节点或者分支。

最后对剪枝后的模型进行性能评估。可以利用测试数据对生成的决策树进行测试，常用混淆矩阵和预测误差率来验证模型的性能。选择最优模型后，就可以对新数据进行预测分类了。

本小节最后让我们学习决策树算法的优缺点。在 ChatGPT 输入框中输入以下内容：

 作为数据挖掘专家，请简要介绍决策树算法的优缺点。

以下是 ChatGPT 给出的答案。

 决策树算法有许多优点和缺点，下面是它的主要优缺点。

优点：

1. 易于理解和解释：决策树的模型结构类似于人类的决策过程，图形化的树形结构非常直观，易于理解和解释，即使对非专业人士也很友好。

2. 适用性广泛：决策树可以应用于分类和回归问题，可以处理离散和连续型特征，适用性广泛。

3. 可处理非线性关系：决策树对特征之间的非线性关系敏感，能够捕捉到数据中的复杂关系。

4. 对缺失值不敏感：决策树对缺失值的处理相对较好，不需要对缺失值进行特殊处理。

5. 不需要进行特征缩放：决策树不受特征尺度的影响，不需要进行特征缩放（如归一化或标准化）。

缺点：

1. 过拟合问题：决策树容易在训练数据上过度拟合，特别是在树的深度较大时。这可以通过剪枝等技术来干预。

2. 不稳定性：数据的微小变化可能导致生成不同的决策树，使得模型相对不稳定。

3. 忽略特征间的相关性：决策树在构建过程中假设特征是相互独立的，可能忽略了特征间的相关性。

4. 对异常值敏感：决策树对于数据中的异常值比较敏感，可能导致过于细致的划分。

5. 不适合处理复杂关系：在某些具有复杂关系的数据集上，决策树的表现可能不如其他复杂模型。

总体而言，决策树是一种强大而直观的机器学习算法，特别适用于需要可解释性和易理解性的场景。但在应用时需要考虑过拟合和其他缺点，可能需要采取一些技术手段来改进模型性能。

从 ChatGPT 给出的答案可知，决策树算法易于理解和解释，具有基于图形化的树形结构，非常直观；适用性广泛，可用于分类和回归问题，能够处理离散和连续型特征；对缺失值不敏感，在建模前不需要进行特征缩放等。

当然，决策树算法也不是没有缺点的，如决策树容易过拟合，如果不通过剪枝技术进行干预，树可以无限制生长，直到最后每个样本为一个叶子节点；忽略特征间的相关性，在处理特征关联性比较强的数据时表现得不是太好；稳定性不好，数据的微小变化可能导致生成不同的决策树；当类别太多时，错误可能就会增加得比较快；对于各类别样本数量不一致的数据（类失衡问题），信息增益的结果偏向于那些具有更多数据量的特征；对连续型的因变量比较难预测，因为它是利用叶节点样本的平均值计算得到的；对异常值敏感，不适合处理具有复杂关系的数据集等。

9.1.2 常用的决策树算法

决策树算法在分类、回归、规则提取等领域有着广泛应用，也有多种决策树算法。在 ChatGPT 输入框中输入以下内容，学习常用的决策树算法：

> 作为数据挖掘专家，请介绍常用的决策树算法，要求结果以表格展示，其中第 1 列为决策树算法名称，第 2 列为算法概述，第 3 列为优点，第 4 列为不足。

以下是 ChatGPT 给出的答案。

> 以下是一些常用的决策树算法的介绍，包括算法概述、优点和不足。请注意，这只是对每个算法的概括，实际应用中还需要考虑具体问题和数据的特点。

决策树算法名称	算法概述	优点	不足
ID3	基于信息熵的迭代算法，选择信息增益最大的特征进行划分	1. 易于理解和实现 2. 能够处理离散型数据	1. 对连续型数据的支持较差 2. 对于样本数量不一致的数据，容易倾向于多数类别
C4.5	ID3 的改进版本，使用信息增益比进行特征选择，并支持连续型数据	1. 能够处理离散和连续型数据 2. 在处理缺失值时鲁棒性较强	1. 对噪声敏感，容易过拟合 2. 生成的树可能较深，影响解释性
CART	以基尼不纯度为准则，选择基尼系数最小的特征进行划分	1. 支持分类和回归任务 2. 生成的树相对较小	1. 对于小的特征集容易过拟合 2. 不够稳定，数据的微小变化可能导致生成不同的树
随机森林	构建多个决策树，每个树都在不同的数据子集上训练，最后综合预测结果	1. 高度准确，能够处理大量数据 2. 对于噪声和过拟合有较好的鲁棒性	1. 难以解释每个决策树的具体意义 2. 训练和预测的时间较长
梯度提升	构建多个弱学习器（通常是决策树），每个都在前一个的残差上进行训练	1. 高度准确，能够处理复杂数据 2. 对于噪声和过拟合有较好的鲁棒性	1. 训练时间相对较长 2. 对异常值比较敏感

> 这是一些常见的决策树算法，每个算法都有其独特的优点和不足。在选择算法时，应根据具体问题和数据的特征来进行评估和选择。

ChatGPT 介绍了常用的决策树算法，包括 ID3（Iteractive Dichotomiser 3）、C4.5、CART（Classification And Regression Tree，分类回归树）、随机森林和梯度提升。其中随机森林和梯度提升是基于决策树的集成学习算法，本节主要讲解 ID3、C4.5 和 CART 算法。

1. ID3 算法

ID3 算法是基于信息熵的迭代算法，选择信息增益最大的特征进行划分。

在了解信息增益前，让我们先来了解信息熵的概念。在 ChatGPT 输入框中输入以下内容，了解信息熵的概念：

> 作为数据挖掘专家，请介绍什么是信息熵，不要用 Markdown，公式用 LaTeX 显示。

以下是 ChatGPT 给出的答案。

 信息熵是信息论中的一个概念，用来衡量一个随机变量的不确定性或信息的不确定度。对于一个离散随机变量 X，其信息熵 $I(X)$ 的定义为：

$$I(X) = -\sum_{i=1}^{n} P(x_i) \cdot \mathrm{lb} P(x_i)$$

其中，n 是 X 可能取值的数量；$P(x_i)$ 是 X 取值为 x_i 的概率。

信息熵的单位通常是比特（bit）。

信息熵越高，表示随机变量的不确定性越大，信息量也就越多。反之，信息熵越低，表示随机变量的不确定性越小，信息量也就越少。信息熵的最小值为 0，表示随机变量是确定的，不存在不确定性。

信息熵原本是物理学中的一个定义，后来香农将其引申到了信息论领域，用来表示信息量的大小。I 被称为不确定性函数，代表事件的信息量。信息量越大（分类越不"纯净"），对应的熵值就越大，反之亦然。

学习了信息熵理论后，接下来学习什么是信息增益以及 ID3 算法如何根据信息增益构建决策树。在 ChatGPT 输入框中输入以下内容：

作为数据挖掘专家，请介绍什么是信息增益以及 ID3 算法如何根据信息增益构建决策树，不要用 Markdown，公式用 LaTeX 显示。

以下是 ChatGPT 给出的答案。

信息增益是决策树算法中用于选择最优特征的一种度量。在决策树的上下文中，信息增益表示使用某个特征进行划分后，所能获得的关于数据集信息量的增加。对于一个特征 A 和数据集 D，其信息增益 $\mathrm{Gain}(D, A)$ 的计算公式为：

$$\mathrm{Gain}(D, A) = \mathrm{Entropy}(D) - \sum_{v \in \mathrm{Values}(A)} \frac{|D_v|}{|D|} \cdot \mathrm{Entropy}(D_v)$$

其中，$\mathrm{Entropy}(D)$ 是数据集 D 的信息熵；$\mathrm{Values}(A)$ 是特征 A 所有可能取值的集合；D_v 是根据特征 A 的取值 v 对数据集 D 进行划分后得到的子集；$\frac{|D_v|}{|D|}$ 是子集 D_v 的大小。

ID3 算法是一种根据信息增益构建决策树的算法，它的基本思想是在每一步选择具有最大信息增益的特征进行划分。ID3 算法的具体步骤如下。

1. 若所有样本属于同一类别，则返回单节点树，标记为该类别。

2. 若特征集为空，即没有可用特征进行划分，则返回单节点树，标记为样本中最多的类别。

3. 计算每个特征的信息增益，选择信息增益最大的特征作为当前节点的划分特征。

4. 根据所选特征的取值，将数据集划分为若干子集，每个子集对应于所选特征的一个取值。

5. 对每个子集递归地应用上述步骤，构建子树。

6. 返回构建好的决策树。

ID3 算法通过递归地选择最优特征进行划分，不断地减小数据集的不确定性，从而构建出一棵决策树。

从 ChatGPT 给出的答案可知，信息增益表示使用某个特征进行划分后，所能获得的关于数据集信息量的增加。所以，在根节点或中间节点的特征（变量）选择过程中，要挑选出各自变量下因变量的信息增益最大的。

因此，对于一个有多个自变量的数据集，基本的 ID3 决策树算法流程如图 9-1 所示。

决策树是一种贪心算法，它以从上到下的递归方式构建决策树，每次选择的划分数据的变量都是当前的最佳选择，并不关心是否达到全局最优。

下面以一个具体的案例详细说明决策树中 ID3 算法的原理，其中包括信息熵、信息增益的计算以及最佳划分特征的选择。我们选取数据集 mtcars 中的 am、vs、cyl、gear 4 个变量，并以 am 作为因变量、其他变量作为自变量进行研究，如表 9-1 所示。

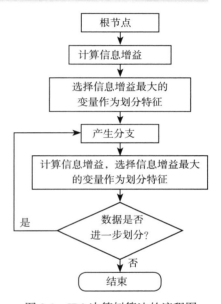

图 9-1　ID3 决策树算法的流程图

表 9-1　因变量在自变量水平的样本数量统计

	cyl			vs			gear	
	automatic	manual		automatic	manual		automatic	manual
4	3	8	v	12	6	3	15	0
6	4	3	s	7	7	4	4	8
8	12	2				5	0	5

变量 am 中，automatic 类别有 19 个样本，manual 有 13 个样本。在无其他条件或信息的情况下，因变量的信息熵为

$$I(\text{am}) = -\frac{19}{32} \times \text{lb}\frac{19}{32} - \frac{13}{32} \times \text{lb}\frac{13}{32} = 0.9744894$$

下面计算当自变量为 cyl 时条件熵的值。当 cyl 为 4 时，有 3/11 的概率为 automatic，8/11 的概率为 manual，其熵计算公式为 $-\frac{3}{11}\text{lb}\frac{3}{11} - \frac{8}{11}\text{lb}\frac{8}{11}$，值为 0.845；当 cyl 为 6 时，熵

的值为 0.985 ；当 cyl 为 8 时，熵的值为 0.592。已知 cyl 取值为 4、6、8 的概率分别为 11/32、7/32、14/32，故当自变量为 cyl 时，条件熵为

$$E(\text{cyl}) = \frac{11}{32} \times 0.845 + \frac{7}{32} \times 0.985 + \frac{14}{32} \times 0.592 = 0.765$$

此时可以计算自变量为 cyl 的信息增益 Gain (cyl)=I (am)−E (cyl) = 0.974−0.765=0.209。同理，可以计算出 Gain (vs) = 0.020，Gain (gear) = 0.630。对比可知，Gain (gear) 最大，即 gear 在第一步使系统的信息熵下降得最快，所以决策树的根节点就选 gear。依此类推构造决策树。当系统的信息熵降为 0 时，就没有必要再往下构造决策树了，此时叶子节点都是纯的。这是理想情况。

2. C4.5 算法

ID3 算法的缺点在于倾向于选择样本数量较多的变量为最重要的变量，从而产生许多小而纯的子集，并且变量必须是分类变量（连续变量必须离散化）。C4.5 算法在继承 ID3 算法思路的基础上，将节点上划分特征的筛选指标由信息增益改为信息增益率，并且加入了对连续变量的处理方法。

信息增益率是指为了克服信息增益的缺点，在信息增益的基础上进行相应的惩罚，即在信息增益的基础上，除以相应自变量的信息熵。这样当自变量水平过多时，信息增益较大的问题可以通过除以该变量的信息熵得到一定程度的解决。

我们在 ChatGPT 输入框中输入以下内容，了解信息增益率：

> ❓ 作为数据挖掘专家，请介绍什么是信息增益率，不要用 Markdown，公式用 LaTeX 显示。

以下是 ChatGPT 给出的答案。

> 信息增益率是一种用于特征选择的度量，常用于决策树算法中。信息增益率是信息增益与被选特征的固有值之比，用于解决在处理大量取值特征时信息增益的偏好问题。对于一个特征 A 和数据集 D，其信息增益率 GainRatio (D,A) 的计算公式为：
>
> $$\text{GainRatio}(D, A) = \frac{\text{Gain}(D,A)}{\text{IV}(A)}$$
>
> 其中，Gain (D,A) 是特征 A 的信息增益；IV(A) 是特征 A 的固有值其计算公式为：
>
> $$\text{IV}(A) = -\sum_{v \in \text{Values}(A)} \frac{|D_v|}{|D|} \text{lb} \left(\frac{|D_v|}{|D|} \right)$$
>
> 信息增益率综合了信息增益和固有值的概念，能够更全面地评估特征的重要性。在决策树的构建中，选择信息增益率最大的特征进行划分，可构建出更具有泛化能力的决策树。

可见，信息增益率的计算公式是非常简单的，即特征 A 条件下因变量的信息增益与特征 A 的固有值（即特征 A 的信息熵）之比。

仍选取数据集 mtcars 中的 am、vs、cyl、gear 4 个变量，并以 am 作为因变量、其他变量作为自变量进行研究。自变量 cyl 为 4、6、8 时的样本数分别为 11、7、14，所以其信息熵为

$$I(\text{cyl}) = -\frac{11}{32} \times \text{lb} \frac{11}{32} - \frac{7}{32} \times \text{lb} \frac{7}{32} - \frac{14}{32} \times \text{lb} \frac{14}{32} = 1.532$$

由此得到在自变量 cyl 条件下因变量 am 的信息增益率为

$$\text{GainRate(am, cyl)} = \frac{\text{Gain(am, cyl)}}{I(\text{cyl})} = \frac{0.209}{1.532} = 0.136$$

同理，vs、gear 对应的信息熵和信息增益率分别为

$$I(\text{vs}) = -\frac{18}{32} \times \text{lb} \frac{18}{32} - \frac{14}{32} \times \text{lb} \frac{14}{32} = 0.989$$

$$I(\text{gear}) = -\frac{15}{32} \times \text{lb} \frac{15}{32} - \frac{12}{32} \times \text{lb} \frac{12}{32} - \frac{5}{32} \times \text{lb} \frac{5}{32} = 1.461$$

$$\text{GainRate(am, vs)} = \frac{\text{Gain(am, vs)}}{I(\text{vs})} = \frac{0.020}{0.989} = 0.021$$

$$\text{GainRate(am, gear)} = \frac{\text{Gain(am, gear)}}{I(\text{gear})} = \frac{0.630}{1.461} = 0.431$$

由上面的计算结果可知，变量 gear 的信息增益率仍然是最大的，所以在根节点处仍然选择 gear 进行判断和划分。

3. CART 算法

对于 CART 算法来说，如果目标变量是连续变量，则 CART 生成回归决策树；如果目标变量是分类变量，则 CART 生成分类决策树。CART 算法对回归决策树使用平方误差最小化准则、对分类决策树使用基尼系数最小化准则进行特征选择，生成二叉树。

ID3 算法不能直接处理连续型特征。只有事先将连续型特征离散化，才能在 ID3 算法中使用。但这种转换过程会破坏连续型变量的内在特性。与 ID3 算法相反，CART 算法正好适用于连续型特征。CART 算法使用二元切分法来处理连续型变量，而使用二元切分法易于对树的构建过程进行调整。

CART 算法是一种二分递归分割技术，把当前样本划分为两个子样本，使得生成的每个非叶节点都有两个分支，因此 CART 算法生成的决策树是结构简洁的二叉树。由于 CART 算法构成的是二叉树，它在每一步的决策只能选择"是"或"否"。当一个离散因变量有多个类别时，首先需要将多类别合并成两个类别，形成超类，再把数据分为两部分。

CART 算法的实现主要分为两个步骤。

1）决策树生成：递归地构建二叉决策树，基于训练数据集生成决策树，生成的决策树要尽量大；自上而下从根开始建立节点，在每个节点处要选择一个最合适的特征来进行划分使得子节点中的训练集纯度尽可能高。

2）决策树剪枝：为了解决过拟合问题，通过去掉一些分支来降低模型的复杂度，从而提高模型的泛化能力。CART 算法采用代价复杂度剪枝（Cost Complexity Pruning）方法来进行剪枝。

对分类树而言，CART 算法用基尼系数最小化准则来进行特征选择，生成二叉树。我们在 ChatGPT 输入框中输入以下内容，了解基尼系数：

> ? 作为数据挖掘专家，请介绍什么是基尼系数，不要用 Markdown，公式用 LaTeX 显示。

以下是 ChatGPT 给出的答案。

> 基尼系数是用于衡量不平等程度的统计指标之一，通常应用于经济学和社会学。在决策树算法中，基尼系数也被用于评估一个节点的纯度。
>
> 对于一个具有 K 个类别的节点，基尼系数的计算公式为：
>
> $$\text{Gini}(D) = 1 - \sum_{i=1}^{K} p_i^2$$
>
> 其中，p_i 是类别 i 中的样本在节点中的比例。

根据 ChatGPT 给出的基尼系数计算公式，对于给定的样本集合 D，假设 C_i 是属于第 i 类的样本子集，则基尼系数为

$$\text{Gain}(D) = 1 - \sum_{i=1}^{K} \left(\frac{|C_i|}{|D|} \right)^2$$

其中，对于给定的样本集合 D 及其样本子集，采用 $\frac{|C_i|}{|D|}$ 来计算 p_i。

如果数据集 D 根据特征 A 在某一取值 a 上进行划分，得到 D_1、D_2 两部分，那么在特征 A 下集合 D 的基尼系数为

$$\text{Gini}_A(D) = \frac{|D_1|}{|D|} \text{Gini}(D_1) + \frac{|D_2|}{|D|} \text{Gini}(D_2)$$

对于一个连续型变量来说，需要将排序后的相邻值的中点作为阈值，同样使用上面的公式计算每一个子集基尼系数的加权和。

表 9-2 是对 ID3、C4.5 和 CART 算法的比较。

表 9-2　ID3、C4.5 和 CART 算法比较

算法	支持模型	树结构	特征选择	连续值处理	缺失值处理	剪枝
ID3	分类	多叉树	信息增益	不支持	不支持	不支持
C4.5	分类	多叉树	信息增益率	支持	支持	支持
CART	分类、回归	二叉树	基尼系数，均方差	支持	支持	支持

仍选取数据集 mtcars 中的 am、vs、cyl、gear 4 个变量，并以 am 作为因变量、其他变量作为自变量进行研究。根据基尼系数的公式，可以计算因变量 am 的基尼系数值为

$$Gini(am) = 1 - \left(\frac{19}{32}\right)^2 - \left(\frac{13}{32}\right)^2 = 0.4824$$

在选择根节点或中间节点的变量时，就需要计算条件基尼系数。对于 3 个及以上不同值的离散变量来说，在计算条件基尼系数时会稍微复杂一些，因为该变量在做二元划分时会产生多对不同的组合。

以变量 cyl 为例，其值分别为 4、6、8 时，一共会产生 3 对不同的组合，组合情况如表 9-3 所示。

表 9-3　cyl 3 种组合情况的统计

组合情况	cyl	am	
		automatic	manual
组合一	4	3	8
	6 或 8	16	5
组合二	6	4	3
	4 或 8	15	10
组合三	8	12	2
	4 或 6	7	11

所以在计算条件基尼系数时就需要考虑 3 种组合的值，最终从 3 个值中挑选出最小的值作为该变量的二元划分。其计算过程如下。

$$组合一：Gini_{cyl-4}(am) = \frac{11}{32}\left[1 - \left(\frac{3}{11}\right)^2 - \left(\frac{8}{11}\right)^2\right] + \frac{21}{32}\left[1 - \left(\frac{16}{21}\right)^2 - \left(\frac{5}{21}\right)^2\right] = 0.3744$$

$$组合二：Gini_{cyl-6}(am) = \frac{7}{32}\left[1 - \left(\frac{4}{7}\right)^2 - \left(\frac{3}{7}\right)^2\right] + \frac{25}{32}\left[1 - \left(\frac{15}{25}\right)^2 - \left(\frac{10}{25}\right)^2\right] = 0.4821$$

$$组合三：Gini_{cyl-8}(am) = \frac{14}{32}\left[1 - \left(\frac{12}{14}\right)^2 - \left(\frac{2}{14}\right)^2\right] + \frac{18}{32}\left[1 - \left(\frac{7}{18}\right)^2 - \left(\frac{11}{18}\right)^2\right] = 0.3745$$

由于最小值为 0.3744，故将 4、6 或 8 作为变量 cyl 的二元划分。

同理，得到其他 3 个变量的条件基尼系数为：

$$\text{Gini}_{vs}(\text{am}) = \frac{18}{32}\left[1-\left(\frac{12}{18}\right)^2-\left(\frac{6}{18}\right)^2\right]+\frac{14}{32}\left[1-\left(\frac{7}{14}\right)^2-\left(\frac{7}{14}\right)^2\right]=0.4688$$

$$\text{Gini}_{gear-3}(\text{am}) = \frac{15}{32}\left[1-\left(\frac{15}{15}\right)^2-\left(\frac{0}{15}\right)^2\right]+\frac{17}{32}\left[1-\left(\frac{4}{17}\right)^2-\left(\frac{13}{17}\right)^2\right]=0.1912$$

$$\text{Gini}_{gear-4}(\text{am}) = \frac{12}{32}\left[1-\left(\frac{4}{12}\right)^2-\left(\frac{8}{12}\right)^2\right]+\frac{20}{32}\left[1-\left(\frac{15}{20}\right)^2-\left(\frac{5}{20}\right)^2\right]=0.4010$$

$$\text{Gini}_{gear-5}(\text{am}) = \frac{5}{32}\left[1-\left(\frac{0}{5}\right)^2-\left(\frac{5}{5}\right)^2\right]+\frac{27}{32}\left[1-\left(\frac{19}{27}\right)^2-\left(\frac{8}{27}\right)^2\right]=0.3519$$

由于最小值为 0.1912，变量 gear 按照 3、4 或 5 进行二元划分。

以基尼系数最小为准则，最终选择 gear 变量作为根节点的划分点，按照 3、4 或 5 进行二元划分。

9.2 决策树算法的 Python 实现

Python 中有多个库可以实现决策树算法，本小节将介绍 Python 实现决策树算法的常用库。

9.2.1 实现决策树算法的常用库

在 ChatGPT 输入框中输入以下内容，了解用于实现决策树算法的 Python 库：

> **?** 作为数据挖掘专家，请介绍 Python 中有哪些库可以实现决策树算法，不需要给出 Python 示例。

以下是 ChatGPT 给出的答案。

> 以下是一些在 Python 中常用于实现决策树算法的库。
>
> 1. scikit-learn：提供了 DecisionTreeClassifier 和 DecisionTreeRegressor 等类，用于实现分类和回归问题的决策树算法。
>
> 2. XGBoost：提供了 XGBClassifier 和 XGBRegressor 等类，是一个梯度提升库，适用于分类和回归问题。
>
> 3. LightGBM：提供了 LGBMClassifier 和 LGBMRegressor 等类，是一个高效的梯度提升库，用于分类和回归。
>
> 4. CatBoost：提供了 CatBoostClassifier 和 CatBoostRegressor 等类，是一个梯度提升库，专门处理类别特征，适用于分类和回归。
>
> 这些库提供了丰富的功能和灵活性，可以根据具体的问题选择合适的库和相应的类进行实现。

从 ChatGPT 给出的答案可知，scikit-learn、XGBoost、LightGBM 和 CatBoost 中均有对应用于实现分类树和回归树的类。下面，我们来进一步学习最常用的机器学习库 scikit-learn 中用于实现分类树的 DecisionTreeClassifier 类。

9.2.2　基于 scikit-learn 实现决策树分类

在 ChatGPT 输入框中输入以下内容，学习 scikit-learn 中的 DecisionTreeClassifier 类：

> **?** 作为数据挖掘专家，请介绍 scikit-learn 中的 DecisionTreeClassifier 类，并对参数进行详细讲解。

以下是 ChatGPT 给出的答案。

> DecisionTreeClassifier 是 scikit-learn 中用于实现决策树分类算法的类。以下是 DecisionTreeClassifier 类的主要参数及其解释。
>
> 1. criterion（默认值为 gini）：衡量特征选择质量的标准。可以选择 gini（基尼系数）或 entropy（信息增益）。
>
> 2. splitter（默认值为 best）：用于在每个节点选择划分策略。可以选择 best（选择最好的划分点）或 random（随机选择划分点）。
>
> 3. max_depth（默认值为 None）：决策树的最大深度。如果为 None，则节点会一直扩展，直到每个叶子都包含少于 min_samples_split 个样本。
>
> 4. min_samples_split（默认值为 2）：节点划分所需的最小样本数。如果节点样本数小于此值，则不进行划分。
>
> 5. min_samples_leaf（默认值为 1）：叶子节点所需的最小样本数。如果叶子节点的样本数小于此值，则该分支会被剪枝。
>
> 6. min_weight_fraction_leaf（默认值为 0.0）：叶子节点的最小权重分数。如果设置了 sample_weight，则样本的权重必须大于或等于这个阈值。
>
> 7. max_features（默认值为 None）：在寻找最佳划分点时考虑的特征数。可以为整数、浮点数、auto（等于总特征数）或 sqrt（等于总特征数的平方根）。
>
> 8. max_leaf_nodes（默认值为 None）：最大叶子节点数。如果设置为 max_leaf_nodes，则会剪枝，防止决策树生长过大。
>
> 9. class_weight（默认值为 None）：用于对不平衡类别进行权重调整的字典或 balanced。可以为每个类别指定权重，或选择 balanced 自动调整权重。
>
> 10. random_state（默认值为 None）：控制随机性的参数。如果指定一个固定的整数，每次运行都会得到相同的结果。
>
> 这些参数允许用户调整决策树的复杂度，防止决策树过拟合，并适应不同的数据集和问题。根据具体需求，可以通过调整这些参数来优化决策树的性能。

DecisionTreeClassifier 类中的参数 criterion 是衡量特征选择质量的标准。对于分类决策树，默认为 gini，表示采用基尼系数选择节点的最佳划分特征；对于回归决策树，默认为 mse，表示使用均方误差选择节点的最佳划分特征。

9.3 案例：对 iris 数据集进行决策树分类

下面我们对 iris 数据集构建决策树；然后对构建好的决策树进行可视化，绘制决策边界；最后对花的种类进行预测。

9.3.1 构建决策树

我们让 ChatGPT 教我们如何对 iris 数据集构建决策树。在 ChatGPT 输入框中输入以下内容：

> ❓ 作为数据挖掘专家，请利用 scikit-learn 自带的 iris 数据集，使用 DecisionTree-Classifier 类构建决策树，要求自变量为 petal length (cm) 和 petal width (cm)，因变量为 target。

以下是 ChatGPT 给出的答案。

> 当使用 scikit-learn 构建决策树时，可以通过 DecisionTreeClassifier 类来实现。下面是一个简单的例子，展示如何使用 iris 数据集中的 petal length (cm) 和 petal width (cm) 作为自变量、target 作为因变量来构建决策树：

```python
# 导入所需的库
from sklearn.datasets import load_iris
from sklearn.model_selection import train_test_split
from sklearn.tree import DecisionTreeClassifier
from sklearn.metrics import accuracy_score
# 加载 iris 数据集
iris = load_iris()
X = iris.data[:, 2:]    # 使用 petal length (cm) 和 petal width (cm) 作为自变量
y = iris.target         # 因变量
# 划分训练集和测试集
X_train, X_test, y_train, y_test = train_test_split(X, y, test_size=0.2,
    random_state=42)
# 创建决策树模型
model = DecisionTreeClassifier(random_state=42)
# 在训练集上训练模型
model.fit(X_train, y_train)
# 在测试集上进行预测
y_pred = model.predict(X_test)
# 计算准确率
```

```
accuracy = accuracy_score(y_test, y_pred)
print(f"决策树在测试集上的准确率：{accuracy}")
```

这个例子首先加载 iris 数据集，使用 petal length (cm) 和 petal width (cm) 作为自变量（X），target 作为因变量（y）；然后将数据集划分为训练集和测试集，使用 Decision-TreeClassifier 类创建一个决策树模型，并在训练集上训练模型；最后在测试集上进行预测，并计算模型的准确率。

ChatGPT 给出的代码中，在使用 DecisionTreeClassifier 类创建决策树模型时，将参数 random_state 指定为 42，保证每次运行得到相同结果；其他参数均使用默认情况。创建决策树模型后，使用 fit() 方法在训练集上训练模型，使用 predict() 方法在测试集上进行测试，并使用 accuracy_score() 函数计算模型在测试集上的预测准确率。将 Python 代码复制到 Jupyter Notebook 并运行，得到的结果如下：

```
决策树在测试集上的准确率：1.0
```

利用训练好的决策树在测试集上的预测准确率为 1，说明对测试集中所有样本的类别预测结果全部与实际标签相同。

9.3.2　查看生成的决策规则

有时候我们也会关注训练好的模型生成的决策规则。我们在 ChatGPT 输入框中输入以下内容，让 ChatGPT 告诉我们如何查看决策规则：

？ 如何查看决策树的决策规则，不需要再重复建模。

以下是 ChatGPT 给出的答案。

要查看已经建立的决策树的决策规则，可以使用 export_text() 函数，该函数可以在 sklearn.tree 模块中找到。以下是一个例子，演示如何查看决策树的决策规则：

```
from sklearn.tree import export_text
# 使用 export_text() 函数输出决策树的决策规则
tree_rules = export_text(model, feature_names=["petal length (cm)", "petal
    width (cm)"])
print("决策树的决策规则：\n", tree_rules)
```

在上述代码中，export_text() 函数接收已经训练好的决策树模型和特征的名称，然后输出决策树的决策规则。请注意，这里将特征的名称设置为 ["petal length (cm)"，"petal width (cm)"]，你可以根据实际情况调整。

输出的规则将显示每个节点的判定条件、划分数据的特征以及最终每个叶子节点的类别。这样可以帮助你理解决策树是如何做出决策的。

> 请注意，对于大型的、深层次的决策树，规则可能会变得复杂，因此理解整个决策树结构也是有帮助的。你可以使用 Graphviz 等工具来可视化整个决策树。

可以使用 sklearn.tree 模块中的 export_text() 函数查看已经建立的决策树的决策规则。我们将 Python 代码复制到 Jupyter Notebook 并运行，输出结果如下：

```
决策树的决策规则：
|--- petal length (cm) <= 2.45
|   |--- class: 0
|--- petal length (cm) >  2.45
|   |--- petal length (cm) <= 4.75
|   |   |--- petal width (cm) <= 1.65
|   |   |   |--- class: 1
|   |   |--- petal width (cm) >  1.65
|   |   |   |--- class: 2
|   |--- petal length (cm) >  4.75
|   |   |--- petal width (cm) <= 1.75
|   |   |   |--- petal length (cm) <= 4.95
|   |   |   |   |--- class: 1
|   |   |   |--- petal length (cm) >  4.95
|   |   |   |   |--- petal width (cm) <= 1.55
|   |   |   |   |   |--- class: 2
|   |   |   |   |--- petal width (cm) >  1.55
|   |   |   |   |   |--- petal length (cm) <= 5.45
|   |   |   |   |   |   |--- class: 1
|   |   |   |   |   |--- petal length (cm) >  5.45
|   |   |   |   |   |   |--- class: 2
|   |   |--- petal width (cm) >  1.75
|   |   |   |--- petal length (cm) <= 4.85
|   |   |   |   |--- class: 2
|   |   |   |--- petal length (cm) >  4.85
|   |   |   |   |--- class: 2
```

我们对生成规则进行解读。如以下规则表示当变量 petal length (cm) 的值小于或等于 2.45 时，花的种类预测为 0：

```
|--- petal length (cm) <= 2.45
|   |--- class: 0
```

以下规则表示当变量 petal length (cm) 的值大于 2.45、小于或等于 4.75 且变量 petal width (cm) 的值小于或等于 1.65 时，花的种类预测为 1：

```
|--- petal length (cm) >  2.45
|   |--- petal length (cm) <= 4.75
|   |   |--- petal width (cm) <= 1.65
|   |   |   |--- class: 1
```

9.3.3　决策树可视化

对决策树进行可视化有助于我们理解整个决策树的结构。在 ChatGPT 输入框中输入以下内容，学习如何对决策树进行可视化：

 如何对决策树进行可视化，不需要再重复建模。

以下是 ChatGPT 给出的答案。

要可视化决策树，你可以使用 Graphviz，它可以将决策树转换为图形格式。首先，确保你已经安装了 Graphviz 库。你可以使用以下命令安装：

```
pip install graphviz
```

然后，可以使用以下代码将决策树可视化：

```
from sklearn.tree import export_graphviz
import graphviz
# 将决策树结构导出为 DOT 格式
dot_data = export_graphviz(model, out_file=None,
                           feature_names=["petal length (cm)", "petal width
                               (cm)"],
                           class_names=iris.target_names,
                           filled=True, rounded=True,
                           special_characters=True)
# 使用 Graphviz 可视化 DOT 格式的决策树
graph = graphviz.Source(dot_data)
graph.render("iris_decision_tree")   # 可选：将可视化结果保存到文件中
graph.view("iris_decision_tree")     # 打开可视化结果
```

在上述代码中，首先使用 export_graphviz() 函数将决策树导出为 DOT 格式的文本，然后使用 graphviz.Source 类将这个文本可视化。render() 方法可用于将可视化结果保存到文件中，而 view() 方法则用于在默认的图形查看器中打开可视化结果。

确保替换 feature_names 和 class_names 参数为你实际数据集的特征名和类别名。这样，你就可以直观地看到决策树的结构，理解它是如何基于特征进行划分和判断的。

将可视化代码复制到 Jupyter Notebook 中并运行，生成的 iris_decision_tree.pdf 文件的可视化内容如图 9-2 所示。

由图 9-2 可知，该决策树采用基尼系数选择节点的最佳划分特征。最左边的规则表示当测试集中的变量 petal length (cm) 的值小于或等于 2.45 时（此时的基尼系数为 0），符合规则的样本数量有 40 个。这 40 个样本的实际类别均为 setosa。当新样本符合此规则时，将 100% 被预测为 setosa。

在 Jupyter Notebook 中输入以下代码，查看符合最左边规则的训练样本的数量及实际标签：

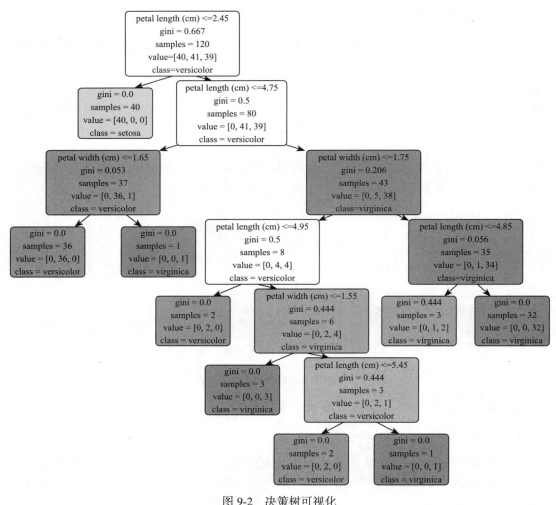

图 9-2　决策树可视化

```
print('查看符合此规则的训练样本的数量: \n',np.sum(X_train[:,0]<=2.45))
print('查看符合此规则的训练样本的实际标签: \n',iris.target_names[y_train[X_train[:,0]
    <=2.45]])
```

输出结果为：

```
查看符合此规则的训练样本的数量:
40
查看符合此规则的训练样本的实际标签:
['setosa' 'setosa' 'setosa' 'setosa' 'setosa' 'setosa' 'setosa' 'setosa'
 'setosa' 'setosa' 'setosa' 'setosa' 'setosa' 'setosa' 'setosa' 'setosa'
 'setosa' 'setosa' 'setosa' 'setosa' 'setosa' 'setosa' 'setosa' 'setosa'
 'setosa' 'setosa' 'setosa' 'setosa' 'setosa' 'setosa' 'setosa' 'setosa'
 'setosa' 'setosa' 'setosa' 'setosa' 'setosa' 'setosa' 'setosa' 'setosa']
```

其实 scikit-learn 的 tree 模块也能对决策树进行可视化。在 ChatGPT 输入框中输入以下内容，学习如何利用 scikit-learn 的 tree 模块对决策树进行可视化：

 如何使用 scikit-learn 的 tree 模块对决策树进行可视化，不需要再次建模。

以下是 ChatGPT 给出的答案。

 如果你已经建立了决策树模型，想要对其进行可视化而不需要重新建模，你可以使用 plot_tree() 函数。这个函数在 scikit-learn 的 tree 模块中提供了简便的可视化方法。以下是示例代码：

```
from sklearn.tree import plot_tree
import matplotlib.pyplot as plt
# 创建图形
plt.figure(figsize=(12, 8))
# 使用 plot_tree () 函数进行可视化
plot_tree(model, feature_names=["petal length (cm)", "petal width (cm)"],
class_names=iris.target_names, filled=True, rounded=True)
# 显示图形
plt.show()
```

在上述代码中，plot_tree() 函数直接接收训练好的决策树模型，并在 Matplotlib 图形中绘制决策树。feature_names 和 class_names 参数需要被设置为实际的特征名和类别名。

请注意，这种方法更适用于较小的决策树，因为对于大型决策树，节点的文本可能会重叠，使得可视化变得难以阅读。对于大型决策树，建议使用 graphviz 等工具生成更清晰的图形。

scikit-learn 的 tree 模块中提供的 plot_tree() 函数可以更简便地对决策树进行可视化。将 ChatGPT 提供的 Python 代码复制到 Jupyter Notebook 并运行，将得到与图 9-2 相同的图形。

9.3.4　绘制决策边界

决策树采用非常直观的方式对事物进行预测。二叉树分支方法可以非常有效地进行预测，其每个节点都根据一个特征的阈值将数据分成两组，即决策树实质上是通过与特征轴平行的分类边界分割数据的。

下面依然用 iris 数据集为例进行演示。在 Jupyter Notebook 中输入如下代码，构建深度为 1 的决策树模型：

```
# 构建深度为 1 的决策树模型
clf= DecisionTreeClassifier(max_depth=1,random_state=42)
# 在训练集上训练模型
clf.fit(X_train, y_train)
```

在 ChatGPT 输入框中输入以下内容，让 ChatGPT 教我们如何利用 mlxtend 绘制决策边界：

 如何利用 mlxtend 绘制决策边界，不需要再重复建模。

以下是 ChatGPT 给出的答案。

 mlxtend 中的 plot_decision_regions() 函数可以用于绘制决策边界，而不需要重新建模。

首先，确保已经安装了 mlxtend 库：

```
pip install mlxtend
```

然后，使用以下代码来绘制决策边界：

```
import matplotlib.pyplot as plt
from mlxtend.plotting import plot_decision_regions
# 使用之前训练好的模型和数据集绘制决策边界
plt.figure(figsize=(10, 6))
plot_decision_regions(X_test, y_test, clf=clf, legend=2)
# 设置图形属性
plt.xlabel('Petal Length (cm)')
plt.ylabel('Petal Width (cm)')
plt.title('Decision Boundary using mlxtend')
plt.show()
```

在上述代码中，plot_decision_regions() 函数接收训练好的分类器 clf、测试集 X_test 和 y_test，然后绘制决策边界。legend 参数用于控制图例的显示，xlabel 和 ylabel 用于设置轴刻度值，title 用于设置图表标题。

运行这段代码后，将会显示一个带有决策边界的散点图，不同的颜色表示不同的类别，而决策边界则用不同的区域颜色表示。

mlxtend 库我们在学习关联规则分析时已经安装了。如果还没有的话，可通过 pip install mlxtend 命令进行在线下载安装。可利用 mlxtend 中的 plot_decision_regions() 函数绘制决策边界，参数 clf 为已训练好的分类器，例如 DecisionTreeClassifier；参数 legend 用于控制图例的显示，0 表示不显示，1 表示图例在图的右上角显示（默认值），2 表示图例在图的左上角显示。

将绘制决策边界的 Python 代码复制到 Jupyter Notebook 中并运行，得到的图形如图 9-3 所示。

图 9-3 中，散点的不同颜色代表实际标签，图中不同颜色区域交界的那条黑线就是决策边界，它是平行于变量 petal width (cm)、垂直于 petal length (cm) 变量的一条直线（petal length (cm)=2.45）。从决策边界可知，深度为 1 的决策树将测试集中实际类别为 0 的样本全

部预测正确（均在决策边界左侧），剩余样本都预测为另一类。

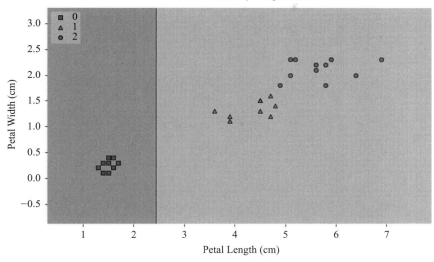

图 9-3　绘制深度为 1 的决策树的决策边界

由于鸢尾花的种类有 3 种，我们至少需要构建深度为 2 的决策树才能实现 3 种类别的分类预测。故在 Jupyter Notebook 中输入以下代码，构建深度为 2 的决策树模型，并绘制对测试集进行预测的决策边界：

```
# 构建深度为 2 的决策树模型
clf = DecisionTreeClassifier(max_depth=2,random_state=42)
# 在训练集上训练模型
clf.fit(X_train, y_train)
# 使用之前训练好的模型和数据集绘制决策边界
plt.figure(figsize=(10, 6))
plot_decision_regions(X_test, y_test, clf=clf,legend=2)
# 设置图形属性
plt.xlabel('Petal Length (cm)')
plt.ylabel('Petal Width (cm)')
plt.title('Decision Boundary using mlxtend')
plt.show()
```

结果如图 9-4 所示。

由图 9-4 可知，此时决策边界为平行于变量 petal width (cm) 的两条直线：petal length (cm)=2.45 和 petal length (cm)=4.75，有 1 个实际类别为 1 的样本被误分类。

在 Jupyter Notebook 中输入以下代码，查看深度为 2 的决策树模型的决策规则：

```
# 使用 export_text() 函数输出决策树的决策规则
tree_rules = export_text(clf, feature_names=["petal length (cm)", "petal width
    (cm)"])
```

```
print(" 决策树的决策规则 :\n", tree_rules)
```

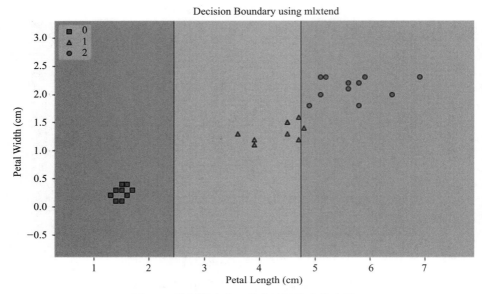

图 9-4　绘制深度为 2 的决策树的决策边界

输出结果为:

```
决策树的决策规则 :
|--- petal length (cm) <= 2.45
|    |--- class: 0
|--- petal length (cm) >  2.45
|    |--- petal length (cm) <= 4.75
|    |    |--- class: 1
|    |--- petal length (cm) >  4.75
|    |    |--- class: 2
```

最后,在 Jupyter Notebook 中输入以下代码,计算测试集预测结果的混淆矩阵,查看各类别的误分类情况:

```
# 查看测试集预测结果的混淆矩阵
from sklearn.metrics import confusion_matrix
y_pred = clf.predict(X_test)
print(' 测试集预测结果的混淆矩阵: \n',confusion_matrix (y_test, y_pred))
```

输出结果为:

```
测试集预测结果的混淆矩阵:
[[10  0  0]
 [ 0  8  1]
 [ 0  0 11]]
```

由混淆矩阵可知，有 1 个实际类别为 1(versicolor) 的样本被误预测为类别 2(virginica)，与决策边界可视化结果一致。

9.4　案例：对乳腺癌数据集进行决策树分类

本节将对 Kaggle 上的乳腺癌（Breast Cancer）数据集进行决策树分类。该数据集包含 569 个样本，包括良性肿瘤样本（357 个）和恶性肿瘤样本（212 个）。

Kaggle 的威斯康星州乳腺癌（诊断）数据集（下载地址：https://www.kaggle.com/datasets/uciml/breast-cancer-wisconsin-data）是一个经典的二分类问题数据集，主要用于预测肿瘤是良性还是恶性。它包含 569 个样本和 30 个数值型特征，这些特征值是从乳腺肿块细胞核的数字化图像中计算得出的，它们描述了图像中细胞核的特征，包括肿瘤细胞的形态学特征，如半径、纹理、对称性等。对每个图像计算这些细胞核特征的均值、标准误差和“最坏”或最大值（3 个最大值的均值），从而得到 30 个数值型特征。例如，第 3 个字段是 radius_mean（半径均值），第 13 个字段是 radius_se（半径标准误差），第 23 个字段是 radius_worst（最坏半径）。

9.4.1　构建决策树分类模型

我们让 ChatGPT 教我们如何对乳腺癌数据集构建决策树分类模型。在 ChatGPT 输入框中输入以下内容：

作为数据挖掘专家，请对 Kaggle 上的 Breast Cancer 数据集进行决策树建模，并对肿瘤类别进行预测。

以下是 ChatGPT 给出的答案。

要进行决策树建模并对肿瘤类别进行预测，我们可以使用 scikit-learn 来实现。以下是一个简单的例子：

```python
import pandas as pd
from sklearn.model_selection import train_test_split
from sklearn.tree import DecisionTreeClassifier
from sklearn.metrics import accuracy_score, confusion_matrix, classification_report
# 读取数据集
# 请将文件路径替换为你下载的 Breast Cancer 数据集的文件路径
data = pd.read_csv("path/to/breast_cancer_data.csv")
# 查看数据前五行
print(data.head())
# 划分特征和目标变量
X = data.drop(['id','diagnosis','Unnamed:32'], axis=1) # 删除不需要的列
```

```python
y = data['diagnosis']                                    # 目标变量为 'diagnosis'
# 将目标变量编码为数值（Malignant 为 1，Benign 为 0）
y = y.map({'M': 1, 'B': 0})
# 划分训练集和测试集
X_train, X_test, y_train, y_test = train_test_split(X, y, test_size=0.2,
    random_state=42)
# 建立决策树模型
model = DecisionTreeClassifier(random_state=42)
model.fit(X_train, y_train)
# 在测试集上进行预测
y_pred = model.predict(X_test)
# 评估模型性能
accuracy = accuracy_score(y_test, y_pred)
print(f'Accuracy: {accuracy:.2f}')
# 输出混淆矩阵和分类报告
conf_matrix = confusion_matrix(y_test, y_pred)
print(f'Confusion Matrix:\n{conf_matrix}')
class_report = classification_report(y_test, y_pred)
print(f'Classification Report:\n{class_report}')
```

请注意，为了运行上述代码，你需要将数据集下载到本地，并通过修改 pd.read_csv("path/to/breast_cancer_data.csv") 中的文件路径来读取数据。

这段代码首先加载数据集，查看数据前五行；然后划分训练集和测试集；最后建立一个决策树模型，使用测试集进行预测，并评估模型性能。

下面按照 ChatGPT 给出的代码进行逐步操作。首先将 breast-cancer-wisconsin-data 数据集下载到本地，再通过 Pandas 导入 Python 中。在 Jupyter Notebook 中输入以下代码并运行：

```python
# 加载所需的三方库
import pandas as pd
from sklearn.model_selection import train_test_split
from sklearn.tree import DecisionTreeClassifier
from sklearn.metrics import accuracy_score, confusion_matrix, classification_
    report
# 读取数据集
data = pd.read_csv('data/breast_cancer_data.csv')
```

数据导入后，通过查看数据的形状、各字段的数据类型来了解数据的整体情况。在 Jupyter Notebook 中输入以下代码并运行：

```python
print('查看数据形状：\n',data.shape)
print('查看各列的数据类型：\n',data.dtypes)
```

输出结果为：

```
查看数据形状：
 (569, 33)
```

```
查看各列的数据类型:
id                          int64
diagnosis                   object
radius_mean                 float64
texture_mean                float64
perimeter_mean              float64
area_mean                   float64
smoothness_mean             float64
compactness_mean            float64
concavity_mean              float64
concave points_mean         float64
symmetry_mean               float64
fractal_dimension_mean      float64
radius_se                   float64
texture_se                  float64
perimeter_se                float64
area_se                     float64
smoothness_se               float64
compactness_se              float64
concavity_se                float64
concave points_se           float64
symmetry_se                 float64
fractal_dimension_se        float64
radius_worst                float64
texture_worst               float64
perimeter_worst             float64
area_worst                  float64
smoothness_worst            float64
compactness_worst           float64
concavity_worst             float64
concave points_worst        float64
symmetry_worst              float64
fractal_dimension_worst     float64
Unnamed: 32                 float64
dtype: object
```

从输出结果可知，数据一共有 569 行 33 列，其中变量 diagnosis 为目标变量（即因变量）、id 和 Unnamed: 32 是多余的列，剩余的 30 列均为特征（即自变量）。将 ChatGPT 给出的划分特征和目标变量的代码复制到 Jupyter Notebook 中并运行，使用数据框的 dorp() 方法舍去不需要的列：

```
# 划分特征和目标变量
X = data.drop(['id', 'diagnosis', 'Unnamed: 32'], axis=1)  # 删除不需要的列
y = data['diagnosis']                                       # 目标变量为 'diagnosis'
```

在对数据进行分区前，先运行下面的代码，查看目标变量 y 的类别数量统计：

```
y.value_counts()
```

输出结果为：

```
B       357
M       212
Name: diagnosis, dtype: int64
```

类别 B（良性）的样本数量为 357 个，类别 M（恶性）的样本数量为 212 个，不需要做类失衡处理。在 Jupyter Notebook 中输入以下代码，将因变量进行数值编码转换：

```
y = y.map({'M': 1, 'B': 0})
```

将 ChatGPT 给出的划分训练集和测试集的代码复制到 Jupyter Notebook 中，完成训练集和测试集的数据分区工作：

```
X_train, X_test, y_train, y_test = train_test_split(X, y, test_size=0.2, random_
    state=42)
```

至此，数据预处理工作已经完成。

在 Jupyter Notebook 中输入 ChatGPT 提供的建立决策树的模型代码，完成决策树模型的建立：

```
# 建立决策树模型
model = DecisionTreeClassifier(random_state=42)
model.fit(X_train, y_train)
```

构建模型后，运行以下代码对决策树进行可视化：

```
# 决策树可视化
# 将决策树结构导出为 DOT 格式
dot_data = export_graphviz(model, out_file=None,
                            feature_names=X.columns,
                            class_names=['B','M'],
                            filled=True, rounded=True,
                            special_characters=True)
# 使用 Graphviz 可视化 DOT 格式的决策树
graph = graphviz.Source(dot_data)
graph.render("breast-cancer_decision_tree")  # 可选：将可视化结果保存到文件中
graph.view("breast-cancer_decision_tree")    # 打开可视化结果
```

生成的 PDF 图像如图 9-5 所示。

最后，我们对测试集进行预测，并查看在测试集上的预测准确率、混淆矩阵及分类报告。将 ChatGPT 给出的代码复制到 Jupyter Notebook 中并运行：

```
# 在测试集上进行预测
y_pred = model.predict(X_test)
# 评估模型性能
accuracy = accuracy_score(y_test, y_pred)
print(f'Accuracy: {accuracy:.2f}')
# 输出混淆矩阵和分类报告
conf_matrix = confusion_matrix(y_test, y_pred)
print(f'Confusion Matrix:\n{conf_matrix}')
```

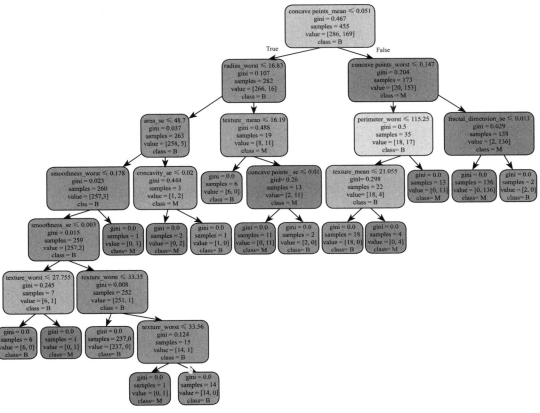

图 9-5　对乳腺癌数据集构建的可视化决策树模型

```
class_report = classification_report(y_test, y_pred)
print(f'Classification Report:\n{class_report}')
```

输出结果为：

```
Accuracy: 0.95
Confusion Matrix:
[[68  3]
 [ 3 40]]
Classification Report:
              precision    recall  f1-score   support

           0       0.96      0.96      0.96        71
           1       0.93      0.93      0.93        43

    accuracy                           0.95       114
   macro avg       0.94      0.94      0.94       114
weighted avg       0.95      0.95      0.95       114
```

模型对测试集的预测准确率为 95%，其中在 71 个 0（良性）样本中，有 68 个被正确预测，有 3 个被误预测为了 1（恶性）；在 43 个 1（恶性）样本中，有 40 个被正确预测，有 3 个被误预测为了 0（良性）。

9.4.2 对决策树分类模型进行调优

我们目前构建的决策树模型是不是最优的呢？下面让 ChatGPT 教我们如何使用网格搜索（Grid Search）寻找最优决策树模型。在 ChatGPT 输入框中输入以下内容：

 如何通过网格搜索寻找最优决策树模型？

以下是 ChatGPT 给出的答案。

通过网格搜索来寻找最优决策树模型通常是指指定一些待调优的超参数，然后在这些超参数组合中进行搜索，找到模型性能最佳的组合。在 scikit-learn 中，可以使用 GridSearchCV 类来进行网格搜索。以下是一个示例代码，演示如何使用网格搜索寻找最优的决策树模型：

```
from sklearn.model_selection import GridSearchCV
# 定义决策树模型
model = DecisionTreeClassifier(random_state=42)
# 定义网格搜索的超参数组合
param_grid = {
    'max_depth': [3, 5, 7],
    'min_samples_split': [2, 5, 10],
    'min_samples_leaf': [1, 2, 4],
    'criterion': ['gini', 'entropy']
}
# 使用 GridSearchCV 类进行网格搜索
grid_search = GridSearchCV(model, param_grid, cv=5, scoring='accuracy')
grid_search.fit(X_train, y_train)
# 输出最优参数组合
print("Best Parameters:", grid_search.best_params_)
# 获取最优模型
best_model = grid_search.best_estimator_
# 在测试集上进行预测
y_pred = best_model.predict(X_test)
# 评估最优模型的性能
accuracy = accuracy_score(y_test, y_pred)
print(f'Accuracy of Best Model: {accuracy:.2f}')
```

在上述代码中，param_grid 定义了待调优的超参数组合；GridSearchCV 类将在这些超参数组合中搜索，使用交叉验证来评估每个组合的性能，并找到性能最佳的组合。最后输出最优的超参数组合，并使用这组参数训练的最优模型在测试集上进行预测，评估最优模型的性能。

ChatGPT 给出的答案中定义了一个包含不同参数取值组合的字典 param_grid，再通过 5 折交叉验证进行网格搜索，寻找最优参数组合。网格搜索完成后，可通过 best_params_ 方法查看最优模型的参数组合，通过 best_estimator_ 方法得到最优模型。

将 ChatGPT 给出的代码复制到 Jupyter Notebook 中并运行，得到的结果如下所示：

```
Best Parameters: {'criterion': 'entropy', 'max_depth': 3,
'min_samples_leaf': 1, 'min_samples_split': 2}
Accuracy of Best Model: 0.96
```

通过网格搜索得到的最优模型参数组合是选择 entropy 作为节点划分的衡量指标，树的最大深度为 3，叶子节点所需的最小样本数为 1，节点划分所需的最小样本数为 2。由该参数组合得到的最优模型对测试集的预测准确率为 96%。

在 Jupyter Notebook 中输入以下代码，查看最优模型对测试集预测结果的混淆矩阵：

```
# 输出混淆矩阵
conf_matrix = confusion_matrix(y_test, y_pred)
print(f' 混淆矩阵 :\n{conf_matrix}')
```

输出结果为：

```
混淆矩阵 :
[[71  0]
 [ 4 39]]
```

此时，71 个 0（良性）样本全部预测正确；在 43 个 1（恶性）样本中，有 39 个被正确预测，有 4 个被误预测为 0（良性）。

9.5　随机森林算法的原理及实现

实际建模时，只使用单一模型决定一组数据的分类往往并不可行，因为用一个模型清晰描述数据分类会异常复杂，且只使用一种准则建立的模型很难避免过度拟合。因而，一个更好的方法是采用投票方法从这些分类结果中选择最优的模型。换句话说，如果我们对不同算法的预测结果进行平均，相比只使用一种分类方法，可能会得到更好的分类模型。

9.5.1　常用的集成学习算法

我们在 ChatGPT 输入框中输入以下内容，了解什么是集成学习（Ensemble Learning）：

> ❓ 作为数据挖掘专家，请用通俗易懂的语言介绍什么是集成学习。

以下是 ChatGPT 给出的答案。

集成学习是一种机器学习方法，其核心思想是通过结合多个弱学习器（模型）的预测结果，获得一个更为强大、鲁棒性更好的学习器。通俗地说，集成学习就是把多个专家的意见进行汇总，以得到更准确的决策。

比如，想象一下你在做一个决策，而你有一群朋友可以提供建议。每个朋友都有一些特长和经验，但可能不是每个朋友都是 100% 准确的。通过集成他们的意见，你有望做出更明智的决策，因为不同的人可能从不同的角度考虑问题，覆盖了更广泛的信息。

在集成学习中，弱学习器可以是任何比随机猜测稍微好一点的模型，例如决策树、支持向量机、逻辑回归等。通过结合它们的预测，集成学习能够在某种程度上抵抗过拟合，提高模型的泛化能力，并在处理复杂任务时取得更好的性能。

常见的集成学习方法包括：

1. Bagging：使用不同的训练数据集训练多个相同类型的模型，最后通过取平均值或多数投票的方式获得最终预测结果。

2. Boosting：训练一系列弱学习器，每个学习器关注之前学习器的错误，最终将它们加权结合，提高整体性能。

3. 随机森林：一种基于 Bagging 的方法，通过在构建决策树时引入随机性，进一步增强模型的多样性。

4. Stacking：将不同类型的模型堆叠在一起，通过另一个模型来融合它们的预测结果，以获得更强大的性能。

集成学习是一种强大的技术，经常在实际问题中取得优异的性能，特别是当单一模型难以胜任复杂任务时。

集成学习是一种机器学习方法，它的核心思想是结合多个学习器的预测结果，通过一定的组合策略，获得更好的预测性能。集成学习将多个学习器组合成一个整体，这些学习器可以是同一种算法的不同参数设置，也可以是不同的算法。在训练过程中，每个学习器独立地使用不同的训练数据集进行训练，然后通过一定的方式对预测结果进行整合，最终得到一个更加准确和稳定的预测结果。

常用的集成学习算法有 Bagging、Boosting 和随机森林。我们通过 ChatGPT 了解这 3 种集成学习算法的优缺点。在 ChatGPT 输入框中输入以下内容：

? 作为数据挖掘专家，请对比 Bagging、Boosting 和随机森林这 3 种集成学习算法的优缺点，要求结果以表格展示，其中第 1 列为集成学习算法名称，第 2 列为优点，第 3 列为不足。

以下是 ChatGPT 给出的答案。

以下是对比 Bagging、Boosting 和随机森林这 3 种集成学习方法优缺点的表格：

集成学习算法名称	优点	不足
Bagging	1）减小模型方差，提高模型的泛化能力 2）对抗过拟合，特别是在弱学习器为高方差模型时效果显著 3）可以并行训练各个弱学习器，加速模型训练	1）对于低偏差、高方差的弱学习器，Bagging 效果不明显 2）对于线性模型等稳定模型，Bagging 的优势相对较小 3）无法减小模型偏差
Boosting	1）提高模型性能，特别是在弱学习器为低方差、高偏差模型时表现优异 2）对抗偏差，适用于复杂任务，提高模型的表达能力 3）通过关注错误样本，逐步提升模型性能	1）对噪声和异常值敏感，容易过拟合 2）需要设置合适的学习频率，避免过快过慢的学习 3）训练过程串行，相对较慢
随机森林	1）降低模型的方差，提高模型泛化能力 2）对高维数据和大规模数据表现良好 3）可以直接处理多分类问题 4）不容易过拟合，对异常值不敏感	1）不太适用于稀疏数据，因为树模型在稀疏数据上的表现相对较差 2）模型结构相对难以解释 3）在一些细粒度的任务上可能过于复杂

这个表格对 Bagging、Boosting 和随机森林的优缺点进行了简要总结。注意：实际应用中选择使用哪种方法通常取决于数据的性质、问题的复杂性以及计算资源等因素。

集成学习算法既可以用于分类，也可以用于回归。接下来我们将对使用 scikit-learn 实现随机森林分类的过程进行进一步讲解。其他集成学习算法在分类或在回归上的用途基本一致，各位读者可以自行请教 ChatGPT。

9.5.2　基于 scikit-learn 实现随机森林分类

在 ChatGPT 输入框中输入以下内容，学习 scikit-learn 中的 RandomForestClassifier 类：

> 作为数据挖掘专家，请介绍 scikit-learn 中的 RandomForestClassifier 类，并对参数进行详细讲解。

以下是 ChatGPT 给出的答案。

RandomForestClassifier 是 scikit-learn 中用于实现随机森林分类的类。随机森林是一种集成学习方法，通过构建多个决策树来进行分类，并通过投票或取均值来提高模型的性能。下面对 RandomForestClassifier 类的主要参数进行详细讲解。

```
from sklearn.ensemble import RandomForestClassifier()
```

1. n_estimators (int, default=100)：
   ❑ 意义：决策树的数量，即随机森林中包含的决策树的个数。

❑ 建议：一般来说，增加树的数量有助于提高模型性能，但也会增加计算成本。

2. criterion ({"gini", "entropy"}, default="gini"):

❑ 意义：用于衡量决策树节点纯度的指标，可以选择基尼系数（gini）或信息增益（entropy）。

❑ 建议：一般来说，两者在实践中的效果差异不大，可以根据具体情况进行选择。

3. max_depth (int, default=None):

❑ 意义：每棵决策树的最大深度，用于控制树的复杂度。

❑ 建议：可以通过交叉验证等方法来调整该参数，避免过拟合。

4. min_samples_split (int or float, default=2):

❑ 意义：一个节点在划分前所需的最小样本数。如果是整数，则为样本数；如果是浮点数，则表示比例。

❑ 建议：调整该参数可以控制树的生长，避免生成过深的树。

5. min_samples_leaf (int or float, default=1):

❑ 意义：叶子节点所需的最小样本数。如果是整数，则为样本数；如果是浮点数，则表示比例。

❑ 建议：增大该参数可以防止树生成过多的叶子节点，有助于防止过拟合。

6. max_features ({"auto", "sqrt", "log2"}, int, float or None, default="auto"):

❑ 意义：每个节点划分时考虑的特征的最大数量。

❑ 建议：可以通过调整该参数来控制随机森林中各个决策树的多样性。

7.bootstrap (bool, default=True):

❑ 意义：是否进行有放回的随机抽样（bootstrap 抽样）来构建每棵决策树。

❑ 建议：通常情况下保持为 True，因为这有助于提高模型的多样性。

8. random_state (int or RandomState, default=None):

❑ 意义：随机种子，用于控制随机性，使结果可重复。

❑ 建议：在实验和调参时，设置一个固定的随机种子有助于比较不同设置下的模型性能。

这些是 RandomForestClassifier 类的一些主要参数。在使用时，可以根据具体问题和数据的特点调整这些参数，以获得更好的性能。

从 ChatGPT 给的答案可知，随机森林算法中的很多参数与决策树的相同，这里我们简要介绍不一样的参数含义。n_estimators 表示随机森林中包含的决策树的个数，默认为 100。需要注意的是，参数 max_features 已经被移除。

9.5.3 案例: 对乳腺癌数据集进行随机森林分类

我们让 ChatGPT 教我们如何对乳腺癌数据集进行随机森林分类。在 ChatGPT 输入框中输入以下内容:

 作为数据挖掘专家, 请对 Kaggle 上的 Breast Cancer 数据集进行随机森林建模, 并对肿瘤类别进行预测。

以下是 ChatGPT 给出的答案。

 以下是使用随机森林算法对 Kaggle 上的 Breast Cancer 数据集进行建模的示例代码(请确保你已经下载了该数据集, 并将文件路径替换为你实际下载的路径):

```python
import pandas as pd
from sklearn.model_selection import train_test_split
from sklearn.ensemble import RandomForestClassifier
from sklearn.metrics import accuracy_score, classification_report, confusion_
    matrix
# 读取数据集
# 请将文件路径替换为你下载的 Breast Cancer 数据集文件路径
data = pd.read_csv('path/to/breast_cancer_data.csv')
# 划分特征和目标变量
X = data.drop(['id', 'diagnosis', 'Unnamed: 32'], axis=1)
y = data['diagnosis'].map({'M': 1, 'B': 0})
# 划分训练集和测试集
X_train, X_test, y_train, y_test = train_test_split(X, y, test_size=0.2,
    random_state=42)
# 建立随机森林模型
rf_model = RandomForestClassifier(n_estimators=100, random_state=42)
rf_model.fit(X_train, y_train)
# 在测试集上进行预测
y_pred = rf_model.predict(X_test)
# 评估模型性能
accuracy = accuracy_score(y_test, y_pred)
print(f'Accuracy: {accuracy:.2f}')
# 输出混淆矩阵和分类报告
conf_matrix = confusion_matrix(y_test, y_pred)
print(f'Confusion Matrix:\n{conf_matrix}')
class_report = classification_report(y_test, y_pred)
print(f'Classification Report:\n{class_report}')
```

请确保将文件路径 'path/to/breast_cancer_data.csv' 替换为你实际下载的 Breast Cancer 数据集的文件路径。这段代码首先加载数据集, 进行简单的数据探索; 然后划分训练集和测试集; 最后建立一个随机森林模型, 使用测试集进行预测, 并评估模型性能。

ChatGPT 给出的代码几乎与 9.4.1 节使用决策树分类时一致, 唯一区别是用构建随机森

林的代码代替 9.4.1 节中的代码。将参数 n_estimators 设置为 100，意思是将构建含有 100
个决策树的随机森林。将 Python 代码复制到 Jupyter Notebook 中并运行：

```
Accuracy: 0.96
Confusion Matrix:
[[70  1]
 [ 3 40]]
Classification Report:
              precision    recall   f1-score    support

           0     0.96       0.99      0.97         71
           1     0.98       0.93      0.95         43

    accuracy                          0.96        114
   macro avg     0.97       0.96      0.96        114
weighted avg     0.97       0.96      0.96        114
```

随机森林对测试集的预测准确率为 96%，其中在 71 个 0（良性）样本中，有 70 个被正
确预测，有 1 个被误预测为了 1（恶性）；在 43 个 1（恶性）样本中，有 40 个被正确预测，
有 3 个被误预测为了 0（良性）。

目前得到的随机森林是不是最优的呢？同样，我们也通过 ChatGPT 学习使用网格搜索
寻找最优的随机森林模型。在 ChatGPT 输入框中输入以下内容：

? 如何通过网格搜索寻找最优的随机森林模型？

以下是 ChatGPT 给出的答案。

 通过网格搜索寻找最优随机森林模型的步骤包括定义网格参数、实例化
RandomForestClassifier 类、使用 GridSearchCV 类进行搜索、得到最优模型。以下
是一个示例代码：

```
# 定义随机森林模型
rf_model = RandomForestClassifier(random_state=42)
# 定义网格参数
param_grid = {
    'n_estimators': [50, 100, 200],
    'max_depth': [None, 5, 10, 20],
    'min_samples_split': [2, 5, 10],
    'min_samples_leaf': [1, 2, 4]}
# 使用 GridSearchCV 类进行网格搜索
grid_search = GridSearchCV(rf_model, param_grid, cv=5, scoring='accuracy')
grid_search.fit(X_train, y_train)
# 输出最优参数组合
print("Best Parameters:", grid_search.best_params_)
# 获取最优模型
best_rf_model = grid_search.best_estimator_
```

```
# 在测试集上进行预测
y_pred = best_rf_model.predict(X_test)
# 评估最优模型的性能
accuracy = accuracy_score(y_test, y_pred)
print(f'Accuracy of Best Model: {accuracy:.2f}')
```

在上述代码中，通过定义 param_grid 网格参数，可以通过 GridSearchCV 类搜索最优的随机森林模型参数。最后，输出最优参数组合，并评估最优模型在测试集上的性能。

在 ChatGPT 给出的答案中，首先定义了超参数组合 param_grid 字典，其中包含随机森林算法的参数 n_estimators、max_depth、min_samples_split 和 min_samples_leaf 的不同取值，再通过网格搜索寻找最优的参数组合。

将 ChatGPT 给出的代码复制到 Jupyter Notebook 中并运行，得到的结果如下所示：

```
Best Parameters: {'max_depth': None, 'min_samples_leaf': 1,
'min_samples_split': 2, 'n_estimators': 200}
Accuracy of Best Model: 0.96
```

通过网格搜索得到的最优模型参数组合是不限制树的最大深度，叶子节点所需的最小样本数为 1，节点划分所需的最小样本数为 2，决策树的数量为 100。由该参数组合得到的最优模型对测试集的预测准确率为 96%。

9.6　本章小结

本章首先通过 ChatGPT 详细介绍了 ID3、C4.5 和 CART 3 种常用的决策树算法；接着以鸢尾花数据集为例，详细演示了构建决策树、查看生成的决策规则、对决策树进行可视化以及绘制决策边界；然后对乳腺癌数据集进行了决策树分类并通过网格搜索寻找最优决策树分类模型；最后介绍了常用的集成学习算法，演示了基于 scikit-learn 对乳腺癌数据集进行随机森林分类的过程，并通过网格搜索寻找最优的随机森林模型。

第 10 章

使用 ChatGPT 学习 k 近邻算法及支持向量机算法

本章将学习另外两种常用的有监督学习算法：k 近邻和支持向量机。这两种算法均可用于分类，也可用于回归。我们先学习 k 近邻算法的原理及 Python 实现，再学习支持向量机算法的原理及 Python 实现。

10.1 k 近邻算法的原理

k-NN（k-Nearest Neighbor，k 近邻）算法是机器学习中较简单的方法之一。所谓 k 近邻，就是 k 个最近邻居的意思，说的是每个未知样本都可以用最接近它的 k 个邻居来代表。

10.1.1 k 近邻算法的思想

在 ChatGPT 输入框中输入以下内容，初步了解什么是 k 近邻算法：

> ❓ 作为数据挖掘专家，请用通俗易懂的语言给小白介绍什么是 k 近邻算法。

以下是 ChatGPT 给出的答案。

> 当我们谈论 k 近邻算法时，就好像在说找朋友。想象一下，你有一群朋友，每个人都有自己的特点，比如喜欢运动、爱好音乐等。现在，有个新朋友想加入，但是你不知道他的特点。k 近邻算法的任务就是找到与这个新朋友最相似的 k 个朋友，然后根

据这些朋友的特点来了解新朋友可能的特点。

具体来说，*k* 近邻算法是一种通过测量事物之间的距离寻找最近邻居的方法。在这里，距离可以理解为特征的相似程度。两个事物在特征空间中越接近，它们在某种程度上就越相似。

举个例子，假设我们要用 *k* 近邻算法来预测一部电影是喜剧还是动作片。我们有一些已知电影的特征，比如打斗场面的次数和笑点的数量。现在，有一部新电影，我们不知道它属于哪种类型。我们可以通过比较这部新电影与已知电影的特征，找到最相似的 *k* 部电影，然后看这 *k* 部电影中喜剧和动作片的比例，以此来预测这部新电影的类型。

简而言之，*k* 近邻算法就是找到和目标最相似的 *k* 个邻居，然后利用它们的信息来对目标进行预测或分类。

从 ChatGPT 给出的答案可知，*k* 近邻算法通过测量事物之间的距离来寻找最近的 *k* 个邻居，然后利用它们的信息来对未知样本进行预测或分类。当 *k* 近邻算法用于分类时，未知样本的类别将由 *k* 个邻居的多数类决定；当 *k* 近邻算法用于回归时，未知样本的值将由 *k* 个邻居的平均值决定。

用于分类场景时，*k* 近邻算法的实现原理如图 10-1 所示。

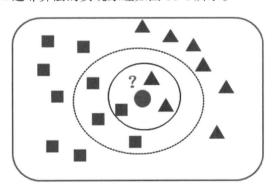

图 10-1　*k* 近邻算法的实现原理

图 10-1 中，三角形和正方形是已有的类别，那圆形要被赋予哪个类，是三角形还是正方形呢？如果 *k*=3，由于三角形所占比例为 2/3，圆形将被赋予三角形类；如果 *k*=5，由于正方形所占比例为 3/5，因此圆形被赋予正方形类。

10.1.2　*k* 近邻算法的推导过程

在 ChatGPT 输入框中输入以下内容，学习 *k* 近邻算法的推导过程：

? 作为数据挖掘专家，请介绍 *k* 近邻算法的推导过程，不要用 Markdown，公式用 LaTeX 显示。

以下是 ChatGPT 给出的答案。

 k 近邻算法是一种基于实例的学习方法，它通过比较邻近的数据点来进行分类或回归。下面是 k 近邻算法的推导过程。

假设我们有一个包含 N 个样本的训练数据集，每个样本包括特征和对应的类别标签，表示为 $(x_1, x_2), (x_2, y_2), \cdots, (x_N, y_N)$，其中 x_i 是特征，y_i 是对应的类别标签。

现给定一个新的样本 x，我们的目标是预测其类别。k 近邻算法的基本思想是：通过测量新样本与训练数据集中所有样本的距离，找到与新样本最近的 k 个邻居，然后通过这 k 个邻居的类别进行预测。

假设距离度量采用欧氏距离，那么新样本 x 与训练数据集中第 i 个样本 x_i 的距离可以表示为：

$$d(x, x_i) = \sqrt{\sum_{j=1}^{d} (x_j - x_{i_j})^2}$$

其中，d 是特征的维度。

然后，找到与新样本距离最近的 k 个邻居。令 $N_k(x)$ 为新样本 x 的 k 个最近邻居的集合，即

$$N_k(x) = \{x_{i1}, x_{i2}, \cdots, x_{ik}\}$$

最后，通过 k 个邻居的类别进行投票，选择样本数量最多的类别作为新样本的预测类别。假设类别标签是离散的，那么预测的类别可以表示为：

$$\hat{y}(x) = \arg\max_y \sum_{i=1}^{k} I(y_i = y)$$

其中，I 是指示函数，当括号中的条件为真时，I 的值为 1，否则为 0。

至此，我们就完成了 k 近邻算法的推导过程，即从测量距离到找到最近邻居，再到通过投票确定预测类别。

k 近邻算法的推导过程简单总结就是：先计算出待分类样本与所有已知样本的距离，然后对这些距离进行升序排序后找出最近的 k 个邻居，最后将样本数量占比最大的类别作为待分类样本的预测结果。

下面我们通过一个简单的例子演示 k 近邻算法。假设我们有 5 个已知标签的样本，每个样本有两个特征（x_1 和 x_2）以及对应的类别标签（y），需预测第 6 个样本的标签。数据清单如表 10-1 所示。

表 10-1　数据清单

样本	x_1	x_2	y
A	2	3	红色
B	5	4	蓝色

（续）

样本	x_1	x_2	y
C	6	2	红色
D	10	1	蓝色
E	6	7	红色
F	12	9	未知

现在，我们需要通过 k 近邻算法预测样本 F 的颜色。首先，我们使用欧氏距离计算样本 F 与已知样本的距离，即

$$d(F,A) = \sqrt{(12-2)^2 + (9-3)^2} \approx 11.66$$

$$d(F,B) = \sqrt{(12-5)^2 + (9-4)^2} \approx 8.60$$

$$d(F,C) = \sqrt{(12-6)^2 + (9-2)^2} \approx 9.22$$

$$d(F,D) = \sqrt{(12-10)^2 + (9-1)^2} \approx 8.25$$

$$d(F,E) = \sqrt{(12-6)^2 + (9-7)^2} \approx 6.32$$

得到未知样本与所有已知样本的距离后，将其由小到大升序排序，排序结果为

$$d(F,E) < d(F,D) < d(F,B) < d(F,C) < d(F,A)$$

假设 $k=3$，则与样本 F 最近的 3 个邻居为

$$N_3(F) = \{E,D,B\}$$

现在，我们看这 3 个邻居的类别，E 是红色，D 是蓝色，B 是蓝色。按照投票原则，我们选择样本数量较多的类别，所以样本 F 的颜色被预测为蓝色。

10.1.3　距离的度量方法

我们已经知道 k 近邻算法的基本思想是通过测量新样本与训练数据集中所有样本的距离来预测新样本的类别。那么除了前面提到的欧氏距离，还有哪些常用的距离度量方法呢？我们在 ChatGPT 输入框中输入以下内容：

? 作为数据挖掘专家，请介绍常用的距离度量方法，要求结果以表格展示，其中第 1 列为距离度量方法，第 2 列为概述，第 3 列为计算公式。

以下是 ChatGPT 给出的答案。

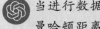 当进行数据挖掘时，常用的距离度量方法有多种，其中一些常见的包括欧氏距离、曼哈顿距离、切比雪夫距离、闵可夫斯基距离、余弦相似度和汉明距离等。以下是

这些方法的概述和计算公式。

距离度量方法	概述	计算公式
欧氏距离	空间中两点之间的直线距离	$\sqrt{\sum_{i=1}^{n}(x_i - y_i)^2}$
曼哈顿距离	空间中两点之间沿坐标轴的绝对距离之和	$\sum_{i=1}^{n}\lvert x_i - y_i\rvert$
切比雪夫距离	两点坐标数值差的绝对值的最大值	$\max_i\left(\lvert x_i - y_i\rvert\right)$
闵可夫斯基距离	欧氏距离和曼哈顿距离的一般化形式，p 为参数	$\left(\sum_{i=1}^{n}\lvert x_i - y_i\rvert^p\right)^{\frac{1}{p}}$
余弦相似度	两个向量之间的夹角余弦值，用于度量方向的相似度	$\dfrac{X \cdot Y}{\lVert X\rVert \cdot \lVert Y\rVert}$
汉明距离	两个等长字符串之间对应位置上不同字符的个数	$\sum_{i=1}^{n}\mathrm{diff}(x_i, y_i)$

在这里，n 表示数据点的维度，X 和 Y 是两个向量，$\cdot$ 表示向量的点积，$\lVert X\rVert$ 表示向量的范数，$\mathrm{diff}(x_i,y_i)$ 表示两个元素的不同（相等为 0，不等为 1）。这些距离度量方法在不同的场景中有不同的应用，根据具体的数据和任务选择合适的距离度量方法是数据挖掘中的重要一环。

使用距离来度量样本间的相似性时，必须注意两点：一是对所有变量进行数值化处理，如果某些变量为离散型的字符串，是无法计算距离的，需要对其做数值化处理，如构造哑变量或进行强制数值编码；二是防止数值变量的量纲影响，在实际工作的数据中，不同变量的数值范围可能是不一样的，这就会使计算的距离受到影响，所以必须采用数据标准化方法对其处理，使得所有变量的数值具有可比性。

10.2　k 近邻算法的 Python 实现

Python 中的 scikit-learn 提供了实现 k 近邻算法分类和预测的模块，该功能存在于子模块 neighbors 中。对于分类问题，需要调用 KNeighborsClassifier 类；而对于预测问题，则需要调用 KNeighborsRegressor 类。

10.2.1　基于 scikit-learn 实现 k 近邻分类

在 ChatGPT 输入框中输入以下内容，学习 scikit-learn 中的 KNeighborsClassifier 类：

> ❓ 作为数据挖掘专家，请介绍 scikit-learn 中的 KNeighborsClassifier 类，并对参数进行详细讲解。

以下是 ChatGPT 给出的答案。

KNeighborsClassifier 是 scikit-learn 中用于 *k* 近邻分类的类。它基于 *k* 近邻算法，通过查找输入样本的 *k* 个最近邻居对其进行分类。以下是 KNeighborsClassifier 类的主要参数。

1. n_neighbors
   - 类型：整数。
   - 默认值：5。
   - 说明：指定用于分类的邻居数目，即要考虑的最近邻居的数量。较小的值使模型对噪声更敏感，而较大的值使模型更稳健，但可能在某些情况下失去一些细节。

2. weights
   - 类型：字符串或可调用对象。
   - 默认值：uniform。
   - 说明：指定用于预测的权重类型。可以是 uniform（所有邻居权重相等）或 distance（权重与距离的倒数成正比）。

3. algorithm
   - 类型：字符串。
   - 默认值：auto。
   - 说明：指定用于计算最近邻居的算法。可选值有 auto、ball_tree、kd_tree 和 brute。一般情况下，auto 会选择最适合数据的最佳算法。

4. leaf_size
   - 类型：整数。
   - 默认值：30。
   - 说明：当使用 ball_tree 或 kd_tree 算法时，会指定叶子节点的大小。较小的值会加速模型的构建，但可能导致查询速度较慢。

5. p
   - 类型：整数。
   - 默认值：2。
   - 说明：用于闵可夫斯基距离的参数。当 p = 1 时，使用曼哈顿距离；当 p = 2 时，使用欧氏距离。一般情况下，欧氏距离是常用的选择。

6. metric
   - 类型：字符串或可调用对象。
   - 默认值：minkowski。
   - 说明：用于指定距离的度量指标。可以是字符串（如 euclidean、manhattan、

chebyshev 等）或自定义的可调用对象。

  7. metric_params
- ❑ 类型：字典。
- ❑ 默认值：None。
- ❑ 说明：用于度量函数的其他关键字参数。

  8. n_jobs
- ❑ 类型：整数。
- ❑ 默认值：None。
- ❑ 说明：指定用于计算的并行工作数。当为 –1 时，使用所有可用的 CPU。

  9. n_features_in_
- ❑ 类型：整数。
- ❑ 默认值：None。
- ❑ 说明：输入数据的特征数量。在 fit() 方法调用之前自动推断。

这些参数使得 KNeighborsClassifier 类可以适应不同的数据集和问题，并允许用户根据具体情况进行调整。通过调整这些参数，可以优化模型的性能和泛化能力。

KNeighborsClassifier 类中，参数 n_neighbors 指定用于分类的邻居数目，默认为 5；参数 metric 用于指定距离的度量指标，默认为闵可夫斯基距离；当参数 metric 为闵可夫斯基距离时，参数 p 为 1 表示计算点之间的曼哈顿距离，p 为 2 表示计算点之间的欧氏距离，该参数的默认值为 2。

10.2.2　案例：对乳腺癌数据集进行 k 近邻分类

我们继续以乳腺癌数据集为例进行讲解。在 ChatGPT 输入框中输入以下内容，让 ChatGPT 教我们如何对乳腺癌数据集进行 k 近邻分类。

> **?** 作为数据挖掘专家，请对 Kaggle 上的 Breast Cancer 数据集进行 k 近邻分类，并对肿瘤类别进行预测。

以下是 ChatGPT 给出的答案。

> 首先，确保你已经下载了 Kaggle 上的 Breast Cancer 数据集，并将其加载到你的工作环境中。下面将提供一个简单的 Python 代码示例，演示如何使用 scikit-learn 中的 KNeighborsClassifier 类对该数据集进行 k 近邻分类：
>
> ```python
> # 导入必要的库
> import pandas as pd
> from sklearn.model_selection import train_test_split
> from sklearn.preprocessing import StandardScaler
> ```

```python
from sklearn.neighbors import KNeighborsClassifier
from sklearn.metrics import accuracy_score, classification_report
# 读取数据集
data = pd.read_csv('path/to/breast_cancer_dataset.csv')
# 数据预处理
X = data.drop(['id', 'diagnosis', 'Unnamed: 32'], axis=1)   # 特征
y = data['diagnosis']                                        # 目标变量
# 划分训练集和测试集
X_train, X_test, y_train, y_test = train_test_split(X, y, test_size=0.2,
    random_state=42)
# 特征标准化
scaler = StandardScaler()
X_train_scaled = scaler.fit_transform(X_train)
X_test_scaled = scaler.transform(X_test)
# 构建 k 近邻分类模型
knn_classifier = KNeighborsClassifier(n_neighbors=5)
# 拟合模型
knn_classifier.fit(X_train_scaled, y_train)
# 进行预测
y_pred = knn_classifier.predict(X_test_scaled)
# 评估模型性能
accuracy = accuracy_score(y_test, y_pred)
report = classification_report(y_test, y_pred)
# 输出结果
print(f'准确率: {accuracy:.2f}')
print('分类报告: \n', report)
```

请确保将 'path/to/breast_cancer_dataset.csv' 替换为你实际存放数据集的路径。这段代码首先加载数据集，并划分训练集和测试集；然后对特征进行标准化，构建 k 近邻分类模型并进行拟合；最后评估模型性能并输出准确率和分类报告。

ChatGPT 给出的 Python 代码中，在进行 k 近邻分类建模前，先进行了数据读取、数据预处理、数据分区及特征标准化等工作。我们在 Jupyter Notebook 中输入以下代码，完成以上操作：

```python
# 导入必要的库
import pandas as pd
from sklearn.model_selection import train_test_split
from sklearn.preprocessing import StandardScaler
from sklearn.neighbors import KNeighborsClassifier
from sklearn.metrics import accuracy_score, confusion_matrix,classification_
    report
# 读取数据集
data = pd.read_csv('data/breast_cancer_data.csv')
# 数据预处理
X = data.drop(['id', 'diagnosis', 'Unnamed: 32'], axis=1)   # 特征
y = data['diagnosis']                                        # 目标变量
# 划分训练集和测试集
```

```
X_train, X_test, y_train, y_test = train_test_split(X, y, test_size=0.2, random_
    state=42)
# 特征标准化
scaler = StandardScaler()
X_train_scaled = scaler.fit_transform(X_train)
X_test_scaled = scaler.transform(X_test)
```

以上代码在进行特征标准化时，先使用 StandardScaler() 函数进行实例化；然后使用 fit_transform() 方法对训练集的特征进行训练并转换，转换后的训练集特征均值为 0，标准差为 1；最后使用 transform() 方法对测试集的特征进行标准化。需注意此测试集是利用训练集原特征的均值和标准值进行转换的，转换后的测试集特征均值不为 0，标准差不为 1。

在 Jupyter Notebook 中输入以下代码，分别查看转换后的训练集和测试集特征的均值和标准差：

```
print(' 标准化后的训练集特征均值: \n',np.round(np.mean(X_train_scaled,axis=0),2))
print(' 标准化后的训练集特征标准差 :\n',np.round(np.std(X_train_scaled,axis=0),2))
print(' 标准化后的测试集特征均值: \n',np.round(np.mean(X_test_scaled,axis=0),2))
print(' 标准化后的测试集特征标准差 :\n',np.round(np.std(X_test_scaled,axis=0),2))
```

输出结果为：

```
标准化后的训练集特征均值:
 [-0. -0. -0.  0. -0. -0. -0.  0.  0.  0.  0.  0.  0. -0. -0.  0. -0.
 -0.  0. -0. -0. -0. -0.  0.]
标准化后的训练集特征标准差 :
 [1. 1. 1. 1. 1. 1. 1. 1. 1. 1. 1. 1. 1. 1. 1. 1. 1.
 1. 1. 1. 1. 1.]
标准化后的测试集特征均值:
 [ 0.01  0.12  0.02  0.01  0.22  0.07 -0.01  0.08  0.01  0.03  0.06  0.13
  0.02  0.03  0.08 -0.04 -0.14 -0.08 -0.02 -0.05  0.04  0.12  0.02  0.03
  0.18  0.05 -0.06  0.03 -0.03  0.02]
标准化后的测试集特征标准差 :
 [0.98 1.04 1.   0.96 1.03 1.03 1.02 1.09 0.99 0.89 0.89 1.08 0.88 0.8
 0.91 0.8  0.63 0.9  1.06 0.71 1.02 1.06 1.03 1.02 0.93 1.07 0.98 1.03
 0.89 1.06]
```

完成数据处理后，将 ChatGPT 给出的构建 k 近邻分类模型、训练模型、对测试集进行测试的代码复制到 Jupyter Notebook 中并运行：

```
# 构建 k 近邻分类模型
knn_classifier = KNeighborsClassifier(n_neighbors=5)
# 拟合模型
knn_classifier.fit(X_train_scaled, y_train)
# 进行预测
y_pred = knn_classifier.predict(X_test_scaled)
```

在构建 k 近邻分类模型时，将参数 n_neighbors 设置为 5，表示将选取已知样本中最近的 5 个邻居作为未知样本的类别预测依据。我们在使用 fit() 方法对模型进行训练前，没有对因变量的类别值进行数值转换，此时对测试集预测的标签结果将为 B 或 M。其实第 9 章在利用决策树分类模型预测时也可以不对因变量的类别值进行转换而直接建模。

在 Jupyter Notebook 中输入并运行以下代码，查看 k 近邻分类模型并评估模型在测试集上的性能：

```
# 评估模型性能
accuracy = accuracy_score(y_test, y_pred)
conf_matrix = confusion_matrix(y_test, y_pred)
report = classification_report(y_test, y_pred)
# 输出结果
print(f' 准确率: {accuracy:.2f}')
print(' 混淆矩阵: \n', conf_matrix)
print(' 分类报告: \n', report)
```

输出结果为：

```
准确率: 0.95
混淆矩阵:
 [[68  3]
 [ 3 40]]
分类报告:
               precision    recall  f1-score   support

           B       0.96      0.96      0.96        71
           M       0.93      0.93      0.93        43

    accuracy                           0.95       114
   macro avg       0.94      0.94      0.94       114
weighted avg       0.95      0.95      0.95       114
```

k 近邻分类模型对测试集的预测准确率为 95%，其中在 71 个 B（良性）样本中，有 68 个被正确预测，有 3 个被误预测成 1（恶性）；在 43 个 M（恶性）样本中，有 40 个被正确预测，有 3 个被误预测成 0（良性）。

在学习 k 近邻算法的思想时我们已经知道，不同的邻居数量可能对分类结果有很大影响。在 ChatGPT 输入框中输入以下内容，学习如何基于 10 折交叉验证寻找最佳邻居数量：

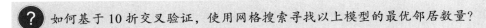 如何基于 10 折交叉验证，使用网格搜索寻找以上模型的最优邻居数量？

以下是 ChatGPT 给出的答案。

 为了基于 10 折交叉验证寻找最优邻居数量，你可以使用网格搜索来在指定的参数范围内搜索最佳参数。下面是演示如何使用网格搜索来寻找最优邻居数量的示例代码：

```
from sklearn.model_selection import GridSearchCV
# 构建 k 近邻分类模型
knn_classifier = KNeighborsClassifier()
```

```
# 设置需要搜索的参数范围
param_grid = {'n_neighbors': [3, 5, 7, 9, 11, 13, 15]}
# 创建 GridSearchCV 对象
grid_search = GridSearchCV(knn_classifier, param_grid, cv=10)
# 对模型进行拟合（在训练集上进行交叉验证）
grid_search.fit(X_train_scaled, y_train)
# 输出最优参数
best_neighbors = grid_search.best_params_['n_neighbors']
print(f' 最优邻居数量: {best_neighbors}')
# 输出最优模型在测试集上的性能
best_model = grid_search.best_estimator_
y_pred_best = best_model.predict(X_test_scaled)
accuracy_best = accuracy_score(y_test, y_pred_best)
report_best = classification_report(y_test, y_pred_best)
# 输出结果
print(f' 最优模型在测试集上的准确率: {accuracy_best:.2f}')
print(' 最优模型的分类报告: \n', report_best)
```

在上述代码中，GridSearchCV 会尝试给定参数范围内的所有可能组合，并通过 10 折交叉验证来评估每个组合的性能；然后通过 best_params_ 属性获取最优参数的取值；最后在测试集上对使用最优参数构建的最优模型进行评估，输出准确率和分类报告。

在 ChatGPT 给出的答案中，先定义了参数 n_neighbors 不同取值的超参数组合 param_grid 字典，再通过网格搜索寻找最优的参数；网格搜索完成后，通过 best_params_ 方法查看最优模型的参数，通过 best_estimator_ 方法得到最优模型。

将 ChatGPT 给出的代码复制到 Jupyter Notebook 中并运行，得到的结果如下所示：

```
最优邻居数量: 7
最优模型在测试集上的准确率: 0.95
最优模型的分类报告:
              precision    recall  f1-score   support

           B       0.96      0.96      0.96        71
           M       0.93      0.93      0.93        43

    accuracy                           0.95       114
   macro avg       0.94      0.94      0.94       114
weighted avg       0.95      0.95      0.95       114
```

通过网格搜索得到的 k 近邻分类模型的最优邻居数量为 7，得到的最优模型对测试集的预测准确率为 95%。

10.3 支持向量机算法的原理

支持向量机是一个非常强大并且有多种功能的机器学习模型，能够进行线性或者非线性的分类、回归、异常值检测。支持向量机是机器学习领域中最为流行的模型之一，是任何机器学习者必备的工具之一。

10.3.1　了解支持向量机

在 ChatGPT 输入框中输入以下内容，初步了解什么是支持向量机：

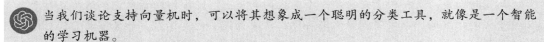

作为数据挖掘专家，请用通俗易懂的语言给小白介绍什么是支持向量机。

以下是 ChatGPT 给出的答案。

当我们谈论支持向量机时，可以将其想象成一个聪明的分类工具，就像是一个智能的学习机器。

首先，让我们想象有一群小动物，有些是狗，有些是猫，它们在一张纸上。我们的目标是找到一条线，让所有的狗都在一边，而所有的猫都在另一边。这条线不仅要把它们分开，而且要确保它离最近的狗和猫都尽可能远。这就是支持向量机的工作原理。

在数学上，我们可以将这条线看作一个超平面（Hyperplane）。超平面是一个多维空间中的平面，它可以把不同的事物分开。在我们的例子中，这个超平面就是我们用来区分狗和猫的线。

"支持向量（Support Vector）"是指离这个超平面最近的一些点，它们就像是支撑这个超平面的柱子一样。支持向量机的目标是找到这个超平面，使得这些支持向量到超平面的距离尽可能远。

通过这种方式，支持向量机可以有效地学习并进行分类，无论是识别狗和猫，还是其他类型的数据分类。这就是支持向量机的基本原理，它在数据挖掘和机器学习中有着广泛的应用。

支持向量机的基本原理是将特征空间通过非线性变换的方式映射到一个高维的特征空间中，并在这个高维空间中找出最优线性分界超平面。支持向量机的目的就是找到一个最优的分界超平面，这个分界超平面不仅能够把两个类别的数据正确地分隔开来，还能够使这两类数据之间的分类间隔达到最大。

在 ChatGPT 输入框中输入以下内容，进一步学习支持向量机最核心的 3 个关键概念：超平面、最大间隔（Maximum Margin）和支持向量。

请进一步解释超平面、最大间隔和支持向量的概念。

以下是 ChatGPT 给出的答案。

当我们谈论支持向量机时，3 个关键的概念是超平面、最大间隔和支持向量。

1.超平面：在二维空间中，超平面就是一条直线；而在更高维的空间中，它是一个平面。对于二分类问题，超平面是一个将数据分成两类的决策边界。在三维空间中，超平面就是一个平面，它将空间分为两个部分。在高维空间中，我们使用超平面来划分数据。

2. 最大间隔：支持向量机的目标是找到一个超平面，使得它到最近数据点（支持向量）的距离尽可能远。这个距离被称为"间隔"（margin）。最大间隔分类意味着超平面要在数据点之间找到一个最大的空隙，以确保分类的可靠性。通过最大化间隔，我们提高了模型的泛化能力，使其在新数据上的表现更好。

3. 支持向量：支持向量是离超平面最近的数据点。在支持向量机中，这些点对于定义超平面和计算间隔非常关键。它们实际上是决策边界的支撑点，如果移动它们，超平面的位置可能会改变。由于支持向量决定了超平面的位置，所以在训练支持向量机时，我们主要关注支持向量的位置。

综上所述，支持向量机通过寻找一个最大间隔的超平面来进行分类，而这个超平面的位置是由支持向量决定的。通过最大化间隔，支持向量机提高了对新数据的分类准确性和泛化能力。这种方法使得支持向量机在处理复杂数据集时表现出色，尤其在高维空间中。

下面通过图 10-2 来更好地理解支持向量机的关键概念。

图 10-2 中，H 为分类线，M_1 和 M_2 分别为各类中经过离分类线最近的样本且平行于分类线的直线，它们之间的距离就是最大间隔（Maximum Margin）。所谓的最优分类线，就是要求分类线不但能将两类正确分开，而且是分类间隔最大。将这一理论推广到高维空间中，最优分类线就变为最大间隔超平面（Maximum Margin Hyperplane，MMH）。图中箭头所指的点就是每个类中最接近最大间隔超平面的点。每类必须至少有一个支持向量，但也可以有多个。单独使用支持向量就可以定义最大间隔超平面，这是支持向量机的一个重要特征，也是支持向量机算法名称的由来。

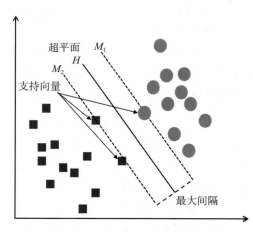

图 10-2　二维空间中的支持向量机

此外，支持向量机还有另外两个关键概念：软边界（Soft Margin）和核函数（Kernel Function）。

1）软边界。在线性不可分情况下就要考虑软边界了。软边界可以破例允许个别样本"跑到"其他类别的地盘去。但要使用参数来权衡两点：一是要保持最大边缘的分离，二是要使这种破例不能太离谱。该参数就是对错误分类的惩罚程度 C。

2）核函数。为了解决完美分离的问题，支持向量机还提出一种思路，就是将原始数据映射到高维空间中，直觉上高维空间中的数据可以变得稀疏，有利于"分清敌我"。映射的方法就是使用核函数。如果核函数选择得当，高维空间中的数据就变得容易线性分离了。而且可以证明，总是存在一种核函数能将数据集映射成可分离的高维数据。

10.3.2 常见的支持向量机模型

了解支持向量机的原理后，我们已经知道当数据线性不可分时，可以结合软边界和核函数对数据进行预测。我们在 ChatGPT 输入框中输入以下内容，了解常见的支持向量机模型：

> **?** 请介绍常用的支持向量机模型。

以下是 ChatGPT 给出的答案。

> 支持向量机有多个变种，其中两种主要的模型是线性支持向量机（Linear SVM）和非线性支持向量机（Non-linear SVM）。这两者都在解决分类和回归问题时得到了广泛应用。
>
> 1. 线性支持向量机
>   - 用途：适用于线性可分的数据，即可以使用一条直线（或超平面）完美地将两个类别分开。
>   - 特点：通过寻找最大间隔超平面来实现分类，优点是对高维数据和大型数据集的处理效果良好。
>   - 示例：在文本分类、图像识别等问题中，线性支持向量机被广泛应用。
> 2. 非线性支持向量机
>   - 用途：适用于非线性可分的数据，即不能通过一条直线或超平面将两个类别完美分开。
>   - 特点：引入核函数，将数据映射到高维空间中，使其在新空间中线性可分。这样，就可以在新空间中找到一个超平面进行分类了。
>   - 示例：在语音识别、生物信息学、金融数据等非线性问题中，非线性支持向量机常常发挥着重要作用。
>
> 还有一种是回归型支持向量机（Support Vector Regression，SVR），其说明如下。
>   - 用途：用于解决回归问题，即预测一个连续值而不是分类。
>   - 特点：与分类支持向量机类似，回归型支持向量机也寻找一个超平面，但它的目标是在该超平面上尽可能容纳训练数据，同时最小化预测误差。
>
> 这些是支持向量机的一些常见变种和模型。在实际应用中，根据数据的特性和问题的性质选择适当的模型是很关键的。

从 ChatGPT 给出的答案可知，支持向量机常分为线性和非线性两种，模型既可用于分类，也可用于回归。每种模型都有其适用场景，并且可以通过调整参数、选择合适的核函数以及正则化程度来优化性能。支持向量机因其强大的泛化能力以及对小样本问题的处理能力而在机器学习领域得到了广泛应用。

10.4　支持向量机算法的 Python 实现

在 scikit-learn 中，支持向量机的实现主要依赖于 svm 模块。该模块用 SVC（Support Vector Classification，支持向量机分类）类来实现支持向量机分类，用 SVR 类来实现支持向量机回归。

10.4.1　基于 scikit-learn 实现支持向量机分类

在 ChatGPT 输入框中输入以下内容，学习 scikit-learn 中实现支持向量机分类的 SVC 类：

 作为数据挖掘专家，请介绍 scikit-learn 中实现支持向量机分类的 SVC 类，并对其参数进行详细讲解。

以下是 ChatGPT 给出的答案。

在 scikit-learn 中，SVC 类用于实现支持向量机分类。以下是对 SVC 类主要参数的详细讲解。
1. C（正则化参数）
   ❑ 参数名：C。
   ❑ 说明：正则化参数，用于控制模型的复杂度。C 值越小，正则化效果越强，模型越简单；C 值越大，模型对训练集的拟合越好，但可能会导致过拟合。
   ❑ 默认值：1.0。
2. kernel（核函数）
   ❑ 参数名：kernel。
   ❑ 说明：核函数用于将输入数据映射到高维空间中，以便更好地进行分类。常用的核函数包括 linear（线性核函数）、poly（多项式核函数）、rbf（径向基函数，也叫高斯核函数）、Sigmoid（S 型核函数）。
   ❑ 默认值：rbf。
3. degree（多项式核函数的次数）
   ❑ 参数名：degree。
   ❑ 说明：仅在选择 poly 核函数时有效，表示多项式核函数的次数。
   ❑ 默认值：3。

4. gamma（核函数的系数）
- 参数名：gamma。
- 说明：用于控制核函数的宽度。较小的 gamma 值会导致高斯分布的标准差较大，使得支持向量的影响范围较大，决策边界变得更加平滑；较大的 gamma 值会使得支持向量的影响范围减小，决策边界更加复杂。
- 默认值：scale。根据特征数量自动选择，通常为 1 / (n_features * X.var())。

5. coef0
- 参数名：coef0。
- 说明：仅对 poly 和 Sigmoid 核函数有效，表示核函数中的独立项。
- 默认值：0.0。

6. shrinking
- 参数名：shrinking。
- 说明：控制是否使用收缩启发式算法。如果设置为 True，则在训练过程中会使用收缩启发式算法，加速训练过程；如果设置为 False，则不使用。
- 默认值：True。

7. probability
- 参数名：probability。
- 说明：表示是否启用概率估计。如果设置为 True，则 SVC 类会生成类别的概率估计。
- 默认值：False。

8. tol
- 参数名：tol。
- 说明：控制训练的容忍度。当模型的目标函数减小到一定程度时，停止训练。
- 默认值：1e-3。

9. class_weight
- 参数名：class_weight。
- 说明：为每个类别指定权重，用于处理类别不平衡的问题。
- 默认值：None。

这些参数允许你在使用支持向量机分类模型时进行灵活的调整，以适应不同的数据和问题。在实践中，通过交叉验证和网格搜索等技术，可以找到最佳的参数组合以优化模型性能。

SCV 类中的正则化参数 C 用于指定目标函数中松弛因子的惩罚系数值，默认为 1；参数 kernel 用于指定常用的核函数，如径向基函数、多项式核函数、Sigmoid 核函数和线性核函数；参数 degree 用于指定多项式核函数中的 p 参数值。

10.4.2 案例: 对乳腺癌数据集进行支持向量机分类

我们继续以乳腺癌数据集为例进行讲解。在 ChatGPT 输入框中输入以下内容, 让 ChatGPT 教我们如何对乳腺癌数据集进行支持向量机分类。

> ❓ 作为数据挖掘专家, 请对 Kaggle 上的 Breast Cancer 数据集进行支持向量机分类, 并对肿瘤类别进行预测。

以下是 ChatGPT 给出的答案。

> 首先, 确保你已经在 Kaggle 上下载了 Breast Cancer 数据集。该数据集通常是一个 CSV 文件, 包含了肿瘤的一些特征 (如肿块的大小、形状、密度等) 以及相应的肿瘤类别标签。
>
> 以下是一个使用 scikit-learn 中的支持向量机进行分类的简单示例。请注意, 这只是一个基本的例子, 实际中可能需要进行更多的数据预处理和模型调整。

```python
import pandas as pd
from sklearn.model_selection import train_test_split
from sklearn.preprocessing import StandardScaler
from sklearn.svm import SVC
from sklearn.metrics import accuracy_score, classification_report, confusion_matrix
# 读取数据集
# 假设数据集文件名为 'breast_cancer_dataset.csv'
data = pd.read_csv('breast_cancer_dataset.csv')
# 获取特征和标签
X = data.drop(['id', 'diagnosis', 'Unnamed: 32'], axis=1)    # 特征
y = data['diagnosis']                                         # 标签
# 将标签编码为二进制, B 为 0, M 为 1
y = y.map({'B': 0, 'M': 1})
# 将数据集划分为训练集和测试集
X_train, X_test, y_train, y_test = train_test_split(X, y, test_size=0.2,
    random_state=42)
# 特征标准化
scaler = StandardScaler()
X_train_scaled = scaler.fit_transform(X_train)
X_test_scaled = scaler.transform(X_test)
# 创建并训练支持向量机模型
svm_model = SVC(kernel='linear', C=1.0)
svm_model.fit(X_train_scaled, y_train)
# 在测试集上进行预测
y_pred = svm_model.predict(X_test_scaled)
# 计算模型准确率
accuracy = accuracy_score(y_test, y_pred)
print(f' 模型准确率 : {accuracy}')
# 输出分类报告和混淆矩阵
```

```
print('\n 分类报告 :\n', classification_report(y_test, y_pred))
print('\n 混淆矩阵 :\n', confusion_matrix(y_test, y_pred))
```

在这个例子中，我们使用了线性核函数（kernel='linear'）。你可以根据需要使用其他核函数和调整其他超参数来优化模型性能。此外，由于数据预处理和模型调整的需求可能因数据集的特性而异，建议根据具体情况进行进一步调整和优化。

　　ChatGPT 给出的数据读取、数据预处理、数据分区及特征标准化的代码与进行 k 近邻分类的基本相同，不同之处在于将因变量的类别进行了数值转换。在使用 SVC 类构建支持向量机分类模型时，参数 kernel 设置为 linear，即线性核函数；正则化参数 C 设置为 1.0。将 Python 代码复制到 Jupyter Notebook 中并运行，查看支持向量机分类模型并评估模型在测试集上的性能。

```
模型准确率 : 0.956140350877193
分类报告 :
               precision    recall  f1-score   support

           0       0.97      0.96      0.96        71
           1       0.93      0.95      0.94        43

    accuracy                           0.96       114
   macro avg       0.95      0.96      0.95       114
weighted avg       0.96      0.96      0.96       114
混淆矩阵 :
 [[68  3]
 [ 2 41]]
```

　　支持向量机分类模型对测试集的准确率为 95.6%，其中在 71 个 0（良性）样本中，有 68 个正确预测，有 3 个被误预测成 1（恶性）；在 43 个 1（恶性）样本中，有 41 个正确预测，有 2 个被误预测成 0（良性）。

　　我们让 ChatGPT 教我们如何使用网格搜索寻找最优支持向量机分类模型。在 ChatGPT 输入框中输入以下内容：

? 如何通过网格搜索寻找最优支持向量机分类模型？

　　以下是 ChatGPT 给出的答案。

　　通过网格搜索可以找到支持向量机分类模型的最优超参数组合。在 scikit-learn 中，你可以使用 GridSearchCV 类来执行网格搜索。以下是示例代码，展示了如何使用网格搜索来寻找最优的支持向量机分类模型：

```
# 导入必要的库
from sklearn.model_selection import GridSearchCV
# 定义网格搜索的超参数组合
param_grid = {
```

```
    'C': [0.1, 1, 10, 100],              # 正则化参数
    'kernel': ['linear', 'rbf'],    # 核函数类型
    'gamma': ['scale', 'auto'],     # 核函数的系数（仅对 rbf 有效）
}
# 创建支持向量机模型
svm_model = SVC()
# 创建 GridSearchCV 对象
grid_search = GridSearchCV(svm_model, param_grid, cv=5, scoring='accuracy')
# 执行网格搜索
grid_search.fit(X_train_scaled, y_train)
# 输出最优参数组合和对应的准确率
print("Best Parameters: ", grid_search.best_params_)
print("Best Cross-Validated Accuracy: {:.2f}".format(grid_search.best_
    score_))
# 使用具有最优参数组合的模型在测试集上进行评估
best_svm_model = grid_search.best_estimator_
y_pred_best = best_svm_model.predict(X_test_scaled)
# 输出最优模型的性能指标
accuracy_best = accuracy_score(y_test, y_pred_best)
conf_matrix_best = confusion_matrix(y_test, y_pred_best)
classification_rep_best = classification_report(y_test, y_pred_best)
print("\nBest Model Accuracy:", accuracy_best)
print("\nBest Model Confusion Matrix:\n", conf_matrix_best)
print("\nBest Model Classification Report:\n", classification_rep_best)
```

在这个例子中，param_grid 中包含了一些可能的超参数值。GridSearchCV 类将会尝试所有可能的参数组合，并使用交叉验证来评估它们的性能。最后，输出最优参数组合以及对应的准确率，并使用具有最优参数组合的模型在测试集上进行评估。请根据实际情况修改网格搜索的超参数组合，以适应你的数据。

ChatGPT 给出的答案中定义了网格搜索的超参数组合 param_grid 字典，包含支持向量机分类模型的正则化参数 C、核函数类型参数 kernel 和核函数系数 gamma 的不同取值。GridSearchCV 类将进行网络搜索，找到性能最佳的参数组合。网格搜索完成后，可通过 best_params_ 方法查看最优模型的参数组合，通过 best_estimator_ 方法得到最优模型。

将 ChatGPT 给出的代码复制到 Jupyter Notebook 中并运行，得到的结果如下所示：

```
Best Parameters: {'C': 1, 'gamma': 'scale', 'kernel': 'rbf'}
Best Cross-Validated Accuracy: 0.98
Best Model Accuracy: 0.9824561403508771
Best Model Confusion Matrix:
 [[71  0]
 [ 2 41]]
Best Model Classification Report:
            precision    recall  f1-score   support
        0      0.97      1.00      0.99        71
        1      1.00      0.95      0.98        43

 accuracy                          0.98       114
```

macro avg	0.99	0.98	0.98	114
weighted avg	0.98	0.98	0.98	114

通过网格搜索得到的最优支持向量机分类模型的参数组合是选择正则化参数 C 为 1，核函数为 rbf，参数 gamma 为 scale。由该参数组合得到的最优模型对测试集的预测准确率为 98%，比之前未调优前的 95.6% 提升了 2.4%。此时，71 个 0（良性）样本全部预测正确；在 43 个 1（恶性）样本中，有 41 个被正确预测，有 2 个被误预测成 0（良性）。

10.5　本章小结

本章首先通过 ChatGPT 了解了 *k* 近邻及支持向量机这两种常用的机器学习算法；然后介绍 *k* 近邻算法的基本原理及 scikit-learn 实现，对乳腺癌数据集进行了 *k* 近邻分类并通过网格搜索寻找最佳邻居数量；最后介绍了支持向量机算法的基本原理及 scikit-learn 实现，对乳腺癌数据集进行了支持向量机分类并通过网格搜索寻找最优的支持向量机分类模型。

使用 ChatGPT 学习神经网络算法

支持向量机以及神经网络都是功能强大的机器学习算法，广泛应用于不同领域，以处理复杂的生产数据。在支持向量机和神经网络的训练过程中，从输入数据到输出结果的过程并不清晰，也难以解释，因此，这两种算法都属于黑箱方法。第 10 章我们已经学习了支持向量机，本章将重点学习神经网络的内容。

11.1　神经网络算法的理论基础

神经网络用于对一组输入信号和一组输出信号之间的关系进行建模，其灵感来源于人类大脑对外界信息的处理。

11.1.1　了解神经网络算法

在 ChatGPT 输入框中输入以下内容，初步了解什么是神经网络算法：

> ❓ 作为数据挖掘专家，请用通俗易懂的语言给小白介绍什么是神经网络算法。

以下是 ChatGPT 给出的答案。

> 当我们谈论神经网络时，可以将其比喻为模仿人脑工作方式的一种数学模型。就像人脑中的神经元相互连接形成复杂的网络一样，神经网络算法是由许多人工神经元组成的系统。
>
> 想象一下，你有一堆积木，每个积木都代表一个人工神经元。这些神经元可以接收

输入、处理信息并生成输出。这些神经元之间的连接就像积木之间的连接，它们通过学习调整这些连接的强度，以更好地执行特定的任务。

神经网络的训练就像教孩子认识事物一样。一开始，神经网络可能一无所知，但通过给它提供大量的例子和反馈，它可以逐渐学会识别模式和做出决策。

神经网络可以用于各种任务，比如图像识别、语音识别、自然语言处理等。通过调整神经网络的结构和参数，我们可以让它更适应不同的问题，就像改变积木的形状和连接方式以适应不同的建筑任务一样。

总体而言，神经网络是一种强大的工具，可以通过模拟人脑的工作方式来处理各种复杂的任务。虽然它可能听起来有点复杂，但在实际使用时，我们通常可以通过一些简单的调整来让它适应我们需要解决的具体问题。

从 ChatGPT 给出的答案可知，就像大脑使用相互连接的神经元网络来创建一个巨大的并行处理器一样，人工神经网络使用人工神经元或者节点网络来解决学习问题。从广义上讲，人工神经网络可应用于分类、数值预测甚至是无监督的模式识别，其特点是：输入数据和输出数据都很好理解或者至少相对简单，但其输入到输出的过程是极其复杂的。作为一种黑箱方法，对于这种类型的黑箱问题，神经网络处理起来得心应手。

图 11-1 展示了加入激活函数（Activation Function）和偏置项（也称截距项）后的典型神经元数学模型。

图 11-1 说明了单个神经元的工作情况。给定有输入属性 $\{x_1, x_2, \cdots, x_k\}$ 的样本和每个属性与神经元连接的权重 w_i，其中 w_i 用于控制各个信号的重要性。然后，神经元按照以下公式对所有输入求和：$z = \sum_i x_i w_i + b$，参数 b 被称为偏置项（偏差）。与线性回归模型中的截距相

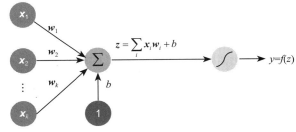

图 11-1　典型神经元数学模型

似，参数 b 用于控制神经元被激活的难易程度，它允许网络将激活函数"向上"或者"向下"转移，这种灵活性对于深度学习的成功是非常重要的。最后，输入向量与权重向量的内积再加上偏置项的求和值 z 经过激活函数处理后作为输出。

11.1.2　神经网络的拓扑结构

神经网络由大量相互连接的神经元构成，它们通常被安排在不同的层上。神经网络的学习能力来源于它的拓扑结构或者相互连接的神经元的模式与结构。虽然网络结构有多种形式，但是它们可以通过以下 3 个关键特征来区分。

1）层的数目。

2）网络中的信息是否允许反向传播。

3）网络中每一层内的节点数。

拓扑结构决定了其可以通过网络进行复杂任务的学习。一般来说，更大、更复杂的网络能够识别更复杂的决策边界。然而，神经网络的效能不仅是一个网络规模的函数，也取决于其构成元素的组织方式。

在 ChatGPT 输入框中输入以下内容，初步了解什么是神经网络的拓扑结构：

> ❓ 作为数据挖掘专家，请用通俗易懂的语言给小白介绍什么是神经网络的拓扑结构。

以下是 ChatGPT 给出的答案。

> 当我们谈论神经网络的拓扑结构时，我们实际上是在讨论网络中神经元之间的组织方式，就好像是我们大脑中神经元之间的连接一样。
>
> 想象一下，神经网络就像是一堆小工人，每个工人负责不同的任务。这些工人之间通过信息传递来协作完成工作。而神经网络的结构就规定了这些工人之间传递信息的模式。
>
> 神经网络通常包括 3 个主要层。
>
> ❑ 输入层（Input Layer）：就像工人接收任务的地方，它接收外部输入的数据，比如图片中的像素或者文字中的字母。
>
> ❑ 隐藏层（Hidden Layer）：这是神经网络进行信息处理和学习的地方。工人们在这里协作，处理输入数据，逐渐学习并提取其中的模式。
>
> ❑ 输出层（Output Layer）：就像工人完成任务后展示成果的地方，输出层产生最终的结果，比如识别图片中的物体或者判断文本的情感。
>
> 这些层之间的连接就是神经网络的拓扑结构，而每个连接上都有一个权重，类似于工人之间传递信息的效果强弱。通过训练，神经网络会调整这些权重，使得网络能够更准确地完成任务。
>
> 总的来说，神经网络的拓扑结构就是组织神经元（工人）之间信息传递的方式，以便网络能够学习并完成特定的任务，就像是一个智能工作团队一样。希望这个比喻有助于你理解神经网络的基本结构。

输入层在整个网络的最前端部分，直接接收输入的向量。它是不对数据做任何处理的，所以通常这一层是不计入层数的。

隐藏层可以有一层或多层。当然也可以没有隐藏层，此时就是最简单的神经网络模型，仅有输入层和输出层，因此称为单层网络（Single-Layer Network）。单层网络可以用于基本的模式分类，特别是可用于不能够线性分割的模式，但大多数的学习任务需要更复杂的网络。当单层网络添加了一个或者更多隐藏层后就称为多层网络（Multi-Layer Network）。它们在信号达到输出节点之前处理来自输入节点的信号。大多数多层网络被完全连接，这意味着前一层中每个节点都连接到下一层中的每个节点，但这不是必需的。

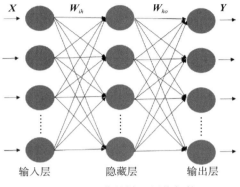

　　输出层是最后一层，用来输出整个网络处理的值。这个值可能是一个分类向量值，也可能是一个类似线性回归那样产生的连续值。根据不同的需求，输出层的构造也不尽相同。

　　一个经典的神经网络架构如图 11-2 所示，其中 X 为输入层的输入变量，W_{ih} 为输入层到隐藏层之间的节点连接权重，W_{ho} 为隐藏层到输出层之间的节点连接权重，Y 为输出层的输出变量。

图 11-2　经典的神经网络架构

11.1.3　常用的激活函数

　　激活函数是人工神经元处理信息并将信息传递到整个网络的机制。激活函数的主要作用是提供网络的非线性建模能力。如不特别说明，激活函数一般而言都是非线性函数。

　　在文心一言输入框中输入以下内容，了解神经网络的激活函数有哪些特性：

> ❓　作为数据挖掘专家，请介绍神经网络的激活函数有哪些特性。

以下是文心一言给出的答案。

> 🅰　作为数据挖掘专家，应对神经网络中的激活函数有深入的了解。在神经网络中，激活函数起着至关重要的作用，它们为模型引入了非线性元素，使得网络能够学习和表达复杂的数据分布。以下是激活函数的一些主要特性。
>
> ❑ 非线性：激活函数的非线性特性是它们最重要的特性之一。这是因为，如果激活函数是线性的，那么无论网络有多少层，输出都将是输入的线性组合，这将导致网络无法学习和表达非线性关系。Sigmoid、ReLU（Rectified Linear Unit，线性整流函数）等非线性激活函数，能够使得神经网络逼近非线性函数，从而增强其表达能力。
>
> ❑ 可微性：可微性是激活函数的另一个重要特性。在神经网络的训练过程中，通常使用基于梯度的优化方法，如反向传播算法。这就要求激活函数必须是可微的，以便在训练过程中计算梯度。Sigmoid、Tanh、ReLU 等大多数常用的激活函数都是可微的。
>
> ❑ 单调性：单调性是指激活函数的输出值随着输入值的增大而增大，或随着输入值的减小而减小。虽然单调性并不是激活函数的硬性要求，但它对于一些特定的应用场景是有益的。例如，在深度学习中，单调激活函数可以帮助网络更快地收

敛。然而，需要注意的是，单调激活函数可能会导致梯度消失问题，因此在设计网络时需要谨慎考虑。

❑ 可控制输出值的范围：激活函数的输出值范围也是一个重要的特性。Sigmoid 和 Tanh 等激活函数可将输出值限制在一个特定的范围内（如 0 ～ 1 或 –1 ～ 1）。而 ReLU 等另一些激活函数则允许输出值取任意正数。输出值范围的选择取决于具体的应用场景和需求。

除了上述特性外，激活函数还可能需要满足其他的一些要求，如计算简单、易于实现等。在实际应用中，需要根据具体的问题和场景选择合适的激活函数。例如，在深度学习中常用的激活函数有 Sigmoid、Tanh、ReLU、Leaky ReLU、Parametric ReLU 等。这些激活函数各有优缺点，需要根据具体的需求和场景进行选择。

以上内容仅供参考，建议咨询业内专家或查阅相关文献资料，以获取更全面准确的信息。

从 ChatGPT 给出的答案可知，激活函数具有非线性、可微性和单调性，且能控制输出值的范围。同时也提到了有 Sigmoid、Tanh、ReLU、Leaky ReLU 等常用的激活函数，如表 11-1 所示。

表 11-1　常用的激活函数

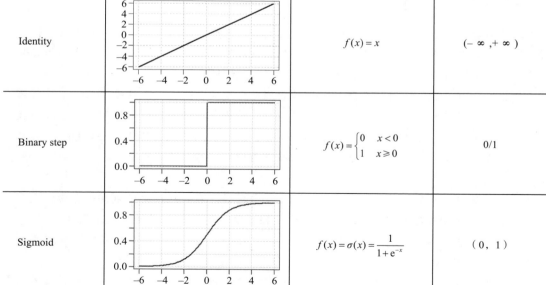

函数名称	函数曲线	函数方程	函数值域
Identity		$f(x) = x$	$(-\infty, +\infty)$
Binary step		$f(x) = \begin{cases} 0 & x < 0 \\ 1 & x \geq 0 \end{cases}$	0/1
Sigmoid		$f(x) = \sigma(x) = \dfrac{1}{1+e^{-x}}$	$(0, 1)$

（续）

函数名称	函数曲线	函数方程	函数值域
Tanh	（Tanh 曲线图，纵轴 1.0、0.0、-1.0，横轴 -6 到 6）	$f(x) = \tanh(x) = \dfrac{(e^x - e^{-x})}{(e^x + e^{-x})}$	$(-1, \ 1)$
ReLU	（ReLU 曲线图，纵轴 0 到 6，横轴 -6 到 6）	$f(x) = \begin{cases} 0 & x \leqslant 0 \\ x & x > 0 \end{cases}$	$[0, \ \infty)$
Leaky ReLU	（Leaky ReLU 曲线图，纵轴 0 到 6，横轴 -6 到 6）	$f(x) = \begin{cases} 0.01x & x < 0 \\ x & x \geqslant 0 \end{cases}$	$(-\infty, +\infty)$

在 ChatGPT 输入框中输入以下内容，进一步学习常用激活函数的相关知识：

? 作为数据挖掘专家，请对神经网络中的常用的 Sigmoid、Tanh、ReLU 和 Leaky ReLU 等激活函数进行概述，要求结果以表格展示，其中第 1 列为激活函数名称，第 2 列为激活函数的优点，第 3 列为激活函数的缺点，不要用 Markdown。

以下是 ChatGPT 给出的答案。

激活函数名称	优点	缺点
Sigmoid	1. 输出范围为 (0, 1)，适用于二分类问题 2. 输出平滑，可用于处理概率分布	1. 容易出现梯度消失问题，导致训练过程中梯度几乎为零，权重更新缓慢 2. 输出不是以零为中心，可能导致网络的权重更新不稳定
Tanh	1. 输出范围为 (-1, 1)，且以零为中心，减缓了梯度消失问题 2. 输出平滑，适用于处理概率分布	1. 仍然存在梯度消失问题，尤其在网络层数较多时 2. 计算复杂度较高，相比于 ReLU 等激活函数，训练速度较慢

（续）

激活函数名称	优点	缺点
ReLU	1. 计算简单，训练速度较快 2. 有效缓解了梯度消失问题 3. 有助于模型的稀疏表示	1. 可能导致神经元死亡问题。当输入为负数时，梯度一直为零，权重无法更新 2. 输出不是以零为中心，可能导致权重更新不稳定
Leaky ReLU	1. 解决了死亡 ReLU 问题。因为当输入小于 0 时，Leaky ReLU 仍然有一个小的正斜率 2. 计算速度快，与 ReLU 类似 3. 解决了梯度消失问题，因为导数在输入小于 0 时仍然不为 0	1. 需要选择合适的负斜率值，这可能需要额外的调参工作 2. 输出仍然不是以 0 为中心

这些激活函数各有优缺点，选择哪种激活函数取决于具体的应用场景和网络结构。在实际应用中，ReLU 及其变种（如 Leaky ReLU）在深层网络中表现良好，而 Sigmoid 和 Tanh 在某些特定任务中可能仍然有其应用价值。

11.1.4 常用的神经网络模型

在 ChatGPT 输入框中输入以下内容，学习常见的神经网络模型：

作为数据挖掘专家，请对常见的神经网络模型进行简要概述，并分别指出各自的优缺点。

以下是 ChatGPT 给出的答案。

神经网络模型有许多种，每种都适用于不同的问题。以下是一些常见的神经网络模型的概述以及它们的优缺点。

1. 前馈神经网络（Feedforward Neural Networks，FNN）
   - 概述：基本的神经网络结构，由输入层、隐藏层和输出层组成，信息为单向传递。
   - 优缺点：优点是简单直观，易于实现和理解；缺点是对复杂非线性关系的建模能力有限，不适用于序列数据。
2. 卷积神经网络（Convolutional Neural Networks，CNN）
   - 概述：主要用于图像处理，通过卷积层（Convolutional Layer）和池化层（Pooling Layer）有效提取图像特征。
   - 优缺点：可对图像数据进行高效处理和特征提取，但不擅长处理序列数据，且需要大量的数据用于训练。
3. 循环神经网络（Recurrent Neural Networks，RNN）
   - 概述：适用于处理序列数据，能够捕捉时序信息；每个节点可以接收前一时刻

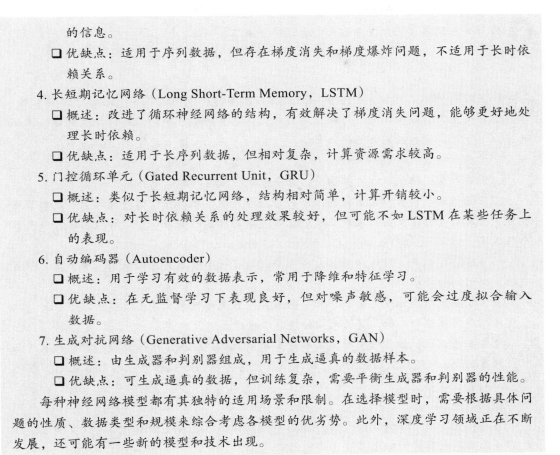

的信息。

□ 优缺点：适用于序列数据，但存在梯度消失和梯度爆炸问题，不适用于长时依赖关系。

4. 长短期记忆网络（Long Short-Term Memory，LSTM）

□ 概述：改进了循环神经网络的结构，有效解决了梯度消失问题，能够更好地处理长时依赖。

□ 优缺点：适用于长序列数据，但相对复杂，计算资源需求较高。

5. 门控循环单元（Gated Recurrent Unit，GRU）

□ 概述：类似于长短期记忆网络，结构相对简单，计算开销较小。

□ 优缺点：对长时依赖关系的处理效果较好，但可能不如 LSTM 在某些任务上的表现。

6. 自动编码器（Autoencoder）

□ 概述：用于学习有效的数据表示，常用于降维和特征学习。

□ 优缺点：在无监督学习下表现良好，但对噪声敏感，可能会过度拟合输入数据。

7. 生成对抗网络（Generative Adversarial Networks，GAN）

□ 概述：由生成器和判别器组成，用于生成逼真的数据样本。

□ 优缺点：可生成逼真的数据，但训练复杂，需要平衡生成器和判别器的性能。

每种神经网络模型都有其独特的适用场景和限制。在选择模型时，需要根据具体问题的性质、数据类型和规模来综合考虑各模型的优劣势。此外，深度学习领域正在不断发展，还可能有一些新的模型和技术出现。

由 ChatGPT 给出的答案可知有多种神经网络模型，其中前馈神经网络、卷积神经网络、循环神经网络、长短期记忆网络和门控循环单元用于有监督学习，自动编码器和生成对抗网络用于无监督学习。我们将在后面重点介绍用于有监督学习的前馈神经网络和卷积神经网络，读者可以通过 ChatGPT 自行学习其他神经网络模型。

11.2　前馈神经网络

前馈神经网络是一种基本的神经网络结构，也被称为多层感知机（Multilayer Perceptron, MLP）。

11.2.1　了解前馈神经网络

在 ChatGPT 输入框中输入以下内容，了解前馈神经网络：

> ❓ 作为数据挖掘专家，请详细介绍前馈神经网络。

以下是 ChatGPT 给出的答案。

> 前馈神经网络也称为多层感知机，是一种基本的神经网络结构。它由一个输入层、一个或多个隐藏层以及一个输出层组成，信息在网络中单向传播，没有反馈或循环连接。以下是前馈神经网络的详细介绍。

1. 结构和组成

（1）输入层：接收输入特征向量，每个节点对应输入的一个特征。

（2）隐藏层：包含一定数量的节点，每个节点通过带有权重的连接与上一层的节点相连。隐藏层的存在使得神经网络能够学习复杂的非线性关系。前馈神经网络可以有多个隐藏层，形成深层神经网络（Deep Neural Network，DNN）。

（3）输出层：产生网络的输出，每个节点对应一个输出类别或数值。输出层的节点数通常由问题的要求决定。

（4）权重：每个连接都有一个相关的权重，它表示信号在传递过程中的重要性。权重是神经网络训练的参数，通过反向传播算法进行更新。

（5）激活函数：位于每个隐藏层和输出层节点上，引入非线性变换。常用的激活函数包括 Sigmoid、ReLU、Tanh 等。激活函数使得神经网络能够学习非线性映射，提高了模型的表达能力。

2. 训练过程

（1）正向传播（Forward Propagation）：输入特征通过网络传递，经过权重和激活函数的计算后得到最终的输出。

（2）损失函数计算（Loss Calculation）：输出与真实标签之间的差异通过损失函数来衡量，例如均方误差或交叉熵（Cross-Entropy）。

（3）反向传播（Backward Propagation）：根据损失函数，通过链式法则计算每个权重对损失的贡献，并使用梯度下降法等优化算法来更新权重，减少损失。

（4）迭代训练：重复进行正向传播、损失函数计算和反向传播的步骤，直到损失达到满意的程度或训练轮数达到预定值。

3. 优缺点

（1）优点：1）相对简单，易于理解和实现；2）在一些基本的分类和回归问题上表现良好；3）易于并行化处理，适用于大规模数据。

（2）缺点：1）对于复杂非线性关系的建模能力有限；2）不擅长处理序列数据，无法捕捉数据中的时序信息；3）对于高维稀疏数据可能表现不佳；4）容易受到输入数据的噪声干扰。

在实际应用中，前馈神经网络通常用于处理静态数据，例如图像分类、文本分类等任务。如果任务涉及时序数据或动态模式识别，循环神经网络或长短期记忆网络等可能更适合。

　　由 ChatGPT 的介绍可知，前馈神经网络的训练过程由信号的正向传播与误差的反向传播两个过程组成。正向传播时，输入样本从输入层传入，经过各隐藏层逐层处理后传向输出层。若输出层的实际输出与期望的输出不相等，则转到误差反向传播阶段。误差反向传播是将输出误差以某种形式通过隐藏层逐层反传，并将误差分摊给各层的所有神经元，从而获得各层神经元的误差信息。此误差信息作为修正各神经元权值的依据。这种信号正向传播与误差反向传播的各层权值调整过程是周而复始进行的，权值不断调整的过程也是神经网络的学习过程。此过程一直进行到网络输出的误差减小到可以接受的程度，或进行到预先设定的学习时间，或进行到预先设定的学习次数为止。

11.2.2　前馈神经网络的 scikit-learn 实现

　　在 ChatGPT 输入框中输入以下内容，学习 scikit-learn 如何实现前馈神经网络：

 作为数据挖掘专家，请介绍 scikit-learn 中如何实现前馈神经网络，并对参数进行详细讲解，不需要给出 Python 示例代码。

　　以下是 ChatGPT 给出的答案。

　　在 scikit-learn 中，实现前馈神经网络的主要工具是 MLPClassifier 和 MLPRegressor 类，它们分别用于分类和回归任务。以下是一些主要参数的详细解释。

　　1. hidden_layer_sizes

　　1）类型：元组，默认 =(100,)。

　　2）描述：控制神经网络的层次结构。元组中的每个元素表示相应隐藏层中的神经元数量。例如，(100,) 表示一个包含 100 个神经元的隐藏层。可以通过添加更多的元素来定义多个隐藏层。

　　2. activation

　　1）类型：字符串，默认 ='relu'。

　　2）描述：定义隐藏层的激活函数。常用的选项包括：

　　❑ 'identity'：恒等函数。

　　❑ 'logistic'：Logistic Sigmoid 函数。

　　❑ 'tanh'：双曲正切函数。

　　❑ 'relu'：修正线性单元函数。

　　3. solver

　　1）类型：字符串，默认 ='adam'。

2）描述：定义优化算法。常用的选项包括：

❏ 'adam'：基于随机梯度下降法的优化算法，适用于大规模数据和参数较多的情况。

❏ 'sgd'：随机梯度下降法。

❏ 'lbfgs'：拟牛顿法。

4. alpha

1）类型：浮点数，默认 =0.0001。

2）描述：L2 正则化项的参数，用于控制模型的复杂度，防止过拟合。

5. learning_rate

1）类型：字符串，默认 ='constant'。

2）描述：学习率的调整策略。常用的选项包括：

❏ 'constant'：保持固定的学习率。

❏ 'invscaling'：通过逐渐降低学习率来逐步降低权重更新。

❏ 'adaptive'：根据训练的效果自动调整学习率。

6. max_iter

1）类型：整数，默认 =200。

2）描述：最大迭代次数，即训练的最大轮数。

7. random_state：

1）类型：整数，默认 =None。

2）描述：用于设置随机种子，以确保结果的可重复性。

这些参数允许你在创建神经网络模型时进行调整，以适应不同的数据和问题。在实际应用中，通常需要通过交叉验证等方法来选择最佳的超参数组合，以提高模型的性能。

在 scikit-learn 中，MLPClassifier 类用于分类任务，MLPRegressor 类用于回归任务。默认构建一个神经元数量为 100 的隐藏层的前馈神经网络，可通过参数 hidden_layer_sizes 调整模型的网络拓扑结构。

11.2.3 案例：对乳腺癌数据集进行前馈神经网络分类

我们继续以乳腺癌数据集为例进行案例讲解。在 ChatGPT 输入框中输入以下内容，让 ChatGPT 教我们如何对乳腺癌数据集进行前馈神经网络分类：

> **?** 作为数据挖掘专家，请对 Kaggle 上的 Breast Cancer 数据集进行前馈神经网络分类，并对肿瘤类别进行预测。

以下是 ChatGPT 给出的答案。

当使用前馈神经网络对 Kaggle 上的 Breast Cancer 数据集进行分类时，你可以按照以下步骤进行操作。

1. 导入必要的库

```
import numpy as np
import pandas as pd
from sklearn.model_selection import train_test_split
from sklearn.preprocessing import StandardScaler
from sklearn.neural_network import MLPClassifier
from sklearn.metrics import accuracy_score, classification_report, confusion_matrix
```

2. 加载数据集

```
# 假设数据集的文件名为 'breast_cancer_dataset.csv'
dataset = pd.read_csv('breast_cancer_dataset.csv')
```

3. 准备数据

```
X = dataset.drop(['id', 'diagnosis', 'Unnamed: 32'], axis=1) # 特征
y = dataset['diagnosis']                                     # 标签
# 划分训练集和测试集
X_train, X_test, y_train, y_test = train_test_split(X, y, test_size=0.2,
    random_state=42)
# 数据标准化
scaler = StandardScaler()
X_train_scaled = scaler.fit_transform(X_train)
X_test_scaled = scaler.transform(X_test)
```

4. 创建并训练模型

```
# 创建 MLPClassifier 模型
mlp = MLPClassifier(hidden_layer_sizes=(100, ), max_iter=500,
activation='relu', solver='adam', random_state=42)
# 训练模型
mlp.fit(X_train_scaled, y_train)
```

5. 模型评估

```
# 在测试集上进行预测
y_pred = mlp.predict(X_test_scaled)
# 计算准确率
accuracy = accuracy_score(y_test, y_pred)
print(f'Accuracy: {accuracy}')
# 输出混淆矩阵和分类报告
print('Confusion Matrix:')
print(confusion_matrix(y_test, y_pred))
print('\nClassification Report:')
print(classification_report(y_test, y_pred))
```

　　这个示例中，我们使用了一个包含 100 个神经元的隐藏层的简单前馈神经网络。你可以根据需要调整模型的超参数，并使用交叉验证等技术来优化模型性能。记得在实际应用中对数据进行更多的探索性分析，并调整模型参数以达到最佳的性能。

　　ChatGPT 给出的数据读取、数据预处理、数据分区及数据标准化的代码与进行 k 近邻分类时相同。在使用 MLPClassifier 类构建前馈神经网络分类模型时，参数 hidden_layer_sizes 为 (100,) 表示构建一个有 100 个神经元的隐藏层；参数 max_iter 为 500，表示最大迭代次数为 500；参数 activation 为 relu，表示激活函数为 ReLU 函数；参数 solver 为 adam，表示选择 Adam 优化器。将 ChatGPT 给出的 Python 代码复制到 Jupyter Notebook 中并运行，查看前馈神经网络模型在测试集上的性能：

```
Accuracy: 0.9649122807017544
Confusion Matrix:
[[69  2]
 [ 2 41]]
Classification Report:
              precision    recall  f1-score   support
           B       0.97      0.97      0.97        71
           M       0.95      0.95      0.95        43
    accuracy                           0.96       114
   macro avg       0.96      0.96      0.96       114
weighted avg       0.96      0.96      0.96       114
```

　　前馈神经网络对测试集的准确率为 96.5%，其中在 71 个 B（良性）样本中，有 69 个被正确预测，有 1 个被误预测为了 M（恶性）；在 43 个 M（恶性）样本中，有 41 个被正确预测，有 2 个被误预测为了 B（良性）。

　　我们让 ChatGPT 教我们如何使用网格搜索寻找最优前馈神经网络。在 ChatGPT 输入框中输入以下内容：

? 如何通过网格搜索寻找最优前馈神经网络?

　　以下是 ChatGPT 给出的答案。

 通过网格搜索可以帮助你寻找最优的前馈神经网络超参数组合。网格搜索会尝试不同的超参数组合，评估它们的性能，并返回最佳组合。在 scikit-learn 中，你可以使用 GridSearchCV 类来执行网格搜索，步骤如下：

　　1. 导入必要的库

```
from sklearn.model_selection import GridSearchCV
```

　　2. 定义网格搜索的超参数组合

```
param_grid = {
```

```
    'hidden_layer_sizes': [(50, ), (100, ), (50, 50), (100, 50)],
    'activation': ['relu', 'tanh'],
    'solver': ['adam', 'sgd'],
    'max_iter': [200, 500, 1000],
}
```

在这个例子中，我们定义了不同的隐藏层结构、激活函数、优化算法和最大迭代次数的组合。

3. 创建模型和 GridSearchCV 对象

```
mlp = MLPClassifier(random_state=42)
grid_search = GridSearchCV(mlp, param_grid, cv=5, scoring='accuracy', n_
    jobs=-1)
```

上述代码中，参数解释如下：

- ❑ cv：交叉验证的折数。
- ❑ scoring：评估模型性能的指标，这里为准确率。
- ❑ n_jobs：并行运行的任务数，设为 −1 表示使用所有可用的 CPU 核心。

4. 执行网格搜索

```
grid_search.fit(X_train_scaled, y_train)
```

5. 获取最佳参数

```
best_params = grid_search.best_params_
print(f'Best Parameters: {best_params}')
```

6. 评估最佳模型性能

```
best_model = grid_search.best_estimator_
y_pred = best_model.predict(X_test_scaled)
accuracy = accuracy_score(y_test, y_pred)
print(f'Best Model Accuracy: {accuracy}')
```

通过执行上述步骤，你可以使用网格搜索找到最优的前馈神经网络超参数组合，并在测试集上评估最佳模型的性能。记得调整超参数组合、评估指标等，以适应你的具体问题。

ChatGPT 给出的答案中首先定义了网格搜索的超参数组合 param_grid 字典，字典包含了不同的隐藏层结构、激活函数、优化算法和最大迭代次数的组合。然后使用 GridSearchCV 类进行网络搜索，找到性能最佳的参数组合；网格搜索完成后，可通过 best_params_ 方法查看最优模型的参数组合，通过 best_estimator_ 方法得到最优模型。

将 ChatGPT 给出的代码复制到 Jupyter Notebook 中并运行，得到的结果如下所示：

```
Best Parameters: {'activation': 'tanh', 'hidden_layer_sizes': (50, 50), 'max_
    iter': 200, 'solver': 'sgd'}
Best Model Accuracy: 0.9649122807017544
```

通过网格搜索得到的最优前馈神经网络的参数组合是：参数 activation 为 Tanh 激活函数；参数 hidden_layer_sizes 为 (50,50)，表示构建神经元数量均为 50 个的两个隐藏层；参数 max_iter 为 200，表示最大迭代次数为 200；solver 为 sgd，表示优化器选择随机梯度下降法。由该参数组合得到的最优模型对测试集的预测准确率为 98%。

11.3　卷积神经网络

相对于前馈神经网络而言，卷积神经网络引入了卷积层和池化层结构，这两种层结构是卷积神经网络的重要组成部分。

11.3.1　卷积神经网络的原理

前馈神经网络也能处理图像但不擅长，卷积神经网络更适合处理图像。让我们在 ChatGPT 输入框中输入以下内容，了解为什么前馈神经网络不擅长处理图像：

 作为数据挖掘专家，在处理图像时，为什么不建议使用前馈神经网络？

以下是 ChatGPT 给出的答案。

 前馈神经网络在图像处理时有一些局限性，尤其是对于较大和较复杂的图像数据。在处理图像时，仅使用传统的前馈神经网络可能效果不佳原因如下。

1. 参数量过大

图像数据通常包含大量的像素，导致输入层的节点数量非常庞大。当图像分辨率较高时，参数量会变得非常庞大，导致模型的训练和推理时间大大增加。

2. 局部信息丢失

前馈神经网络并不擅长捕捉图像中的局部信息和空间关系，因为它们将图像视为一维向量，无法保留图像中像素之间的关系。卷积神经网络是专门为图像处理设计的深度学习模型，能够更好地捕捉图像中的空间关系。

3. 参数共享和平移不变性

图像中的特征通常具有平移不变性（即特征在图像中的位置变化不应影响其意义）。卷积神经网络通过参数共享的方式提高了模型的平移不变性，这对于图像识别任务非常重要。传统的前馈神经网络在这方面相对较弱。

4. 计算效率

卷积神经网络通过卷积操作有效地减少了参数数量，提高了模型的计算效率。对于图像数据，前馈神经网络的多层结构可能会导致计算负担过重，而卷积神经网络通过卷积操作可以减少参数量，使得模型更加轻便。

5. 数据维度不匹配

前馈神经网络要求输入具有固定的维度，但图像的大小和长宽比可能会变化。卷积神经网络通过使用卷积层和池化层可以灵活地处理不同尺寸的图像，而不需要事先调整图像大小。

因此，在图像处理任务中，卷积神经网络通常更为适用。卷积神经网络用于处理具有网格结构（例如图像）的数据，通过卷积和池化操作有效地捕获图像中的特征和空间关系，而不会受到前馈神经网络的一些限制。

从 ChatGPT 给出的答案可知，如果用前馈神经网络处理图像，将会遇到参数量大的维度灾难问题。比如，如果输入图像大小为 $128 \times 128 \times 3$（即图像高度为 128 像素，宽度为 128 像素，颜色通道为 3）[⊖]，在前馈神经网络中，输入层到第一个隐藏层的每个神经元都有 49152（$128 \times 128 \times 3$）个相互独立的连接，每个连接都对应一个权重参数。随着隐藏层数量和神经元数量的增多，参数的规模也会急剧增加，这会导致整个神经网络的训练效率非常低。其次是图像中的物体都具有局部不变性特征，比如尺寸缩放、平移、旋转等操作不影响其语义信息。而前馈神经网络很难提取这些局部不变特征。卷积神经网络则专门用于处理具有网格结构（例如图像）的数据，通过卷积和池化操作有效地捕获图像中的特征和空间关系，而不会受到前馈神经网络的一些限制。

在 ChatGPT 输入框中输入以下内容，进一步学习卷积神经网络的基本特性及网络架构：

> ❓ 作为数据挖掘专家，请详细介绍卷积神经网络的基本特性及网络架构。

以下是 ChatGPT 给出的答案。

 卷积神经网络是一种专门用于处理具有局部相关性数据（如图像、视频或信号）的深度学习模型。卷积神经网络在图像识别、物体检测、语义分割以及自然语言处理等领域表现卓越，其基本特性与网络架构包括：

1. 基本特性

1）局部连接（Local Connectivity）：卷积神经网络中的每个神经元仅与其输入区域（感受野）内的部分数据进行交互，而不是像前馈神经网络那样与所有输入数据相连。这种设计模拟了生物视觉皮层中神经元的工作方式，减少了参数数量，并且能够捕捉到图像的局部特征。

⊖ 输入图像的大小为图像高度 × 图像宽度 × 颜色通道数，图像高度、宽度的单位均为像素，后文类似输入数据格式与此相同。——编辑注

2）权值共享（Weight Sharing）：卷积核在扫描整个输入时保持相同的权重，这意味着它试图在整个图像空间内寻找相同的模式或特征。这种机制大大降低了模型复杂度，并使网络具备提取重复性特征的能力。

3）多通道处理（Multi-channel Processing）：对于彩色图像等多通道输入，卷积神经网络可以独立地对各个颜色通道进行卷积操作。通过组合不同通道的响应，卷积神经网络能捕捉到更为丰富的特征表达。

4）下采样（Pooling/Downsampling）：池化层通常位于卷积层之后，可执行下采样操作，以减少输出的空间维度，同时保留关键信息。池化可以通过最大值、平均值或其他策略来实现，增加模型对小尺度变化的鲁棒性。

2. 网络架构

1）输入层：负责接收原始图像数据，通常是一个多维数组，如二维灰度图像或三维彩色图像。

2）卷积层：这是卷积神经网络的核心层，通过卷积核与输入数据做卷积运算，生成特征映射（Feature Maps）。卷积层有助于提取低级和高级特征，如边缘、纹理和形状。

3）激活函数：通常跟在卷积层后面的是非线性激活函数，例如 ReLU，它通过引入非线性，使得卷积神经网络能够表达更复杂的决策边界。

4）池化层：如前所述，池化层负责降维并提供一定程度的平移不变性。池化操作能够降低计算量并提高模型的泛化能力。

5）全连接层：在卷积和池化层后，卷积神经网络通常包含一些全连接层，将前一层展平后的特征向量映射到分类空间中，完成最终的类别预测。

6）输出层：在分类任务中，输出层通常是 softmax 层，用于输出每个类别的概率分布；而在回归任务中，则可能是一个简单的线性输出层。

在图像识别任务中，卷积神经网络通过一系列卷积层逐层提取特征，从简单的边角和色彩过渡到复杂的对象部件和整体结构。随着网络层次的加深，特征逐渐抽象化，最后通过全连接层将提取到的特征转换为特定类别的概率评分，从而实现对输入图像内容的准确识别。

从 ChatGPT 给出的答案可知，卷积神经网络是一种特殊的前馈神经网络。标准的卷积神经网络一般由输入层、交替的卷积层和池化层、全连接层、输出层构成，如图 11-3 所示。

其中，卷积层也称为"检测层"，池化层又称为"下采样层"，它们可以被看作特殊的隐藏层。卷积层的权值也称为卷积核。

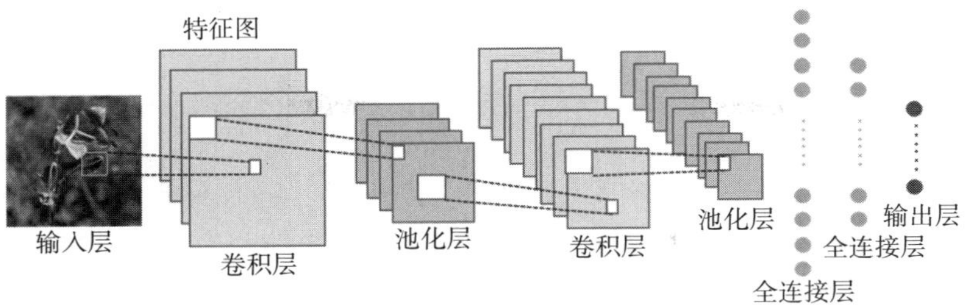

图 11-3　卷积神经网络的结构

11.3.2　卷积层的原理

卷积层可以保持输入数据的形状不变。当输入数据是图像时，卷积层会以三维数据的形式接收输入数据，并同样以三维数据的形式输出至下一层。因此，在卷积神经网络中，可以正确理解图像等具有形状的数据。另外，有时也将卷积层的输入 / 输出数据称为特征映射或特征图（Feature Map）。其中，卷积层的输入数据称为输入特征图（Input Feature Map），输出数据称为输出特征图（Output Feature Map）。

卷积神经网络有两个突出的特点。

1）卷积神经网络至少有一个卷积层，用来提取特征。

2）卷积神经网络的卷积层通过权值共享的方式进行工作，大大减少了权值 w 的数量，使得在训练中达到同样识别率的情况下收敛速度明显快于前馈神经网络。

卷积层进行的处理就是卷积运算。卷积运算相当于图像处理中的"滤波器运算"。在一个卷积运算中，第一个参数通常叫作输入（input），第二个参数叫作核函数（Kernel Function），或称为卷积核。

在 ChatGPT 输入框中输入以下内容，进一步学习卷积层的相关知识：

> ❓ 请进一步介绍卷积层的基本原理及计算公式，不要用 Markdown，公式用 LaTeX 显示。

以下是 ChatGPT 给出的答案。

> 卷积层是卷积神经网络中的基本网络架构，负责从输入数据中提取特征。
> 在图像处理任务中，卷积层用于对输入图像与一组可学习的滤波器（或称为卷积核、权重矩阵）进行互相关操作（有时在深度学习文献中也称作卷积）。每个滤波器在输入图像上滑动，并将当前位置上的子区域与其自身元素逐个相乘后求和，产生一个新的二维输出映射。这个映射可以视为输入图像在该特定滤波器下的某种特征响应。
> 给定输入特征图 X 和卷积核（或滤波器）K，卷积操作可以用以下公式表示：
> $$(X \times K)(i, j) = \sum_m \sum_n X(i - m, j - n) \cdot K(m, n)$$

其中，$(X \times K)(i, j)$ 是卷积结果的输出值；$X(i-m, j-n)$ 是输入特征图上位置 $(i-m, j-n)$ 处的值；$K(m,n)$ 是卷积核上位置 (m,n) 处的权重；$\sum_m$ 和 $\sum_n$ 分别表示对卷积核的所有行和列进行求和。

卷积操作通过滑动卷积核在输入特征图上进行计算，将卷积核中的权重与对应位置的输入值相乘，然后求和得到输出值。这个过程可以有效地提取输入数据的局部特征。

卷积层通常包括多个卷积核，每个卷积核都学习不同的特征。在深度卷积神经网络中，多个卷积层通过叠加形成层次结构，逐渐提取抽象级别的特征。这使得卷积神经网络能够学习复杂的表示，适用于各种图像识别和分析任务。

我们通过以下示例来理解卷积层的卷积操作。如图 11-4 所示，对 3×5 的输入样本使用 2×2 的卷积核进行卷积操作后，可以得到一个 2×4 的特征图。

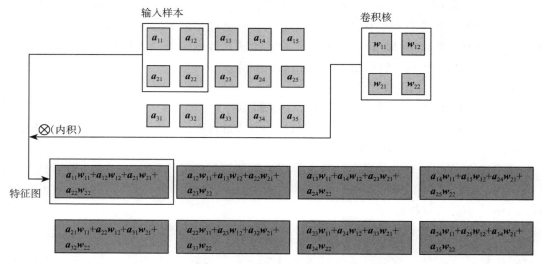

图 11-4 卷积运算示意图

从图 11-4 可知，得到的特征图的尺寸会小于输入样本。为了得到和原始输入样本大小相同的特征图，可以采用对输入样本进行边缘填充处理后再进行卷积操作的方法。在图 11-4 中，卷积核的移动步长为 1，我们也可以设定更大的移动步长。步长越大，得到的特征图尺寸将越小。另外，卷积结果不能直接作为特征图，需通过激活函数计算后，把函数输出结果作为特征图。常见的激活函数包括 Sigmoid、Tanh、ReLU 等。一个卷积层中可以有多个不同的卷积核，而每一个卷积核都对应一个特征图。

当对图像边界进行卷积时，卷积核的一部分位于图像外面，无像素与之相乘。此时有两种策略：一种是舍弃图像边缘，这样会使"新图像"尺寸较小；另一种是采用边缘填充处理，这是为了捕获边缘信息而采取的手段，人为指定位于图像外面的像素值，使卷积核能与之相乘。边缘填充主要有两种方式：0 填充和复制边缘像素。在卷积神经网络中普遍采用 0 填充方式，填充大小为 $P=(F-1)/2$，其中 F 为卷积核尺寸。

图 11-5 演示了进行边缘填充后的卷积运算过程，其中输入特征图的尺寸为 4×4。采用 0 填充后尺寸为 6×6，卷积核大小为 3×3，移动步长为 1，则输出特征图的尺寸为 4×4。

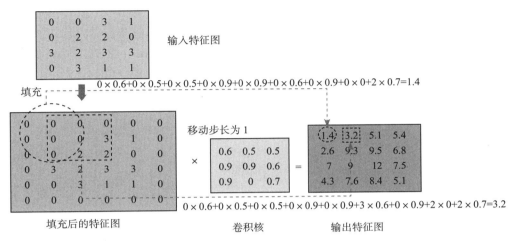

图 11-5　经过填充的卷积运算示意图

移动步长则是卷积核每次扫描所移动的像素点数，一般有水平和垂直两个方向，步长常用的取值有 1×1 和 2×2。

图 11-6 演示了调整移动步长后输出特征图尺寸的变化，其中输入特征图的尺寸为 4×4。卷积核大小为 2×2，移动步长为 2×2，则输出特征图的尺寸为 2×2。

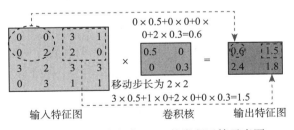

图 11-6　移动步长为 2×2 的卷积运算示意图

卷积运算输入 / 输出尺寸的变化其实可通过一个公式计算。输出特征图高、宽的计算公式为

$$\text{height}_{\text{out}} = \frac{\left(\text{height}_{\text{in}} - \text{kernel}_{\text{height}} + 2 \times \text{padding}_{\text{height}}\right)}{\text{stride}_{\text{hieght}}} + 1$$

$$\text{width}_{\text{out}} = \frac{\left(\text{width}_{\text{in}} - \text{kernel}_{\text{width}} + 2 \times \text{padding}_{\text{width}}\right)}{\text{stride}_{\text{width}}} + 1$$

其中，$height_{in}$ 是输入特征图的高度；$width_{in}$ 是输入特征图的宽度；$kernel_{height}$ 是卷积核的高度；$kernel_{width}$ 是卷积核的宽度；$padding_{height}$ 是填充的高度，$padding_{width}$ 是填充的宽度；$stride_{hieght}$ 是移动步长的高度；$stride_{width}$ 是移动步长的宽度。

11.3.3 卷积层的 TensorFlow 实现

随着神经网络算法的发展，出现了许多深度学习框架，这些框架各有所长，各具特色。常用的开源框架有 TensorFlow、Keras、Caffe、PyTorch、Theano、CNTK（Computational Network Tookit，计算网络工具包）、MXNet、PaddlePaddle、Deeplearning4j、ONNX（Open Neural Network Exchange，开放神经网络互换）等。下面让我们通过 ChatGPT 学习最受欢迎的 TensorFlow 深度学习框架。

在 ChatGPT 输入框中输入以下内容，了解 TensorFlow 深度学习框架：

 作为数据挖掘专家，请给小白介绍 TensorFlow 深度学习框架。

以下是 ChatGPT 给出的答案。

 当谈到深度学习框架时，TensorFlow 是一个备受推崇的工具，用于构建和训练深度学习模型。以下是对 TensorFlow 的简要介绍。

TensorFlow 是什么？

TensorFlow 是一个由 Google 开发的开源机器学习框架，它提供了一个强大而灵活的平台，用于构建和训练各种深度学习模型。它支持从简单的线性模型到复杂的深度神经网络等多种机器学习任务。

1. 关键特性

1）灵活性与可扩展性。TensorFlow 提供了高度灵活的架构，适用于多种平台和设备。它可以在 CPU、GPU 甚至是专用的硬件（如 TPU）上运行，并且支持分布式计算。

2）使用计算图。TensorFlow 使用计算图来表示模型，其中节点表示操作，边表示数据流。这种静态图的设计有助于优化和分布式训练。

3）自动微分功能。TensorFlow 具有自动微分功能，它能够计算梯度，这对于训练深度学习模型至关重要，也使得使用梯度下降法等优化算法更加方便。

4）提供高级 API 和工具。TensorFlow 提供了高级 API（如 Keras）和许多工具，使模型的构建、训练和部署变得更加简便。

2. 基本用法

1）安装。使用 pip 命令安装 TensorFlow。例如，可以执行以下命令来安装最新版本：

```
pip install tensorflow
```

2）导入。在 Python 中导入 TensorFlow：

```
import tensorflow as tf
```

3）构建模型。使用 TensorFlow 的高级 API（如 Keras）构建模型并定义层、激活函数、优化器等。

4）编译模型。在模型构建后，使用 compile() 方法指定损失函数、优化器和评估指标：

```
model.compile(optimizer='adam',
loss='sparse_categorical_crossentropy', metrics=['accuracy'])
```

5）训练模型。使用 fit() 方法进行模型训练：

```
model.fit(train_images, train_labels, epochs=10,
validation_data=(val_images, val_labels))
```

6）评估与预测。使用 evaluate() 方法评估模型性能，使用 predict() 方法进行预测。

以上只是 TensorFlow 的简要介绍。深度学习是一个庞大而复杂的领域，建议在学习过程中深入阅读官方文档和相关教程，以更好地理解和应用 TensorFlow。

　　TensorFlow 提供了两种硬件环境的开发版本：纯 CPU 版本和 CPU+GPU 版本。ChatGPT 给出的代码安装的是纯 CPU 版本的 TensorFlow。如果想安装 GPU 版本，除了要求计算机具备 GPU 的硬件资源外，还需要从 NVIDIA 官方网站下载及安装 CUDA 和 cuDNN 这两个软件。在介绍 TensorFlow 的基本用法时，可使用 TensorFlow 的高级 API（如 Keras）构建模型，之后使用 compile() 方法编译模型，使用 fit() 方法训练模型，使用 evaluate() 方法评估模型性能，使用 predict() 方法对新数据进行预测。

　　在 ChatGPT 输入框中输入以下内容，学习 TensorFlow 如何实现卷积神经网络的卷积层：

　　? 　作为数据挖掘专家，请介绍 TensorFlow 如何实现卷积神经网络的卷积层，并对参数进行详细介绍，不需要给出 Python 示例代码。

以下是 ChatGPT 给出的答案。

　卷积神经网络的卷积层在 TensorFlow 中可以使用 tf.keras.layers.Conv2D() 函数来实现。以下是对相关参数的详细介绍。

1. filters

❑ 含义：指定卷积层中的滤波器（卷积核）数量。每个滤波器负责检测输入数据中的不同特征。

❑ 影响：更多的滤波器意味着模型能够学习更复杂的特征，但也会增加计算成本。

2. kernel_size
- 含义：指定卷积核的大小，即滤波器在输入数据上滑动的窗口大小。
- 影响：较大的卷积核能够捕捉更大的特征，但可能导致模型参数过多。

3. strides
- 含义：指定卷积核在输入数据上的滑动步幅。
- 影响：大的步幅有助于减小输出大小，减小计算量，但可能损失一些信息。

4. padding
- 含义：控制在卷积操作中如何处理输入边界。valid 表示不使用填充；same 表示使用零填充，使得输出大小与输入大小相同。
- 影响：使用填充可保留更多的原始输入信息，有助于防止边界信息损失。

5. activation
- 含义：在卷积操作后引入非线性的激活函数，增加模型的表达能力。
- 常见选项：ReLU、Sigmoid、Tanh 等。

6. input_shape
- 含义：指定输入数据的形状，通常为 (height, width, channels)，其中 height 和 width 是输入图像的高度和宽度，channels 是输入图像的通道数。
- 影响：输入数据的形状应与数据集相匹配，确保模型能够正确处理输入数据。

这些参数的选择通常取决于具体任务和数据集的特点。在实际应用中，需要根据问题进行调整和优化，以达到更好的性能。

让我们通过一个示例来掌握卷积层的卷积操作用法。以下代码将读取本地汽车图像并进行编码转换：

```
import tensorflow as tf
import matplotlib.pyplot as plt
car = tf.io.read_file('data/car.jpg')          # 读取本地图像
car = tf.image.decode_jpeg(car,channels=3)     # 将 JPEG 编码图像解码为 unit8 类型的张量
car.shape                                       # 查看 car 的形状
```

输出结果为：

```
TensorShape([175, 287, 3])
```

这张图像高 175 像素，宽 287 像素，有 3 个通道（RGB）的颜色。

以下代码对汽车图像进行可视化：

```
plt.imshow(car) # 绘制汽车图像
```

结果如图 11-7 所示。

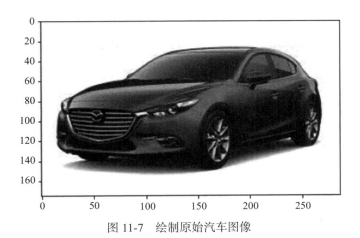

图 11-7　绘制原始汽车图像

那么经过一层卷积运算后会变成什么样子呢？利用 layers. Conv2D() 函数创建一个二维卷积层，其中参数 filter 为 3，说明有 3 个卷积核；参数 kernel_size 为（3,3），说明卷积核的宽度和长度均为 3；参数 input_shape 为输入数据的维度。实现代码如下：

```
# 一层卷积网络
from tensorflow.keras import Sequential,layers
model = Sequential()
model.add(layers.Conv2D(3,(3,3),input_shape=car.shape))
```

输入数据的形状要求是四维张量，第一维是图像数量，形状为（batch_size, height, width, channels)。我们利用 np.expand_dims() 函数将数据从三维变成四维：

```
import numpy as np
car_batch = np.expand_dims(car,axis=0)
print(' 数据处理后的形状: ',car_batch.shape)
```

输出结果为：

```
数据处理后的形状: (1, 175, 287, 3)
```

经过处理后，输入数据已经从三维变成四维。第一维是样本数量，因为只有 1 个样本，所以为 1。

利用 model.predict() 方法对输入数据进行一层卷积运算，并查看运算后的特征图形状：

```
conv_car = model.predict(car_batch)
print(' 查看进行卷积运算后的形状: ',conv_car.shape)
```

输出结果为：

```
查看进行卷积运算后的形状: (1, 173, 285, 3)
```

进行卷积运算时，padding 默认为 "valid"，不进行边缘填充，移动步长默认为 1。所以在进行一层卷积运算后得到的特征图长度为 173，宽度为 285。

以下代码将移除特征图中的第一维，并进行可视化展示：

```
def visualize_car(car_batch):
    print(' 查看特征图的最小值: ',car_batch.min())
    car = np.squeeze(car_batch,axis=0)
    print(' 转换后的形状: ',car.shape)
    plt.imshow(car)
visualize_car(conv_car)
```

输出结果为：

```
查看特征图的最小值: -196.80255
转换后的形状: (173, 285, 3)
```

可视化结果如图 11-8 所示。

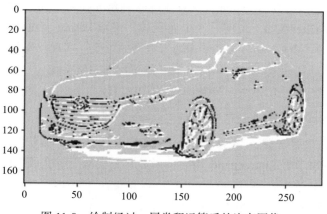

图 11-8　绘制经过一层卷积运算后的汽车图像

进行一层卷积运算时，没有指定激活函数，默认使用线性激活函数（a(x)=x），所以得到的特征图中有负元素存在，这显然不是我们想要的结果。我们在卷积层添加一个 ReLU 激活函数，重新对输入数据进行卷积运算：

```
# 指定 relu 激活函数的一层卷积网络
model1 = Sequential()
model1.add(layers.Conv2D(3,(3,3),activation='relu',input_shape=car.shape))
# 一层卷积运算
conv_car1 = model1.predict(car_batch)
# 对特征图进行可视化
visualize_car(conv_car1)
```

输出结果为：

```
查看特征图的最小值: 0.0
转换后的形状: (173, 285, 3)
```

可视化结果如图 11-9 所示。

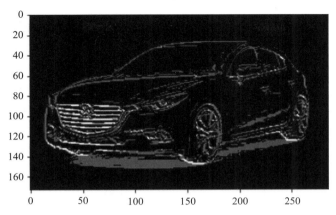

图 11-9　绘制添加 ReLU 激活函数后卷积运算的汽车图像

在利用 ReLU 激活函数处理后，输出特征图的最小值为 0。

11.3.4　池化层的原理

在通过卷积获得特征之后，下一步要做的是利用这些特征进行分类。理论上，所有经过卷积提取到的特征都可以作为分类器的输入（例如 Softmax 分类器），但这样做将面临着巨大的计算量。例如，对于一个 128×128 像素的图像，假设已经学习得到了 300 个定义在 8×8 卷积上的特征，每一个特征和 8×8 卷积都会得到一个 $(128-8+1) \times (128-8+1)=14641$ 维的卷积特征。由于有 300 个特征，所以每个样例都会得到一个 $14641 \times 300=4392300$ 维的卷积特征向量。学习一个拥有超过 439 万个输入特征的分类模型十分不便，且容易出现过拟合。为了解决这个问题，此时一般会使用池化层来进一步对卷积操作得到的特征映射结果进行处理。

在 ChatGPT 输入框中输入以下内容，了解池化层的相关知识：

> 　请介绍池化层的基本原理及计算公式，不要用 Markdown，公式用 LaTeX 显示。

以下是 ChatGPT 给出的答案。

> 池化层是深度学习神经网络中的一种常见层，其主要目的是降低数据的空间维度，减少计算量，并且保留主要特征。最常见的池化操作是最大池化和平均池化。
>
> 1. 最大池化
>
> 最大池化的基本原理是在每个池化窗口中选择最大值作为输出，这有助于保留图像或特征图中的主要特征。
>
> 最大池化操作的计算公式如下：

$$\text{Max Pooling}(\boldsymbol{x}, i, j) = \max_{(a,b) \in \text{池化窗口}} \boldsymbol{x}[i+a, j+b]$$

其中，$\boldsymbol{x}$ 是输入特征图；i 和 j 分别表示输出特征图的行和列；池化窗口的大小（a，b）由用户指定。

2. 平均池化

平均池化的基本原理是在每个池化窗口中取平均值作为输出，这有助于让特征图更平滑。

平均池化操作的计算公式如下：

$$\text{Average Pooling}(\boldsymbol{x}, i, j) = \frac{1}{\text{pooling window size}} \sum_{(a,b) \in \text{池化窗口}} \boldsymbol{x}[i+a, j+b]$$

其中，$\boldsymbol{x}$ 是输入特征图；i 和 j 分别表示输出特征图的行和列；池化窗口的大小由用户指定。

这些池化层的操作在卷积神经网络中经常用于降低特征图的空间维度，从而降低模型的计算复杂度，提高模型的运算效率。

在卷积神经网络中，池化层可对输入的特征图进行压缩，一方面使特征图变小，简化网络计算复杂度；另一方面进行特征压缩，提取主要特征。采用池化层可以忽略目标的倾斜、旋转之类的相对位置的变化，在提高精度的同时降低了特征图的维度，并且在一定程度上可以避免过拟合。池化会将平面内某一位置及其相邻位置的特征值进行统计汇总，并将汇总后的结果作为这一位置在该平面内的值。例如，常见的最大池化操作会计算该位置及其相邻矩形区域内的最大值，并将这个最大值作为该位置的值；平均池化操作会计算该位置及其相邻矩形区域内的平均值，并将这个平均值作为该位置的值。

池化常常会用 2×2 的步长，以达到下采样的目的，同时取得局部抗干扰的效果。如图 11-10 所示，原本的特征图尺寸是 4×4 的，经过最大池化运算转换后，尺寸变为了 2×2。

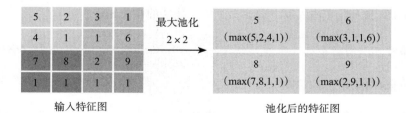

图 11-10　最大池化操作示意图

为什么通常采用最大值进行池化操作？这是因为卷积层后接 ReLU 激活函数，ReLU 激活函数把负值都变为 0，正值不变，所以神经元的激活值越大，该神经元对输入局部窗口数据的反应越激烈，提取的特征越好。用最大值代表局部窗口的所有神经元是很合理的。最大池化操作还能保持图像的平移不变性，同时适应图像的微小变形和小角度旋转。

池化层有以下特征。

1）没有要学习的参数。池化层和卷积层不同，没有要学习的参数。池化只是从目标区域中取得最大值（或者平均值），所以不存在要学习的参数。

2）通道数不发生变化。经过池化后，输入数据和输出数据的通道数不会发生变化。如图 11-11 所示，计算是按通道独立进行的。

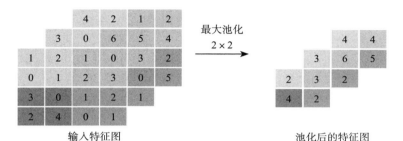

图 11-11　池化后通道数不变

3）对微小的位置变化具有鲁棒性。输入特征发生微小偏差时，池化仍会返回相同的结果。因此，池化对输入特征的微小偏差具有鲁棒性。比如，在池化步长为 3×3 的情况下，如图 11-12 所示，池化会吸收输入特征的偏差（根据数据的不同，结果有可能不一致）。

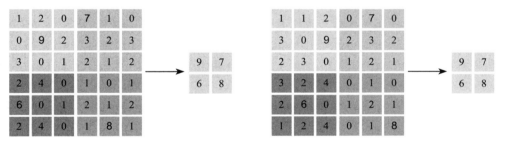

a）最大池化运算 1　　　　　　　　b）最大池化运算 2

图 11-12　输入数据有微小位置变化时输出特征不变

11.3.5　池化层的 TensorFlow 实现

在 ChatGPT 输入框中输入以下内容，学习 TensorFlow 如何实现卷积神经网络的池化层：

> ❓ 作为数据挖掘专家，请介绍 TensorFlow 如何实现卷积神经网络的池化层，并对参数进行详细介绍，不需要给出 Python 示例代码。

以下是 ChatGPT 给出的答案。

池化层是卷积神经网络中的重要组成之一，它有助于减小特征图的空间尺寸，降低计算复杂度，并提取重要的特征。在 TensorFlow 中，池化层通常由 tf.keras.layers.MaxPooling2D() 或 tf.keras.layers.AveragePooling2D() 等函数实现。以下是对池化层主要参数的详细介绍。

1. 池化类型
   ❏ 最大池化：选择窗口内的最大值作为输出。
   ❏ 平均池化：选择窗口内的平均值作为输出。
2. 池化窗口大小
   ❏ 池化窗口的大小决定了在输入数据上进行池化操作时取样的区域大小。典型的窗口大小为 2×2 或 3×3。
3. 步幅
   ❏ 步幅定义了池化窗口在输入数据上滑动的步长。较大的步幅会使输出特征图尺寸减小得更快。
4. 填充
   ❏ 填充可以是 valid（不填充）或 same（根据需要进行填充），用于处理输入边界处的样本。
5. 数据格式

数据格式用于指定输入数据的通道难度，可以是 channels_last（默认，表示输入数据的通道维度在最后）或 channels_first（表示通道维度在最前）。

这些参数共同影响着池化层的操作，应根据具体任务和数据特点选择适当的参数组合，以获得最佳性能。通过调整池化层的参数，可以控制特征图的尺寸、感受野大小等，从而影响卷积神经网络的性能和学习能力。在设计卷积神经网络时，通常需要根据任务的要求和输入数据的特性来调整这些参数。

让我们自定义 build_model() 函数，创建只有一层卷积运算或一层卷积运算后跟一层池化运算的模型，程序代码如下：

```
def build_model(object = car,pool = False):
    # 创建一层卷积运算
    model = Sequential()
    model.add(layers.Conv2D(3,(3,3),activation='relu',input_shape=car.shape))
    # 如果 pool 为 TRUE，则增加一个池化层
    if(pool):
        model.add(layers.MaxPool2D(pool_size=(8,8)))
    return model
```

接着自定义 plot_image() 函数，用于绘制进行卷积运算或卷积和池化运算后的图像，并输出特征图的形状，程序代码如下：

```
def visualize_iamge(model,car=car):
    car_batch = np.expand_dims(car,axis=0)
    # 对输入数据进行卷积运算或卷积和池化运算
    conv_car = model.predict(car_batch)
    car = np.squeeze(conv_car,axis=0)
    print(car.shape)
    # 输出特征图的图像
    plt.imshow(car)
```

继续以汽车图像为例进行演示。将图像读入到 Python 中，并对比仅经过一层卷积运算和经过一层卷积和池化运算后的图像。运行以下代码：

```
car = tf.io.read_file('data/car.jpg')              # 读取本地图像
car = tf.image.decode_jpeg(car,channels=3)  # 将 JPEG 编码图像解码为 unit8 类型的张量
plt.subplot(2,2,1)
visualize_iamge(build_model())
plt.title('pool=False')
plt.subplot(2,2,2)
visualize_iamge(build_model(pool=True))
plt.title('pool=True')
```

输出结果为：

```
(173, 285, 3)
(21, 35, 3)
```

可视化结果如图 11-13 所示。

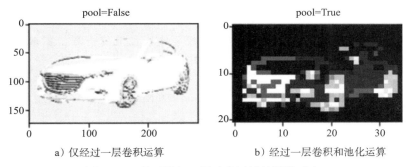

a）仅经过一层卷积运算　　　　b）经过一层卷积和池化运算

图 11-13　是否增加一层池化运算的图像对比

图 11-13a 是仅经过一层卷积运算后得到的图像，图 11-13b 是经过一层卷积和池化运算后得到的图像。增加一层池化运算后的图像大小约为仅经过一层卷积运算后图像的八分之一。

11.3.6　全连接层

全连接层在整个卷积神经网络中起到分类器的作用。如果说卷积层、池化层等操作可将原始数据映射到隐藏层的特征空间中，那么全连接层则起到将学到的"分布式特征表示"

映射到样本标记空间中的作用。和多层感知器一样，全连接层也是首先计算激活值，然后通过激活函数计算各单元的输出值。激活函数包括 Sigmoid、Tanh、ReLU 等。由于全连接层的输入就是卷积层或池化层的输出，是二维的特征图，所以需要对二维特征图进行降维处理。这可通过在全连接层前增加一个平坦层来实现。

平坦层就是用来将输入"压平"，即把多维的输入一维化，常用于从卷积层到全连接层的过渡。平坦层不影响样本大小。在 TensorFlow 中，平坦层使用 tf.keras.layers.Flatten() 函数实现。

11.3.7　案例：使用卷积神经网络实现手写数字识别

Keras 自带 MNIST 数据集。MNIST（Modified National Institute of Standards and Technology）手写数字识别数据集是由 Yann LeCun 所收集的，他也是卷积神经网络的发明人。MNIST 手写数字识别数据集的数据量不是太多，而且是单色的图像，比较简单，很适合深度学习的初学者用来练习建模、训练、预测。该数据集共有训练数据 60000 项，测试数据 10000 项，每一项数据都由 images（数字图像）和 labels（真实的数字）所组成。

在 ChatGPT 输入框中输入以下内容，学习如何使用 TensorFlow 构建卷积神经网络，对 MNIST 数据集进行手写数字识别：

 作为数据挖掘专家，利用 Keras 自带的 MNIST 数据集，使用 TensorFlow 构建卷积神经网络模型，对手写数字进行识别。

以下是 ChatGPT 给出的答案。

当利用 Keras 和 TensorFlow 构建卷积神经网络模型进行手写数字识别时，一般会按照以下步骤进行。

1. 导入必要的库

```
import tensorflow as tf
from tensorflow.keras import layers, models
from tensorflow.keras.datasets import mnist
from tensorflow.keras.utils import to_categorical
```

2. 加载 MNIST 数据集

```
(train_images, train_labels), (test_images, test_labels) = mnist.load_data()
```

3. 进行数据预处理

```
train_images = train_images.reshape((60000, 28, 28, 1)).astype('float32;') /
    255
test_images = test_images.reshape((10000, 28, 28, 1)).astype('float32') / 255
train_labels = to_categorical(train_labels)
```

```
test_labels = to_categorical(test_labels)
```

4. 构建卷积神经网络模型

```
model = models.Sequential()
model.add(layers.Conv2D(32, (3, 3), activation='relu', input_shape=(28, 28,
    1)))
model.add(layers.MaxPooling2D((2, 2)))
model.add(layers.Conv2D(64, (3, 3), activation='relu'))
model.add(layers.MaxPooling2D((2, 2)))
model.add(layers.Conv2D(64, (3, 3), activation='relu'))
```

5. 模型结构展示

```
model.summary()
```

6. 添加全连接层

```
model.add(layers.Flatten())
model.add(layers.Dense(64, activation='relu'))
model.add(layers.Dense(10, activation='softmax'))
```

7. 编译模型

```
model.compile(optimizer='adam',
              loss='categorical_crossentropy',
              metrics=['accuracy'])
```

8. 训练模型

```
model.fit(train_images, train_labels, epochs=5, batch_size=64, validation_
    split=0.2)
```

9. 评估模型

```
test_loss, test_acc = model.evaluate(test_images, test_labels)
print(f'Test accuracy: {test_acc}')
```

这个简单的卷积神经网络模型包括卷积层、最大池化层和全连接层，通过对 MNIST 数据集进行训练和评估，可以实现对手写数字的识别。在实际应用中，你可能需要根据任务的具体要求和数据集的特性进行模型调整和优化。

下面按照 ChatGPT 给出的代码进行逐步操作。将导入第三方库并加载 MNIST 数据集的代码复制到 Jupyter Notebook 中并运行：

```
import matplotlib.pyplot as plt
import tensorflow as tf
from tensorflow.keras import layers, models
from tensorflow.keras.datasets import mnist
from tensorflow.keras.utils import to_categorical
```

```
(train_images, train_labels), (test_images, test_labels) = mnist.load_data()
# 查看数据形状
print('train_images:',train_images.shape)
print('test_images:',test_images.shape)
print('train_labels:',train_labels.shape)
print('test_labels:',test_labels.shape)
```

输出结果为：

```
train_images: (60000, 28, 28)
test_images: (10000, 28, 28)
train_labels: (60000,)
test_labels: (10000,)
```

从输出结果可知，4 个 NumPy 数组分别为：

1）train_images：6 万张 28×28 像素的训练图片数据。

2）test_images：1 万张 28×28 像素的测试图片数据。

3）train_labels：6 万个训练数字，标签为 0～9。

4）test_labels：1 万个测试数字，标签为 0～9。

现在我们绘制 train_images 数据集的前 14 张图像，并在各张图像上添加实际标签值，实现代码如下：

```
plt.rcParams['font.sans-serif']=['SimHei'] # 用来正常显示中文标签
fig = plt.figure(figsize=(20,20))
for i in range(14):
    ax = fig.add_subplot(7,7,i+1)
    ax.imshow(train_images[i],cmap='gray')
    plt.tight_layout()
    ax.set_title("数字：{}".format(train_labels[i]))
```

执行以上代码，得到的结果如图 11-14 所示。

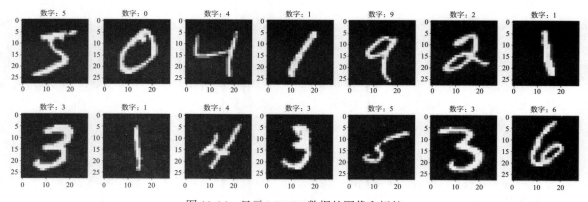

图 11-14　显示 MNIST 数据的图像和标签

接下来对图像和标签数据进行数据预处理。对图像数据的预处理可分为以下两个步骤。

1）对图像数据进行预处理。将原本 2 维的 28×28 的图像数据转换为 3 维的 28×28×1 的数据；对图像数据的数字进行标准化处理，使其在 [0,1] 范围内。

2）对标签数据进行预处理。标签数据原本是 0 ～ 9 的数字，必须经过独热编码（1 位有效编码）转换为 10 个 0 或 1 的组合。例如，数字 5 经过独热编码转换后是 0000100000，正好对应输出层的 10 个神经元。

在 Jupyter Notebook 中输入以下代码并运行，完成数据预处理：

```
train_images = train_images.reshape((60000, 28, 28, 1)).astype('float32') / 255
test_images = test_images.reshape((10000, 28, 28, 1)).astype('float32') / 255
train_labels = to_categorical(train_labels)
test_labels = to_categorical(test_labels)
```

在 Jupyter Notebook 中输入以下代码，构建一个简单的卷积神经网络。这个简单的卷积神经网络具有 3 个卷积层、2 个最大池化层，网络拓扑结构如下。

1）第 1 个卷积层具有 32 个特征图，卷积核大小为 3×3，激活函数为 ReLU，输入数据形状为 (28, 28, 1)。

2）第 1 个最大池化层的池化窗口大小为 (2,2)。

3）第 2 个卷积层具有 64 个特征图，卷积核大小为 3×3，激活函数为 ReLU。

4）第 2 个最大池化层的池化窗口大小为 (2,2)。

5）第 3 个卷积层具有 64 个特征图，卷积核大小为 3×3，激活函数为 ReLU。

构建卷积神经网络模型

```
model = models.Sequential()
model.add(layers.Conv2D(32, (3, 3), activation='relu', input_shape=(28, 28, 1)))
model.add(layers.MaxPooling2D((2, 2)))
model.add(layers.Conv2D(64, (3, 3), activation='relu'))
model.add(layers.MaxPooling2D((2, 2)))
model.add(layers.Conv2D(64, (3, 3), activation='relu'))
# 模型结构展示
model.summary()
```

构建模型后，可用 summary() 方法显示模型所有的层，包括每个层的名称、输出形状（None 表示训练过程中的批处理大小）以及参数数量，总结内容包括总参数、可训练参数和不可训练参数。在 Jupyter Notebook 输入以下代码：

```
model.summary()
```

输出结果为：

```
Model: "sequential"

_____
 Layer (type)                Output Shape              Param #
=================================================================
 conv2d (Conv2D)             (None, 26, 26, 32)        320
```

```
max_pooling2d (MaxPooling2D) (None, 13, 13, 32)        0


conv2d_1 (Conv2D)            (None, 11, 11, 64)        18496

max_pooling2d_1 (MaxPooling2D) (None, 5, 5, 64)         0


conv2d_2 (Conv2D)            (None, 3, 3, 64)          36928

=================================================================
Total params: 55,744
Trainable params: 55,744
Non-trainable params: 0
```

在 Jupyter Notebook 中输入以下代码，在现有模型后添加一个展平层、一个全连接层及一个输出层：

```
model.add(layers.Flatten())
model.add(layers.Dense(64, activation='relu'))
model.add(layers.Dense(10, activation='softmax'))
```

因为标签数量为 10，所以输出层的神经元数量为 10，输出层的激活函数为 Softmax 函数。

创建模型后，我们必须调用 compile() 方法来指定损失函数和要使用的优化器。在 JupyterNotebook 中输入以下代码：

```
model.compile(optimizer='adam',
              loss='categorical_crossentropy',
              metrics=['accuracy'])
```

compile() 方法中的参数 optimizer 用于设置深度学习模型在训练时所使用的优化器，此例为 adam；参数 loss 用于设置损失函数，因为多分类输出变量，故将损失函数设为 "categorical_crossentropy"；参数 metrics 用于设置模型的评估方法，此例为准确率。

模型编译后，就可以使用 fit() 方法对模型训练。将参数 validation_split 设置为 0.2，则 Keras 会在训练之前自动将数据集分成两部分：80% 作为训练集，用于进行模型训练；20% 作为验证集，用于对模型进行评估。参数 epochs 设置为 5，说明将执行 5 次训练周期。参数 batch_size 为 64，说明每个批处理大小为 64。在 JupyterNotebook 中输入以下代码，完成对模型的训练：

```
model.fit(train_images, train_labels, epochs=5, batch_size=64, validation_
    split=0.2)
```

下一步利用 evalute() 方法评估模型效果。在 JupyterNotebook 中输入以下代码：

```
test_loss, test_acc = model.evaluate(test_images, test_labels)
print(f'Test accuracy: {test_acc}')
```

输出结果为：

```
Test accuracy: 0.989799976348877
```

可见模型对测试集的预测准确率为 98.98%。

下面利用训练好的卷积神经网络模型对测试集进行预测，并得到混淆矩阵：

```
import numpy as np
from sklearn.metrics import confusion_matrix
test_labels_pred = np.argmax(model.predict(test_images), axis=-1) # 预测测试集的标签
test_labels = np.argmax(test_labels,axis=-1) # 将进行独热编码处理后的标签转换为实际数字
# 查看混淆矩阵
confusion_mtx = confusion_matrix(test_labels, test_labels_pred)
```

对于混淆矩阵，我们常用可视化的手段来进行展示，通过以下代码自定义函数实现：

```
# 混淆矩阵可视化
import itertools
plt.rcParams['font.sans-serif']=['SimHei']   # 用来正常显示中文标签
plt.rcParams['axes.unicode_minus'] = False   # 用来正常显示负号
def plot_confusion_matrix(cm, classes,
                          normalize=False,
                          title=' 混淆矩阵 ',
                          cmap=plt.cm.Blues):
    plt.imshow(cm, interpolation='nearest', cmap=cmap)
    plt.title(title)
    plt.colorbar()
    tick_marks = np.arange(len(classes))
    plt.xticks(tick_marks, classes, rotation=45)
    plt.yticks(tick_marks, classes)
    if normalize:
        cm = cm.astype('float') / cm.sum(axis=1)[:, np.newaxis]
    thresh = cm.max() / 2.
    for i, j in itertools.product(range(cm.shape[0]), range(cm.shape[1])):
        plt.text(j, i, cm[i, j],
                 horizontalalignment="center",
                 color="white" if cm[i, j] > thresh else "black")
    plt.tight_layout()
    plt.ylabel(' 实际标签 ')
    plt.xlabel(' 预测标签 ')
plot_confusion_matrix(confusion_mtx, classes = range(10))
```

结果如图 11-15 所示。

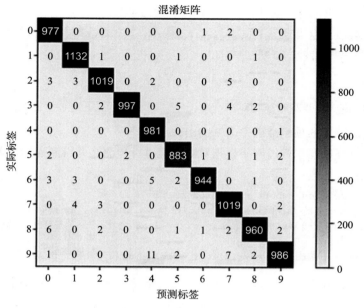

图 11-15　混淆矩阵可视化

由混淆矩阵结果可知，模型对数字 1 的预测能力最好，有 1132 个样本被正确预测。

11.4　本章小结

本章首先介绍了神经网络的理论基础，包括神经网络的基本架构、常用的激活函数及常用的神经网络模型；然后详细介绍了前馈神经网络的原理及 scikit-learn 实现，对乳腺癌数据集进行了前馈神经网络分类；最后详细介绍了卷积神经网络的原理、卷积层和池化层的原理，论述了如何基于 TensorFlow 实现卷积层和池化层，并对 MNIST 数据集进行了手写数字图像识别。

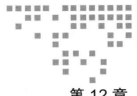

使用 ChatGPT 学习模型性能评估及优化

有监督学习的预测可以分为数值预测和分类预测,当因变量为连续值时为数值预测,当因变量为离散值时为分类预测。分类预测模型的类别是根据模型对样本各类别预测的概率值得到的可能类别,故分类预测通常又称为概率预测。在本章中,我们先学习数值预测和分类预测模型性能评估的常用手段;再学习如何对模型进行优化,得到最优模型。

12.1 模型性能评估

预测通常有两大应用场景:第一类是预测某指标的取值,常称为数值预测或回归预测,数值预测模型的性能评估主要通过均方误差、均方根误差、平均绝对误差等指标来进行;第二类是预测某事物出现的概率,常称为概率预测或分类预测,常以混淆矩阵为基础,计算准确率、真正率、真负率等指标。如果是二分类预测,还可通过绘制 ROC 曲线的可视化方法来评估模型性能。

12.1.1 数值预测的评估方法及其 scikit-learn 实现

对于数值预测的性能评估,主要是比较真实数值与预测数值或真实数值列与预测数值列的接近程度。表现得越接近,预测模型的效果越好;表现得越远离,预测模型的效果越差。

在 ChatGPT 输入框中输入以下内容,学习数值预测常用的评估方法:

> **?** 作为数据挖掘专家,请介绍数值预测常用的评估方法,结果以表格展示,其中第 1 列为评估指标名称,第 2 列为指标概述,第 3 列为指标计算公式,不要用 Markdown,公式用 LaTeX 显示。

以下是 ChatGPT 给出的答案。

评估指标名称	指标概述	指标计算公式
均方误差	衡量预测值与实际值之间的平均平方差	$MSE = \dfrac{1}{n}\sum_{i=1}^{n}(y_i - \hat{y}_i)^2$
均方根误差	MSE 的平方根，以与原始目标值在相同的尺度上进行解释	$RMSE = \sqrt{MSE}$
平均绝对误差	衡量预测值与实际值之间的平均绝对差	$MAE = \dfrac{1}{n}\sum_{i=1}^{n}|y_i - \hat{y}_i|$
判定系数（R^2）	衡量模型的拟合程度，介于 0 和 1 之间	$R^2 = 1 - \dfrac{\sum_{i=1}^{n}(y_i - \hat{y}_i)^2}{\sum_{i=1}^{n}(y_i - \bar{y})^2}$
相关系数（Pearson Correlation Coefficient，PCC）	衡量两个变量之间线性关系的强度和方向	$r = \dfrac{\sum_{i=1}^{n}(x_i - \bar{x})(y_i - \bar{y})}{\sqrt{\sum_{i=1}^{n}(x_i - \bar{x})^2}\sqrt{\sum_{i=1}^{n}(y_i - \bar{y})^2}}$

ChatGPT 给出了均方误差、均方根误差、平均绝对误差、判定系数和相关系数等评估指标。其中假设 x_i、y_i、$i \in [1,n]$ 表示真实值，$\bar{x}$、$\bar{y}$ 表示 x、y 真实值的平均值，$\hat{y}_i$、$i \in [1,n]$ 表示预测值。

在 ChatGPT 输入框中输入以下内容，学习在 scikit-learn 中如何实现常用的数值预测评估方法：

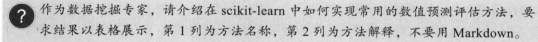

作为数据挖掘专家，请介绍在 scikit-learn 中如何实现常用的数值预测评估方法，要求结果以表格展示，第 1 列为方法名称，第 2 列为方法解释，不要用 Markdown。

以下是 ChatGPT 给出的答案。

在 scikit-learn 中，可以使用 metrics 模块来实现常用的数值预测评估方法。以下是一些常见的数值预测评估方法。

方法名称	方法解释
mean_absolute_error()	平均绝对误差，是观测值与真实值之间的平均绝对差
mean_squared_error()	均方误差，是观测值与真实值之间的平均平方差
median_absolute_error()	中位数绝对误差，是观测值与真实值之间的绝对差中位数
r2_score()	R^2，用于衡量模型的拟合程度
explained_variance_score()	解释方差得分，用于衡量模型对总方差的解释程度

（续）

方法名称	方法解释
max_error()	最大误差，是观测值与真实值之间的最大差值
mean_absolute_percentage_error()	平均绝对百分比误差，是观测值与真实值之间的平均百分比绝对差

以上表格列举了一些 scikit-learn 中常用的数值预测评估方法及其解释。你可以根据具体的问题选择适当的评估方法来评估模型性能。

可见，可以使用 scikit-learn 中的 metrics 子模块轻松实现数值预测的各种评估方法。

12.1.2　分类预测的评估方法及其 scikit-learn 实现

概率是指事物出现的可能性，是对分类问题中某类别出现概率的描述，本质上是分类问题（通过各类别出现的概率大小确定取哪一类）。

在 ChatGPT 输入框中输入以下内容，学习分类预测常用的评估方法：

> ❓ 作为数据挖掘专家，请介绍分类预测常用的评估方法，要求给出各评估方法的概述及计算公式。

以下是 ChatGPT 给出的答案。

 当评估分类预测模型时，通常使用多个指标来衡量其性能。以下是一些常用的分类预测评估指标。

1. 准确率（Accuracy）

❑ 概述：分类正确的样本数占总样本数的比例。

❑ 计算公式：$\text{Accuracy} = \dfrac{\text{正确预测的样本数}}{\text{总样本数}}$

2. 精确率（Precision）

❑ 概述：在所有被模型预测为正类别的样本中，实际为正类别的比例。

❑ 计算公式：$\text{Precision} = \dfrac{\text{True Positives}}{\text{True Positives} + \text{False Positives}}$

3. 召回率（Recall）

❑ 概述：在所有实际为正类别的样本中，被模型正确预测为正类别的比例。

❑ 计算公式：$\text{Recall} = \dfrac{\text{True Positives}}{\text{True Positives} + \text{False Negatives}}$

4. $F1$ 分数（F1 Score）

❑ 概述：精确率和召回率的调和平均值，综合考虑了两者。

❑ 计算公式：$F1 = \dfrac{2 \times \text{Precision} \times \text{Recall}}{\text{Precision} + \text{Recall}}$

5. ROC 曲线
- ❑ 概述：用于度量模型在不同阈值下的性能。
- ❑ 计算公式：通常通过积分计算，没有简单的公式表示。

ChatGPT 给出的常用于分类预测模型的评估方法有准确率、精确率、召回率、$F1$ 分数和 ROC 曲线等。其中准确率、精确率、召回率和 $F1$ 分数将结合混淆矩阵来讲解。

（1）混淆矩阵

分类预测的评估方法最常见的就是通过混淆矩阵，结合分析图表进行综合评价。二元分类的混淆矩阵如表 12-1 所示。

表 12-1　二元分类的混淆矩阵

实际类别		预测类别	
		1	0
	1	TP	FN
	0	FP	TN

下面先对表 12-1 中的 TP、TN、FP、FN 进行解释。

1）TP（True Positive）：指模型预测为正（1）并且实际上也的确是正（1）的样本数。

2）TN（True Negative）：指模型预测为负（0）并且实际上也的确是负（0）的样本数。

3）FP（False Positive）：指模型预测为正（1）但是实际上是负（0）的样本数。

4）FN（False Negative）：指模型预测为负（0）但是实际上是正（1）的样本数。

接下来，可以根据混淆矩阵得到以下评估指标。

1）准确率（Accuracy）：模型总体的预测正确率，是指模型能正确预测的样本数与总样本数的比值，公式为

$$\text{Accuracy} = \frac{\text{TP} + \text{TN}}{\text{TP} + \text{FP} + \text{FN} + \text{TN}}$$

2）错误率（Error Rate）：模型总体的错误率，是指模型错误预测的样本数与总样本数的比值，也即 1 减去准确率的差，公式为

$$\text{Error Rate} = 1 - \frac{\text{TP} + \text{TN}}{\text{TP} + \text{FP} + \text{FN} + \text{TN}}$$

3）灵敏性（Sensitivity）：又叫召回率、击中率或真正率（True Positive Rate, TPR），是指模型正确预测为正（1）的样本与全部样本中实际为正（1）的样本数的比值，公式为

$$\text{Sensitivity} = \frac{\text{TP}}{\text{TP} + \text{FN}}$$

4）特效性（Specificity）：又叫真负率，是指模型正确预测为负（0）的样本与全部样本中实际为负（0）的样本数的比值，公式为

$$\text{Specificity} = \frac{\text{TN}}{\text{TN} + \text{FP}}$$

5）精确率（Precision）：是指模型正确预测为正（1）的样本与模型预测为正（1）的样本数的比值，公式为

$$\text{Precision} = \frac{\text{TP}}{\text{TP} + \text{FP}}$$

6）错正率（False Positive Rate，FPR）：又叫假正率，是指模型错误预测为正（1）的样本数与实际为负（0）的样本数的比值，即 1 减去真负率（Specificity），公式为

$$\text{FPR} = \frac{\text{FP}}{\text{TN} + \text{FP}}$$

7）负元正确率（Negative Predictive Value，NPV）：是指模型正确预测为负（0）的样本数与模型预测为负（0）的样本数的比值，公式为

$$\text{NPV} = \frac{\text{TN}}{\text{TN} + \text{FN}}$$

8）正元错误率（False Discovery Rate，FDR）：是指模型错误预测为正（1）的样本数与模型预测为正（1）的样本数的比值，公式为

$$\text{FDR} = \frac{\text{FP}}{\text{TP} + \text{FP}}$$

9）提升度（Lift Value）：它表示经过模型后预测能力提升了多少，通常与不利用模型相比较（一般为随机情况），公式为

$$\text{Lift Value} = \frac{\text{TP} / (\text{TP} + \text{FP})}{(\text{TP} + \text{FN}) / (\text{TP} + \text{FP} + \text{FN} + \text{TN})}$$

其中，强调预测准确程度的指标有准确率、精确率和提升度，强调预测覆盖程度的指标有灵敏性 / 召回率、特效性和错正率。

10）$F1$ Score：用来既强调覆盖又强调准确程度，其为精确率和灵敏性的调和平均值，公式为

$$F1 = \frac{2(\text{Precision} \times \text{Specificity})}{\text{Precision} + \text{Specificity}} = \frac{2\text{TP}}{2\text{TP} + \text{FP} + \text{FN}}$$

（2）ROC 曲线

ROC 曲线来源于信号检测理论，它显示了给定模型的真正率与假正率之间的比较评定。真正率的增加是以假正率的增加为代价的，ROC 曲线下面的面积就是比较模型准确率的指标和依据。面积（Area Under Curve，AUC）大的模型对应的准确率高，也就是要择优应用的模型。AUC 值越接近 0.5，对应模型的准确率就越低；AUC 值越接近 1，模型效果越好。

通常情况下，当 AUC 值在 0.8 以上时，模型就基本可以接受了。ROC 曲线如图 12-1 所示。

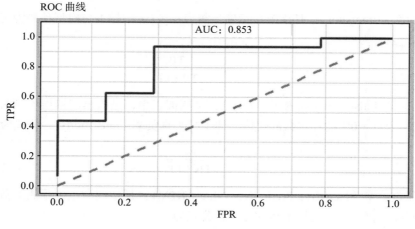

图 12-1　ROC 曲线

图 12-1 中的实线就是 ROC 曲线。图中以 FPR 为 X 轴，代表在所有正样本中被错误预测为正的概率，又写为 1–Specificity；以 TPR 为 Y 轴，代表在所有正样本中被正确预测为正的概率，又称为灵敏性。可见，ROC 曲线的绘制还是非常容易的。只要利用预测为正的概率值对样本进行降序排序后，再计算出从第一个样本累积到最后一个样本的真正率和假正率，就可以绘制 ROC 曲线了。

（3）KS 曲线

KS 曲线基于 Kolmogorov-Smirnov 的两样本检验思想，按预测概率从大到小的顺序划分等分位数，分别统计正负样本的累积函数分布，并检验其一致性。分布相差越大，模型效果越好；分布越接近，模型效果越差。KS 曲线如图 12-2 所示。

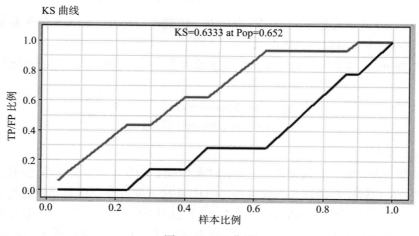

图 12-2　KS 曲线

图 12-2 中的两条折线分别代表各分位点下的正例覆盖率和 1– 负例覆盖率。通过两条曲线很难对模型的好坏做评估，一般会选用最大的 KS 值作为衡量指标。KS 的计算公式为：KS=Sensitivity–(1–Specificity)=Sensitivity+Specificity–1。对于 KS 值而言，也是希望越大越好。通常情况下，当 KS 值大于 0.2 时，说明模型具有区分能力，预测效果可能达到使用要求。

在 ChatGPT 输入框中输入以下内容，学习在 scikit-learn 中如何实现常用的分类预测评估方法：

> ❓ 作为数据挖掘专家，请介绍在 scikit-learn 中如何实现常用的分类预测评估指标，要求结果以表格展示，其中第 1 列为方法名称，第 2 列为方法解释，不要用 Markdown。

以下是 ChatGPT 给出的答案。

 在 scikit-learn 中，可以使用 metrics 模块来实现常用的分类预测评估方法。以下是一些常用的分类预测评估方法。

方法名称	方法解释
accuracy_score()	分类准确率
precision_score()	精确率
recall_score()	召回率
f1_score()	$F1$ 分数
roc_auc_score()	ROC AUC
confusion_matrix()	混淆矩阵
classification_report()	分类报告

可见，可以使用 scikit-learn 中的 metrics 子模块轻松实现分类预测的各种评估方法。

12.2　模型参数优化

参数是指算法中的未知数，有的需要人为指定，比如神经网络算法中的学习率、迭代次数等，这些参数在算法中又称为超参数；有的从数据中拟合而来，比如线性回归中的系数。在使用选定算法进行建模时，设定或得到的参数很可能不是最优或接近最优的。这时需要对参数进行优化，以得到更优的预测模型。常用的参数优化方法主要包括正则化、数据分区、K 折交叉验证、网格搜索、Dropout、梯度下降法等。

12.2.1　正则化

在 ChatGPT 输入框中输入以下内容，初步了解什么是正则化：

> ❓ 作为数据挖掘专家，请用通俗易懂的语言给小白介绍什么是正则化。

以下是 ChatGPT 给出的答案。

> 嗨，小白！想象一下你在玩一个激动人心的游戏，你得要保持平衡，不要倾斜得太厉害。在数据挖掘中，正则化就像是给这个平衡加了一些规矩，让我们的模型不要过于偏向某些特征。
>
> 正则化有两种主要的方法：L1 正则化和 L2 正则化。L1 正则化就像是给模型一些规定，说某些特征的影响不能太大，让模型更倾向于使用较少的特征。而 L2 正则化则是给模型的参数加上一些惩罚，告诉模型不要让任何一个参数变得过于巨大，这有助于防止模型对一些特定数据过于敏感。
>
> 这就好比你在玩那个平衡的游戏时，正则化就是告诉你不要让某一侧的东西太重，也不能把所有的重量都集中在一个地方，要保持平衡。在数据挖掘中，正则化帮助我们防止模型过于复杂，让它更通用，适应不同的数据，就像在游戏中保持平衡一样。希望这个比喻对你理解正则化有帮助！

由 ChatGPT 给出的答案可知，当我们使用数据训练模型的时候，很重要的一点就是要在欠拟合和过拟合之间达成一个平衡。欠拟合问题可以通过不断尝试各种合适的算法、优化算法中的参数以及通过数据预处理等特征工程，找到模型拟合效果最优化的结果；而当模型过拟合的情况发生时，可以通过添加更多的数据、在模型中加入提前终止条件、通过控制解释变量的个数等手段降低模型的拟合能力，提高模型的泛化能力。控制解释变量的个数有很多方法，例如变量选择，即用 filter() 或 wrapper() 方法提取解释变量的最佳子集；或进行变量构造，即将原始变量进行某种映射或转换，如主成分分析和因子分析。变量选择的方法是比较"硬"的方法，变量要么进入模型，要么不进入模型，只有 0、1 两种选择。但也有"软"的方法，也就是正则化，可以保留全部解释变量，且每一个解释变量或多或少都对模型预测有些许影响，例如岭回归法（Ridge Regression）和套索回归法（Least Absolute Shrinkage and Selection Operator，LASSO）。

岭回归法和套索（LASSO）回归法是正则化的两种常用方法，两者的区别在于引入正则化的形式不同。

岭回归法是在模型的目标函数之上添加 L2 正则化（也称为惩罚项），故岭回归模型的目标函数可以表示为

$$J(\beta) = \sum_{i=1}^{m} \left(y_i - \sum_{j=0}^{p} \beta_j x_{ij} \right)^2 + \lambda \sum_{j=1}^{p} \beta_j^2, \lambda \geq 0$$

其中，m 为样本数量，p 为自变量数量，y_i 为因变量，x_{ij} 为自变量，β_j 为自变量系数估计值，λ 为常数。

套索回归法采用 L1 正则化的惩罚项，在目标函数 $J(\beta)$ 中增加参数绝对值和的正则项，即：

$$J(\beta) = \sum_{i=1}^{m} \left(y_i - \sum_{j=0}^{p} \beta_j x_{ij} \right)^2 + \lambda \sum_{j=1}^{p} |\beta_j|, \lambda \geq 0$$

TensorFlow 的高级 API 接口 Keras 内置了用于实现 L1 正则化的 regularizer.l1(l = 0.01)、用于实现 L2 正则化的 regularizer.l2(l = 0.01) 以及用于实现介于 L1 和 L2 之间的弹性网络（Elastic Net）正则化的 regularizer.l1_l2(l1 = 0.01, l2 = 0.01)。

12.2.2　数据分区

在 ChatGPT 输入框中输入以下内容，初步了解什么是数据分区：

> ? 作为数据挖掘专家，请用通俗易懂的语言给小白介绍什么是数据分区。

以下是 ChatGPT 给出的答案。

> 嗨，小白！数据分区就像是你把一堆玩具分成几组，每组放在不同的盒子里，这样更方便你玩和管理。在数据领域，我们也会把数据分成几部分，每部分有自己的用途。
> 比如，当我们有很多数据要用于训练机器学习模型时，我们可能会把数据分成两组：一组是用来训练模型的，另一组是用来检验模型表现的。这样做的好处是：我们可以在训练过程中检查模型的准确性，确保它能够很好地处理新的数据。
> 数据分区有助于我们更好地理解和掌握数据，就像玩具被整齐地装在不同的盒子里一样，方便我们更有条理地使用和管理数据。

由 ChatGPT 给出的答案可知，在模型的训练过程中可以引入验证集，来防止模型的过拟合。即将数据集分为 3 个子集：训练集，用来训练模型；验证集，用来验证模型效果，帮助模型调优；测试集，用来测试模型的泛化能力，避免模型过拟合。该模型的训练过程如图 12-3 所示。

我们可以在数据分区时一次性将原始数据划分为训练集、验证集和测试集；也可以将原始数据划分为训练集和测试集，不用划分验证集。比如深度学习在模型训练阶段通过指定 fit() 方法中的参数 validation_split 的值，将训练集按照指定的比例拆分出验证集来对模型进行调优。

在 scikit-learn 中，model_selection 子模块中的 train_test_split() 函数可以将数据集随机切分为训练集和测试集，其主要参数描述如下。

1）test_size：如果为 float 类型，则应在 0.0 ～ 1.0，表示要包含在训练集中的数据集的比例；如果为 int 类型，则表示训练集样本的绝对数量。

2）random_state：随机数种子，确保每次运行可以得到一样的结果。

3）shuffle：是否重新洗牌，默认为 True，即将你的数据集打乱，重新排列。

4）stratify：按照一定的比例抽取样本。

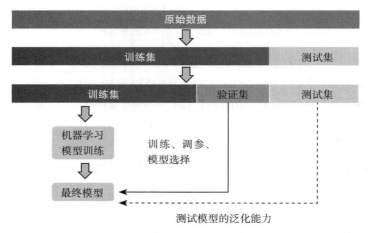

图 12-3　三分数据训练示意图

12.2.3　K 折交叉验证

在 ChatGPT 输入框中输入以下内容，初步了解什么是 K 折交叉验证：

> ❓ 作为数据挖掘专家，请用通俗易懂的语言给小白介绍什么是 K 折交叉验证。

以下是 ChatGPT 给出的答案。

> 嗨，小白！想象一下你有一堆玩具，但你不确定哪些玩具对你的新玩具能力测试最有用。K 折交叉验证就像是你把这一堆玩具分成 K 份，然后挑选其中一份当作测试集，其余的作为训练集。接下来，你会尝试测试你的新玩具，看看它在这一小部分数据上的表现如何。
>
> 但这还不够，因为你有 K 份数据，你要重复这个过程 K 次，每次选择不同的一份作为测试集。最后，你将 K 次测试的结果综合起来，就得到了一个更全面、更可信的评估，就像你通过多次测试确认你的新玩具真的很强一样。
>
> 这样做有助于确保你的模型在不同数据情况下都能表现良好，而不仅是在特定的一组数据上。

由 ChatGPT 给出的答案可知，K 折交叉验证是采用某种方式将数据集划分为 K 个子集，每次采用其中的一个子集作为模型的测试集，余下的 K−1 个子集作为训练集；这个过程会重复 K 次，每次选取作为测试集的子集均不相同，直到每个子集都测试过；最终将 K 次测试结果的均值作为模型的性能评估结果。显然，交叉验证结果的稳定性在很大程度上取决于 K 的取值。K 常用的取值是 10，此时称为 10 折交叉验证。下面给出 10 折交叉验证的示意图，如图 12-4 所示。

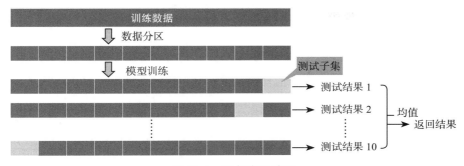

图 12-4　10 折交叉验证

K 折交叉验证在划分数据集时有多种方式，其中最常用的一种是随机不放回抽样，即随机地将数据集平均划分为 K 份，每份都没有重复的样例。另一种常用的划分方式是分层抽样，即按照因变量类别的百分比划分数据集，使每个类别的百分比在训练集和测试集中都一样。

在 scikit-learn 中，model_selection 子模块的 cross_val_score() 函数可以实现 K 折交叉验证，它将数据集划分为 K 个大小相似的子集，并将 K–1 个子集的并集作为训练集，余下的 1 个子集作为测试集，由此可得到 K 个不同的训练 / 测试集。其主要参数描述如下。

1）estimator：需要评估的学习模型。

2）x：数组类型数据，训练集（自变量部分）。

3）y：数组类型数据，训练集（因变量部分），可选。

4）cv：int 类型，要将数据集划分的折数，默认的情况下是 5。

5）fit_params：字典，用于传递给学习模型拟合的方法。

6）scoring：评估学习器性能的标准，通常需要使用 metrics 模块中的函数，如accuracy()、mean_absolute_error()、mean_squaerd_error() 等。

12.2.4　网格搜索

在 ChatGPT 输入框中输入以下内容，初步了解什么是网格搜索：

> ❓ 作为数据挖掘专家，请用通俗易懂的语言给小白介绍什么是网格搜索。

以下是 ChatGPT 给出的答案。

> 嗨，小白！想象一下你在玩迷宫游戏，要找到最短的路径走出去。现在，你手里有一把钥匙，每把钥匙都可以调整迷宫中的某个开关，可能会影响你找到出口的速度。问题是，你不知道怎样设置开关最好。

> 这时候，网格搜索就像是你列了一张表格，每一行表示一种可能的开关设置，每一列表示一个开关的不同取值。你把这些可能性都尝试一遍，看看哪一种设置能够让你尽快找到出口。
>
> 在数据挖掘中，网格搜索的原理与此类似。我们有一些模型参数，每个参数可以有不同的取值，就像迷宫中的开关。网格搜索帮助我们尝试各种可能的参数组合，找到在给定数据下模型表现最好的那一组参数。
>
> 简单来说，网格搜索就像是一个系统性尝试不同组合的工具，帮助我们找到模型的最佳配置，就像在迷宫中找到最短路径一样。希望这个比喻能够帮助你理解网格搜索！

由 ChatGPT 给出的答案可知，网格搜索的基本原理是将各参数变量值的区间划分为一系列的小区间，并按顺序计算出由各参数变量值组合所确定的目标值（通常是误差），然后逐一择优，以得到该区间内的最小目标值及其对应的最佳参数值。该方法可保证所得到的搜索是全局最优或接近最优的，可避免产生重大的误差。网格搜索的示意图如图 12-5 所示。

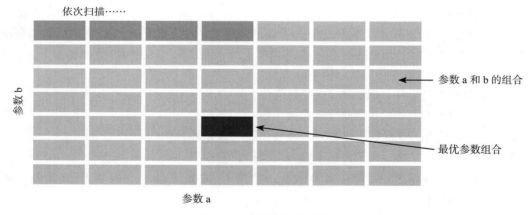

图 12-5　网格搜索的示意图

在 scikit-learn 中，model_selection 子模块中的 GridSearchCV 类可以实现网格搜索。GridSearchCV 类的名字其实可以拆分为两部分：GridSearch 和 CV，即网格搜索和交叉验证。网格搜索搜索的是参数，即在指定的参数范围内按步长依次调整参数，利用调整的参数训练学习模型，从所有的参数中找到在验证集上精度最高的参数，这其实是一个训练和比较的过程。K 折交叉验证将所有数据集划分成 K 份，不重复地每次取其中一份做测试集，用其余 $K-1$ 份做训练集，之后计算该模型在测试集上的得分，并将 K 次的得分取均值后得到最后的得分。GridSearchCV 类能自动调参，只要把参数输进去，就能给出最优结果和参数。GridSearchCV 类可以保证在指定的参数范围内找到精度最高的参数，但是它要求遍历所有可能参数的组合，在面对大数据集和多参数的情况下非常耗时。

GridSearchCV 类的主要参数描述如下。

1）estimator：选择使用的分类模型，并且传入除需要确定的最佳参数之外的其他参数。每一个分类模型都需要一个 scoring 参数或者 score() 方法。

2）param_grid：需要优化的参数的取值，值为字典或者列表。

3）scoring = None：模型评价标准，默认为 None，这时需要使用 score() 函数。如 scoring = 'roc_auc'，根据所选模型不同，评价准则不同。

4）cv = None：交叉验证参数，默认为 None，使用 5 折交叉验证。也可以是 yield 训练 / 测试数据的生成器。

12.2.5　Dropout

在 ChatGPT 输入框中输入以下内容，初步了解什么是 Dropout：

 作为数据挖掘专家，请用通俗易懂的语言给小白介绍什么是 Dropout。

以下是 ChatGPT 给出的答案。

嗨，小白！想象一下你正在学习新东西，但老师突然随机地让一些同学离开教室，然后再考试的时候，你得准备好任何同学都可能出现。这就是 Dropout 的大致概念。

在数据挖掘和深度学习中，Dropout 是一种防止神经网络过拟合的方法。过拟合就像是你只记住了特定问题的答案，而没有学到更一般的规律。Dropout 通过在训练过程中随机地关闭一些神经元（就像老师随机让同学出去一样），迫使模型在没有某些特定神经元的情况下学习，从而提高模型的鲁棒性和泛化能力。

具体来说，Dropout 会在每一轮训练中随机地将一些神经元的输出设置为零，就像在学习中随机地"踢出"一些信息。这样，模型不会过于依赖特定的神经元，而是更广泛地学习数据中的模式。

希望这个比喻能够帮助你理解 Dropout 的作用！

由 ChatGPT 给出的答案可知，Dropout 是深度学习训练中较为常用的方法，主要也是用于克服过拟合现象。Dropout 是指在训练过程中随机地忽略部分神经元。比如可以在其中的某些层上临时关闭一些神经元，让它们在正向传播过程中，对下游神经元的贡献效果暂时消失；在反向传播时也不会有任何权值的更新。而在下一轮训练的过程中再选择性地临时关闭一些神经元，原则上都是随机性的。深度学习中的随机 Dropout 如图 12-6 所示。

这样一来，每次训练其实相当于将网络的一部分形成一个子网络或者子模型。这个想法很简单，会在每个训练周期得到较弱的学习模型。弱模型本身具有较低的预测能力，然而许多弱模型的预测可以被加权并组合，产生具有"更强"预测能力的模型。

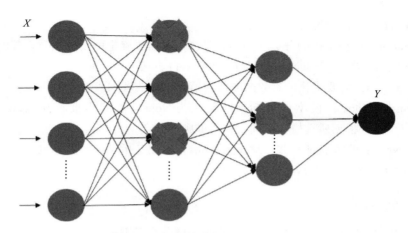

图 12-6　深度学习中的随机 Dropout

12.2.6　梯度下降法

在 ChatGPT 输入框中输入以下内容，初步了解什么是梯度下降法：

> ❓ 作为数据挖掘专家，请用通俗易懂的语言给小白介绍什么是梯度下降法。

以下是 ChatGPT 给出的答案。

> 嗨，小白！想象一下你站在一座山上，想要找到最快的下山路径。你知道山上每个点的坡度，你的目标是找到一条下山的路径，使得每一步都是朝下坡坡度最陡的方向。
>
> 在数据挖掘中，梯度下降法就是类似的思想。我们想要找到模型参数的最优值，使得我们的模型在训练数据上表现得最好。梯度就像是告诉我们在参数空间中当前位置上升或下降最快的方向。
>
> 具体来说，我们计算模型参数的梯度就像计算山坡的坡度一样，然后我们沿着梯度的反方向——也就是下坡的方向——更新模型参数。这样反复迭代，就像你一步步选择下山路径一样，直到找到使得模型性能最好的参数。
>
> 总的来说，梯度下降法是一种通过不断调整模型参数，使模型在训练数据上表现得更好的方法。希望这个比喻能帮助你理解梯度下降法的概念！

由 ChatGPT 给出的答案可知，梯度下降是神经网络中流行的优化算法之一，它能够很好地解决一系列问题。一般来说，我们想要找到最小化误差函数的权重和偏差。梯度下降法可迭代地更新参数，以使整体网络的误差最小化。

梯度下降法的参数更新公式为

$$\theta_{t+1} = \theta_t - \eta \cdot \nabla J(\theta_t)$$

其中，η 是学习率；θ_t 是第 t 轮的参数；$J(\theta_t)$ 是损失函数；$\nabla J(\theta_t)$ 是梯度。

为了表示简便，常令 $g_t = \nabla J(\theta_t)$，所以梯度下降法可以表示为

$$\theta_{t+1} = \theta_t - \eta \cdot g_t$$

该算法在损失函数的梯度上迭代地更新权重参数，直至达到最小值。换句话说，我们沿着损失函数的斜坡方向下坡，直至达到山谷。梯度下降法的基本思想大致如图 12-7 所示。

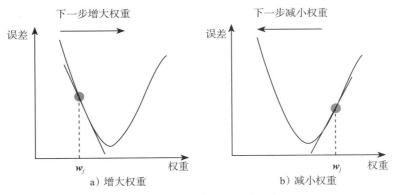

图 12-7　梯度下降法的基本思想

由图 12-7 可知，如果偏导数为负，则下一步增大权重，如图 12-7a 所示；如果偏导数为正，则下一步减小权重，如图 12-7b 所示。

梯度下降法中的一个重要参数是步长，超参数学习率的值决定了步长的大小。如果学习率太小，必须经过多次迭代，算法才能收敛，这是非常耗时的；反之，如果学习率太大，可能会跳过最低点，到达山谷的另一面，可能下一次的值比上一次还要大，这可能使得算法是发散的，函数值变得越来越大，永远不可能找到一个好的答案，如图 12-8 所示。

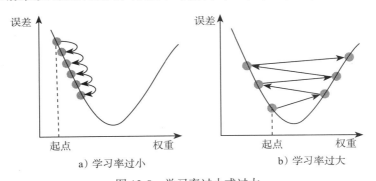

图 12-8　学习率过小或过大

梯度下降法有 3 种不同的形式：批量梯度下降法（Batch Gradient Descent，BGD）、随机梯度下降法（Stochastic Gradient Descent，SGD）以及小批量梯度下降法（Mini-Batch Gradient Descent，MBGD）。其中小批量梯度下降法也常用于在深度学习中进行模型的训练。

接下来，我们将对这 3 种不同的梯度下降法进行讲解。

（1）批量梯度下降法

批量梯度下降法是最原始的形式，它是指在每一次迭代时使用所有样本来进行梯度的更新。

批量梯度下降法的优点如下。

1）一次迭代是对所有样本进行计算，利用矩阵进行操作，实现了并行。

2）由全部数据集确定的方向能够更好地代表样本总体，从而更准确地朝向极值所在的方向。当目标函数为凸函数时，批量梯度下降法一定能够得到全局最优。

批量梯度下降法的主要缺点为当样本数目很大时，每迭代一步都需要对所有样本进行计算，训练过程会很慢。

（2）随机梯度下降法

不同于批量梯度下降法，随机梯度下降法是每次迭代时使用一个样本来对参数进行更新，加快训练速度。

随机梯度下降法的优点如下。

由于不是基于全部训练数据，而是在每轮迭代中随机优化某一条训练数据，使每一轮参数的更新速度大大加快。

缺点如下。

1）准确度下降，即使在目标函数为强凸函数的情况下，随机梯度下降法仍旧无法做到线性收敛。

2）可能会收敛到局部最优，因为单个样本并不能代表全体样本的趋势。

3）不易于并行实现。

虽然随机梯度下降法可以很好地跳过局部最优值，但它不能达到最小值。解决这个难题的一个办法是逐渐降低学习率。开始时走长较大（这有助于快速前进，同时跳过局部最小值），然后逐步减小，从而使算法达到全局最小值。决定每次迭代学习率的函数称为学习计划。如果学习率降低得过快，可能会陷入局部最小值，甚至在到达最小值的半路就停止了；如果学习率降低得太慢，可能会在最小值的附近长时间摆动。同时，如果过早停止训练，最终只会出现次优解。

（3）小批量梯度下降法

小批量梯度下降法是对批量梯度下降法以及随机梯度下降法的一个折中，其思想是：每次迭代时使用 batch_size 个样本来对参数进行更新。小批量梯度下降法融合了批量梯度下降法和随机梯度下降法的优点，具体如下。

1）通过矩阵运算，每次在一个批量上优化神经网络参数并不会比单个数据慢太多。

2）每次使用一个批量可以大大地减少收敛所需的迭代次数，同时可以使收敛到的结果更加接近梯度下降法的效果。

3）可实现并行化。

12.3　案例：对乳腺癌数据集寻找最优模型

在 ChatGPT 输入框中输入以下内容，对乳腺癌数据集寻找最优模型：

> ❓　作为数据挖掘专家，请对 Kaggle 上的 Breast Cancer 数据集进行 k 近邻、决策树、随机森林及支持向量机分类，结合交叉验证、网格搜索技术，使用常用的分类预测评价指标寻找最优模型。

以下是 ChatGPT 给出的答案。

> 下面对 Breast Cancer 数据集应用 k 近邻、决策树、随机森林和支持向量机进行分类，并使用交叉验证和网格搜索技术寻找最优模型。请确保你已经安装了必要的库，例如 scikit-learn。示例代码如下：

```python
import numpy as np
import pandas as pd
from sklearn.model_selection import train_test_split, cross_val_score,
    GridSearchCV
from sklearn.neighbors import KNeighborsClassifier
from sklearn.tree import DecisionTreeClassifier
from sklearn.ensemble import RandomForestClassifier
from sklearn.svm import SVC
from sklearn.metrics import accuracy_score, precision_score, recall_score,
    f1_score, roc_auc_score
# 加载数据集
# 假设数据集已下载并存储在 breast_cancer_data.csv 文件中
data = pd.read_csv('breast_cancer_data.csv')
# 数据预处理（根据数据集的具体情况进行）
# ...
# 将数据集划分为训练集和测试集
X = data.drop('label_column', axis=1)  # 请替换 'label_column' 为你的标签列
y = data['label_column']
X_train, X_test, y_train, y_test = train_test_split(X, y, test_size=0.2,
    random_state=42)
# 定义模型
knn_classifier = KNeighborsClassifier()
dt_classifier = DecisionTreeClassifier()
rf_classifier = RandomForestClassifier()
svm_classifier = SVC()
# 定义网格参数的超参数组合
knn_param_grid = {'n_neighbors': [3, 5, 7]}
dt_param_grid = {'max_depth': [None, 5, 10, 15]}
rf_param_grid = {'n_estimators': [50, 100, 150], 'max_depth': [None, 5, 10,
    15]}
svm_param_grid = {'C': [0.1, 1, 10], 'gamma': [0.01, 0.1, 1  'kernel': ['rbf']}
# 使用 GridSearchCV 类进行交叉验证和网格搜索
knn_grid_search = GridSearchCV(knn_classifier, knn_param_grid, cv=5,
```

```
                  scoring='accuracy')
dt_grid_search = GridSearchCV(dt_classifier, dt_param_grid, cv=5,
                  scoring='accuracy')
rf_grid_search = GridSearchCV(rf_classifier, rf_param_grid, cv=5,
                  scoring='accuracy')
svm_grid_search = GridSearchCV(svm_classifier, svm_param_grid, cv=5,
                  scoring='accuracy')
# 拟合模型
knn_grid_search.fit(X_train, y_train)
dt_grid_search.fit(X_train, y_train)
rf_grid_search.fit(X_train, y_train)
svm_grid_search.fit(X_train, y_train)
# 获取最佳参数
best_knn_params = knn_grid_search.best_params_
best_dt_params = dt_grid_search.best_params_
best_rf_params = rf_grid_search.best_params_
best_svm_params = svm_grid_search.best_params_
# 获取最优模型
best_knn_model = knn_grid_search.best_estimator_
best_dt_model = dt_grid_search.best_estimator_
best_rf_model = rf_grid_search.best_estimator_
best_svm_model = svm_grid_search.best_estimator_
# 评估最优模型的性能
def evaluate_model(model, X_test, y_test):
    y_pred = model.predict(X_test)
    accuracy = accuracy_score(y_test, y_pred)
    precision = precision_score(y_test, y_pred)
    recall = recall_score(y_test, y_pred)
    f1 = f1_score(y_test, y_pred)
    roc_auc = roc_auc_score(y_test, y_pred)
    return accuracy, precision, recall, f1, roc_auc
# 评估 k 近邻模型
knn_metrics = evaluate_model(best_knn_model, X_test, y_test)
# 评估决策树模型
dt_metrics = evaluate_model(best_dt_model, X_test, y_test)
# 评估随机森林模型
rf_metrics = evaluate_model(best_rf_model, X_test, y_test)
# 评估支持向量机模型
svm_metrics = evaluate_model(best_svm_model, X_test, y_test)
# 输出结果
print("k 近邻模型的最佳参数:", best_knn_params)
print("k 近邻模型的评估指标:", knn_metrics)
print("决策树模型的最佳参数:", best_dt_params)
print("决策树模型的评估指标:", dt_metrics)
print("随机森林模型的最佳参数:", best_rf_params)
print("随机森林模型的评估指标:", rf_metrics)
print("支持向量机模型的最佳参数:", best_svm_params)
print("支持向量机模型的评估指标:", svm_metrics)
```

在这个示例代码中，我们使用网格搜索技术对每个模型进行了参数调优，同时使用交叉验证来评估模型的性能。最后通过常用的分类预测评价指标（准确率、精确率、召回率、$F1$ 分数、ROC AUC）来比较模型的性能。

我们将逐步讲解 ChatGPT 给出的 Python 代码。首先在 Jupyter Notebook 中输入以下代码，完成数据读入、数据拆分、数据分区等工作：

```
# 读取数据集
data = pd.read_csv('data/breast_cancer_data.csv')
# 划分特征和目标变量
X = data.drop(['id', 'diagnosis', 'Unnamed: 32'], axis=1)  # 删除不需要的列
y = data['diagnosis']                                        # 目标变量为 diagnosis
# 将目标变量编码为数值（Malignant 为 1, Benign 为 0）
y = y.map({'M': 1, 'B': 0})
# 数据分区
X_train, X_test, y_train, y_test = train_test_split(X, y, test_size=0.2, random_
    state=42)
```

完成数据预处理后，在 Jupyter Notebook 中输入以下代码，定义模型和参数组合：

```
knn_classifier = KNeighborsClassifier()
dt_classifier = DecisionTreeClassifier()
rf_classifier = RandomForestClassifier()
svm_classifier = SVC()
# 定义网格搜索的超参数组合
knn_param_grid = {'n_neighbors': [3, 5, 7]}
dt_param_grid = {'max_depth': [None, 5, 10, 15]}
rf_param_grid = {'n_estimators': [50, 100, 150], 'max_depth': [None, 5, 10, 15]}
svm_param_grid = {'C': [0.1, 1, 10], 'gamma': [0.01, 0.1, 1], 'kernel': ['rbf']}
```

在定义网格搜索的超参数组合时，将 k 近邻算法的参数 n_neighbors 分别定义为 [3, 5, 7]；决策树的参数 max_depth 分别定义为 [None, 5, 10, 15]；对于随机森林算法，将参数 n_estimators 分别定义为 [50, 100, 150]，参数 max_depth 分别定义为 [None, 5, 10, 15]；对于支持向量机，将参数 C 中松弛因子的惩罚系数值分别定义为 [0.1, 1, 10]，参数 gamma 分别定义为 [0.01, 0.1, 1]，参数 kernel 为径向基函数。

在定义好模型及网格搜索的超参数组合后，使用 GridSearchCV 类进行网格搜索，通过在 Jupyter Notebook 中输入以下代码实现：

```
knn_grid_search = GridSearchCV(knn_classifier, knn_param_grid, cv=5, scoring=
    'accuracy')
dt_grid_search = GridSearchCV(dt_classifier, dt_param_grid, cv=5, scoring=
    'accuracy')
rf_grid_search = GridSearchCV(rf_classifier, rf_param_grid, cv=5, scoring=
    'accuracy')
svm_grid_search = GridSearchCV(svm_classifier, svm_param_grid, cv=5, scoring=
    'accuracy')
```

接下来利用训练集的因变量和自变量对模型进行训练，通过在 Jupyter Notebook 中输入以下代码实现：

```
knn_grid_search.fit(X_train, y_train)
dt_grid_search.fit(X_train, y_train)
rf_grid_search.fit(X_train, y_train)
svm_grid_search.fit(X_train, y_train)
```

训练好模型后，可以通过 best_params_ 方法获取模型的最佳参数，通过 best_estimator_ 方法获取最优模型，通过在 Jupyter Notebook 中输入以下代码实现：

```
# 获取最优参数
best_knn_params = knn_grid_search.best_params_
best_dt_params = dt_grid_search.best_params_
best_rf_params = rf_grid_search.best_params_
best_svm_params = svm_grid_search.best_params_
# 获取最优模型
best_knn_model = knn_grid_search.best_estimator_
best_dt_model = dt_grid_search.best_estimator_
best_rf_model = rf_grid_search.best_estimator_
best_svm_model = svm_grid_search.best_estimator_
```

在 Jupyter Notebook 中输入以下代码，定义一个模型评估函数，包括准确率、精确率、召回率、$F1$ 分数及 ROC AUC 值的评估指标：

```
def evaluate_model(model, X_test, y_test):
    y_pred = model.predict(X_test)
    accuracy = accuracy_score(y_test, y_pred)
    precision = precision_score(y_test, y_pred)
    recall = recall_score(y_test, y_pred)
    f1 = f1_score(y_test, y_pred)
    roc_auc = roc_auc_score(y_test, y_pred)
    return accuracy, precision, recall, f1, roc_auc
```

在 Jupyter Notebook 中输入以下代码，使用训练好的各种模型对测试集进行预测，得到评估结果：

```
# 评估 k 近邻模型
knn_metrics = evaluate_model(best_knn_model, X_test, y_test)
# 评估决策树模型
dt_metrics = evaluate_model(best_dt_model, X_test, y_test)
# 评估随机森林模型
rf_metrics = evaluate_model(best_rf_model, X_test, y_test)
# 评估支持向量机模型
svm_metrics = evaluate_model(best_svm_model, X_test, y_test)
```

最后，在 Jupyter Notebook 中输入以下代码，输出各模型的最优参数组合及对测试集的评估结果：

```
print("k 近邻模型的最佳参数 :", best_knn_params)
print("k 近邻模型的评估指标 :", knn_metrics)
print(" 决策树模型的最佳参数 :", best_dt_params)
print(" 决策树模型的评估指标 :", dt_metrics)
print(" 随机森林模型的最佳参数 :", best_rf_params)
print(" 随机森林模型的评估指标 :", rf_metrics)
print(" 支持向量机模型的最佳参数 :", best_svm_params)
print(" 支持向量机模型的评估指标 :", svm_metrics)
```

输出结果为：

```
k 近邻模型的最佳参数 : {'n_neighbors': 7}
k 近邻模型的评估指标 : (0.956140350877193, 0.975, 0.9069767441860465,
    0.9397590361445783, 0.9464461185718964)
决策树模型的最佳参数 : {'max_depth': 10}
决策树模型的评估指标 : (0.9473684210526315, 0.9302325581395349, 0.9302325581395349,
    0.9302325581395349, 0.9439895185063871)
随机森林模型的最佳参数 : {'max_depth': None, 'n_estimators': 100}
随机森林模型的评估指标 : (0.9649122807017544, 0.975609756097561, 0.9302325581395349,
    0.9523809523809524, 0.9580740255486406)
支持向量机模型的最佳参数 : {'C': 10, 'gamma': 0.01, 'kernel': 'rbf'}
支持向量机模型的评估指标 : (0.631578947368421, 1.0, 0.023255813953488372,
    0.04545454545454545, 0.5116279069767442)
```

当选择邻居数量为 7 时，得到最优的 *k* 近邻模型，此时对测试集的预测准确率为 95.6%；当决策树的深度为 10 时，得到最优的决策树模型，此时对测试集的预测准确率为 94.7%；当不限制树深度、每次随机森林生成 100 棵决策树时，得到最优的随机森林模型，此时对测试集的预测准确率为 96.5%；当参数 C 的正则化值为 10、参数 gamma 的核宽度为 0.01、核函数为径向基函数时，得到最优的支持向量机模型，此时对测试集的预测准确率为 63.2%。如果按照准确率指标衡量模型效果，我们将随机森林作为最终模型。

12.4 本章小结

本章首先介绍了数值预测和分类预测模型常用的评估指标的定义及其 scikit-learn 实现，其中通过混淆矩阵构建各项指标是目前分类预测模型评估中最常用的手段；然后介绍了模型参数的优化方法，其中正则化、数据分区、*K* 折交叉验证、网格搜索 Dropout、梯度下降法是目前机器学习中对模型调优非常有用的手段。

推荐阅读